경제분석을 위한 STATA

4th edition

Version 17

ALL 컬러판

4th edition

Version 17

경제분석을 위한 STATA

우석진 · 김도형 지음

MEDIA JIPHIL
(주)지필미디어

| 4판 서문 |

지난 해 4월 Stata 17이 출시됨에 따라 제3판 개정 후 2년 만에 제4판을 내게 되었다. Stata 17에서 눈에 띄는 새로운 기능은 더 복잡한 표의 작성을 돕는 명령어 table, 베이지안 VAR, 파이썬 환경에서 Stata를 불러올 수 있는 PyStata, 그리고 이중차분 추정법 및 삼중차분 추정법을 손쉽게 수행할 수 있는 명령어 didregress, xtdidregress 등을 꼽을 수 있다.

제4판 개정의 주안점은 이러한 유용한 기능을 소개하는 것이다. 그에 따라 책의 구성에도 변화를 주었다. 제3장에 요약 통계량을 만드는 절을 추가하여 기존 명령어인 tabstat과 새 명령어 table을 소개하였다. Stata에서 Python 사용법은 책의 가장 큰 변화로 제13장에 새로 담았다. 이중차분 추정법 실행을 위한 didregress 명령어와 베이지안 VAR은 제12장과 16장에 소개하였다. 마지막으로 제17장 데이터 시각화에서 그림 만들기 팁을 더 추가하였다. Stata 구버전 사용자도 책을 참고할 수 있도록 구 버전에 따른 설명은 본문에 남기고 새 기능에 대한 설명은 version 17로 표시된 별도의 글상자에 담았다.

아울러 제4판에서는 독자의 편의를 위해 모든 그림을 컬러로 바꾸고, 다소 부실했던 색인(index)을 다듬었다. 색인 개정 작업을 꼼꼼히 챙겨준 자본시장연구원 김민 연구원에게 감사를 표한다. 그리고 책 개정 작업을 독려해주신 지필미디어의 김성준 부장님께도 감사의 마음을 표하고 싶다.

2022년 가을

우석진, 김도형

| 목차 |

CHAPTER 01 프롤로그 ······ 1
1. 먹고 살자 ······ 1
2. 실습 하기 ······ 5

CHAPTER 02 자료 읽기 ······ 7
1. 자료의 형태 ······ 7
2. 자료 읽어 들이는 방법 ······ 8
• 연습문제 _ 24

CHAPTER 03 탐색적 자료분석 ······ 25
1. 탐색적 분석 ······ 25
2. 요약통계량 만들기 ······ 27
3. 분포에 대한 정보가 필요하다 ······ 31
4. 2변수 상관관계를 파악하자 ······ 36
• 연습문제 _ 39

CHAPTER 04 자료관리 ······ 41
1. 자료 읽기 ······ 41
2. 자료 관리 ······ 45
• 연습문제 _ 81

CHAPTER 05 회귀분석 ······ 83
1. OLS 모형 ······ 83
2. OLS 모형 추정 예제 ······ 87
3. 상수항에 대한 제약 ······ 109
4. 다중공선성의 문제 ······ 110

5. 긴 회귀모형과 짧은 회귀모형 ····· 111
6. 도구변수 추정법 ····· 114
7. 표준오차 구하기 ····· 115
8. 비모수 시리즈 추정 ····· 118
• 연습문제 _ 122

CHAPTER 06 유한시차모형 ····· 125
1. 시계열, 나는 다르다 ····· 125
2. 유한시차모형 ····· 129
• 연습문제 _ 146

CHAPTER 07 도구변수 추정법 ····· 149
1. 전가의 보도(寶刀) ····· 149
2. 도구변수 추정법 ····· 155
3. 2SLS 추정법 ····· 156
4. ivregress ····· 158
5. 내생성 검정 ····· 161
• 연습문제 _ 164

CHAPTER 08 이항선택모형 ····· 165
1. 이산반응모형 ····· 165
2. 이항선택모형 ····· 167
3. 토빗모형 추정 ····· 178
4. 헤킷모형 추정 ····· 183
5. 패널헤킷 모형 ····· 191
• 연습문제 _ 197

CHAPTER 09 다항선택모형 ········ 199

1. 다항선택모형 ········ 199
2. IIA 성질 ········ 202
3. 다항 로짓 모형 ········ 203
4. counting 모형 ········ 211
- 연습문제 _ 214

CHAPTER 10 패널자료분석 ········ 215

1. 패널 혹은 종단자료란? ········ 215
2. 언제 패널 자료를 써야 하는가? ········ 216
3. 패널자료의 구축 ········ 216
4. 고정효과 모형과 임의효과 모형 ········ 222
5. 추정 ········ 225
- 연습문제 _ 238

CHAPTER 11 생존분석 ········ 239

1. 개요 ········ 239
2. 생존분석의 기본모형 ········ 243
3. 위험률 모형 ········ 246
4. 우측절단 ········ 247
5. 자료의 형태 ········ 248
6. 비모수적 추정, Kaplan-Meier Estimation ········ 254
7. 반모수적 추정방법, Cox의 비례위험률 모형 ········ 258
- 연습문제 _ 266

CHAPTER 12 정책평가 ········ 267

1. 정책평가의 인과추론 ········ 267
2. 이중차분법: 대조군의 활용 ········ 268
3. 두 개의 문! 한쪽의 상태만 관측된다 ········ 269
4. 이중차분법의 적용 사례 ········ 273
5. 삼중차분법 ········ 288
- 연습문제 _ 290

CHAPTER 13 Stata에서 Python 사용하기 ········ 291

1. 개요 ········ 291
2. 환경설정 ········ 292
3. 파이썬 실행 ········ 295
4. 패키지 설치하기 ········ 297
5. 패키지 사용하기 ········ 298
6. 파이썬을 이용한 간단한 시각화 ········ 300
7. SFI 모듈 사용하기 ········ 302
8. Pykrx를 이용하여 삼성전자 주가 살펴보기 ········ 309
9. open API를 이용하기 ········ 314
10. Jupyter notebook에서 Stata 사용하기 ········ 317

CHAPTER 14 시계열자료분석 ········ 321

1. 시계열의 용도와 정상성 ········ 321
2. 시계열 자료 파악하기 ········ 323
3. 오차항이 계열상관 관계를 가질 때 ········ 335
4. 자기상관시차모형 ········ 336
5. 시차결정 ········ 340
- 연습문제 _ 344

CHAPTER 15 비정상시계열 ······ 347

1. 비정상 시계열과 임의보행 ······ 347
2. 가성회귀의 문제 ······ 348
3. 확률적 추세 찾아내기 ······ 352
4. 공적분 관계 ······ 358
5. 오차수정 모형 ······ 362
- 연습문제 _ 364

CHAPTER 16 VAR 모형 추정 ······ 367

1. 벡터자기상관모형 ······ 367
2. 벡터오차수정모형 ······ 381
3. 자기상관조건부이분산 모형 ······ 392
- 연습문제 _ 400

CHAPTER 17 데이터 시각화 ······ 401

1. Stata의 시각화 ······ 401
2. 히스토그램 그리기 ······ 403
3. 산포도 그리기 ······ 408
4. 시간 추세선 그리기 ······ 416
5. scheme ······ 422
6. 백그라운드 색칠하기 ······ 426

찾아보기 ······ 433

CHAPTER 01

경제분석을 위한 STATA Version 17 4th edition

프롤로그

1 먹고 살자

경제학박사를 받기 전 연구조교로 7년 정도 지냈다. 한국에서 2년 반, 미국에서 5년 정도 교수님들 연구조교를 했다. 실증분석을 많이 했다. 당연히 많은 프로그래밍 언어와 통계 패키지들을 만졌다.

처음 통계패키지를 만진 것은 학부 때 계산통계학과에서 서울대 박성현 교수의 회귀분석을 들을 때이다. 숙제가 SAS를 이용해서 회귀분석을 하는 것이었다. 물론 경제학 전공자가 SAS를 알리 만무했고, 옆 자리에 앉아 있었던 통계학 전공 학생의 도움을 받아 숙제를 해서 냈다. 그때 처음 SAS를 배웠다. DOS도 모르던 시절에 SAS를 배워봤자 한 눈으로 들어왔다 다른 눈으로 그냥 없어지는 수준이었다. 4학년 때에 계량경제학의 대가이신 박준용 교수의 경제예측론 수업을 들었다. 이때 처음으로 매트릭스 언어 중에 하나인 GAUSS를 배웠다. 처음으로 간단한 OLS(ordinary least squares)추정을 직접 해보았다. 직접 프로그래밍을 해보니 실제 계량모형이 작동하는 방식에 대해서 잘 알 수 있었다.

대학원에 진학해서도 여전히 GAUSS를 사용했다. 하지만 GAUSS와 경쟁하는 다른 프로그램이 등장했다. MATLAB은 빠른 속도로 GAUSS를 대체해 나갔다. 일단 GAUSS와 문법에서 큰 차이가 없었다. 약간의 시행착오만 거치면 GAUSS로 되어 있던 프로그램을 MATLAB으로 바꿀 수 있었다. 무엇보다도 MATLAB의 그래픽은 편하고 예뻤다. 특히 최우추정법(MLE)이나 GMM 추정을 위한 최적화 루틴(optimization routine)은

GAUSS보다 훨씬 안정적이고 합리적이었다.

대학원을 졸업하고 미국으로 유학을 떠나기 전 숙명여자대학교에서 강사 생활을 했을 때에는 SPSS를 학생들에게 가르쳤다. SPSS는 경제학을 제외한 대부분의 사회과학과 경영학에서 많이 사용되고 있는 통계패키지이고, 여전히 많이 사용되고 있다. 일단 배우기가 쉽고 대부분의 명령어가 버튼 메뉴로 되어 있어 편리하다. 무엇보다도 직접 설문조사로부터 얻은 자료를 펀치해서 넣고 다양한 펀치 에러를 체크하는데 다른 어떤 통계패키지보다 강력했다. 다만 계량경제학의 다양한 추정방법을 사용하기에는 부족함이 많았다.

미국으로 유학 오고 난 온 이후에는 포트란(FORTRAN)과 C를 사용했다. 소위 말하는 구조모형추정을 이용해서 논문을 썼다. 보통 1번 추정에 짧게는 이틀, 보통 일주일 정도 프로그램이 돌았다. 통계패키지에는 내가 풀고 있는 문제를 추정할 수 있는 명령어가 없었다. GAUSS나 MATLAB은 반복계산인 루프, 특히 do-loop나 for-loop에 지나치게 많은 시간이 걸렸다. 가능한 한 시간을 단축하기 위해서 다소 불편하지만 FORTRAN에 의지를 할 수밖에 없었다. FORTRAN은 변수 선언을 일일이 해주어야 하고, 특히 프로그램의 오류를 잡는 디버깅(debugging)이 불편하다는 단점이 있다. 하지만 연구자가 생각하는 대로 프로그램을 할 수 있고 무엇보다도 속도가 빠르다는 점, 특히 병렬계산(parallel computing)을 이용하면 추정의 시간을 단축할 수 있다는 점은 여전히 매력적이다.

저자가 Stata를 사용하게 된 것은 미국에서 연구조교를 하면서이다. 2001년부터 연구조교를 시작했는데, 그때 이미 대다수의 경제학자들은 Stata를 사용하고 있었다. 수요가 있었다. Stata를 잘 할 수 있다고 이력서에 쓰니 연구조교 자리를 구하는 것이 쉬워졌다. 학기 중에는 물론 방학 때에도 쉽게 연구조교 자리를 구할 수 있었다. 유학하는 동안 Stata로 먹고 살았다고 해도 과언은 아니다.

한국에 귀국하고 난 이후에는 Stata 이용 빈도가 더 많아졌다. 특히 대규모 미시자료를 이용한 정책평가(policy evaluation)에는 예외 없이 Stata를 사용하고 있다. 다양한 형태로 제공되는 데이터를 읽어 들이고, 여러 가지 필요한 요약 통계를 작성하고, 이를 바탕으로 최신의 계량모형에 기초하여 분석할 수 있는 다양한 명령어를 제공하고 있기 때문이다.

무엇보다도, 계량경제 연구자들이 직접 작성한 user-written program이 실시간으로 제공되기 때문에 최신 추정법도 상당수 사용할 수 있다. 아마도 다른 패키지들을 제치고 경제학 분야에서 가장 인기 있는 통계 패키지가 된 주요한 이유일 것이다. 경제학뿐만 아니라 보건학, 사회복지학, 사회학 등에서도 SAS나 SPSS 등과 경쟁하면서 시장점유율을 상당히 올리고 있다.

통계 패키지, 그 중 Stata를 이용하는 장점은 분명하다. 먼저 램(RAM)에 자료를 두고 처리를 하기 때문에 속도가 빠르다. 다양한 명령어를 이용하여 데이터를 편리하게 만질 수 있다. 다양한 변수들을 넣었다 빼었다 하면서 다양한 모형을 빠른 시간 내에 살펴볼 수 있다. 상용화된 알고리듬을 사용하기 때문에 추정치를 신뢰할 수 있고 안정적이다. 그리고 최신의 계량모형을 사용할 수 있다.

무엇보다도 중요한 점은 프로그래밍 하는데 소요되는 시간을 최소화함으로써 원래의 연구문제를 생각하는데 좀 더 많은 시간을 할애할 수 있다는 측면이다. 다시 말해 연구자가 추정해야할 모형과 추정된 결과에 대해서 생각해볼 시간을 좀 더 가질 수 있게 해준다.

사실 통계 그 자체는 어떠한 얘기도 해주지 않는다. 연구자가 특정 변수들 간의 관계에 대해 끊임없이 자료에게 물어봐야 한다. 하지만 맹목적인 실증분석을 가지고서는 어떤 해석할 수 있는 결과를 얻을 수 없다(Blind empiricism leads nowhere!). 실증분석에 앞서 변수들의 관계에 대해 사전 예측에 근거하여 분석할 필요가 있다. 경제모형은 어떤 변수가 어떤 변수에게 인과적 영향(causal impact)을 주고 있는지에 대한 함의를 제공하고 있기 때문에 데이터 분석에 앞서 경제모형에 대한 생각을 좀 더 하는 것이 필요하다. 더 나아가서 경제모형은 실증분석에서 어떤 변수들이 통제변수로 사용되어야 하는지에 대한 정보도 제공해주기 때문에 이론 모형과 실증모형과의 관계를 면밀하게 따져보아야 할 필요가 있다. 물론 이러한 과정은 Stata와는 아무 상관이 없을 수가 있다. 하지만 추정에 써야 할 많은 노력과 시간을 절약해서 연구문제의 중요한 측면들을 고려할 수 있다면 Stata 사용을 통해 얻을 수 있는 이득이라고 볼 수 있다.

한 가지 어려운 결정은 남아 있다. 새로운 문제를 풀다 보면 Stata에 아직 포함되지 않은 추정을 해야 할 경우가 있다. 학문적 성과라고 하는 것이 기존에 없던 것을 만드는 것이라고 본다면, Stata 뿐만 아니라 대부분의 통계 패키지는 매우 제한적일 수밖에 없다. 비용과 혜택을 따져봐야 한다.

나의 결론은 간단 명료하다. Stata로는 웬만하면 힘든 프로그래밍은 안 하는 것이 좋다. MATA나 간단한 프로그램을 이용해서 직접 루틴을 짜는 것은 가능하다. 하지만 아주 간단한 경우를 제외하면 Stata가 다른 프로그래밍 언어에 비해 장점이 없다. 그런 경우에 대한 나의 답은 그런 모형은 하지 말라는 것이다. 우리집 가훈에 적어 놓았다. "Stata에 없는 추정은 생각도 하지 말라"고. 오히려 제공되는 모형을 가지고 분석하되 좀 더 다양한 자료, 풍부한 해석 및 정책적 함의의 제공을 목적으로 하는 것이 좀 더 비용면에서 효과적이면서 효율적이라고 생각한다.

이 책은 저자가 연구조교로 Stata를 사용하면서 혹은 정책연구와 논문을 쓰면서 얻은 Stata 사용에 필요한 노하우를 정리한 것이다. 따라서 나열식의 보통 Stata 매뉴얼들과는 다르게, 연구자가 자료의 획득에서부터 분석까지 경제분석에 필요한 일련의 과정에 관한 내용들로 구성했다. 어떤 명령어는 자세하게 소개하였지만 어떤 명령어는 소개되지 않은 것도 있다. 자세한 명령어 문법과 사용법은 Stata에서 제공하는 매뉴얼로도 충분하다. 대신 이 책은 자료를 앞에 두고 있는 연구자가 어떤 방식으로 자료를 읽어 들이고 어떤 명령어를 이용해서 요약통계를 작성하고, 다시 어떤 계량모형을 이용해서 관심 있는 모형을 추정할 수 있는지에 초점을 맞춰 설명하였다.

책의 수준은 입문자들이 충분히 스스로 공부할 수 있도록 하였다. 또한 정책연구를 하는 경제학 전공자들이 보면 유용할 수 있는 팁들과 해석들도 담았다. 계량경제모형은 독자들을 고려하여 최소한의 모형만 설명하였다. 다만 그 모형을 언제 사용해야 하고 그 함의는 무엇이면 어떤 점을 조심해야 하는지에 대해서 될 수 있으면 직관적으로 설명하였다. 계량경제학을 공부하면서 이 책을 참조한다면 그 또한 많은 도움이 될 것으로 기대한다.

2 실습 하기

이 책은 계량에 대한 논의는 될 수 있는 한 요리책 수준을 넘지 않도록 기술하였다. 자세한 계량경제학 모형들은 다른 계량경제학 교과서를 참고하는 것이 좋다. 여기에서는 계량모형을 추정함에 있어 설명하는데 필요한 부분만 설명하였다. 오히려 이 책은 독자들이 직접 실습을 하면서 Stata를 이용해서 경제분석을 하는데 도움을 주는 것이 목적이다.

각 장의 실습파일은 필자의 중요한경제문제연구소 홈페이지인 cafe.naver.com/centraleconomicissue에 각 장별로 업로드 되어 있다. 자료 파일(*.dta)과 실습파일(*.do)을 적당한 폴더에 다운로드 받은 후 실습을 진행하면 된다. 실습을 진행하기 앞서 pwd를 이용해 현재 작업 중인 폴더가 어디인지를 확인하자. 다운로드 받은 실습파일이 있는 폴더가 아니라면 다음 명령어를 이용해서 실습폴더로 이동하자.

```
cd "폴더경로"
```

원하는 실습폴더로 이동했는지 다시 pwd를 이용해서 확인하자.

아니면 아래와 같이 File > Change working directory 메뉴를 이용해서 작업 디렉토리를 변경해도 된다.

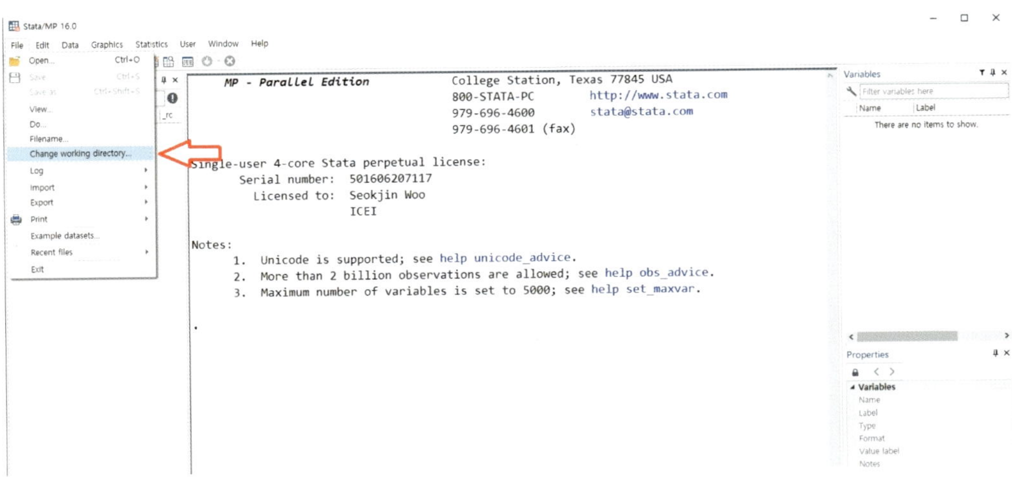

CHAPTER 02

경제분석을 위한 STATA 17 4th edition

자료 읽기

1 자료의 형태

경제자료를 이용한 실증분석은 자료를 구하는 것으로부터 출발한다. 연구자들은 다양한 경로로 자료를 구한다. 출처가 다양한 만큼 연구자가 구한 자료 역시 다양한 형태를 갖고 있다.

가장 흔한 형태의 자료는 엑셀(Excel) 같은 **스프레드쉬트**(spread sheet)의 형태이다 ([그림 2.2] 참조). 통계청, 한국은행, IMF, OECD, 세계은행 등의 데이터베이스에서 자료는 보통 엑셀 형태로 다운로드를 받게 된다. Stata에서 실증분석을 하기 위해서는 엑셀 자료를 Stata로 읽어들어야 한다.

다음으로 많은 형태는 ASCII 파일 형태의 **텍스트 형태**의 데이터이다. 엑셀 형태의 자료는 자료의 양이 작은 경우는 편리하다. 하지만 엑셀 형태의 자료의 경우 필요한 정보 외에도 다른 정보가 포함되어 있어 자료의 크기가 커지는 경향이 있다. 컴퓨터의 처리 능력이 좋아지긴 했지만, 여전히 대용량의 엑셀 형태의 자료를 읽거나 쓰는 데에 제약이 있다. 이런 경우 다른 정보는 최대한 배제하면서 필요한 정보만 포함하고 있는 텍스트 파일 형태의 자료가 여러모로 편리하다. 보통 텍스트 파일 형태의 자료에서는 변수와 변수 사이가 빈 공간, 탭(tab), 콤마(,), 세미콜론(;) 등의 변수를 구분하는 구분자(delimiter)로 구분되어 있다. 이런 자료의 형식은 자유형식(free format)으로 불린다.

대용량 자료의 경우에는 이러한 구분자도 생략된다. 변수가 정해진 위치에 기록된 자료의 형식을 고정형식(fixed format)으로 불린다. 고정형식의 자료는 레이아웃(layout)

이라고 불리는 파일과 같이 제공된다. 레이아웃에는 어떤 변수가 몇 번째 위치에 있고 길이는 얼마나 되는지에 대한 정보가 담겨져 있다.

마지막으로 통계패키지에서 바로 사용할 수 있는 통계패키지의 자료 형태로 되어 있는 경우가 있다. Stata 자료 파일은 확장자가 '*.dta'로 되어 있다. Stata 이외의 통계패키지 자료 파일은 확장자가 다르다. 예컨대 SPSS 자료는 '*.sav', SAS 자료는 '*.sas7bdat' 등이다. Stata 버전 16부터는 SPSS, SAS 등 흔히 이용되는 다른 통계패키지 자료를 Stata로 직접 불러올 수 있는 기능이 추가되었다.

자료의 형태

- 엑셀 형태의 자료
- 텍스트 형태의 자료
- 통계패키지 형태의 자료

2 자료 읽어 들이는 방법

먼저 Stata를 열어보자. [그림 2.1]과 같이 5개의 창이 열린다. 가운데 있는 창은 결과창(results)이다. 통계분석한 결과가 결과창에 나타난다. 명령어창에 명령어를 입력하면 그 결과가 결과창에 나오게 된다. 그 아래 있는 창은 명령어창(command)이다. 입력된 명령어는 왼쪽에 있는 기록창(history)에 차곡 차곡 쌓이게 된다. Stata로 불러들여진 자료에 포함된 변수들 목록은 오른쪽의 변수창에 표시된다. 특정 변수의 특성에 대한 정보는 바로 아래창에는 변수의 속성이 표시된다. 예컨대, 해당 변수가 숫자 변수인지 아니면 문자 변수인지, 변수값의 레이블은 어떤지 등이 나타난다.

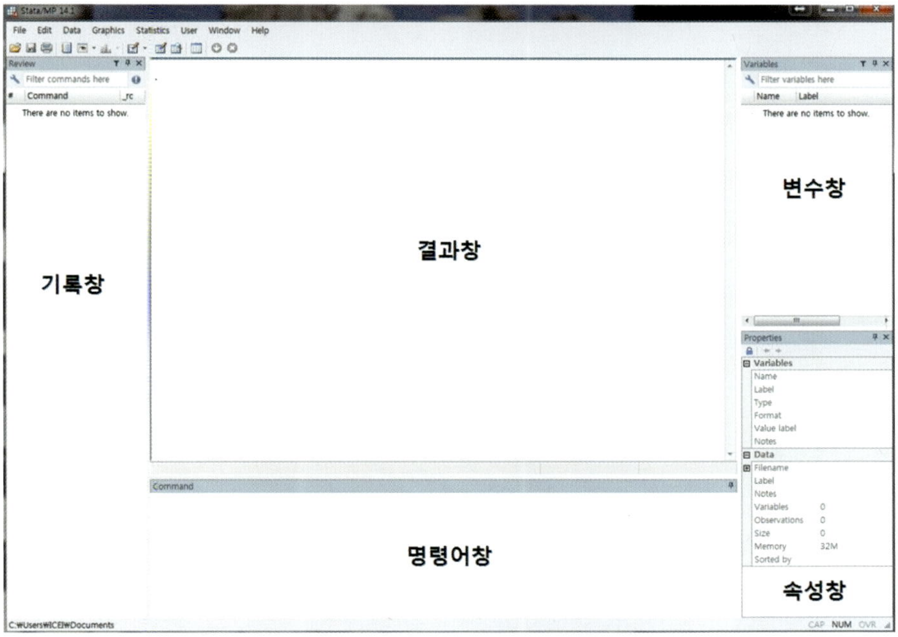

그림 2.1 인터페이스 창

가) 엑셀 자료 읽는 방법

엑셀 형태의 자료를 Stata로 읽어 들이는 방법에 대해서 알아보자. 엑셀 형태의 자료는 가장 흔하고 가장 많이 접할 수 있는 형태의 자료이다. 실증분석을 하다 보면, 다양한 자료 출처로부터 자료를 모으게 된다. 대부분 데이터베이스 사이트는 엑셀 형태로 자료를 제공하고 있다.

엑셀 형태의 데이터를 복잡한 절차 없이 빠르고 간단히 자료 분석을 하고 싶은 경우가 있다. 엑셀로 된 자료를 가장 손쉽게 Stata 자료로 읽어 들이는 방법은 'dataeditor'를 쓰는 방법이다. [그림 2.2]는 엑셀 자료 fertility.xlsx를 불러들일 것이다. 흔히 만날 수 있는 자료의 형터이다. 연도별 여성의 출산, 성별 경제활동참가율, 성별 임금, 남녀 임금 비율, 자녀관련 소득공제 금액을 포함하고 있는 자료이다. 이런 자료는 바로 Stata로 옮겨 올 수 있다. 엑셀에서 사용하는 복사 후 붙여 넣기, 즉 copy and paste, [Ctrl+C, Ctrl+V]를 사용하여 엑셀의 자료를 Stata에 붙여 넣으면 된다. 먼저 엑셀에서 복사해야 하는 셀을 선택한 후에 복사하기 기능을 이용해서 먼저 해당 셀들을 복사한다.

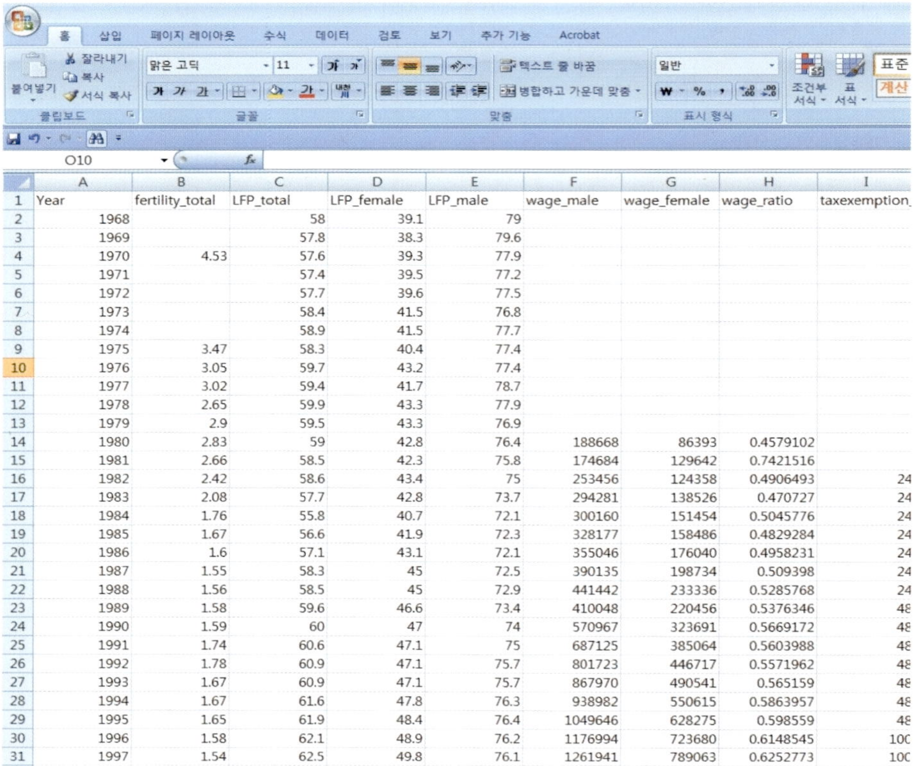

	A	B	C	D	E	F	G	H	I
1	Year	fertility_total	LFP_total	LFP_female	LFP_male	wage_male	wage_female	wage_ratio	taxexemption_
2	1968		58	39.1	79				
3	1969		57.8	38.3	79.6				
4	1970	4.53	57.6	39.3	77.9				
5	1971		57.4	39.5	77.2				
6	1972		57.7	39.6	77.5				
7	1973		58.4	41.5	76.8				
8	1974		58.9	41.5	77.7				
9	1975	3.47	58.3	40.4	77.4				
10	1976	3.05	59.7	43.2	77.4				
11	1977	3.02	59.4	41.7	78.7				
12	1978	2.65	59.9	43.3	77.9				
13	1979	2.9	59.5	43.3	76.9				
14	1980	2.83	59	42.8	76.4	188668	86393	0.4579102	
15	1981	2.66	58.5	42.3	75.8	174684	129642	0.7421516	
16	1982	2.42	58.6	43.4	75	253456	124358	0.4906493	24
17	1983	2.08	57.7	42.8	73.7	294281	138526	0.470727	24
18	1984	1.76	55.8	40.7	72.1	300160	151454	0.5045776	24
19	1985	1.67	56.6	41.9	72.3	328177	158486	0.4829284	24
20	1986	1.6	57.1	43.1	72.1	355046	176040	0.4958231	24
21	1987	1.55	58.3	45	72.5	390135	198734	0.509398	24
22	1988	1.56	58.5	45	72.9	441442	233336	0.5285768	24
23	1989	1.58	59.6	46.6	73.4	410048	220456	0.5376346	48
24	1990	1.59	60	47	74	570967	323691	0.5669172	48
25	1991	1.74	60.6	47.1	75	687125	385064	0.5603988	48
26	1992	1.78	60.9	47.1	75.7	801723	446717	0.5571962	48
27	1993	1.67	60.9	47.1	75.7	867970	490541	0.565159	48
28	1994	1.67	61.6	47.8	76.3	938982	550615	0.5863957	48
29	1995	1.65	61.9	48.4	76.4	1049646	628275	0.598559	48
30	1996	1.58	62.1	48.9	76.2	1176994	723680	0.6148545	100
31	1997	1.54	62.5	49.8	76.1	1261941	789063	0.6252773	100

그림 2.2 엑셀자료 형태

복사한 자료는 Stata에 있는 data editor를 이용하여 Stata에 붙여넣으면 된다. Stata를 시작하면 좌측 상단 메뉴에 스프레드쉬트 모양의 data editor 버튼이 2개 있다. [그림 2.3]의 화살표가 가리키는 왼쪽 버튼은 자료를 붙여넣거나 제거하거나 수정할 수 있는 편집용(edit) 버튼이다. 오른쪽 버튼은 자료를 볼 수 있지만 수정할 수는 없는 탐색용(browse) 버튼이다.

편집용 버튼을 누르거나 명령어창에 edit를 입력하면, [그림 2.4]와 같이 편집창이 활성화된다. 엑셀의 스프레드쉬트와 유사하게 생겼다. 왼쪽 맨 위 셀을 클릭하고 Ctrl+V를 이용해서 앞에서 복사했던 것을 붙여넣으면 된다.

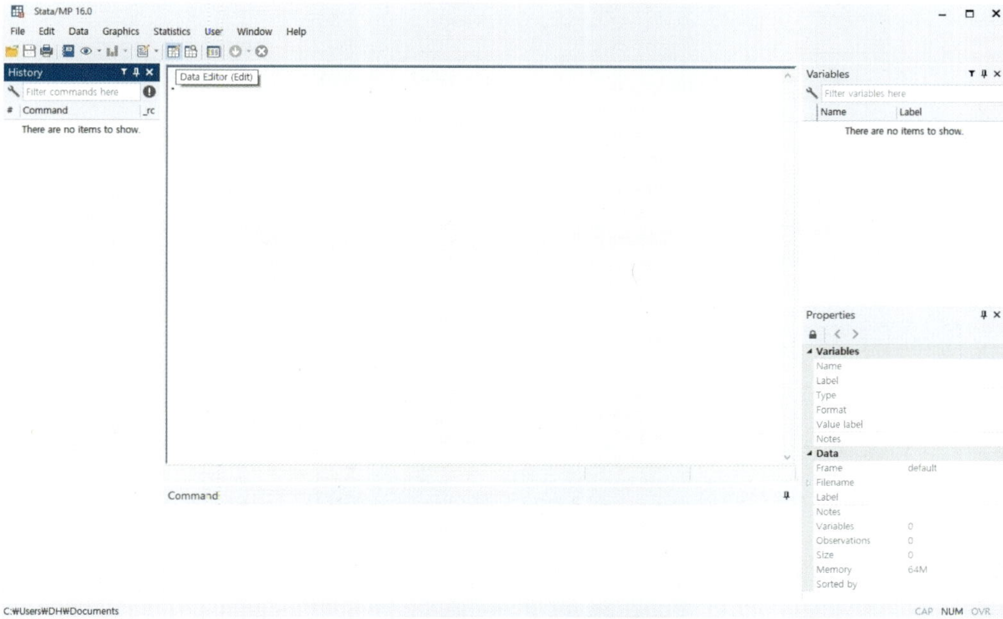

그림 2.3 data editor 버튼 위치

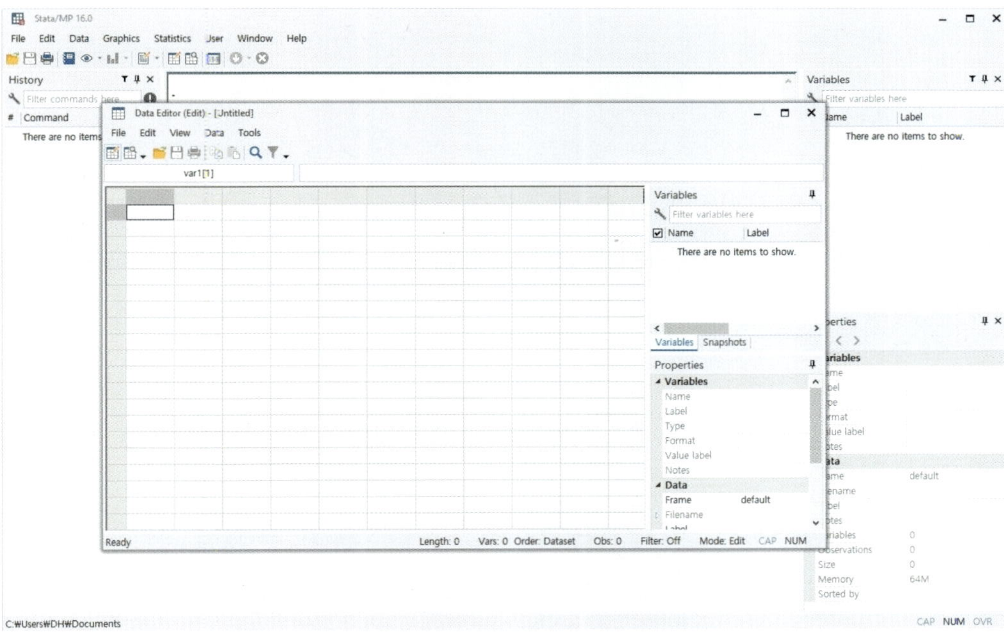

그림 2.4 data editor 화면

자료의 첫 번째 행이 변수 이름인지를 묻는 메뉴가 팝업 창으로 등장한다. 만약 위의 그림처럼 첫 번째 행이 변수명이면 'treat the first row as variable names'를 선택하면 된다. 복사했던 자료가 편집기의 스프레드쉬트에 붙는 것을 볼 수 있다.

dataeditor를 이용하면, 별도의 명령어 없이 자료를 바로 읽어 들일 수 있어 편리하고 분석시간도 단축할 수 있다. 하지만 필자는 이 방법을 추천하지는 않는다. 수작업은 실수를 부르기 마련이고, 유사한 작업을 반복해서 해야 하는 경우 오히려 많은 시간이 걸린다. 나아가 분석마다 결과가 달라질 때, 그 차이가 모형 때문인지, 자료 때문인지, 아니면 자료를 복사하여 붙이는 과정에서의 단순 실수 때문인지 검증하기 어렵게 된다. 따라서 자료의 사이즈가 특별히 작거나 혹은 분석결과를 간단하면서도 급하게 확인해봐야 하는 경우를 제외하고는 복사하여 붙여넣는 방법은 가급적 사용하지 않는 게 좋다.

엑셀 형식의 파일은 import excel로 읽어 들이자

Stata 버전 12부터는 엑셀 파일을 Stata에 직접 읽어 들일 수 있게 되었다. [그림 2.5]와 같이 File>Import>Excel spreadsheet를 선택하면 [그림 2.6]과 같은 작은 창이 열린다. 창의 Browse 버튼을 클릭하여 엑셀 파일(auto.xls)이 위치한 경로를 선택하고, 자료가 포함된 엑셀 워크시트와 셀의 범위를 선택하면 원하는 자료를 불러들일 수 있다. 이 엑셀 자료의 첫 행이 변수명이므로 'import first row as variable names' 버튼을 체크하였다.

반복 작업에는 버튼 메뉴가 아니라 명령어를 써서 자료를 읽어 들이는 것이 편리하다. 명령어는 import excel을 이용하면 된다. 실행할 명령문은 아래와 같다.

```
. import excel using fertility.xlsx, firstrow cellrange(A1:I43)
```

위의 구문을 해석해보자. 엑셀로 되어 있는 파일을 읽어 들이되 읽을 파일 이름은 fertility.xlsx이라고 지정해주고 있다. 콤마 다음은 import excel 명령어의 옵션들이다. 먼저, firstrow는 첫 번째 줄이 변수명이라는 것을 알려주는 것이다. 만약 이 옵션을 활용하지 않으면, Stata는 첫 번째 줄부터 관측치로 인식해서 불러들이게 된다. 변수 이름이 특정되지 않았기 때문에 변수명은 A, B, C, D 등으로 임의로 붙여지게 된다.

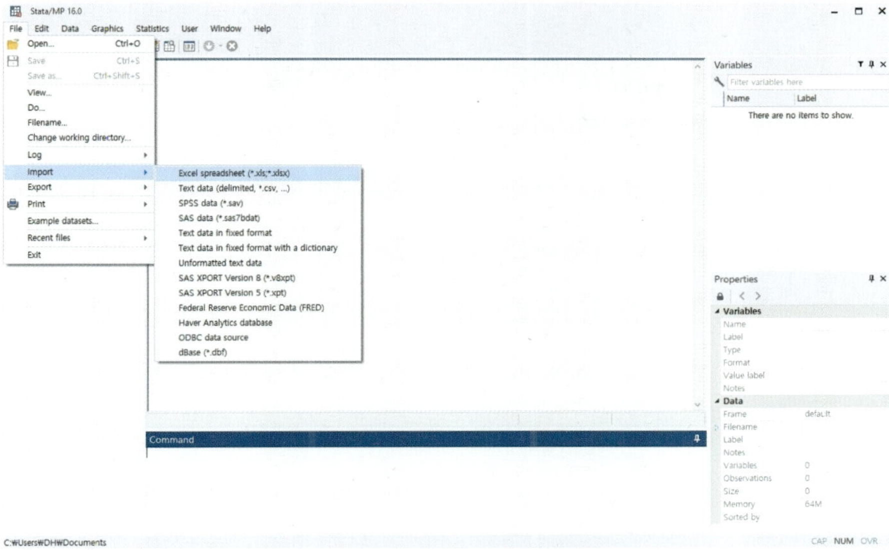

그림 2.5 엑셀 파일 불러들이기

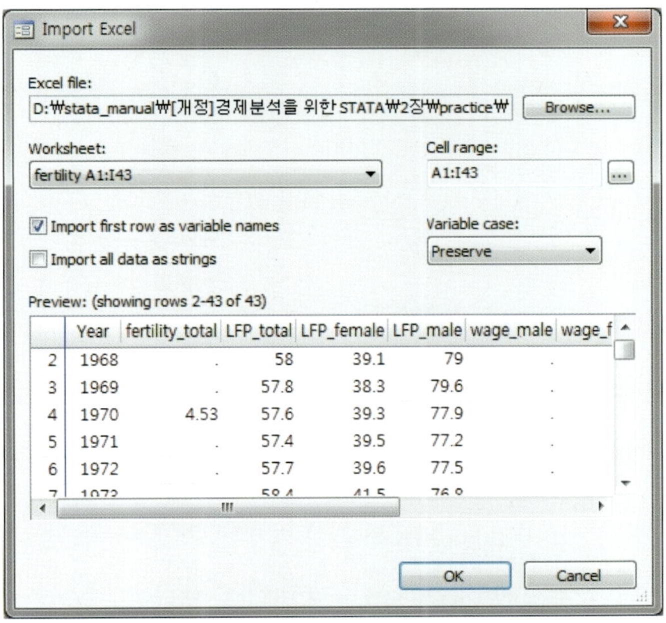

그림 2.6 import excel 창

그 다음의 cellrange()는 엑셀 워크시트 내에서 특정 부분만을 읽어 들여야 할 때 유용한 옵션이다. 요즘에는 자료를 다운받으면 자료의 아래에 이 자료가 어떤 자료임을 나타내는 주석들이 같은 워크시트 내에 들어가 있는 경우가 많다. 이러한 주석은 자료로서는 가치가 없는 것이기 때문에 특별히 Stata 내로 읽어 들일 필요는 없다. 이 경우 cellrange()를 정해주면 지정한 셀 범위만 한정하여 읽어 들이게 된다.

나) 텍스트 파일을 읽어 들이는 방법

자료의 크기가 클 경우, [그림 2.7]과 같이 자료가 엑셀 파일('*.xls' 혹은 '*.xlsx')이 아닌 텍스트 파일('*.txt' 혹은 '*.csv' 등의) 형태로 제공될 수 있다. 여기서는 변수들이 콤마(,)를 이용해서 구분이 되어 있다. 경우에 따라 변수가 탭, 여백, 혹은 다른 기호로 구분하여 저장되어 있을 수 있다.

auto.txt - Windows 메모장

파일(F) 편집(E) 서식(O) 보기(V) 도움말

make	price	mpg	rep78	headroom	trunk	weight	length	turn	displacement	gear_ratio	foreign
"AMC Concord"	4099	22	3	2.5	11	2930	186	40	121	3.5799999	"Domestic"
"AMC Pacer"	4749	17	3	3	11	3350	173	40	258	2.53	"Domestic"
"AMC Spirit"	3799	22		3	12	2640	168	35	121	3.0799999	"Domestic"
"Buick Century"	4816	20	3	4.5	16	3250	196	40	196	2.9300001	"Domestic"
"Buick Electra"	7827	15	4	4	20	4080	222	43	350	2.4100001	"Domestic"
"Buick LeSabre"	5788	18	3	4	21	3670	218	43	231	2.73	"Domestic"
"Buick Opel"	4453	26		3	10	2230	170	34	304	2.8699999	"Domestic"
"Buick Regal"	5189	20	3	2	16	3280	200	42	196	2.9300001	"Domestic"
"Buick Riviera"	10372	16	3	3.5	17	3880	207	43	231	2.9300001	"Domestic"
"Buick Skylark"	4082	19	3	3.5	13	3400	200	42	231	3.0799999	"Domestic"
"Cad. Deville"	11385	14	3	4	20	4330	221	44	425	2.28	"Domestic"
"Cad. Eldorado"	14500	14	2	3.5	16	3900	204	43	350	2.1900001	"Domestic"
"Cad. Seville"	15906	21	3	3	13	4290	204	45	350	2.24	"Domestic"
"Chev. Chevette"	3299	29	3	2.5	9	2110	163	34	231	2.9300001	"Domestic"
"Chev. Impala"	5705	16	4	4	20	3690	212	43	250	2.5599999	"Domestic"
"Chev. Malibu"	4504	22	3	3.5	17	3180	193	31	200	2.73	"Domestic"
"Chev. Monte Carlo"	5104	22	2	2	16	3220	200	41	200	2.73	"Domestic"
"Chev. Monza"	3667	24	2	2	7	2750	179	40	151	2.73	"Domestic"
"Chev. Nova"	3955	19	3	3.5	13	3430	197	43	250	2.5599999	"Domestic"
"Dodge Colt"	3984	30	5	2	8	2120	163	35	98	3.54	"Domestic"

그림 2.7 comma로 구분되어 있는 텍스트 파일

이러한 형태의 자료는 [그림 2.8]처럼 File>Import>Text data(delimited, *.csv,...)의 버튼 메뉴를 선택하면 import delimited 명령어 창을 열 수 있다. [그림 2.9]처럼 생긴 창에 읽어 들여야 할 파일(auto.csv)을 선택한다. 옵션으로 구분자의 형태, 첫 줄이 변수 이름인지의 여부 등을 적절히 선택해주면 자료를 Stata로 읽어 들일 수 있다.

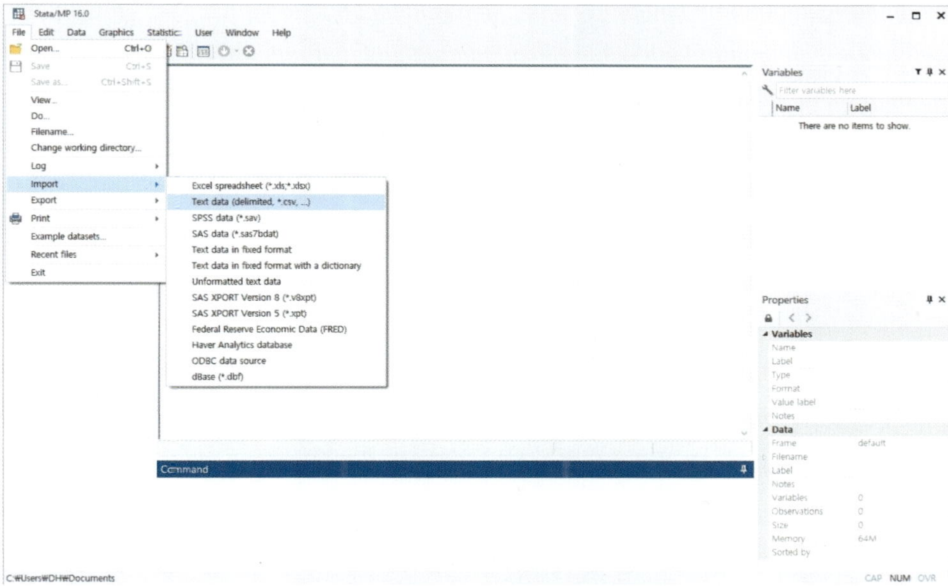

그림 2.8 텍스트 파일 불러들이기

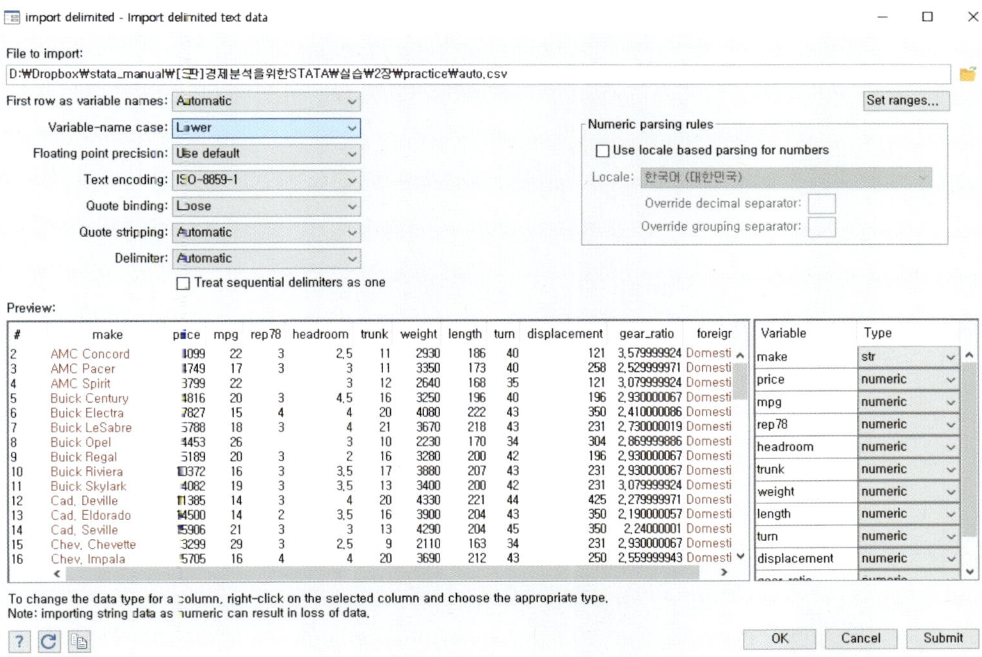

그림 2.9 import delimited 창

버튼 메뉴 대신 명령어를 이용하여 읽어 들일 수 있다. import delimited를 사용하면 된다. import delimited 명령어는 특별히 옵션을 지정하지 않으면 자동적으로 자료가 탭 혹은 콤마로 구분되어 있다고 가정하고 자료를 읽는다. 명령어의 문법은 아래와 같다.

```
. import delimited using auto, clear
(12 vars, 74 obs)
```

import delimited 명령어 다음에 using이 등장하고, using 뒤에는 읽어 들일 파일의 이름을 지정해주어야 한다. 위의 예와 같이 파일의 확장자가 지정되어 있지 않으면, import delimited는 *.csv로 가정하고 파일을 읽어 들이게 된다.

자료의 구분자가 탭이나 콤마이면 Stata가 스스로 인식한다. 구분자가 다른 기호라면 delimiters 옵션을 지정할 수 있다. 예컨대 구분자가 세미콜론이거나 빈 칸이면 아래와 같이 명령문을 쓸 수 있다.

```
• import delimited using filename.txt, delimiter(";")
• import delimited using filename.txt, delimiter("whitespace")
```

원자료가 auto.csv에서처럼 변수명을 포함하면 Stata가 스스로 인식하여 처리한다. 만약 Stata가 잘못 인식할 경우에는 옵션을 지정해야 한다. 원자료에 변수명이 없는데 있다고 인식할 경우에는 varnames(nonames) 옵션을 지정하면 된다. 변수명이 원자료의 셋째 줄에 포함되어 있고 맨 앞의 두 줄은 불필요하다면, varnames(3) 옵션을 지정할 수 있다.

```
• import delimited using filename.txt, varnames(nonames)
• import delimited using filename.txt, varnames(3)
```

엑셀에서 csv 혹은 txt 파일로 저장된 자료는 import delimited로 읽어 들이자

한편 원자료에 변수명이 없는 경우에는 import delimited 명령어와 함께 변수 이름을 지정해줄 수 있다. 예를 들어 import delimited 명령문에 12개의 원하는 변수명을

아래와 같이 나열하면 된다. 이 경우 첫 번째 변수명은 make, 두 번째 변수명은 price, 세 번째 변수명은 mpg 등등으로 지정된다. auto_noname.txt은 텍스트 파일이므로 확장자 .txt를 붙여주어야 한다.

```
. import delimited make price mpg rep78 headroom trunk ///
> weight length turn displacement gear_ratio foreign ///
> using auto_noname.txt, clear
(12 vars, 74 obs)
```

변수명이 포함되지 않은 자료를 그냥 읽어들이면 Stata는 v1, v2, v3 등등으로 변수명을 지정한다. 이 경우 명령어 rename을 이용하여 변수명을 바꿀 수 있다.

```
. import delimited using auto_noname.txt, clear
(12 vars, 74 obs)

. rename (v1 v2 v3 v4 v5 v6 v7 v8 v9 v10 v11 v12) ///
> (make price mpg rep78 headroom trunk ///
> weight length turn displacement gear_ratio foreign)
```

혹은 다음과 같이 더 간단히 쓸 수도 있다.

```
. import delimited using auto_noname.txt, clear
(12 vars, 74 obs)

. rename (v1-v12) (make price mpg rep78 headroom trunk ///
> weight length turn displacement gear_ratio foreign)
```

다) 고정포맷(fixed format)으로 된 자료 읽어 들이는 방법

최근에는 기관마다 다양한 설문조사, 특히 패널조사를 진행하고 있다. 대규모 설문조사는 자료의 크기가 크다. 많은 응답자가 많은 문항에 응답하기 때문이다. 반복횡단면 자료(repeated cross-section data) 또는 종단자료(longitudinal data)의 경우 자료의 양이 방대하다. 이처럼 대량의 자료를 엑셀파일로 배포하면 파일 크기가 커지기 때문에, ASCII 형태로 제공하는 것이 낫다.

설문조사 자료는 응답자도 많지만 문항도 많기 때문에 모든 자료를 Stata로 읽어 들여서 작업하는 것은 효율적이지 않다. 필요한 문항만 Stata로 읽어 들여서 작업하는 것이 필요하다. 이러한 수요를 반영하여 대규모 설문조사의 경우, 자료를 고정포맷(fixed format)으로 제공하고 있다. 특정 변수를 미리 정해진 위치(열)에 저장하는 방식(위치 고정, fixed)으로 자료가 가공된 것이다. 고정포맷 자료는 [그림 2.10]과 같이 생겼다. [그림 2.10]은 통계청의 2008년 가계조사 자료의 일부분이다.

▌우리나라의 패널조사자료

우리나라의 최초 패널조사는 한국가구패널조사(KHPS, Korea Household Panel Study), 이른바 대우패널이다. 현존하는 가장 오래된 가구조사인 미국의 PSID(Panel Study of Income Dynamics)를 모델로 하여 1993년부터 조사를 시작하였다. 조사 주체인 대우경제연구소가 1997년 외환위기로 인해 재정적 어려움을 겪으면서 1997년 7차 조사를 끝으로 중단되었다. 이후 1998년에는 국책연구소인 한국노동연구원에서 한국노동패널조사(KLIPS) 이른바 노동패널을 시작하여 최근까지 이어지고 있다. 노동패널은 중간에 조사 주체가 노동연구원에서 고용정보원으로 바뀌는 등 여러 문제를 겪었지만, 조사가 비교적 성공적으로 이루어지고 있는 것으로 평가되고 있다.

이러한 노동패널의 성공에 기초하여 다른 여러 연구기관들도 패널자료를 생산하고 있다. 한국조세재정연구원의 조세재정패널(NaSTaB), 한국보건사회연구원의 복지패널(KOWEPS), 한국고용정보원의 청년패널조사(YP), 고령화연구패널조사(KLoSA) 및 대졸자직업이동경로조사(GOMS), 한국청소년정책연구원의 청소년패널, 여성정책연구원의 여성가족패널, 육아정책연구소의 아동패널, 직업능력개발원의 교육고용패널, 한국교육개발원의 교육종단연구, 국민연금공단의 국민노후보장패널 등이 있다.

고정포맷 형식의 경우 자료 생성기관에서는 연구자가 원하는 변수를 자료에서 추출할 수 있도록 레이아웃(layout)을 제공한다. 통상적으로 레이아웃에서는 변수 이름, 변수의 시작 위치와 변수의 길이가 포함되어 있다. [그림 2.11]은 2008년 가계조사 미시자료에 대한 레이아웃이다.

Stata에서 이러한 형태의 자료를 읽어 들이기 위해서는 infile이라는 명령어를 사용하면 된다. 고정포맷 자료로부터 자료를 읽어 들이기 위해서는 Stata에 어떤 위치에 가서 어떤 변수를 어떤 포맷으로 읽을 것인지에 대해서 알려줄 필요가 있다. 이런 정보를 담고 있는 파일이 사전파일(dictionary file)이고 확장자는 *.dct이다.

사전파일 없이도 직접 infile에 변수에 대한 정보를 포함하면 자료를 읽어 들일 수 있다. year 변수가 1열부터 4자리, gdp 변수가 5열부터 4자리, cpi 변수가 9열부터 3자리인 경우 아래의 명령어를 사용하여 읽을 수 있다.

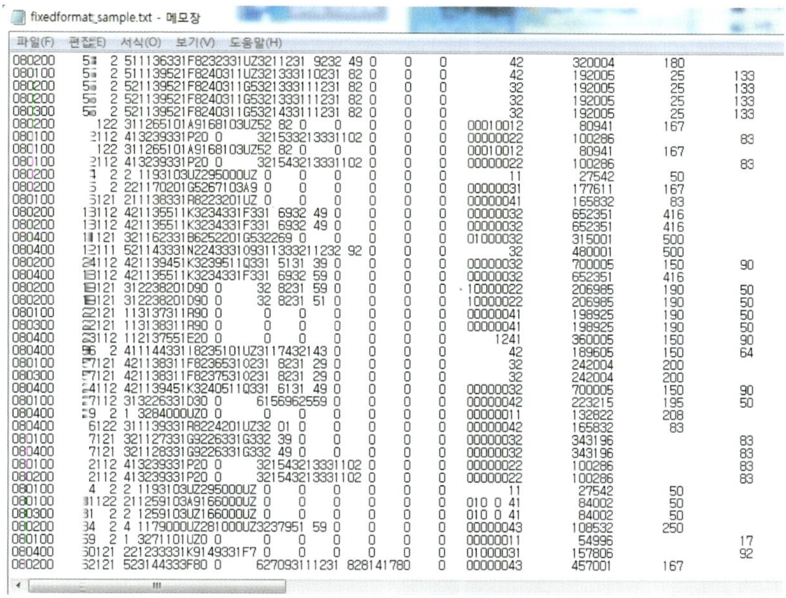

fixedformat_sample.txt - 메모장

파일(F) 편집(E) 서식(O) 보기(V) 도움말(H)

```
080200   5   2 511136331F8232331UZ3211231  9232 49 0    0    0          42    320004    180
080100   5   2 511139521F8240311UZ3213331102 31 82 0    0    0          42    192005     25     133
080200   5   2 521139521F8240311G53213331112 31 82 0    0    0          32    192005     25     133
080200   5   2 521139521F8240311G53213331112 31 82 0    0    0          32    192005     25     133
080300   5   2 521139521F8240311G53214331112 31 82 0    0    0          32    192005     25     133
080200     122 311265101A9168103UZ52 82 0    0    0    0    0    00010012     80941    167
080100    2112 413239331P20 0     3215332133311 02 0    0    0    00000022    100286            83
080100     122 311265101A9168103UZ52 82 0    0    0    0    0    00010012     80941    167
080100    2112 413239331P20 0     3215432133311 02 0    0    0    00000022    100286            83
080200    1  2 2 1193103UZ295000UZ 0    0    0    0    0    0          11     27542     50
080200    5  2 221170201G5267103A9 0    0    0    0    0    0    00000031    177611    167
080100    5121 211138331R8223201UZ 0    0    0    0    0    0    00000041    165832     83
080200   13112 421135511K3234331F331  6932 49 0    0    0    0    00000032    652351    416
080200   13112 421135511K3234331F331  6932 49 0    0    0    0    00000032    652351    416
080400   1 121 321162331B6252201G532269 0    0    0    0    0    01000032    315001    500
080400   12111 521143331N22433310931133321 1232 92 0    0    0          32    480001    500
080200   24112 421139451K3239511Q331  5131 39 0    0    0    0    00000032    700005    150     90
080400   13112 421135511K3234331F331  6932 59 0    0    0    0    00000032    652351    416
080200   1 121 312238201D90 0     32  8231 59 0    0    0    0  · 10000022    206985    190     50
080200   1 121 312238201D90 0     32  8231 51 0    0    0    0    10000022    206985    190     50
080100   22121 113137311R90 0      0    0    0    0    0    0    00000041    198925    190     50
080300   22121 113138311R90 0      0    0    0    0    0    0    00000041    198925    190     50
080400   23112 112137551E20 0      0    0    0    0    0    0        1241    360005    150     90
080400   56  2 411144331I8235101UZ3117432143 0    0    0    0          42    189605    150     64
080100    7121 421138311F8236531 0231  8231 29 0    0    0    0          32    242004    200
080300    7121 421138311F8237531 0231  8231 29 0    0    0    0          32    242004    200
080400    4112 421139451K3240511Q331  6131 49 0    0    0    0    00000032    700005    150     90
080100    7112 313226331D30 0     6156962559 0    0    0    0    00000042    223215    195     50
080400    9  2 1  3284000UZ0 0     0    0    0    0    0    0    00000011    132822    208
080400    6122 311139331R8224201UZ32 01 0    0    0    0    0    00000042    165832     83
080100    7121 321127331G9226331G332 39 0    0    0    0    0    00000032    343196            83
080400    7121 321128331G9226331G332 49 0    0    0    0    0    00000032    343196            83
080100    2112 413239331P20 0     3215432133311 02 0    0    0    00000022    100286            83
080200    2112 413239331P20 0     3215432133311 02 0    0    0    00000022    100286            83
080100    4  2 2 1193103UZ295000UZ 0    0    0    0    0    0          11     27542     50
080100   31122 211259103A9166000UZ 0    0    0    0    0    0    010 0 41     84002     50
080300   31  2 2 1259103UZ166000UZ 0    0    0    0    0    0    010 0 41     84002     50
080200   34  2 4 1179000UZ281000UZ3237951 59 0    0    0    0    00000043    108532    250
080100   59  2 1  3271101UZ0 0     0    0    0    0    0    0    00000011     54996            17
080400   50121 221233331K9149331F7 0    0    0    0    0    0    01000031    157806            92
080200   52121 523144333F80 0     627093111231 828141780      0    00000043    457001    167
```

그림 2.10 고정형태(fixed format)의 자료(2008년 가계조사 자료)

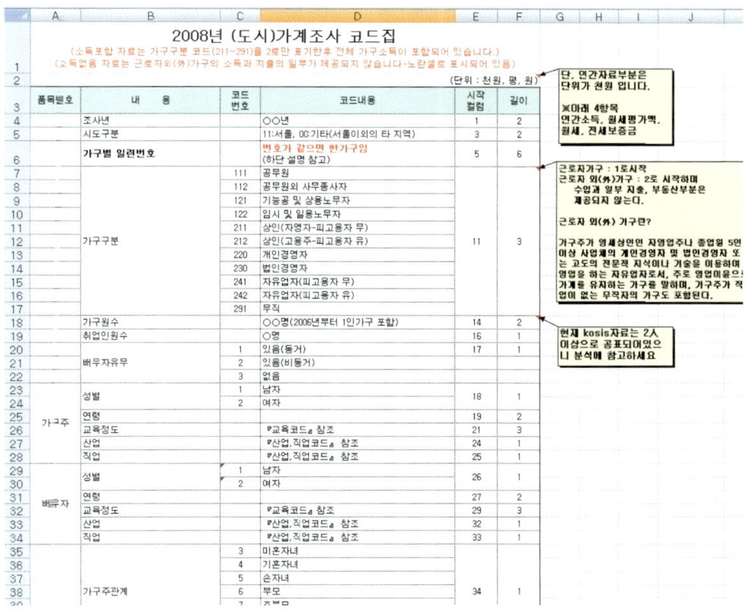

2008년 (도시)가계조사 코드집

(소득포함 자료는 가구구분 코드(211~291)을 2로만 표기한후 전체 가구소득이 포함되어 있습니다.)
(소득없음 자료는 근로자외(外)가구의 소득과 지출의 일부가 제공되지 않습니다-노란셀로 표시되어 있음)

(단위 : 천원, 평, 원)

품목번호	내 용	코드번호	코드내용	시작컬럼	길이
	조사년		○○년	1	2
	시도구분		11:서울, 00:기타(서울이외의 타 지역)	3	2
	가구별 일련번호		번호가 같으면 한가구임 (하단 설명 참고)	5	6
	가구구분	111	공무원	11	3
		112	공무원외 사무종사자		
		121	기능공 및 상용노무자		
		122	임시 및 일용노무자		
		211	상인(자영자-피고용자 무)		
		212	상인(고용주-피고용자 유)		
		220	개인경영자		
		230	법인경영자		
		241	자유업자(피고용자 무)		
		242	자유업자(피고용자 유)		
		291	무직		
	가구원수		○○명(2006년부터 1인가구 포함)	14	2
	취업인원수		○명	16	1
	배우자유무	1	있음(동거)	17	1
		2	있음(비동거)		
		3	없음		
가구주	성별	1	남자	18	1
		2	여자		
	연령			19	2
	교육정도		『교육코드』 참조	21	3
	산업		『산업,직업코드』 참조	24	1
	직업		『산업,직업코드』 참조	25	1
배우자	성별	1	남자	26	1
		2	여자		
	연령			27	2
	교육정도		『교육코드』 참조	29	3
	산업		『산업,직업코드』 참조	32	1
	직업		『산업,직업코드』 참조	33	1
	가구주관계	3	미혼자녀	34	1
		4	기혼자녀		
		5	손자녀		
		6	부모		

그림 2.11 고정포맷 자료의 변수 레이아웃(2008년 가계조사 코드집)

- infile year 1-4 gdp 5-8 cpi 9-11 using gdp.txt, clear

분석해야 할 변수가 몇 개 밖에 없으면 위 예시에서처럼 명령어 infile로 직접 불러들이면 된다. 하지만, 변수가 많은 경우에는 원자료와 함께 제공되는 사전파일을 이용하는 것이 효율적이고 유용하다. [그림 2.12]는 사전파일의 예시이다. 사전파일이 있다면, 아래와 같은 명령문을 활용하면 된다.

- infile using dictionary_sample.dct

사전파일의 첫 줄에는 원자료가 지정되어 있다. [그림 2.12]에서는 자료가 fixedformat_sample.txt로 지정되어 있음을 볼 수 있다. 나머지 명령문은 몇 번째 열에 가서, 어떤 형태의 변수를, 어떤 이름으로, 몇 개의 자릿수를, 어떤 라벨명으로 읽어들일지가 기록되어 있다. 예컨대 예시의 세 번째 행은 제1열에 가서 두 자리 숫자를 읽어오되, 변수 이름은 year, 변수 라벨은 survey year로 할 것을 지시하고 있다.

dictionary_sample.dct - 메모장

파일(F) 편집(E) 서식(O) 보기(V) 도움말(H)

```
dictionary using fixedformat_sample.txt {
* Characteristics
        _column(1)      long    year                    %2f             "survey year"
        _column(3)      long    seoul                   %2f             "11:서울, 00:기타"
        _column(5)      float   hhid                    %6.0g           "Household ID"
        _column(11)     float   hh_type         %3f             "Household type"
        _column(14) long        no_hh                   %2f             "가구원수"

* 가구주 특징
        _column(18)     long    sex_head                %1f             "Sex of Head"
        _column(19)     long    age_head                %2f             "Age of Head"
        _column(21)     long    edu_head                %3f             "Education of Head"


* Member characteristics



* Member 1
        _column(36)     long    age_hm1         %2f             "Age of household member 1"
        _column(38)     long    ws_hm1          %1f             "취학민취업상황 멤버1"

        _column(41)     long    age_hm2         %2f             "Age of household member 2"
        _column(43)     long    ws_hm2  %1f             "취학민취업상황 멤버2"

        _column(46)     long    age_hm3         %2f             "Age of household member 3"
        _column(48)     long    ws_hm3  %1f             "취학민취업상황 멤버3"

        _column(51)     long    age_hm4         %2f             "Age of household member 4"
        _column(53)     long    ws_hm4  %1f             "취학민취업상황 멤버4"

        _column(56)     long    age_hm5         %2f             "Age of household member 5"
        _column(58)     long    ws_hm5  %1f             "취학민취업상황 멤버5"

        _column(61)     long    age_hm6         %2f             "Age of household member 6"
        _column(63)     long    ws_hm6  %1f             "취학민취업상황 멤버6"

* 가구특징
        _column(115)    long    homeownership   %1f     "주택소유구분 1:있음, 2: 없음"
        _column(85)     long    imputedrent             %10f    "월세평가액(천원)"
        _column(121)    long    weight          %10f    "가중치"
```

그림 2.12 고정포맷 딕셔너리 파일 예

위의 사전파일을 이용해서 읽어 들인 자료가 [그림 2.13]에 제시되어 있다. 한 가지 알아두어야 할 점은 자료가 조사대상 하나당 반드시 한 줄일 필요가 없다는 것이다. 예컨대 한 조사대상에 대한 자료가 여러 줄에 걸쳐 기록되어 있을 경우도 있다. 이 경우 몇 번째 줄에서 자료를 읽어낼 것인가만 지정해주면 어려움 없이 읽어낼 수 있다. 자세한 내용은 'help infile2'를 참조하기 바란다.

고정형식의 자료는 infile과 dictionary 파일을 이용하여 읽어 들이자.

infile을 사용할 경우 자료값이 제대로 읽어 들여졌는지 반드시 확인할 필요가 있다. 특히 숫자인데 문자변수로 읽어 들여진 것은 아닌지를 반드시 확인해야 한다. 그리고 관측치 수도 확인하여 원래 의도했던 조사대상이 전부 읽어 들여졌는지도 확인할 필요가 있다. 자료 확인은 3장에서 소개할 다양한 명령어를 활용할 수 있다. 예컨대 describe, summarize, tabulate 등을 이용할 수 있다.

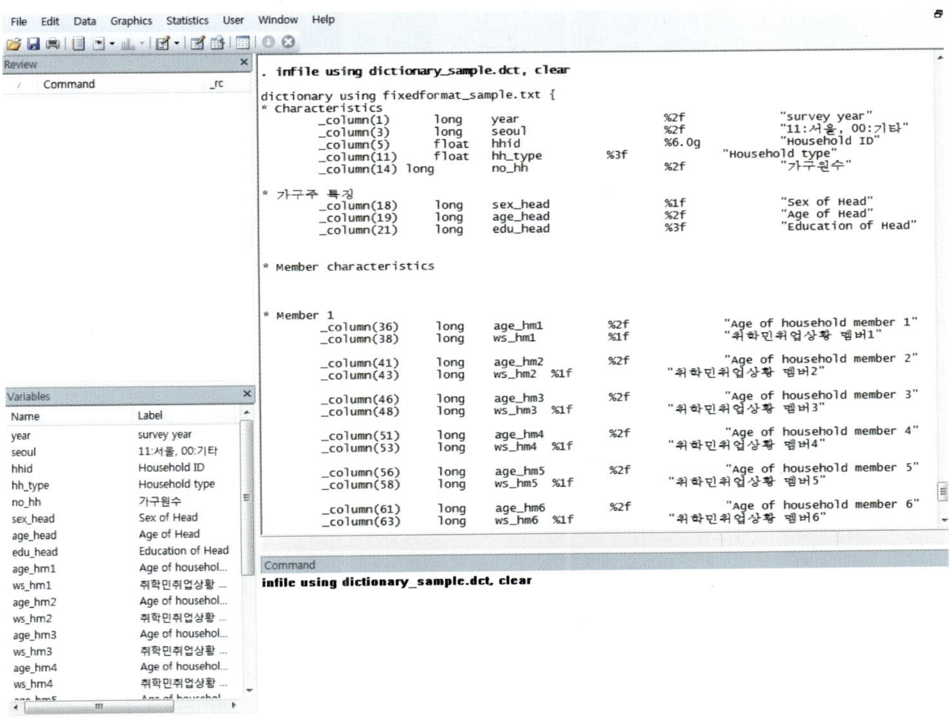

그림 2.13 고정포맷 자료를 읽어 들인 결과창

▍원자료에서의 결측치

원자료에서 결측치를 표시하는 방법은 의외로 다양하다. 원래 자료가 있어야 할 위치에 숫자가 비어 있는 경우가 많다. 이런 경우 Stata는 콤마 "."로 자료를 읽는다. 혹은 결측치를 나타내는 숫자를 넣어두는 경우도 있다. 예컨대 범주형 답변의 경우 "잘 모름"은 -7, "답변 거부"는 -8로, "해당 안됨"은 -9로 기록해두는 경우도 많다. 소득 같은 경우 결측치의 경우 -999999 같은 숫자를 넣어두기도 한다. 따라서 코드북을 잘 보고 결측치 코드값을 확인할 필요가 있다.
결측치를 다른 값으로 코딩할 필요가 있을 경우에는 mvencode를 사용하면 된다. 예컨대 소득 변수 income의 결측치 값 -999999를 0으로 다시 코딩해야 하는 경우에는 다음과 같이 명령어를 쓰면 된다.

```
mvencode income, mv(-999999=0)
```

라) Stata 포맷으로 된 자료 읽어 들이는 방법

Stata 포맷으로 된 자료는 dta라는 확장자를 갖는다. 보통 file_name.dta 형태로 되어 있다. 이런 경우는 간단히 명령어 use로 읽어 들일 수 있다. 다만, Stata의 경우 램(RAM)에 자료를 넣어 놓고 처리를 하기 때문에 2개의 자료를 동시에 읽어 들일 수가 없다. 새로운 데이터를 읽어 들이기 위해서는 기존에 읽어들인 자료를 먼저 제거해야 한다. 명령어는 clear이다. 먼저 clear를 선언한 후 use를 사용해도 되고, 아래와 같이 use의 옵션으로 사용해도 된다.

```
• use file_name, clear
```

이 외에도 Stata를 설치할 때 같이 설치되는 예제 데이터의 경우 use 앞에 접두어 sys를 붙여 sysuse를 사용하기도 한다. 예들 들어 다음과 같이 자료를 읽어 들일 수 있다.

```
• sysuse auto, clear
```

혹은 온라인 상에 업로드되어 있는 자료를 사용할 때는 접두어 web이 붙은 webuse를 사용할 때도 있다. 예를 들어 다음과 같이 nlswork 자료를 읽을 수 있다.

• webuse nlswork, clear

사실 위 명령어는 Stata 매뉴얼에 쓰인 자료가 업로드 된 URL 주소인 “https://www.stata-press.com/data/r17/”가 생략된 것이라고 볼 수 있다. 만약 개인 도메인이 따로 있어 거기에 데이트를 업로도 해놓았다면, webuse set을 이용해서 URL을 설정할 수도 있다.

▌improt fred를 이용해서 연준경제데이터(Federa Reserve Economic Data, FRED)를 쉽게 불러들이자.

import fred 명령어는 연준의 경제데이터를 쉽게 불러들일 수 있는 명령어이다. freddescribe 혹은 fredsearch를 이용해서 관심 가지고 있는 변수를 찾을 수 있다. 그게 아니면 드랍바 메뉴를 이용해서 검색해서 다운 받는 것도 편한 방법이다. File 〉 Import 〉 Federal Reserve Economic Data (FRED) 순으로 메뉴를 선택하고 원하는 시리즈를 검색해서 다운로드 받을 수 있다. 다음은 해당 메뉴에서 Korea로 검색해서 찾은 시리즈이다.

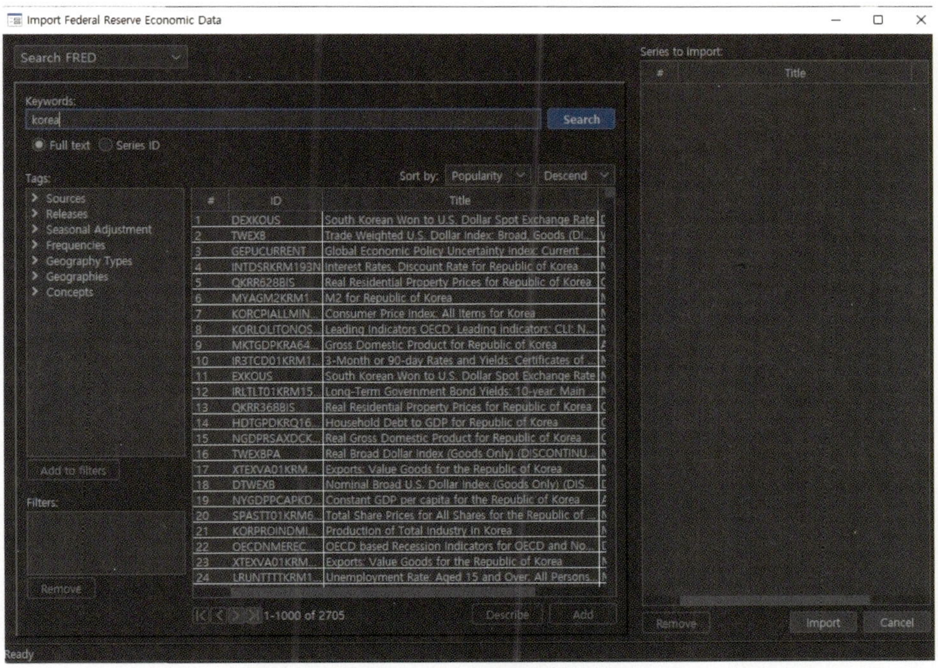

위 메뉴에서 다운로드를 받기 위해서는 FRED 사이트에서 key를 신청해서 받아야 한다.

CHAPTER 02 EXERCISES

01 World Bank의 World Development Indicator 중 하나를 Stata로 읽어 들여보자. 웹상에서 wdi.worldbank.org/tables라는 주소를 찾아가면, POVERTY AND SHARED PROSPERITY 항목에서 국제 빈곤선 기준 빈곤율 자료(Poverty rates at international poverty lines)를 얻을 수 있다. 이 자료는 일 $1.90, 일 $3.20, 또는 일 $5.50 기준 국가별 빈곤율의 최근 수치를 보여준다. 엑셀 형태(.xls)로 자료를 다운로드하여 Stata에서 읽어 들여보자.

02 통계청 국가통계포털을 활용하여 소비자물가지수 자료를 찾아보자. 웹 상에서 kosis.kr을 찾아가서 검색창을 통해 "소비자물가지수"를 검색하면, 통계표 가운데 "소비자물가지수(시도)"라는 항목을 발견할 수 있다. 이 통계표를 연 뒤 창 우측상단의 〈조회설정〉을 통해 지역단위와 시점을 설정할 수 있다. 지역단위는 "전국(1레벨)", 시점은 "년", 기간은 "1990~2018"로 설정하자. 우측상단의 〈조회〉를 선택하면 연도별 전국 소비자물가지수가 행으로 표시된다. 이제 좌측상단에 보이는 〈행렬전환〉 아이콘을 선택하여, 〈시점〉을 표측으로, 〈시도별〉을 표두로 이동시킨 후 〈적용〉을 선택하면, 연도별 전국 소비자물가지수가 열로 표시된다. 이를 엑셀 형태(.xlsx)로 다운로드하여 Stata에서 읽어 들여보자.

CHAPTER 03

경제분석을 위한 STATA 17 4th edition

탐색적 자료분석

1 탐색적 분석

연구자가 자료를 Stata로 읽어 들인 후 가장 먼저 해야 할 일은 탐색적 분석을 통해 자료의 특성을 파악하는 일이다. 역사학자 카아(E. H. Carr)의 표현을 빌려보면, 실증분석이란 연구자와 자료와의 끊임없는 대화의 과정이다. 연구자가 자료에게 궁금한 것을 물어보고 답을 자료로부터 듣는 과정이다. 자료의 특성에 대해서 연구자가 파악하는 것은 계량모형 추정보다 선행하여야 한다. 그래야만 관심변수의 특성에 따라 적절한 계량모형을 설정할 수가 있다.

자료를 읽은 후에 가장 먼저 해야할 작업은 Stata로 자료가 읽혀 들여졌는지를 확인하는 것이다. 연구자가 원하는 대로 자료가 잘 읽혀진 경우도 있지만 기대와는 다르게 읽혀진 경우도 있다. 특히, 고정포맷 형태로 자료를 읽을 경우 변수 형태나 위치에 대한 지정이 틀려서 수치변수가 문자변수로 읽혀지는 경우가 빈번히 발생한다. 따라서 자료를 읽고 나서는 읽은 자료가 제대로 읽혔는지 반드시 확인해야 한다.

이 때 유용하게 사용할 수 있는 명령어는 describe, summarize이다. 먼저 다음과 같이 sysuse[1]를 사용해서 auto.dta 자료를 읽어들이자.

1 sysuse는 use과 같이 Stata 포맷인 자료를 읽어들인다. 다만 sysuse는 Stata를 처음 설치할 때 기본 저장된 데이터넷을 불러올 때 사용된다. sysuse dir 명령을 통해 목록을 확인할 수 있다.

```
. sysuse auto, clear
(1978 Automobile Data)
```

describe는 변수들의 특성, 타입, 레이블 등을 표시해주는 명령어이다. 변수의 특성을 확인하는데 편리하다. 자료를 읽고 나서 바로 이 명령어를 실행하는 습관을 갖는 것이 좋다. 무엇보다도 수치(numeric) 변수가 숫자 포맷으로 읽혔는지 아니면 의도치 않게 문자(string) 포맷으로 읽혔는지를 확인할 수 있다.

```
. describe

Contains data from C:\Program Files\Stata16\ado\base/a/auto.dta
  obs:            74                          1978 Automobile Data
 vars:            12                          13 Apr 2018 17:45
                                              (_dta has notes)
--------------------------------------------------------------------------------
              storage   display    value
variable name   type    format     label      variable label
--------------------------------------------------------------------------------
make            str18   %-18s                 Make and Model
price           int     %8.0gc                Price
mpg             int     %8.0g                 Mileage (mpg)
rep78           int     %8.0g                 Repair Record 1978
headroom        float   %6.1f                 Headroom (in.)
trunk           int     %8.0g                 Trunk space (cu. ft.)
weight          int     %8.0gc                Weight (lbs.)
length          int     %8.0g                 Length (in.)
turn            int     %8.0g                 Turn Circle (ft.)
displacement    int     %8.0g                 Displacement (cu. in.)
gear_ratio      float   %6.2f                 Gear Ratio
foreign         byte    %8.0g      origin     Car type
--------------------------------------------------------------------------------
Sorted by: foreign
```

auto.dta는 1978년 자동차에 관한 자료로서 약 74개의 관측치(obs)와 12개의 변수(vars)를 포함하고 있음을 알 수 있다. 이를테면, 변수 make는 18자리 문자(string) 변수로서 자동차의 제조사와 모델명을 나타낸다. 변수 price는 정수(integer)이고 자동차의 가격 정보를 담고 있다.

변수의 포맷

Stata의 변수 형태는 크게 수치(numeric), 문자(string), 시간(date)으로 구분할 수 있다. 수치 변수의 포맷은 일반(general), 부동소수(floating), 정수(integer) 정도로 세분된다. 변수의 포맷을 설정하는 명령어는 format으로 명령문 형태는 아래와 같다.

```
format varlist %#.#g(f,s,td)
```

여기에서 g는 일반적인 형식을, f는 부동소수를, s는 문자를, td를 날짜를 의미한다. 예컨대, price 변수의 포맷은 8자리에 콤마가 찍혀진 숫자 변수이다. headroom은 6자리에 소수점은 1자리까지 표시된 숫자이다.

2 요약통계량 만들기

describe를 통해 변수의 형태를 확인한 후에는 명령어 summarize를 이용하여 변수의 평균, 표준편차와 같은 통계량을 확인할 필요가 있다. summarize는 아래와 같이 관측치 수(Obs), 평균(Mean), 표준편차(Std. dev.) 등 주요 통계량을 계산해준다. 차량 가격 변수 price의 평균은 약 6,165달러, 표준편차는 약 2.949달러이다. 연비를 나타내는 mpg(miles per gallon)의 평균은 약 21.3, 표준편차는 약 5.79이다.

```
. su, sep(0)

    Variable |        Obs        Mean    Std. dev.       Min        Max
-------------+---------------------------------------------------------
        make |          0
       price |         74    6165.257    2949.496       3291      15906
         mpg |         74     21.2973    5.785503         12         41
       rep78 |         69    3.405797    .9899323          1          5
    headroom |         74    2.993243    .8459948        1.5          5
       trunk |         74    13.75676    4.277404          5         23
      weight |         74    3019.459    777.1936       1760       4840
      length |         74    187.9324    22.26634        142        233
        turn |         74    39.64865    4.399354         31         51
displacement |         74    197.2973    91.83722         79        425
  gear_ratio |         74    3.014865    .4562871       2.19       3.89
     foreign |         74    .2972973    .4601885          0          1
```

특정 변수의 관측치 수가 표본 크기보다 적다면 해당 변수에 결측값(missing ralue)이 있다는 뜻이다. 예컨대 아래 표에서 관측치 수가 최대 74개인 데 반해 수리 횟수를 나타내는 rep78의 관측치 수는 69개이므로, 적어도 5개 관측치에서 변수 rep78에 대하여 결측이 있음을 알 수 있다. rep78의 결측이 수리한 적이 없다는 뜻이라면, 결측은 0으로 다시 코딩한 후 요약 통계량을 작성해야 한다.

describe, summarize를 이용해서 자료가 제대로 읽혔는지를 확인하라.

제조사 변수 make처럼 요약 통계량 정보가 보이지 않으면 문자변수이다. 문자 변수는 범주형 변수일 가능성이 있는데, 그것이 수치변수이건 문자변수이건 범주형 변수의 요약통계량은 tabulate (oneway) 명령어를 써서 확인한다. 예컨대 1998년 국가별 출생 기대여명 자료를 읽어들인 후 국가가 속한 지역별 빈도를 확인해보자.

```
. sysuse lifeexp
(Life expectancy, 1998)

. ta region

          Region |      Freq.     Percent        Cum.
-----------------+-----------------------------------
Europe & C. Asia |         44       64.71       64.71
   North America |         14       20.59       85.29
   South America |         10       14.71      100.00
-----------------+-----------------------------------
           Total |         68      100.00
```

일단 이렇게 자료를 확인했다면, 지역에 대한 요약통계량은 지역별 더미를 별도로 생성하여 작성해야 한다. tabulate (oneway) 명령어는 범주별 더미를 생성할 때도 유용하게 쓸 수 있다. 명령어 tabulate에 g(name) 옵션을 붙여주면 해당 범주별 더미변수가 생성되며 더미 변수명은 name1, name2 등등을 갖게 된다. 예컨대 아래 명령으로 새롭게 생성된 더미변수 가운데 broadreg1은 지역이 유럽이나 중앙아시아면 1 아니면 0의 값을 갖는다. 이들 변수의 요약통계량을 만들면 아래와 같다. 여기서 *는 와일드카드로서 broadreg*는 변수명이 "broadreg"으로 시작하는 모든 변수를 의미한다.

```
. ta region, g(broadreg)

         Region |      Freq.     Percent        Cum.
----------------+-----------------------------------
 Europe & C. Asia |         44       64.71       64.71
  North America |         14       20.59       85.29
  South America |         10       14.71      100.00
----------------+-----------------------------------
          Total |         68      100.00

. su broadreg*

    Variable |        Obs        Mean    Std. dev.       Min        Max
-------------+---------------------------------------------------------
   broadreg1 |         68    .6470588    .4814377          0          1
   broadreg2 |         68    .2058824    .4073512          0          1
   broadreg3 |         68    .1470588    .3567978          0          1
```

❙ 결측치에 대한 정보를 원할 때는 mdesc

결측치가 지나치게 많은 경우 분석에서 이를 명시적으로 고려해야 할 때가 있다. 결측치의 범위를 확인하기 위해 mdesc를 이용할 수 있다. mdesc는 사용자가 개발한 프로그램으로 Stata에 설치되어 있지 않기 때문에 수동으로 설치해야 한다.

```
. ssc install mdesc
checking mdesc consistency and verifying not already installed...
all files already exist and are up to date.
```

위의 명령어를 명령창에 입력하면 Stata가 자동으로 mdesc을 설치해준다. 수치 변수에 대하여 아래와 같이 결측치의 빈도에 대한 요약 정보를 얻을 수 있다.

```
. mdesc

    Variable    |     Missing          Total     Percent Missing
----------------+-----------------------------------------------
           make |           0             74           0.00
          price |           0             74           0.00
            mpg |           0             74           0.00
          rep78 |           5             74           6.76
       headroom |           0             74           0.00
          trunk |           0             74           0.00
         weight |           0             74           0.00
         length |           0             74           0.00
           turn |           0             74           0.00
   displacement |           0             74           0.00
     gear_ratio |           0             74           0.00
        foreign |           0             74           0.00
----------------+-----------------------------------------------
```

단순 통계량을 넘어 분포에 관한 상세 정보, 예컨대 중위수(median)를 비롯한 다양한 분위수(percentile)에 관한 정보가 필요할 때가 있다. 예컨대, 확률변수의 분포가 한쪽으로 치우쳐 있는 경우에는 평균값만으로는 정보가 충분치 않을 수가 있다. 옵션에 "detail"을 붙여주면 분포에 대한 좀 더 많은 정보를 얻을 수 있다.[2]

```
. su price, detail

                            Price
-------------------------------------------------------------
      Percentiles      Smallest
 1%         3291           3291
 5%         3748           3299
10%         3895           3667       Obs                  74
25%         4195           3748       Sum of wgt.          74

50%       5006.5                      Mean           6165.257
                        Largest       Std. dev.      2949.496
75%         6342          13466
90%        11385          13594       Variance        8699526
95%        13466          14500       Skewness       1.653434
99%        15906          15906       Kurtosis       4.819188
```

summarize, detail을 통해 분포의 형태를 짐작할 수 있다. 예컨대 price의 평균은 6,165달러인데 반해 중위수(50%)는 5,006달러로 평균이 중위수보다 더 크다. 이로부터 차량 가격 분포는 오른쪽으로 꼬리가 길다는 것을 알 수 있다. 또한 표로부터 차량 가격의 주요 백분위수 (예컨대 하위 5%는 3,748달러, 상위 5%는 13,466달러) 뿐 아니라 가장 큰 값 네 개, 가장 작은 값 네 개가 무엇인지도 알 수 있다.

summarize는 유용하지만 그 결과표를 논문이나 보고서에 담기에는 불편한 측면이 있다. 이를테면 결과표에 중위수를 추가하는 옵션이 없다. 이 경우 아래와 같이 명령어 tabstat을 사용할 수 있다. tabstat은 기본적으로 통계량이 행에 표시되는데, col(stat) 옵션을 활용하면 summarize 결과표와 마찬가지로 통계량을 열에 표시할 수 있다. tabstat 사용 시 문자변수는 포함시켜서는 안된다.

2 10장에서 소개하겠지만, 패널 자료의 경우 xtsummarize을 이용하여 자료의 현황을 살펴볼 수 있다.

```
. tabstat price mpg rep78, stat(N mean sd median) col(stat)

    Variable |         N      Mean        SD       p50
-------------+----------------------------------------
       price |        74  6165.257  2949.496    5006.5
         mpg |        74   21.2973  5.785503        20
       rep78 |        69  3.405797  .9899323         3
------------------------------------------------------
```

tabstat의 또 다른 장점은 범주별로 요약통계량을 작성할 수 있다는 점이다. 일례로 아래와 같이 국산차(미국차)와 외제차별로 요약통계량을 작성할 수 있다. 이를테면 아래 행렬을 모두 지정한 뒤 "표 복사(copy table)"를 활용하여 엑셀에 붙인 후 이를 다시 전치하면 표준적인 형태의 생산지별 요약통계량 표를 얻을 수 있다.

```
. tabstat price mpg rep78, stat(N mean sd median) long by(foreign)

foreign     Stats |     price       mpg     rep78
------------------+------------------------------
Domestic        N |        52        52        48
             Mean |  6072.423  19.82692  3.020833
               SD |  3097.104  4.743297   .837666
              p50 |    4782.5        19         3
------------------+------------------------------
Foreign         N |        22        22        21
             Mean |  6384.682  24.77273  4.285714
               SD |  2621.915  6.611187  .7171372
              p50 |      5759      24.5         4
------------------+------------------------------
Total           N |        74        74        69
             Mean |  6165.257   21.2973  3.405797
               SD |  2949.496  5.785503  .9899323
              p50 |    5006.5        20         3
-------------------------------------------------
```

3 분포에 대한 정보가 필요하다

통계분석의 목적은 궁극적으로 확률변수의 분포 혹은 확률변수들의 결합분포를 파악하는 것이다. 확률변수의 표본분포를 비교적 쉽게 파악할 수 있는 방법으로는 1) 히스토그램(histogram)을 그려보거나, 2) 두 변수의 교차분석(cross-tabulation)을 하거나, 3) 산포도(scatter diagram)를 그려보는 것을 들 수 있다.

히스토그램은 일 변수의 분포를 나타내주는 것으로서 명령어 su, d의 결과물을 그래프로 보여주는 것으로 이해할 수 있다. Stata에서 연속 확률변수와 이산 확률변수의 경우 모두 히스토그램을 그릴 수 있다.[3] 가격변수인 price의 히스토그램을 아래와 같은 명령어로 그려보자.

```
. hist price
(bin=8, start=3291, width=1576.875)
```

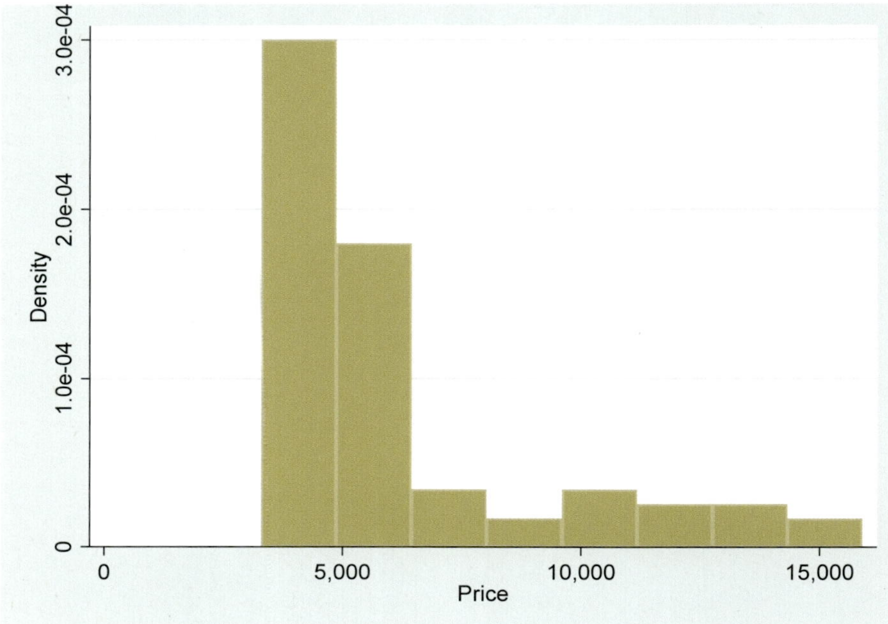

그림 3.1 price의 히스토그램

히스토그램을 통해서 관측치에 극단값(outliers)이 있는지 확인하는 것은 뒤에 소개할 회귀분석의 예비분석으로서 의미가 있다. 자료에 극단값들이 있으면 선형회귀모형의 적합도(fit)가 떨어지므로 그 범위를 확인해야 한다. 히스토그램을 이용하면 확률변수의

3 이산 확률변수의 경우 옵션에 discrete을 붙여주면 된다. 예컨대 연령의 분포를 알고 싶으면 다음과 같이 명령어를 써주면 된다.

- historgram age, discrete

분포도 쉽게 알 수 있고, 동시에 극단값의 존재 및 그 정도도 쉽게 알 수 있다. 실제 분석에서 극단값이 결과에 영향을 많이 주는 경우 이를 분석에서 제외하기도 한다.

hist를 이용하여 확률변수의 분포와 극단값의 존재 여부를 파악하자

히스토그램이 테트리스의 블록을 쌓아 놓은 것 같다면, 커널 일도함수는 히스토그램을 촘촘히 이어 붙여서 부드럽게 그려놓은 것이라고 보면 된다. 커널 밀도함수는 명령어 kdensity를 이용해서 그릴 수 있다. 옵션을 통해 어떤 커널함수를 사용할 것인지와 bandwidth는 어떤 값을 사용할 것인지를 선택할 수 있다.

```
. kdensity price
```

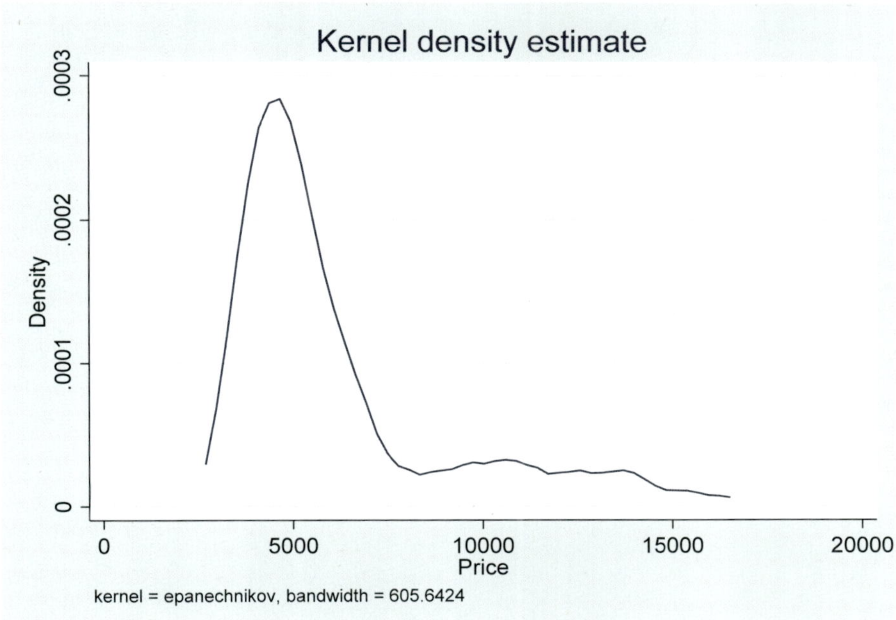

그림 3.2 커널 밀도함수 추정치

밀도함수와 히스토그램 간의 차이를 보기 위해 두 그림을 겹쳐서 그려보자. 명령어 twoway를 활용하면 두 그래프를 포개그릴 수 있다. 각 그래프를 그리기 위한 명령어를

괄호 안에 넣으면 [그림 3.3]을 얻을 수 있다.

```
. twoway (hist price, gap(20)) (kdensity price) ///
> , legend(order(1 "Histogram" 2 "Kernel density")) ///
> xtitle(Price)  xlabel(0(5000)17000)
```

명령문 제2행의 옵션은 범례의 순서와 그 이름을 지정한 것이다. 제3행에서는 x축의 타이틀은 Price라고 지정하였다. 위의 '///'은 명령문이 아직 끝나지 않았고 다음 줄로 이어지고 있음을 알려주고 있다.

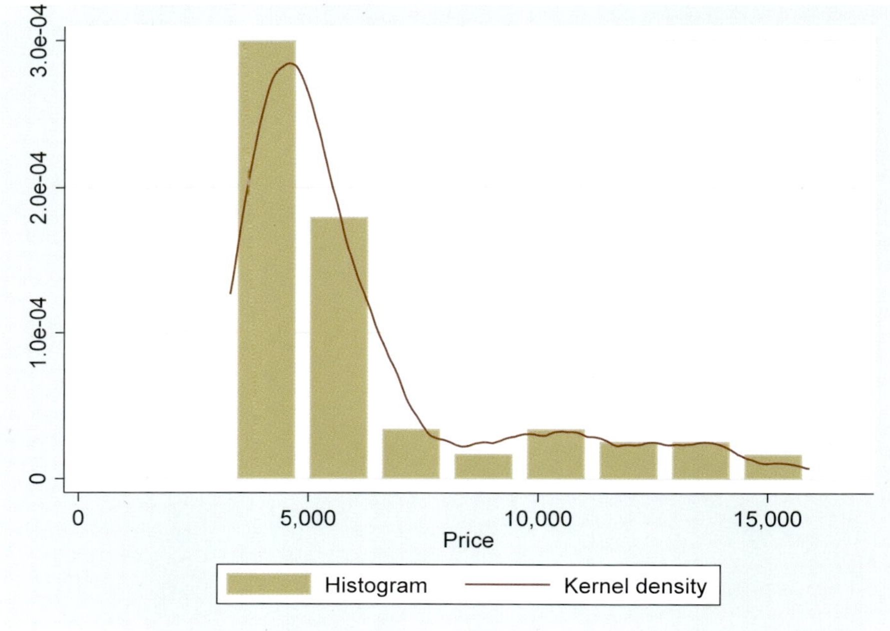

그림 3.3 price의 히스토그램과 커널 밀도함수

macro를 이용하자

summarize 경령어 이후에는 다양한 값들이 r() 함수 안에 담기게 된다. 어떤 값들이 담기는지는 return list를 쳐보면 알 수 있다. 일단 r() 함수에 담긴 값들은 local 변수들을 이용하여 활용할 수 있다. 아래의 식은 price 변수를 summarize 한 이후에 local 변수들에 평균과 평균+표준편차, 평균−표준편차를 담는다. 이런 macro 변수를 이용하여 kdensity에 레이블을 붙인 것이다.

```
. qui summarize price

. local truemean = r(mean)

. local XplusSE = r(mean) + r(sd)

. local XminusSE = r(mean) - r(sd)

. kdensity price, xline(`truemean') xline(`XplusSE' `XminusSE', lpattern
> (dash)) ///
> xlabel(`truemean' "Mean" `XplusSE' "+sd" `XminusSE' "-sd") note("")
```

결과물은 아래와 같다.

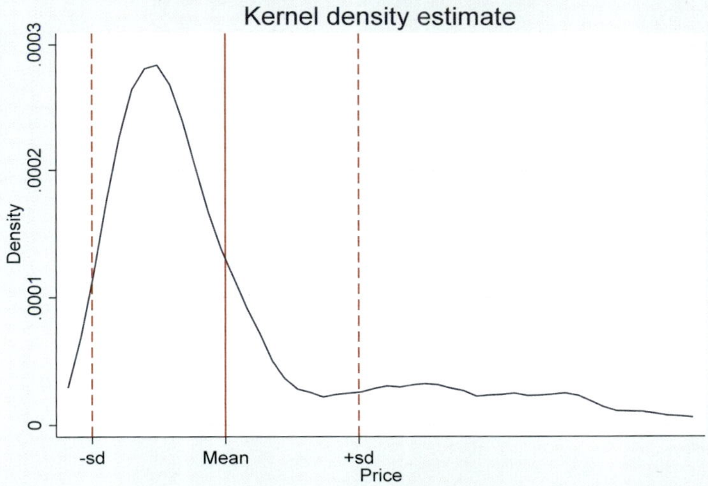

4 2변수 상관관계를 파악하자

앞에서 소개한 히스토그램은 일변수의 분포를 보여준다. 반면 경제분석에 있어서 우리의 관심은 2개 이상의 변수의 상관관계, 궁극적으로는 인과관계를 규명하는 것이다. 상관관계와 인과관계의 구분은 비과학과 과학을 구분 짓는 경계선 상의 질문이다. 무엇보다도 정책변수가 목표변수 혹은 성과변수에 어떤 영향을 주었는지에 대해서 관심이 있고, 그 관계가 대부분 경제학 논문과 정책보고서의 가장 중요한 내용이다.

두 변수의 상관관계는 명령어 scatter를 이용하여 산포도를 그려 확인하자

인과관계를 실증적으로 입증하는 작업은 매우 복잡하고 어려운 작업이기 때문에 이후에(5, 7, 12장) 좀 더 상세하게 설명할 예정이다. 대신 두 변수의 상관관계를 그래프를 통해서 살펴보는 것은 인과관계를 살펴보기 전 단계로서 매우 유용한 출발점이다. 상관관계가 없는 두 변수는 여간해서는 인과관계가 존재할 것이라고 기대하기 어렵다.

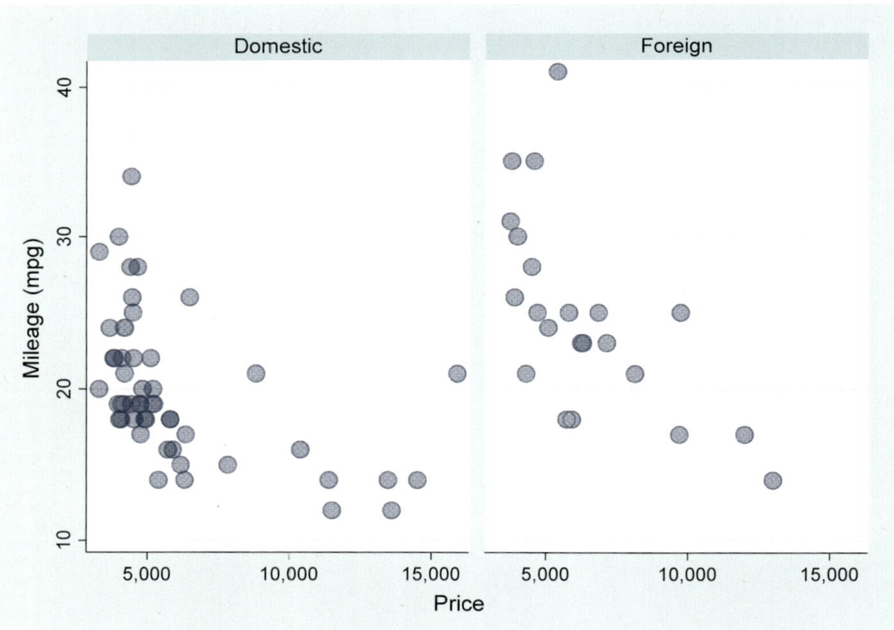

그림 3.4 생산지별(미국내/미국외) 자동차 가격과 연비 간의 상관관계

두 변수 간 단순 관계는 scatter plot을 이용하여 살펴볼 수 있다. 예컨대, [그림 3.4]는 자동차 가격과 연비의 산포도를 국산(미국)차와 외제차 별로 그린 것이다. 그림을 보면, 국산차와 외제차 모두 차량 가격과 연비 간 음(−)의 관계를 볼 수 있다.

```
. scatter mpg price, color(%30) msize(3rs) by(foreign,note(""))
```

위 그림에 선형 추세선(linear trend)을 추가하면 [그림 3.5]를 얻을 수 있다. 추세선은 lfit을 이용해서 그릴 수 있다.

```
. twoway (scatter mpg price if foreign == 0 , mc(red%30)) ///
>  (lfit mpg price if foreign == 0, clpat(solid)  lc(red%30)) ///
>  (scatter mpg price if foreign == 1 , mc(blue%30)) ///
>  (lfit mpg price if foreign == 1, clpat(dash)  lc(blue%30)), ///
>  legend(order(1 "Domestic: observed" 2 "Domestic: fitted" 3 "Foreign:
> observed" 4 "Foreign: fitted"))
```

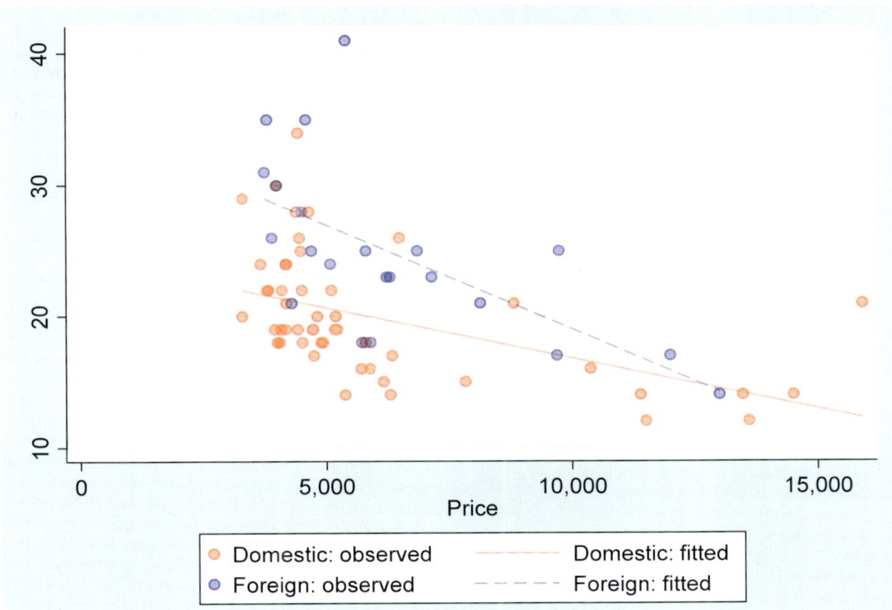

그림 3.5 자동차 가격과 연비와의 관계와 추세선

위의 그림은 자동차 가격과 연비 사이에 음의 관계가 있으며, 그 정도가 국산차인지 수입차인지에 따라 다름을 명료하게 보여주고 있다.

▎do-file의 시작

명령어들을 모아놓은 파일을 do file이라 부른다. 반복적인 작업에 유리하기 때문에 대부분의 연구자들이 do file을 사용한다. do file의 첫머리를 작성하는 방법은 연구자마다 다르지만 아래와 같이 시작하는 것도 나쁘지 않은 방법이다.

```
version 17
clear all
set linesize 80

* load the data
use data_name, clear
```

맨 앞의 명령어 version은 Stata 버전에 상관없이 동일한 결과를 얻기 위함이다. 여기에서는 version 17이라고 선언을 해 놓았기 때문에 이후에 업그레이드된 버전에서 실행하더라도 동일한 결과물을 얻게 된다.

clear all 명령은 모든 것을 메모리에서 지운다. set linesize 80은 결과창의 가로 폭이 80줄이라는 것을 의미한다.

별표(*)는 코멘트를 의미한다. 모든 프로그래머가 그렇듯이 do file을 작성할 때에도 적절한 코멘트를 적어 놓아야 이후에 다시 do file을 볼 때 각 라인이 어떤 의미인지 알 수 있다.

CHAPTER 03 EXERCISES

01 명령어 count를 활용하여 auto.dta 자료에서 외제차의 총 관측치 수를 구하시오.

02 auto.dta를 활용하여 차량 연비와 차량 무게의 산포도를 그려보시오.

03 차량가격과 무게에 대한 요약통계량(평균, 표준편차, 최소값, 최대값)을 생성하되, 소수 첫째 자리까지만 제시되도록 명령문을 작성하시오.

04 명령어 summarize 실행 후 저장되는 스칼라 r()을 활용하여 차량가격이 25번째 백분위(25th percentile)보다 작은 관측치 수를 구하시오.

CHAPTER 04

경제분석을 위한 STATA 17 4th edition

자료관리

1 자료 읽기

연구자들은 실증분석을 위해 Stata로 자료를 읽고 난 이후에는 회귀분석을 바로 하고 싶어 한다. 하지만 자료가 회귀분석을 할 수 있는 형태가 아닌 경우가 많다. 대부분은 읽어 들인 자료를 잘 만져서(data management) 본인이 원하는 계량모형을 추정할 수 있도록 자료를 가공하는 작업이 필요하다. 여기에서는 연구자의 추정에 대한 급한 마음을 잠시 눌러두고, 자료를 관리하는 기본적인 방법에 대해서 알아보자.

먼저 가장 기초적인 명령어부터 알아보자.

가) save와 use

자료를 읽어 들이는 법에 대해서는 2장에서 상세히 설명하였다. 이렇게 읽어 들인 자료는 Stata 파일로 저장해두는 것이 필요하다. Stata 데이터셋 형태(.dta)로 저장된 자료는 Stata에서 읽고 저장하기 편리하다. Stata 포맷으로 저장하는 명령어는 save이다. 단, Stata 버전 14 이상에서 작업한 Stata 데이터셋을 나중에 구버전(13 이하)에서 읽어 들일 계획이면 명령어 save 대신 saveold를 사용해야 한다.

```
• save 파일이름, replace
```

여기서 파일이름 뒤에 굳이 확장자를 .dta로 지정할 필요가 없다. 확장자를 지정하지 않으면 디폴드로 확장자 .dta가 사용된다. 중요한 것은 뒤에 나오는 옵션인 replace이다. replace 옵션은 습관처럼 붙여주는 것이 좋다. save를 사용하다 보면 저장할 폴더에 같은 이름의 파일이 있어서 에러를 내고 멈춰 버리는 경우가 종종 있다. 옵션 replace를 붙여주면 기존에 있던 파일을 대체하여 저장한다.

이렇게 Stata 포맷으로 저장된 파일은 명령어 use를 통해서 Stata로 불러들일 수가 있다.

```
• use 파일이름, clear
```

옵션 clear 역시 습관처럼 넣어주는 것이 좋다. Stata는 데이터를 컴퓨터 메모리인 램(RAM)에 저장하고 처리한다. 메모리에 데이터가 들어와 있으면 다른 데이터를 읽어들이지 못하도록 막고 있다. 따라서, 새 데이터를 읽기 위해서는 메모리에 있는 기존 데이터를 지워야 한다. 이를 위한 옵션이 clear이다.

나) search와 help

Stata에서 'help'는 요긴한 명령어이다. Stata 이용자들은 어떤 명령어가 필요하다는 것은 기억하고는 있다. 하지만 그 명령어의 문법까지 외우고 있지는 못하다. 실증분석에 필요한 명령어를 찾고, 그 명령어의 사용방법을 찾아볼 수 있는 명령어가 필요하다. 그 역할을 해주는 것이 search와 help이다.

예컨대 회귀분석과 관련된 명령어들이 있는지 알고 싶다고 해보자. 그러면 다음과 같은 명령어를 통해 관련 명령어들을 찾을 수 있다.

```
. search regression
```

그러면 [그림 4.1]과 같은 화면을 얻게 된다. Stata에 내장된 매뉴얼과 명령어들을 검색해서 regression 키워드와 관련된 문서를 모두 찾아준다. 적당히 클릭해서 살펴보면 유용한 정보들을 얻을 수 있다. [U]는 사용자 매뉴얼(user's manual)을, [R]은 참고 매뉴얼(reference manual)을 의미한다. 이전 버전에서는 Stata 매뉴얼을 따로 구입해야 했지만 최근 버전들은 pdf 파일로 Stata를 설치할 때 같이 설치된다. 링크를 클릭하면 pdf 매뉴얼에 접근할 수 있다.

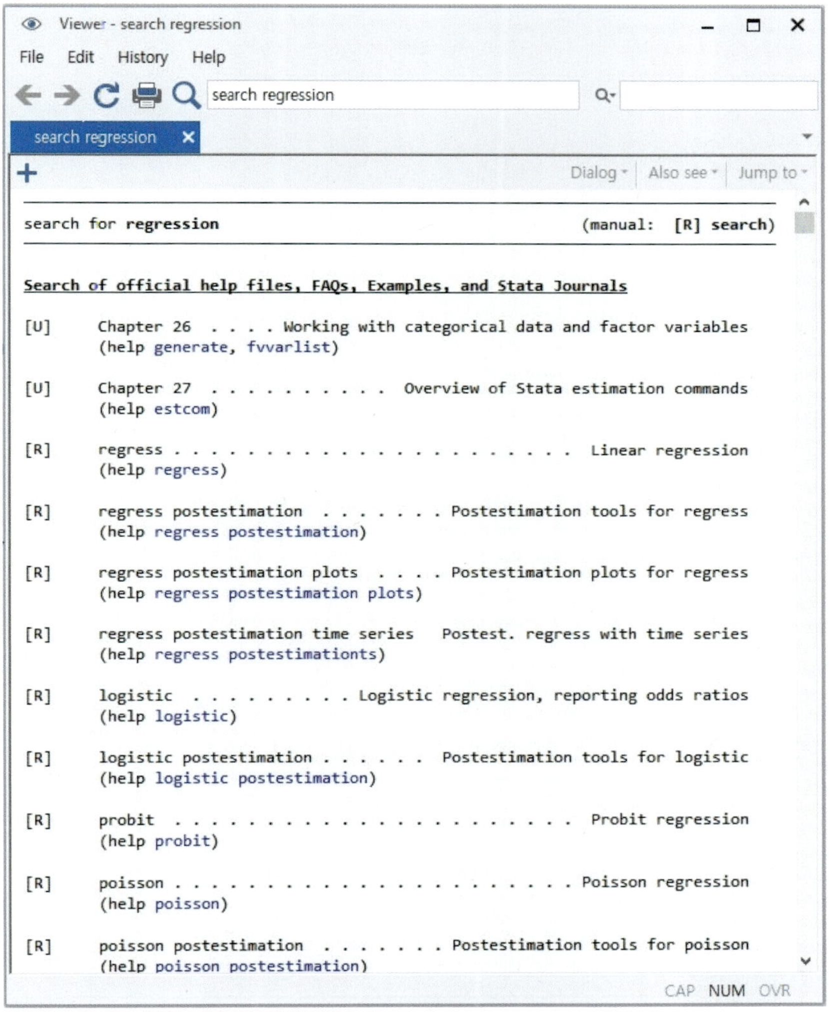

그림 4.1 회귀분석 탐색 결과

예컨대 regress를 선택해보자. 그러면 regress에 대한 설명 화면이 뜬다. "View complete PDF manual entry"를 클릭하면 [그림 4.2]와 같은 pdf 파일이 열린다. regress 명령어에 대한 문법(syntax), 이론적 근거, 용례 등이 자세히 설명되어 있다.

Title

regress — Linear regression

Description　Quick start　Menu　Syntax
Options　Remarks and examples　Stored results　Methods and formulas
Acknowledgments　References　Also see

Description

`regress` performs ordinary least-squares linear regression. `regress` can also perform weighted estimation, compute robust and cluster–robust standard errors, and adjust results for complex survey designs.

Quick start

Simple linear regression of `y` on `x1`

```
regress y x1
```

Regression of `y` on `x1`, `x2`, and indicators for categorical variable `a`

```
regress y x1 x2 i.a
```

Add the interaction between continuous variable `x2` and `a`

```
regress y x1 c.x2##i.a
```

그림 4.2 search 메뉴에서 regress 매뉴얼 pdf 파일

특정 명령어에 대해서만 알고 싶다면 아래와 같이 명령어 help를 이용하면 된다.

```
. help regress
```

그러면 아래 그림과 같이 regress 명령어에 대한 문법과 사용 예에 관한 팝업창을 볼 수 있다. 필자도 help 메뉴를 자주 사용하고 있다. 특히 명령어에 사용할 수 있는 옵션들을 확인하는 데 유용하다. 어떤 옵션들을 사용할 수 있는지, 옵션은 어떤 형태로 넣어야 하는지, 명령어 예제는 어떤 것들이 있는지를 help를 이용하면 바로 확인할 수 있다. 예컨대, [그림 4.3]을 보면 regress 명령어는 종속변수(dependent variable)를 쓰고 독립변수(independent variables)를 순서대로 쓰게 되어 있다. 조건문인 if 혹은 in을 사용할 수 있다. 표본에서 가중치(weight)가 있으면 이를 사용할 수 있고 꺽쇠 '[]' 안에 넣어야 한다. 콤마 이후에는 옵션을 넣을 수 있다. regress에서 사용할 수 있는 옵션은 noconstant, vce, beta 등이다. 예컨대 noconstant는 회귀분석에서 상수항을 0으로 제약하

고 회귀분석을 하는 옵션이다. vce는 분산공분산 추정 방법을 정해주는 옵션이다. vce의 () 안에는 ols, robust, cluster, bootstrap, jackknife 등을 넣어줄 수 있다. beta를 옵션으로 넣어주면 표준화된 계수를 함께 보고해준다.

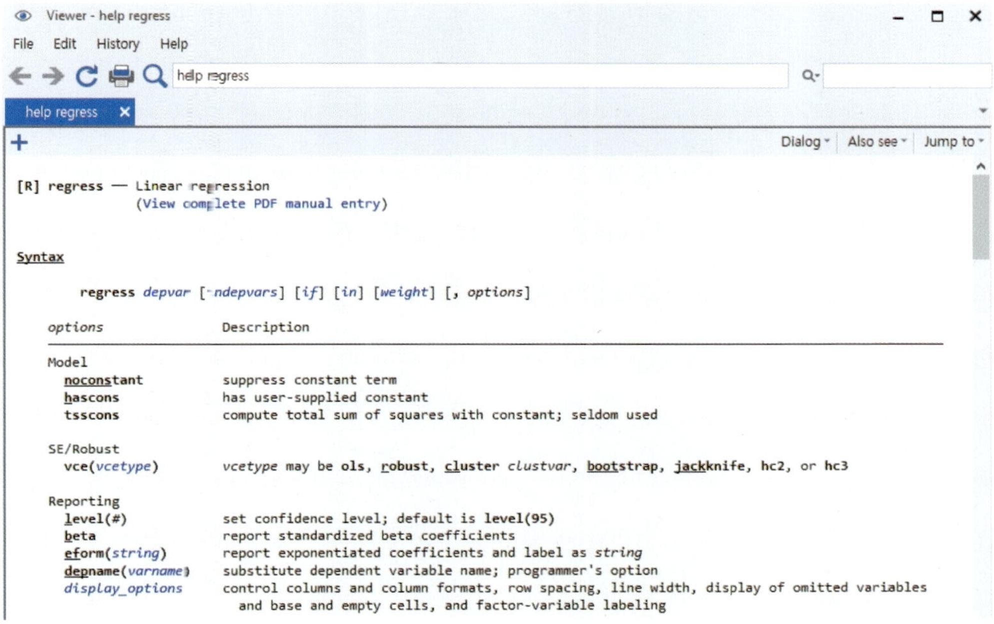

그림 4.3 help regress 실행 결과

2 자료 관리

데이터를 불러들였으면 변수들을 잘 만져서 계량분석이 가능한 형태로 만드는 것이 필요하다. 어떤 추정 명령어들은 자료가 특정한 형태로 되어 있지 않으면 추정이 되지 않는 경우도 있다. 예컨대 패널분석의 경우 자료가 패널분석을 위한 형태로 되어 있지 않으면 패널 명령어들을 사용할 수 없다. 따라서 해당 명령어가 어떤 형태의 자료를 요구하는지에 맞춰 자료를 만질 필요가 있다. 다음에서 자료를 가공하는 과정에서 유용한 몇 개의 명령어를 소개하겠다.

가) encode

Stata의 변수들은 크게 보면 문자변수(string variables)와 수치변수(numeric variables)로 구분할 수 있다. 문자변수는 변수에 문자를 저장하고 있다. 수치변수는 변수에 정수 혹은 실수가 저장되어 있다. 물론 저장형태에 따라서 byte, long, float, double로 구분할 수 있다. 이는 변수에 저장된 숫자에 대한 정보를 어느 정도까지 담고 있느냐에 따른 구분이다. 예컨대 double의 경우 좀 더 많은 부동 소수점에 대한 정보를 가지고 있다.

상황에 따라서 문자변수를 수치변수로 바꾸어야 할 필요가 있다. 예컨대, 성별을 나타내는 변수가 male, female로 구분되어 있다고 해보자. male인 경우 1, female인 경우 2의 값을 갖는 변수를 생성하고자 한다. 이런 때 사용할 수 있는 명령어가 encode이다. 이하에서는 고혈압(high blood pressure) 자료 hbp2.dta를 활용한다.

```
. webuse hbp2, clear

. tab sex
```

sex	Freq.	Percent	Cum.
female	433	38.39	38.39
male	695	61.61	100.00
Total	1,128	100.00	

encode는 문자변수의 범주값을 숫자로 코딩하여 새로운 수치변수를 생성한다.

```
. encode sex, gen(gender)
```

이렇게 되면 female은 1, male은 2의 값을 갖는 gender라는 새로운 수치변수가 생성되고, 수치값에는 수치값의 의미를 설명하는 female, male이라는 이름표(label)가 붙는다. 라벨 없이 수치값을 확인하려면 명령어 tab에 옵션 nolabel을 추가한다.

```
. tab gender, nolabel
```

gender	Freq.	Percent	Cum.
1	433	38.39	38.39
2	695	61.61	100.00
Total	1,128	100.00	

나) sort와 by

sort는 변수의 값에 따라서 줄을 세우는 명령어이다. 기준은 숫자 순서일 수도 있고 알파벳 순서일 수도 있다.

```
. sort x y
```

위의 sort 명령어는 먼저 x에 따라서 정렬을 한 다음에 y에 따라서 다시 정리하라는 명령어이다. sort는 기본적으로 오름차순으로 정렬을 한다. 혹시 내림차순으로 정리하고 싶은 경우에는 gsort를 이용하면 된다.

by는 '뭐뭐 마다'라고 해석하면 된다. 예컨대 연령대별 고혈압 유병률이 얼마나 되는지를 알고 싶다고 해보자. 그러면, 먼저 연령대 변수인 age_grp에 관하여 자료를 소팅한다. 그리고 연령대마다 sum hbp를 하면 된다. 이를 Stata 명령어로 써보면 아래와 같다.

```
. sort age_grp
. by age_grp: sum hbp
```

sort와 by를 결합한 bysort라는 명령어도 자주 사용된다. 위 명령구문을 아래와 같이 한 줄로 표현할 수 있다.

```
. bysort age_grp: sum hbp
```

```
------------------------------------------------------------------------------
-> age_grp = 15-19

    Variable |        Obs        Mean    Std. dev.       Min        Max
-------------+---------------------------------------------------------
         hbp |        247    .0202429    .1411161          0          1

------------------------------------------------------------------------------
-> age_grp = 20-24

    Variable |        Obs        Mean    Std. dev.       Min        Max
-------------+---------------------------------------------------------
         hbp |        407     .029484    .1693671          0          1

------------------------------------------------------------------------------
-> age_grp = 25-29

    Variable |        Obs        Mean    Std. dev.       Min        Max
-------------+---------------------------------------------------------
         hbp |        267    .0636704    .2446234          0          1

------------------------------------------------------------------------------
-> age_grp = 30-34

    Variable |        Obs        Mean    Std. dev.       Min        Max
-------------+---------------------------------------------------------
         hbp |        204    .1029412    .3046296          0          1

------------------------------------------------------------------------------
-> age_grp = .

    Variable |        Obs        Mean    Std. dev.       Min        Max
-------------+---------------------------------------------------------
         hbp |          5           0           0          0          0
```

다) drop과 keep

Stata 내에서 자료구조는 사각형으로 이해하면 쉽다. 가로로는 변수가 간다. 세로로는 관측치가 간다. 변수를 더하거나 줄이면 사각형의 가로 부분이 변한다. 관측치를 더하면 사각형의 세로가 늘어나게 된다. 이렇게 변수 혹은 관측치를 떨어뜨리거나 남길 때 drop 혹은 keep을 사용한다. 예컨대 x라는 변수를 자료에서 떨어뜨리고 싶으면 다음과 같은 명령어를 사용하면 된다.

```
. drop x
```

변수가 특정한 값, 예컨대 성별 변수가 남자인 경우를 데이터에서 제외하고 여자만 남기고 싶다면 다음과 같은 명령어를 사용하면 된다.

```
. drop if gender == 1
(433 observations deleted)
```

위의 if 조건문에서 '같다면'에서 사용되는 등호가 하나가 아니라, 두 개라는 점에 유의하자. 만약 gender가 0 또는 1을 갖는 더미 변수라면, 다음과 같은 명령어도 똑같은 역할을 한다.

```
. drop if gender
```

만약 1번에서 10번까지의 관측치를 데이터에서 떨어뜨리고 싶다면 다음과 같은 명령어를 사용할 수 있다.

```
. drop in 1/10
```

위에 같이 명령어를 넣으면, 1번 관측치부터 10번 관측치까지 데이터에서 떨어져 나가게 된다.

한편 keep은 drop과 반대의 역할을 한다. keep은 남기고 싶은 변수 혹은 관측치를 지정하고 나머지 것들은 데이터에서 버리는 역할을 하게 된다.

라) rename과 label

데이터를 변수 이름을 지정하지 않고 읽어 들이면, 보통은 변수 이름이 연구자가 쉽게 알아볼 수 있도록 되어 있지 않다. 예컨대, v1, v2 등 이런 식으로 변수 이름이 되어 있는 경우가 많다. 이런 경우 연구자가 변수를 좀 더 쉽게 알 수 있도록 변수명을 바꿀 필요가 있다. 이때 사용되는 명령어가 rename이다.

예컨대 v1이 성별을 나타내는 변수라고 해보자. 매번 v1을 그대로 변수 요약에 사용하거나 혹은 회귀식 같은 추정식에 사용하면 변수 간에 구분이 불편할 수 있다. 이런 경우 v1을 gender로 이름을 바꿔주면 연구자가 알아보기 쉽다. 이때 다음과 같이 rename 를 사용하면 된다. 이렇게 하면 변수의 이름이 v1에서 gender로 바뀌게 된다.

```
. rename v1 gender
```

한편, 와일드 카드를 이용하면 동일한 패턴의 변수 이름을 한꺼번에 바꿀 수 있다. 예컨대 v1, v2,..,v12 등 v로 시작하는 변수들을 a1, a2,...,a12로 바꾸고 싶은 경우 다음과 같은 명령어를 이용하면 한꺼번에 변수이름을 변경할 수 있다.

```
. rename v* a*
```

여기에서 *는 와일드 카드이다.

label은 변수 혹은 데이터에다 설명을 붙이는 기능이다. 변수를 새로 만들게 되면 어떻게 만든 변수인지, 값들은 어떤 의미를 갖는지에 대해 간단하게 메모를 붙여둘 필요가 있다. 예컨대 위의 gender 변수의 경우 여자인 경우 0, 남자인 경우 1을 갖는 변수라고 해보자. 최초로 이러한 값을 갖도록 변수를 생성할 때에는 각각의 값이 어떤 의미인지 기억이 나지만, 하루만 자고 일어나도 기억이 나지 않는 경우가 많다. 이럴 때에는 label을 이용해서 변수에 대한 설명을 붙여놓으면 유용하다. 예컨대 다음과 같이 변수에다가 레이블을 붙일 수가 있다.

```
. label var gender "1 if male, 2 if female"
```

물론 위의 label 명령어 바로 뒤에 나오는 var는 변수에 레이블을 붙이겠다는 것이다.

이 외에도 데이터에 레이블을 붙이거나, 아니면 변수가 갖는 특정 값에다가 직접 레이블을 붙여 놓을 수도 있다.

마) preserve와 restore

Stata는 메모리에 자료를 불러들여 사용한다. 하드에 자료를 두고 사용하는 다른 통계 패키지들과 비교하면 속도 면에서 빠르다는 장점이 있다. 하지만 2개의 서로 다른 데이터를 한 번에 메모리에 올려놓고 사용하는 것이 불가능하다는 단점이 있다. 예컨대 데이터 A를 사용하다가 데이터 B를 사용해야 하는 경우 메모리에서 A를 완전히 지워 버리고 데이터 B를 불러들여야 한다. 이 경우 데이터 A를 살짝 다른 곳에 저장했다가 다시 불러들여야 할 필요가 있을 때 사용하는 명령어가 preserve와 restore이다.

일단

```
. preserve
```

를 하고 나면, 잠시 기억이 되고 자료를 삭제한 다음에도

```
. restore
```

로 회복할 수 있다.

Stata 버전 16부터는 frame을 대신 이용할 수 있다. 이 장의 마지막 부분에 frame에 대해서 자세히 설명해 놓았으니 참고하면 된다.

바) generate와 replace

generate는 아마도 Stata에서 가장 많이 사용되는 명령어 중 하나이다. 새로운 변수를 만들 때 사용된다. 예컨대 rename을 이용해서 변수 이름을 바꾸는 대신에 generate를 이용해서 아예 새로운 변수를 만들 수 있다. 이렇게 하면 rename을 이용할 때보다 자료의 크기가 커지는 대신, 언제든 원자료 값(v1)을 확인할 수 있다는 장점이 있다.

```
. generate gender = v1
```

더미 변수를 만들 때에도 유용하다. hbp2.dta의 예에서, gender는 1 또는 2의 값을 갖는데, 이 변수는 수치값을 갖지만 단위가 없는 범주이므로 회귀분석에 직접 활용될 수 없다. 회귀분석에서 성별을 통제하기 위해서는 여성 또는 남성을 의미하는 더미변수를 만들어야 한다. 여성을 나타내는 더미 변수를 만들려면 다음과 같은 명령어를 사용하면 된다.

```
. g female = gender == 1
```

등호(=)의 오른편은 더미변수를 쉽게 만들어주는 일종의 함수이다. 등호의 오른편 명제(gender의 값이 1)가 참이면 1, 거짓이면 0을 주는 논리 함수이다.

더미 변수를 generate와 replace를 이용하여 만들 수도 있다. replace는 이미 만들어진 변수의 값을 바꾸는데 사용되는 명령어이다. 예컨대,

```
. g female = 1 if gender == 1
. replace female = 0 if gender == 0
```

두 방법은 기본적으로 차이가 없지만, gender에 결측이 있을 때는 달라진다. 변수 female을 생성하는 첫 번째 방법은 gender가 결측일 경우 female에 0이 입력된다. gender가 1이 아니면 0을 주라는 명령을 따른 결과이다. 결국 첫 번째 방법을 활용할 경우 아래와 같은 명령어를 추가하는 것이 안전하다.

```
. replace female = . if gender == .
```

위의 명령어는 gender의 값이 결측(missing)이면 female 변수의 값을 0으로 바꾸라는 것이다. Stata에서 수치변수의 결측치는 "."으로, 문자변수의 결측치는 공란으로 표시된

다. 아래와 같은 명령문으로도 동일한 결과를 얻을 수 있다.

```
. replace female = . if sex == “”
```

이 외에도 기존의 변수들의 함수들도 generate를 이용하여 계산할 수 있다. 예컨대 income에 로그를 취한 ln_income은 아래와 같이 만들 수 있다.

```
. g ln_income = ln(income)
```

로그함수 외에도 sin, cos, sum 등과 같이 Stata에 내장된 다양한 함수들을 사용할 수 있다.

❙ 유용한 함수 inlist(z,a,b), inrange(z,a,b), cond(a,b,c), recode(z,a,b,c)

실증분석을 하면서 더미변수를 만드는 것은 성가신 일 중에 하나다. inlist, inrange, cond는 귀찮은 일들을 덜어주는 함수들이다.

inlist(z,a,b)는 변수 z가 a 혹은 b를 가지면 1, 아니면 0을 갖는 더미변수를 만들어준다. a,b에 그치지 않고 확장해서 다양한 값을 적어줄 수 있다.

inrange(z,a,b)는 a≤z≤b 이면 1, 아니면 0인 더미변수를 만들어준다.

cond(a,b,c)는 조건 a를 만족하면 b, 아니면 c의 값을 갖는 변수를 만들어준다.

recode(z,a,b,c)는 연속변수인 z를 범주형 범수로 만들어주는 변수이다. z≤a 이면 a를, a<z≤b 이면 b를, b<z 이면 c를 갖는 범주형 변수가 만들어진다.

사) egen

egen은 generate의 확장(extended) 버전이다. 특별히 합계나 평균 같은 함수들을 사용하여 값을 계산할 때 사용하면 편리하다. 이번에는 자동차 자료를 활용하자. 예컨대, 연비의 평균값을 가진 변수를 생성하고 싶은 경우 아래와 같은 명령어를 사용하면 된다.

```
. sysuse auto, clear
(1978 Automobile Data)

. egen mean_mpg = mean(mpg)
```

이번에는 생산지(국내/국외)별 연비 평균값을 가진 변수를 만들고 싶다고 해보자. 그러면 생산지에 관해 먼저 sorting을 한 다음, 연비의 생산지별 평균을 egen과 mean() 함수를 이용해서 구하면 된다. 여기서도 앞서 설명한 bysort를 활용할 수 있다.

```
. bysort foreign: egen mpg_byf = mean(mpg)
```

위 명령문은 생산지별로 정렬한 후, 생산지별 연비 평균 평균을 구해서 새로 생성한 변수 mpg_byf에 넣으라는 의미로 해석하면 된다.

❙ 결측치와 rowtotal()

다음과 같은 자료가 있다고 해보자. 그리고 우리의 관심은 x, y, z의 합인 s 변수를 새로 만드는 것이라고 하자. 일반적으로는 다음과 같이 generate를 이용하여 x+y+z를 생성하게 된다.

	id	x	y	z
1.	1	1.5	1.4	1.6
2.	2	1.5	.	1.9
3.	3	.	2	1.6
4.	4	.	.	2.2
5.	5	1.9	2.1	2
6.	6	1.8	2	1.9
7.	7	.	.	.

```
generate s = x+y+z
```

하지만 위와 같이 결측치가 있을 경우 해법이 될 수 없다. 결측치가 있는 경우 합이 되지 않고 결측치로 남기 때문이다.

	id	x	y	z	s
1.	1	1.5	1.4	1.6	4.5
2.	2	1.5	.	1.9	.
3.	3	.	2	1.6	.
4.	4	.	.	2.2	.
5.	5	1.9	2.1	2	6
6.	6	1.8	2	1.9	5.7
7.	7	.	.	.	.

대신 결측치가 있는 경우 무시하고 결측치가 아닌 값들만 더해야 할 때에는 egen 함수 중 rowtotal을 이용하면 된다.

```
egen s = rowtotal(x y z)
```

	id	x	y	z	s
1.	1	1.5	1.4	1.6	4.5
2.	2	1.5	.	1.9	3.4
3.	3	.	2	1.6	3.6
4.	4	.	.	2.2	2.2
5.	5	1.9	2.1	2	6
6.	6	1.8	2	1.9	5.7
7.	7	.	.	.	0

그러면 위와 같은 결과를 얻을 수 있다.

아) collapse

데이터 중 중요 변수들에 대한 요약 통계 정보를 가진 데이터셋을 작성할 필요가 있을 경우가 있다. 예컨대 변수들의 평균, 표준편차, 총합, 분위 등에 대한 정보를 가진 데이터셋은 collapse 명령어를 이용하여 구할 수 있다. 특히 특정 변수의 범주별로 요약된 통계량을 담은 자료를 만들 때 유용하다. 이번에는 미국의 유명한 조사 자료(nlsw88b.dta)를 활용해보자. 이 개인별 자료로부터 인종별, 연령별 평균임금이 담긴 자료를 생성하고자 한다.

```
. webuse nlsw88b, clear
(NLSW, 1988 extract)

. collapse (mean) wage hours (median) medw=wage medh=hour, ///
>    by(age race)
```

명령어 collapse는 시간당임금(wage)과 노동시간(hours)의 평균과 중위수를 연령별, 인종별로 계산한 것이다. 새로운 데이터셋이 만들어지고, 명령어 list를 통해서 결과를 확인할 수 있다. 아래와 같은 화면의 표를 복사(copy as table)하여 엑셀에 붙여서 정리하면 요긴하게 쓸 수 있다.

	age	race	wage	hours	medw	medh
1.	34	white	7.5008	36.1892	5.724636	40
2.	34	black	4.803232	39.6	4.355878	40
3.	34	other	11.61835	40	11.61835	40
4.	35	white	8.253155	36.8852	6.191625	40
5.	35	black	7.340144	38.7534	5.615941	40
6.	35	other	13.01932	50	7.439612	50
7.	36	white	8.487468	37.1359	6.280193	40
8.	36	black	7.222752	37.9718	5.636071	40
9.	36	other	8.296481	28.5	8.296481	28.5
10.	37	white	8.142337	37.5822	6.843801	40
11.	37	black	7.205462	38.9467	5.53945	40
12.	37	other	11.1876	32.5	12.14573	40
13.	38	white	8.333035	37.5443	6.843798	40
14.	38	black	7.59854	38.6441	6.038648	40
15.	38	other	6.133548	40	6.133548	40
16.	39	white	8.180501	37.0121	7.21417	40
17.	39	black	7.424072	37.6567	6.050869	40
18.	39	other	11.27214	30	11.27214	30
19.	40	white	7.924299	36.5241	6.924314	40
20.	40	black	6.689427	36.439	5.982284	40
21.	41	white	7.989022	35.8519	6.688963	40
22.	41	black	6.143346	37.8727	5.402575	40
23.	41	other	7.920691	33.75	8.289049	37.5
24.	42	white	7.87746	37.225	5.828724	40
25.	42	black	5.641742	37.6757	4.388082	40
26.	42	other	5.701722	45	5.701722	45
27.	43	white	7.967988	38.1783	6.288243	40
28.	43	black	6.610785	35.9697	5.032206	40
29.	43	other	6.815516	40	7.761675	40
30.	44	white	7.859959	36.5043	6.400963	40
31.	44	black	5.513581	39.3023	4.413701	40
32.	44	other	3.985507	31.6667	3.220612	40
33.	45	white	7.211987	34.4848	6.40499	40
34.	45	black	7.827346	38.0833	6.300322	40
35.	46	white	16.45329	40	16.45329	40

자) putexcel

Stata 버전 13부터는 Stata 결과물들을 비교적 Excel에 쉽게 넣을 수 있는 putexcel 명령어를 사용할 수 있다. Stata 명령어를 실행하면 결과창에 보고되는 결과물 중 일부가 매크로 변수 혹은 행렬에 임시로 저장이 된다. 이렇게 저장된 내용들은 putexcel을 이용해서 Excel로 내보낼 수 있다. 예시를 위해 auto.dta를 불러들이자.

```
. sysuse auto, clear
(1978 Automobile Data)
```

자동차의 가격 price와 연비 mpg의 상관관계를 구해보자.

```
. correlate price mpg
(obs=74)

             |    price      mpg
-------------+------------------
       price |   1.0000
         mpg |  -0.4686   1.0000
```

상관관계를 구하면 위에 보고된 결과 중 일부가 매크로 변수 혹은 행렬에 저장된다. 어떤 정보가 저장되었는지를 확인하기 위해서는 return list를 이용하면 된다.

```
. return list

scalars:
                  r(N) =  74
                r(rho) =  -.4685966881951869

matrices:
                  r(C) :  2 x 2
```

2개의 스칼라와 1개의 2×2행렬이 생성되어 있는 것을 확인할 수 있다. 특히 r(C)에 어떤 숫자들이 들어가 있는지는 다음과 같은 행렬 명령어를 이용해 확인할 수 있다.

```
. matrix list r(C)

symmetric r(C)[2,2]
             price          mpg
price            1
  mpg   -.46859669            1
```

r(C)에는 명령어 correlate를 활용하여 구한 상관계수 행렬이 들어가 있는 것을 확인할 수 있다. 이 정보를 엑셀에 넣어보자.

```
. putexcel set corr

. putexcel A1 = matrix(r(C)), names
file corr.xlsx saved
```

그러면 corr.xlsx라는 이름의 엑셀 파일이 생성되면서 아래와 같은 내용이 삽입된다.

	A	B	C	D	E
1		price	mpg		
2	price	1	-0.4686		
3	mpg	-0.4686	1		
4					
5					
6					

명령어 tabulate 같은 경우는 matcel() 혹은 matrow() 옵션을 설정하면 역시 매크로 행렬을 생성하여 putexcel을 이용하여 엑셀 파일로 옮길 수 있다.

```
. ta foreign, matcell(contents) matrow(name)

   Car type |      Freq.     Percent        Cum.
------------+-----------------------------------
   Domestic |         52       70.27       70.27
    Foreign |         22       29.73      100.00
------------+-----------------------------------
      Total |         74      100.00
```

위와 같은 내용이 contetns와 name 매크로 행렬에 저장된다. 저장된 내용을 다음과 같이 putexcel을 이용해서 foreign.xlsx에 옮길 수 있다.

```
. putexcel set foreign, replace
Note: file will be replaced when the first putexcel command is issued

. putexcel A1 = ("Car type") B1 = ("Frequency") C1 = ("Percent")
file foreign.xlsx saved

. putexcel A2 = matrix(name) B2 = matrix(contents) C2 = matrix(contents/
> r(N))
file foreign.xlsx saved
```

아래와 같이 엑셀 파일에 위의 내용이 옮겨진다.

	A	B	C	D	E	F
1	Car type	Frequency	Percent			
2	0	52	0.702703			
3	1	22	0.297297			
4						
5						
6						
7						
8						

차) tabulate (twoway), table, collect

제3장에서 tabulate (oneway) 명령어의 활용법을 배웠는데, tabulate는 빈도수 교차 테이블을 만들 때도 종종 활용된다(tabulate twoway). 예컨대 환자에 대한 가상의 혈압 측정 자료가 있다고 하자. 표본 내 30-45세 연령집단에 속하는 여성의 수를 알고자 한다면, 이는 성-연령 결합분포에 관한 정보이므로 summarize로는 이를 쉽게 알 수 없다. 이 경우 다음과 같이 빈도수 교차 테이블을 만들어 이를 간단히 파악할 수 있다.

```
. ta sex agegrp if when==1

                      Age group
      Sex      30-45      46-59        60+     Total
-----------+---------------------------------+----------
     Male         20         20         20        60
   Female         20         20         20        60
-----------+---------------------------------+----------
    Total         40         40         40       120
```

표를 보면 가상의 혈압 측정치 표본(bplong.dta)은 성별 연령집단별로 20명씩 균등하게 조사되어 있음을 알 수 있다. 개인별로 의료 개입(intervention) 전후 두 번 조사되었으므로 if 구문을 사용하여 분석을 개입 이전(when==1)으로 한정시켰다.

여기서 tabulate, summarize() 구문을 활용하면 성별 연령집단별로 간단한 요약 통계량을 계산할 수 있다. 성별 연령별 의료개입 이전 혈압에 대한 관측치수, 평균, 표준편차는 다음과 같이 확인할 수 있다.

```
. ta sex agegrp if when==1, su(bp)

             Means, Standard Deviations and Frequencies of Blood pressure

                     Age group
      Sex      30-45      46-59        60+      Total
-----------+---------------------------------+----------
     Male     153.45     159.05      165.3   159.26667
           9.9550305  12.377718  8.8442667   11.413442
                  20         20         20          60
-----------+---------------------------------+----------
   Female      149.9     151.15     159.85   153.63333
            8.378544  9.1379774  11.930831     10.7356
                  20         20         20          60
-----------+---------------------------------+----------
    Total    151.675      155.1    162.575      156.45
           9.2580872  11.459628  10.727122   11.389845
                  40         40         40         120
```

최근 Stata 버전 17은 명령어 table을 통해 더 확장된 교차테이블 작성 기능을 제공한다. table은 기본적으로 빈도 수를 나타낸다는 점에서 tabulate와 유사하다. 기본 구문은 "table (행변수) (열변수)"이다. 행변수만 포함시킬 경우 표는 다음과 같다.

```
. table (agegrp) ()

-----------------------
           |  Frequency
-----------+-----------
Age group  |
  30-45    |         80
  46-59    |         80
  60+      |         80
  Total    |        240
-----------------------
```

열변수만 포함시키되 "Total"을 빼면 다음과 같다.

```
. table () (when), nototals

------------------------------
           |       Status
           |   Before   After
-----------+------------------
Frequency  |      120     120
------------------------------
```

관측치수(빈도 수) 뿐 아니라 평균, 표준편차와 같은 주요 통계량을 포함한 교차테이블을 만들어보자. 이를테면 연령집단별 의료개입 전후 혈압의 중간값을 포함한 요약통계량은 아래와 같이 작성할 수 있다.

```
. table (agegrp) (when), ///
>         statistic(frequency) ///
>         statistic(mean bp) ///
>         statistic(sd bp) ///
>         nototals

-----------------------------------------------------
                        |         Status
                        |      Before       After
------------------------+----------------------------
Age group               |
  30-45                 |
    Frequency           |          40          40
    Mean                |     151.675     144.325
    Standard deviation  |    9.258087    11.89352
  46-59                 |
    Frequency           |          40          40
    Mean                |       155.1     150.775
    Standard deviation  |    11.45963    14.50285
  60+                   |
    Frequency           |          40          40
    Mean                |     162.575     158.975
    Standard deviation  |    10.72712    12.28609
-----------------------------------------------------
```

표를 통해서 모든 연령집단에 걸쳐 의료 개입 이후 혈압의 평균값이 하락했음을 확인할 수 있다. 물론 statistic() 옵션을 활용하면, 중간값 등 더욱 다양한 통계량을 보고할 수 있다.

또한 옵션을 활용하여 결과표 포맷도 변경할 수 있다. 수치 표기법을 바꾸고 싶다면, 수치포맷을 의미하는 nformat 옵션을, 문자변수를 추가하고 싶다면 문자포맷을 의미하는 sformat 옵션을 활용할 수 있다.

예컨대 평균과 중간값을 소수 첫째자리까지만 표기하고, 표준편차에는 괄호를 입힌다고 하자. 명령문을 다음과 같이 쓸 수 있다.

```
. table (agegrp) (when), ///
>         statistic(frequency) ///
>         statistic(mean bp) ///
>         statistic(sd bp) ///
>         nformat(%6.1f mean sd) ///
>         sformat("(%s)" sd) ///
>         nototals

-----------------------------------------
                     |       Status
                     |   Before    After
---------------------+-------------------
Age group            |
  30-45              |
    Frequency        |       40       40
    Mean             |    151.7    144.3
    Standard deviation|   (9.3)   (11.9)
  46-59              |
    Frequency        |       40       40
    Mean             |    155.1    150.8
    Standard deviation|  (11.5)   (14.5)
  60+                |
    Frequency        |       40       40
    Mean             |    162.6    159.0
    Standard deviation|  (10.7)   (12.3)
-----------------------------------------
```

여기서 nformat(%6.1f mean sd) 옵션은 평균과 표준편차에 대하여 수치변수값을 소숫점 앞 정수는 여섯자리, 소숫점 아래는 첫째자리까지로 고정(fixed)하라는 명령이다. sformat("(%s)" sd)는 표준편차에 대하여 문자변수값(%s) 좌우에 괄호를 넣으라는 명령이다.

마지막으로 Stata 17에 도입된 collect 옵션을 활용하면 표의 디자인을 바꿀 수 있다. 명령어 table을 활용하면 dimension 이 자동으로 생성되는데, "collect dims" 명령어를 활용하면, 명칭이 Table인 collection에 포함된 dimension들이 다음과 같이 표시된다. 표의 아래쪽을 보면 경계선이 네 가지 있음을 알 수 있다.

```
. table (agegrp) (when), ///
>         statistic(frequency) ///
>         statistic(mean bp) ///
>         statistic(sd bp) ///
>         nformat(%6.1f mean sd) ///
>         sformat("(%s)" sd) ///
>         nototals

-----------------------------------------
                       |       Status
                       |   Before    After
-----------------------+-----------------
Age group              |
  30-45                |
    Frequency          |       40       40
    Mean               |    151.7    144.3
    Standard deviation |    (9.3)   (11.9)
  46-59                |
    Frequency          |       40       40
    Mean               |    155.1    150.8
    Standard deviation |   (11.5)   (14.5)
  60+                  |
    Frequency          |       40       40
    Mean               |    162.6    159.0
    Standard deviation |   (10.7)   (12.3)
-----------------------------------------
```

```
. collect dims

Collection dimensions
Collection: Table
-----------------------------------------
                   Dimension   No. levels
-----------------------------------------
Layout, style, header, label
                      agegrp   3
                      cmdset   1
                     colname   1
                     command   1
                      result   3
                     statcmd   3
                         var   2
                        when   2

Style only
                border_block   4
                   cell_type   4
-----------------------------------------
```

예컨대 table로 만든 표의 세로선을 없애고 싶다면 명령어 collect style cell을 쓸 수 있다. 옵션은 border_block이라는 이름(tag)을 가진 기존 스타일에 허용된 네 가지 선택지 중 우측선의 패턴을 없애라는 뜻이다. collect preview는 collection에 있는 표를 화면에 출력하라는 명령이다.

```
. collect style cell border_block, border(right, pattern(nil))

. collect preview

-------------------------------------------
                                 Status
                             Before   After
-------------------------------------------
Age group
  30-45
    Frequency                    40      40
    Mean                      151.7   144.3
    Standard deviation        (9.3)  (11.9)
  46-59
    Frequency                    40      40
    Mean                      155.1   150.8
    Standard deviation       (11.5)  (14.5)
  60+
    Frequency                    40      40
    Mean                      162.6   159.0
    Standard deviation       (10.7)  (12.3)
-------------------------------------------
```

이렇게 작성된 표는 다음과 같은 명령문을 활용하여 엑셀이나 워드로 출력할 수 있다.

```
. collect export intervention.docx, as(docx) replace
(collection Table exported to file intervention.docx)

. collect export intervention.xlsx, as(xlsx) replace
(collection Table exported to file intervention.xlsx)
```

카) frame

Stata 이전 버전에서 가장 불편했던 것 중 하나는 한 번에 하나의 데이터만을 메모리에 올릴 수 있다는 것이었다. 버전 16부터는 프레임(frame)이라는 명령어가 추가되어, 데이터를 프레임에 로딩할 수 있다. 다수의 프레임을 만들어 놓으면, 다수의 데이터를 로딩하여 동시에 사용할 수 있게 되었다.

기존과 같이 데이터를 로딩을 하게 되면 되면 default라는 이름으로 프레임이 생성된다. 먼저 clear frames를 이용해서 기존에 있던 frame를 제거하자. 그리고 auto.dta를 불러들이자.

```
. clear frames

. sysuse auto, clear
(1978 Automobile Data)
```

이렇게 자료가 불러들여지면 default라는 이름의 프레임이 생성된다. 혹은 pwf(present working frame)을 이용하면 된다.

```
. /* 현재 프레임 확인 */
. frame
  (current frame is default)
```

이렇게 만들어진 default 프레임은 이름을 변경할 수 있다. frame rename을 이용하면 된다.

```
. frame rename default auto

. frame
  (current frame is auto)
```

frame을 이용하여 살펴보면 프레임의 이름이 auto로 바뀌었음을 알 수 있다.

새로운 프레임을 만들 수 있다. frame create를 사용하면 된다. 아래에서는 census라는 이름의 프레임을 새로 만들었다.

```
. * New frame
. frame create census
```

새로운 프레임인 census로 이동해서 새로운 데이터인 census.dta를 불어들이자. 먼저, frame change를 이용하여 census 프레임으로 전환할 수 있다.

```
. frame change census

. webuse census, clear
(1980 Census data by state)
```

현재 프레임은 census이다.

```
. pwf
  (current frame is census)
```

cwf를 이용하여 auto 프레임으로 다시 돌아가보자.

```
. cwf auto
```

프레임을 복사하여 다른 프레임을 만들 수도 있다. frame copy를 이용하면 된다.

```
. frame copy auto auto2

. cwf auto2
```

혹은 원하는 변수, 원하는 조건을 걸어서 새로운 프레임을 만들 수 있다. 아래에서는 price mpg 변수만을 포함하는 프레임을 만들었다.

```
. /* Subset of the data */
. frame put price mpg, into(auto3)

. cwf auto3
```

다음으로는 다수의 프레임을 관리하는 방법에 대해서 알아보자. frame dir을 이용하면 현재 상용되고 있는 프레임을 알 수 있다. frame drop을 이용하면 사용할 필요가 없는 프레임을 버릴 수가 있다.

```
. frame dir
  auto     74 x 12; 1978 Automobile Data
  auto2    74 x 12; 1978 Automobile Data
* auto3    74 x 2; 1978 Automobile Data
  census   50 x 13; 1980 Census data by state

Note: frames marked with * contain unsaved data

. frame drop auto2

. frame dir
  auto     74 x 12; 1978 Automobile Data
* auto3    74 x 2; 1978 Automobile Data
  census   50 x 13; 1980 Census data by state

Note: frames marked with * contain unsaved data
. scatter mpg price, color(%30) msize(3rs) by(foreign,note(""))
```

이렇게 프레임이 만들어지면 특정 프레임을 지정해서 작업들을 할 수 있다. 예컨대, census 프레임을 지정해서 원하는 작업을 수행할 수 있다. 예를 들어 “frame: 프레임 이름”을 이용하면 된다.

```
. * frame 사용하기
. frame census: des

Contains data from https://www.stata-press.com/data/r16/census.dta
  obs:            50                          1980 Census data by state
 vars:            13                          6 Apr 2018 15:43
--------------------------------------------------------------------------------
              storage   display    value
variable name   type    format     label      variable label
--------------------------------------------------------------------------------
state           str14   %-14s                 State
state2          str2    %-2s                  Two-letter state abbreviation
region          int     %-8.0g     cenreg     Census region
pop             long    %12.0gc               Population
poplt5          long    %12.0gc               Pop, < 5 year
pop5_17         long    %12.0gc               Pop, 5 to 17 years
pop18p          long    %12.0gc               Pop, 18 and older
pop65p          long    %12.0gc               Pop, 65 and older
popurban        long    %12.0gc               Urban population
medage          float   %9.2f                 Median age
death           long    %12.0gc               Number of deaths
marriage        long    %12.0gc               Number of marriages
divorce         long    %12.0gc               Number of divorces
--------------------------------------------------------------------------------
Sorted by:
```

여러 가지의 명령어는 다음과 같이 "{}"을 이용하여 수행할 수 있다.

```
. frame census {
.         tw      (scatter marriage divorce, color(%10) msize(small)) ///
>                 (scatter marriage divorce if state == "New York", mlabel(state2) msi
> ze(large) color(red)), ///
>                 legend(off)
. }
```

이번에는 두 프레임을 연결시켜보자. frlink를 이용해서 두 프레임을 연결할 수 있다. 두 프레임을 연결해두면 한 쪽 프레임에 포함된 자료를 다른 프레임으로 끌어다 사용할 수 있다.

먼저, persons.dta를 불러들이자. 현 프레임은 default 이다.

```
. clear frames

. webuse persons
```

변수는 다음과 같은 변수들이 포함되어 있다.

```
. describe

Contains data from https://www.stata-press.com/data/r16/persons.dta
  obs:            20
 vars:             3                          16 Apr 2019 13:36
                                              (_dta has notes)
--------------------------------------------------------------------------------
              storage   display    value
variable name   type    format     label      variable label
--------------------------------------------------------------------------------
personid        byte    %9.0g
countyid        byte    %9.0g
income          float   %9.0g
--------------------------------------------------------------------------------
Sorted by:
```

txcounty의 이름으로 프레임을 만들고 해당 프레임에다가 txcounty.dta를 읽어 들이자.

```
. frame create txcounty

. frame txcounty: webuse txcounty
(Median income in Texas counties)
```

txcounty.dta는 다음과 같은 변수들을 가지고 있다.

```
. frame txcounty: describe

Contains data from https://www.stata-press.com/data/r16/txcounty.dta
  obs:             8                          Median income in Texas counties
 vars:             2                          30 Dec 2018 06:13
                                              (_dta has notes)
--------------------------------------------------------------------------------
              storage   display    value
variable name   type    format     label      variable label
--------------------------------------------------------------------------------
countyid        byte    %9.0g      cty        County ID
median_income   float   %9.0g                 Household median income
--------------------------------------------------------------------------------
Sorted by:
```

persons.dta의 countyid와 txcounty의 countyid를 이용하여 frlink 명령어를 이용하여

연결을 할 수 있다. 연결하는 변수는 반드시 동일할 필요는 없다.

```
. frlink m:1 countyid, frame(txcounty )
  (all observations in frame default matched)

. des

Contains data from https://www.stata-press.com/data/r16/persons.dta
  obs:            20
 vars:             4                          16 Apr 2019 13:36
                                              (_dta has notes)
----------------------------------------------------------------------
              storage   display    value
variable name   type    format     label      variable label
----------------------------------------------------------------------
personid        byte    %9.0g
countyid        byte    %9.0g
income          float   %9.0g
txcounty        byte    %10.0g
----------------------------------------------------------------------
Sorted by:
     Note: Dataset has changed since last saved.
```

위와 같이 연결이 된 이후에는 txcounty라는 변수가 생성되었다. txcounty라는 변수에는 countyid와 같은 값이 들어가 있다.

```
. list

     +-------------------------------------------+
     | personid   countyid   income   txcounty |
     |-------------------------------------------|
  1. |        1          5    30818          5 |
  2. |        2          3    30752          3 |
  3. |        3          2    29673          2 |
  4. |        4          3    32115          3 |
  5. |        5          2    31189          2 |
     |-------------------------------------------|
```

이렇게 한 번 연결이 되면, frval 혹은 frget 함수를 이용하여 txcounty.dta에 포함된 변수를 이용할 수 있다. 예를 들면, txcounty.dta에 포함된 median_income을 이용해서 개인의 상대소득을 다음과 같이 만들어보자.

```
. gen rel_income = income / frval(txcounty, median_income) * 100
```

이렇게 만들어진 rel_income은 다음과 같은 분포를 갖게 된다.

```
. hist rel_income, gap(20) bin(8) xtitle("relative income")
```

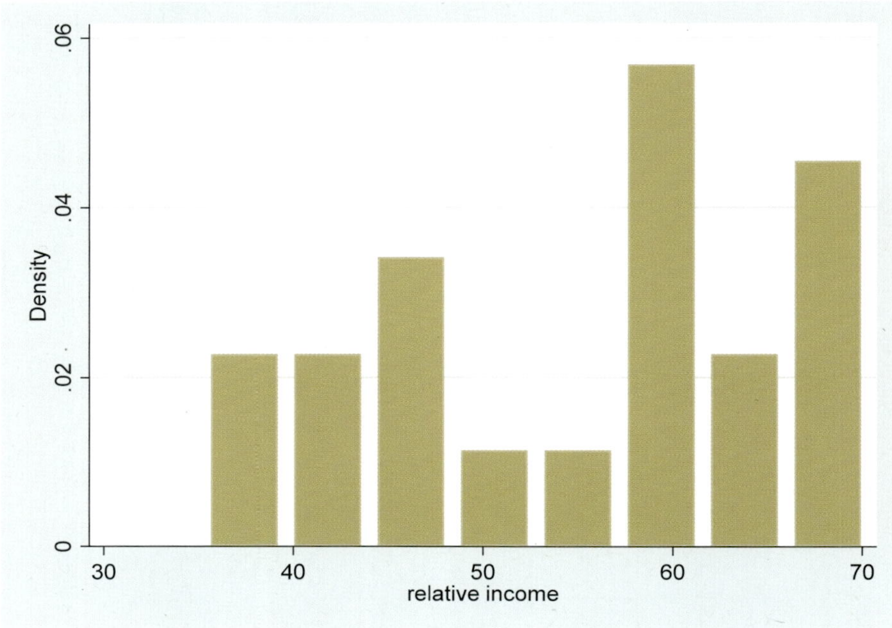

그림 4.4 relative income의 히스토그램

frget함수를 이용하면 변수를 가져올 수도 있다.

```
. frget median_income, from(txcounty)
  (1 variable copied from linked frame)
```

median_income 변수가 아래와 같이 포함되었음을 알 수 있다.

```
. des

Contains data from https://www.stata-press.com/data/r16/persons.dta
  obs:            20
 vars:             6                          16 Apr 2019 13:36
                                              (_dta has notes)
--------------------------------------------------------------------------
              storage   display    value
variable name   type    format     label      variable label
--------------------------------------------------------------------------
personid        byte    %9.0g
countyid        byte    %9.0g
income          float   %9.0g
txcounty        byte    %10.0g
rel_income      float   %9.0g
median_income   float   %9.0g                 Household median income
--------------------------------------------------------------------------
Sorted by:
     Note: Dataset has changed since last saved.
```

타) 자동화된 보고서 만들기

Stata를 이용해서 추정을 하고 난 이후에는 보통 보고서 형태로 작성하게 된다. 보통 워드프로세서. 스프레드쉬트, PDF, 혹은 HTML 양식 등으로 작성한다. 보고서 내에 Stata로 산출되는 결과물을 자동으로 포함되게 해 놓으면 상당히 편리하다. 특히, 형식은 동일한데 자료만 바꾸어서 산출되는 보고서의 경우 한 번 자동화 시켜 놓으면 상당히 편리하다.

Stata16에서는 dyndoc과 markdown 명령어를 사용하면 비교적 쉽게 MS Word 혹은 HTML 문서를 생성할 수 있다.

다음과 같은 예를 통해 markdown을 문서를 작성하고, 이를 dyndoc 명령어를 이용해서 MS Word 혹은 HTML 문서로 전환해보자.

먼저 markdown 문서는 Do-file editor를 이용해서 작성할 수 있다. 마크다운 문법을 사용하면 비교적 쉽게 html 혹은 word 형식의 보고서를 작성할 수 있다. 기본적으로는 마크다운 문법에 따라 작성하되 Stata 태그를 달면 Stata 명령어를 실행할 수 있다.

기본적이고 자주 사용되는 Stata 태그는 아래와 같다.

Dynamic tag Description

태그	내용
<<dd_version>>	최소 버전을 규정한다.
<<dd_do>>, <</dd_do>>	Stata 코드를 실행
<<dd_display>>	문장 안에서 Stata 명령어와 결과를 보여줌
<<dd_docx_display>>	워드 docx 파일에서 Stata 명령어와 결과를 보여줌
<<dd_graph>>	Stata 그래프 혹은 링크를 문서내에 포함시킴
<<dd ignore>>, <</dd ignore>>	Stata 명령어 실행을 하지 않음

위와 같은 태그를 이용하여 다음과 같이 마크다운 문서를 작성할 수 있다.

```
<<dd_version: 2>>

1978년 자동차에 대한 보고서
=======

여기에서는 1978년 미국에서 거래된 자동차의 특성에 대해서 정리하려고 한다.
auto 자료에는 1978년 자동차의 제조사 및 모델명, 가격, 연비, 수리 이력, 자동차의 기
타 특성들이 포함되어 있다.

특별히 자동차의 가격의 특성은 다음과 같다.

    <<dd_do:quietly>>
    sysuse auto, clear
    <</dd_do>>

다음과 같이 요약통계량을 제시할 수 있다.

    ~~~
    <<dd_do>>
    sum price
    <</dd_do>>
    ~~~

<<dd_display: r(N)>>개의 자동차에 대해서 자동차의 평균 가격은
<<dd_display: r(mean)>>달러이다.

## 상관관계
```

```
가격 price와 연비 mpg간의 상관관계는 다음과 같이 그릴 수 있다.

    ~~~
    <<dd_do>>
    scatter price mpg, scheme(s2color)
    <</dd_do>>
    ~~~

<<dd_graph: saving("fig1.png") replace width(400)>>

위의 그림을 통해 가격과 연비는 음의 상관관계가 있음을 알 수 있다.

## 회귀분석

다음과 같이 회귀분석을 할 수도 있다.

    ~~~
    <<dd_do>>
    regress price mpg foreign c.mpg#foreign
    <</dd_do>>
    ~~~

위 회귀분석에 기초하여 아래와 같이 margins를 계산할 수 있다.

    ~~~
    <<dd_do>>
    margins foreign
    marginsplot
    <</dd_do>>
    ~~~

<<dd_graph: saving("fig2.png") replace height(400)>>

위와 같이 marginsplot을 그릴 수 있다.
```

위 명령어는 markdow.txt 파일로 저장하였다. 그 다음에는 dyndoc을 이용하여 다음과 같이 전환할 수 있다. html이나 docx 파일로 전환할 수 있다. 여기에서는 docx 파일로 전환해보자.

```
. dyndoc markdown.txt, replace docx
```

그러면 아래와 같이 워드 파일이 생성된다. 특별히 docx 옵션을 포함하지 않는 경우에는 html 문서가 생성된다.

1978 년 자동차에 대한 보고서

여기에서는 1978 년 미국에서 거래된 자동차의 특성에 대해서 정리하려고 한다. auto 자료에는 1978 년 자동차의 제조사 및 모델명, 가격, 연비, 수리 이력, 자동차의 기타 특성들이 포함되어 있다.

특별히 자동차의 가격의 특성은 다음과 같다.

다음과 같이 요약통계량을 제시할 수 있다.

```
. sum price

    Variable |        Obs        Mean    Std. Dev.       Min        Max
-------------+---------------------------------------------------------
       price |         74    6165.257    2949.496       3291      15906
```

74 개의 자동차에 대해서 자동차의 평균 가격은 6165.2568 달러이다.

상관관계

가격 price 와 연비 mpg 간의 상관관계는 다음과 같이 그릴 수 있다.

```
. scatter price mpg, scheme(s2color)
```

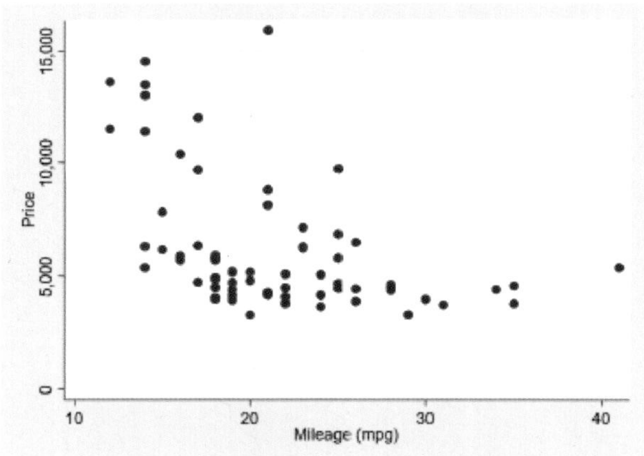

위의 그림을 통해 가격과 연비는 음의 상관관계가 있음을 알 수 있다.

회귀분석

다음과 같이 회귀분석을 할 수도 있다.

```
. regress price mpg foreign c.mpg#foreign

      Source |       SS           df       MS      Number of obs   =        74
-------------+----------------------------------   F(3, 70)        =      9.48
       Model |  183435281         3  61145093.6   Prob > F        =    0.0000
    Residual |  451630115        70  6451858.79   R-squared       =    0.2888
-------------+----------------------------------   Adj R-squared   =    0.2584
       Total |  635065396        73  8699525.97   Root MSE        =    2540.1

------------------------------------------------------------------------------
       price |      Coef.   Std. Err.      t    P>|t|     [95% Conf. Interval]
-------------+----------------------------------------------------------------
         mpg |  -329.2551   74.98545    -4.39   0.000    -478.8088   -179.7013
     foreign |  -13.58741   2634.664    -0.01   0.996    -5268.258    5241.084
             |
foreign#c.mpg |
     Foreign |   78.88826   112.4812     0.70   0.485    -145.4485     303.225
             |
       _cons |   12600.54   1527.888     8.25   0.000     9553.261    15647.81
------------------------------------------------------------------------------
```

위 회귀분석에 기초하여 아래와 같이 margins를 계산할 수 있다.

```
. margins foreign

Predictive margins                              Number of obs     =         74
Model VCE    : OLS

Expression   : Linear prediction, predict()

------------------------------------------------------------------------------
             |            Delta-method
             |     Margin   Std. Err.      t    P>|t|     [95% Conf. Interval]
-------------+----------------------------------------------------------------
     foreign |
    Domestic |   5588.295   369.0945    15.14   0.000     4852.159    6324.431
     Foreign |   7254.814   614.9548    11.80   0.000     6028.325    8481.303
------------------------------------------------------------------------------
```

```
. marginsplot

  Variables that uniquely identify margins: foreign
```

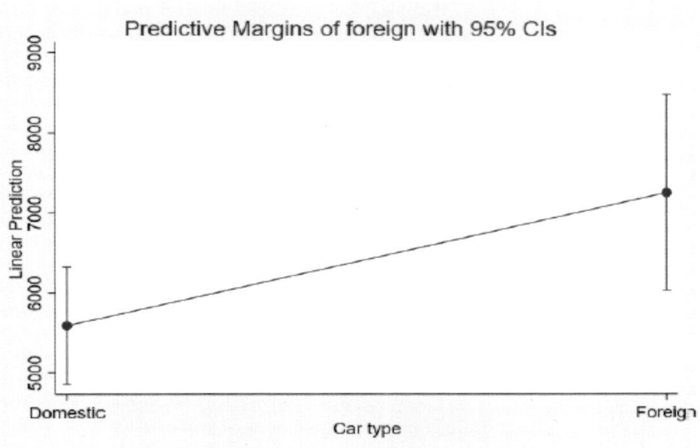

위와 같이 marginsplot을 그릴 수 있다.

마크다운 외에 putdocx를 이용해서도 자동화된 워드형식의 보고서를 작성할 수 있다. 기본적인 명령어는 다음과 같다.

파일의 생성, 저장 등

putdocx begin: docx 파일 생성

putdocx save: docx 파일 저장

putdocx clear: docx 파일 저장 없이 제거

putdocx append: 기존 docx 파일에 내용 추가

페이지 및 섹션 구분

putdocx pagebreak: 페이지 구분 추가

putdocx sectionbreak: 섹션 구분 추가

텍스트, 이미지 저장

putdocx paragraph: 새로운 문단 추가

putdocx text: 문단에 새로운 문장 추가

putdocx textblock: 문단 블록 추가

putdocx image: 이미지 추가

putdocx pagenumber: 페이지 번호 추가

위 명령어를 이용하여 다음과 같이 auto.dta 자료를 이용하여 간단한 보고서를 작성할 수 있다.

```
version 16
sysuse auto, clear

/* 워드 파일 만들기 */
putdocx clear
putdocx begin

/* 타이틀 만들기 */
putdocx paragraph, style(Title)
putdocx text ("1978년 미국 자동차 시장 분석")
```

```
/* 텍스트 블록 삽입하기 */
putdocx textblock begin

여기에서는 1978년 미국에서 거래된 자동차의 특성에 대해서 정리하려고 한다.
auto 자료에는 1978년 자동차의 제조사 및 모델명, 가격, 연비, 수리 이력, 자
동차의 기타 특성들이 포함되어 있다.

특별히 자동차의 가격과 연비는 다음과 같다.

putdocx textblock end

* price의 요약통계량 생성
sum price

/* 위에서 계산된 요약통계량을 본문에 삽입 */

putdocx textblock begin

<<dd_docx_display: r(N)>>개의 자동차에 대해서 자동차의 평균 가격은
<<dd_docx_display: r(mean)>>달러이다.

putdocx textblock end


/* 그래프 워드 파일로 보내기 */
putdocx textblock begin

국내/외국차 여부별 평균 가격은 아래 그림과 같다.

putdocx textblock end


graph hbar price, over(foreign)

graph export fig1.png, replace

putdocx paragraph
putdocx image fig1.png

/* 회귀분석 결과 포함 */

putdocx pagebreak

putdocx paragraph, style(Heading1)
putdocx text ("회귀분석 결과")

regress price mpg c.mpg#foreign
```

```
putdocx table price = etable, title("가격 결정 요인 회귀분석")

putdocx save example_putdocx, replace
```

위 일련의 putdocx 명령어를 이용하여 생성된 워드 파일은 다음과 같다.

1978 년 미국 자동차 시장 분석

여기에서는 1978 년 미국에서 거래된 자동차의 특성에 대해서 정리하려고 한다.auto 자료에는 1978 년 자동차의 제조사 및 모델명, 가격, 연비, 수리 이력, 자동차의 기타 특성들이 포함되어 있다. 특별이.자동차의 가격과 연비는 다음과 같다.

74 개의 자동차에 대해서 자동차의 평균 가격은 6165.2568 달러이다.

국내/외국차 여부별 평균 가격은 아래 그림과 같다.

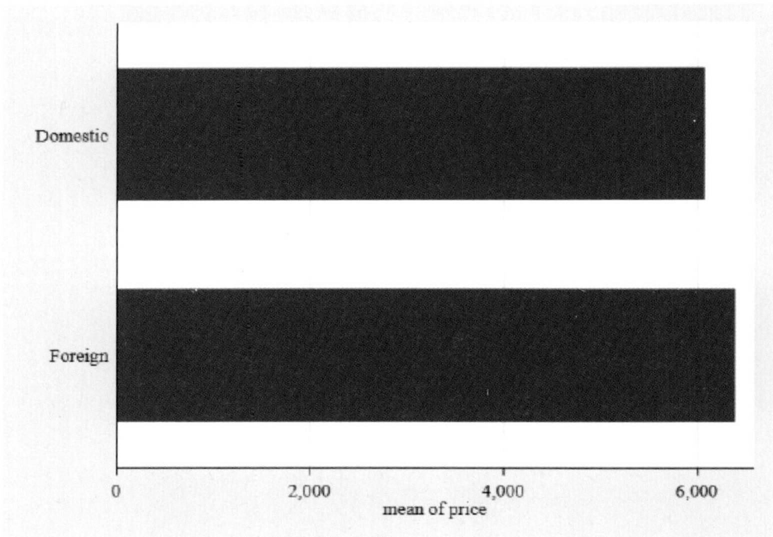

회귀분석 결과

가격 결정 요인 회귀분석

price	Coef.	Std. Err.	t	P>|t|	[95% Conf.	Interval]
mpg	-329.0368	61.46843	-5.35	0.000	-451.6014	-206.4723
foreign#c.mpg						
Foreign	78.32918	29.78726	2.63	0.010	18.93508	137.7233
_cons	12595.97	1235.936	10.19	0.000	10131.58	15060.35

CHAPTER 04 **EXERCISES**

01 다음의 자료를 이용하여 다음의 질문에 답하시오.

(1) 제2장의 연습문제 1번에서 불러들인 엑셀 파일(poverty.xlsx)을 Stata 자료(poverty.dta)로 저장하자. Stata는 엑셀자료를 읽어들일 때, 변수에 비수치 값(nonnumeric value)이 포함되어 있으면 문자로 인식하여 읽어들인다. 변수들이 문자변수인가 수치변수인가?

(2) 명령어 rename을 활용하여 국가명을 포함한 변수의 이름을 countryname으로 바꾸어 보자.

(3) 명령어 replace를 활용하여, 연도, 빈곤율 등의 변수가 문자변수인 경우, ".."으로 표시된 결측치를 Stata의 문자변수 결측치 형태인 ""로 바꾸어 보자.

(4) 빈곤율이 문자변수일 경우, 명령어 destring, generate를 활용하여, 각각의 새로운 수치변수를 생성하여 보자.

(5) 명령어 label variable을 활용하여 변수명을 설명하는 라벨을 붙여보자.

(6) 수치변수를 새로 생성한 경우 불필요한 기존의 변수를 자료에서 제거하자.

(7) 명령어 save. replace를 활용하여 Stata 자료를 새롭게 저장하자.

02 위 자료를 계속 활용해보자. 명령어 gsort를 활용하여 하루 $5.5 미만으로 생활하는 인구 비중을 기준으로 자료를 내림차순으로 정렬해보시오. 조사연도와 무관하게 이 비중이 가장 높은 국가는 어디인가? gsort의 사용법에 대해서는 help gsort 문서를 참고하시오.

03 명령어 encode를 활용하여 임의로 부여된 국가코드 수치변수를 생성하시오. 하루 $5.5 미만으로 생활하는 인구 비중이 가장 높은 국가의 국가코드는 얼마가 부여되어 있는지 확인하시오.

CHAPTER 05

경제분석을 위한 STATA 17 4th edition

회귀분석

1 OLS 모형

자료에 대한 특성, 특히 변수들 간의 상관관계를 파악한 후에는, 실증분석의 다음 단계인 회귀분석으로 넘어가게 된다. 회귀분석을 하는 이유는 다양하겠지만, 경제분석 혹은 정책평가의 영역에서는 다음의 세 가지 측면이 중요하다.

Regression의 기원

회귀분석의 시초는 프랑스의 수학자이며 물리학자인 Legendre(1752–1833)의 최소자승법의 발견, Gauss(1777–1855)의 정규분포와 최소자승법과의 관계의 규모의 발견으로 볼 수 있다. 하지만, 지금의 regression의 이름을 갖게 된 것은 Galton(1822–1911)이 'Regression towards mediocrity'에서 자녀의 키가 부모의 키와 양의 상관관계를 갖지만 그 정도는 조상의 평균으로 회귀하는 경향을 갖는다고 주장한 데서 기인한다.

첫째, 회귀분석을 통해 **정책변수**(X)와 성과지표(Y) 간의 인과관계(causal relation)를 **추정**하려고 한다. X를 정책을 통해 인위적으로 조작(manipulation)하였을 때 Y가 평균적으로 얼마나 영향을 받는지를 추정하고 싶은 것이다. 회귀분석은 기본적으로 X와 Y의 상관관계(correlation)을 추정하는 모형이다. 하지만 회귀분석을 할 때 적절한 조건이 만족되면 단순 상관관계를 인과관계로 해석할 수 있게 된다. 소위 말하는 긴 회귀분석 대 짧은 회귀분석(long regression vs. short regression)의 문제로 뒤에서 좀 더 깊게 논의할 것이다.

둘째, 다른 요인들을 통제한 상태에서 종속변수와 정책변수간의 상관관계 혹은 부분효과(partial effect)를 추정하게 된다. 회귀계수는 해당 변수 외에 회귀분석에 포함된 다른 효과를 제거한 해당 변수가 종속변수에 미친 순효과를 추정한 것이다.[4] 예컨대, 학력이 임금에 미칠 수 있는 능력에 미치는 효과를 추정하고 싶다고 해보자. 임금에는 학력 뿐만 아니라 경력, 근속 여부, 자격증 보유 여부, 연령, 지역별 편차 등 여러 요소가 영향을 줄 것이다. 연구자가 추정하고 싶은 것은 다른 요소들의 효과를 제거한 이후에 학력이 임금에 미치는 순효과일 것이다. 회귀분석은 다른 요인들을 쉽게 통제할 수 있어 순효과 추정이 비교적 쉽다.

셋째, 비교적 약한 가정 하에서도 이른바 일치추정량(consistent estimator)을 얻을 수 있다. 연구자가 알고 싶어하는 대상인 모수를 추정하는 다양한 추정량이 존재한다. 회귀분석도 여러 다양한 추정방법 중 하나이다. 가정이 강해지면 일치적이면서도 분산이 작은 효율적인 추정량을 얻을 수 있다. 하지만 가정이 틀리면 모수와는 체계적으로 멀어질 수 있다.

이러한 상황을 [그림 5.1]에 예를 들어 살펴보자. 표적이 모수이고 추정량이 총이라고 생각해보자. 표적에 사격을 했을 때 (가)와 같이 표적을 중심으로 좁게 모인 경우를 일치성과 효율성이 좋은 경우라고 볼 수 있다. (나)는 평균적으로 가운데에 맞지만 듬성듬성 퍼져서 맞았다. 일치적이지만 비효율적이라고 할 수 있다. (다)의 경우는 모여서 맞았지만 표적에서 완전히 벗어나서 맞는 경우이다. 제일 좋은 경우는 (가)의 경우이다. 최우추정법(maximum likelihood estimation)이 이에 해당된다. 물론, 최우추정법의 가정이 성립할 때만 그렇다. 만약 분포에 대한 가정이 틀리면 (다)와 같은 결과가 초래된다. 회귀분석은 때론 (가)의 경우가 되지만 안좋은 상황 하에서도 최소한 (나)가 된다. 따라서 연구자 입장에서는 분포에 대해서 사전적으로 정보가 있는 경우가 아니라면 될 수 있으면 (다)의 경우를 피하고 싶어하기 마련이다. 회귀분석은 최소한 (나)의 경우는 확보가 될 수 있기 때문에 200년도 넘은 추정방법이 그 사이에 개발된 다른 추정방법들보다도 연구자들에게 꾸준한 사랑을 받고 있는 이유이다.

4 이를 Frisch-Waugh-Lovell Theorem이라고도 한다.

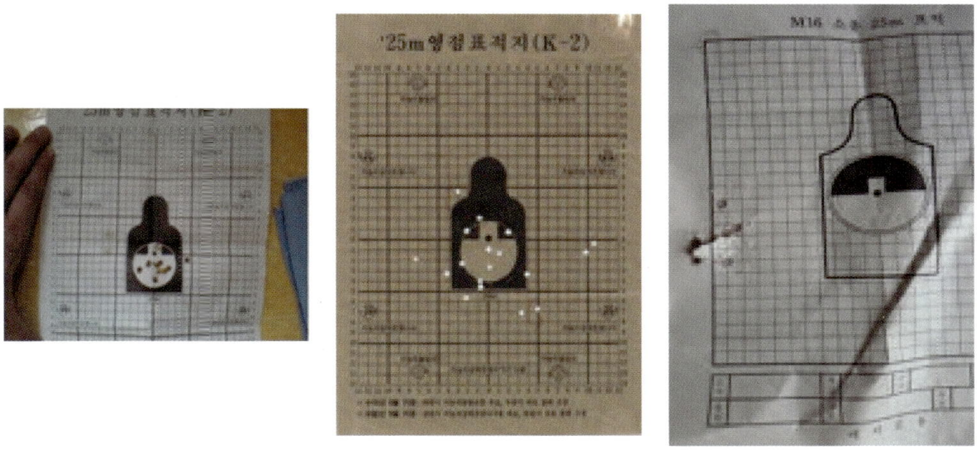

(가) 일치적, 효율적 (나) 일치적, 비효율적 (다) 비일치적, 효율적

그림 5.1 **추정량의 일치성과 효율성**

다음과 같은 예를 통해서 위 두 가지 의미를 좀 더 구체적으로 알아보자. 노동경제학에서 가장 자주 사용되는 회귀모형 중에 민서(Mincer)의 임금방정식이 있다. 아래와 같이 로그-임금이 경력과 교육에 의해 결정된다는 식이다.

(1) $$\ln(w_i) = \beta_0 + \beta_1 edu_i + \beta_2 exp_i + \epsilon_i$$

w: 시간당 임금, edu: 교육연수, exp: 경력연수 혹은 연령

식(1)과 관해서 다음의 2가지 정도는 언급하고 넘어갈 필요가 있다. 먼저 좌측 변수가 임금 그 자체가 아니라 로그 변환된 시간당 임금 함수라는 점이다. 통상적으로 종속변수에 로그를 취하는 것은 다음과 같은 두 가지 이유에서이다. 첫째, 시간당 임금의 경우 오른쪽으로 꼬리가 긴 분포를 가지고 있어 정규분포와 거리가 있다. 하지만 로그-변환을 하면 큰 값들이 상대적으로 작아지면서 정규분포와 유사한 분포를 갖게 된다([그림 5.2] 참조). 종속변수가 정규분포를 따르게 되면 OLS 추정치는 가장 효율적인 추정량이 된다.

| OLS 추정량의 효율성

독립변수 X가 주어졌을 때 종속변수 y가 정규분포를 갖는 경우, 최우추정치와 OLS 추정치가 동일하게 되어, OLS 추정치는 효율적인, 즉 분산이 가장 작은 추정치가 된다.

둘째, 로그-로그 모형, 혹은 트랜스-로그 모형의 경우, 추정계수를 탄력성으로 해석할 수 있다는 장점이 있다. 경제 분석의 핵심이 탄력성 추정인 점을 고려해보면, 변수들에 로그를 취하고 회귀계수를 추정하면 바로 탄력성이 추정되기 때문에 매우 편리하다.

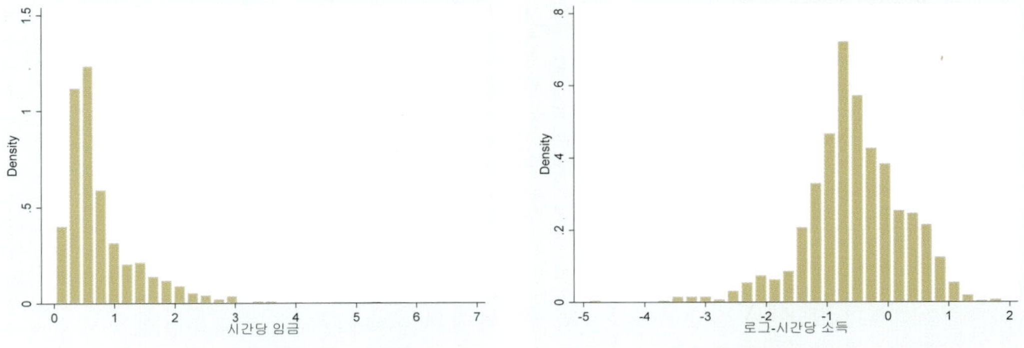

그림 5.2 시간당 임금에 로그를 취하기 전과 후의 분포

두 번째 포인트는 추정된 회귀계수인 β_1과 β_2의 의미이다. 1변수 단순 회귀분석이 아니라 2개 이상의 변수를 식(1)과 같이 가정하면, 주요 변수 외에 다른 변수들은 통제의 의미가 있다. 예컨대 주된 관심이 학력의 증가가 임금 몇 %를 향상시키는가에 있다면, 경력(연령) 변수는 통제의 의미가 있다. 즉, "경력(연령)이 동일한 노동자 중에서"라고 해석하면 된다. 혹은 "경력연수가 미치는 영향들을 제외하고 나서"의 의미(partialling-out)가 있다. 인과관계로 해석할 때는, 평균적인 사람에게 1년의 교육을 추가적으로 시켰을 때, 해당 피교육자의 임금이 평균적으로 얼마 정도 오를 것을 기대할 수 있는 정도의 크기를 보여준다. 통제의 의미를 가질 때에는 경력이 동일한 사람 중에서 교육 차이에 따른 임금 격차를 비교하는 의미를 갖게 된다.

일반적으로 다변수 회귀모형(multiple regression model)은 아래 식(2)와 같이 써 볼 수 있다.

(2) $$y_i = \beta_0 + \beta_1 x_{1i} + \cdots + \beta_k x_{ki} + u_i$$
$$E(u|x_1,\cdots,x_k) = 0$$

왼쪽 변수인 y를 보통 종속변수(dependent variable) 혹은 피설명변수(explained variable)이라고 부른다. 오른쪽에 있는 변수들은 독립변수(independent variables) 혹은 설명변수(explanatory variables)이라고 부른다. 개인적으로는 피설명변수, 설명변수로 부르는 것을 선호한다. 회귀분석은 y를 x로 잘 설명할 수 있는지를 통계적 검정을 통해 확인하는 것이기 때문이다.

추정은 Stata가 자동으로 해주기 때문에 장황하게 설명할 필요는 없지만, 기본적인 아이디어는 식(3)을 계수에 대해서 오차의 제곱의 합을 최소화 시킨 값, 최소자승법(ordinary least squares)의 해가 OLS 추정치가 된다. 좀 더 자세한 OLS의 특성들은 계량경제학 교과서를 참고하라.

(3) $$\sum_{i=1}^{n} (y_i - \widehat{\beta}_0 - \widehat{\beta}_1 x_{1i} - \ldots - \widehat{\beta}_k x_{ki})^2$$

2 OLS 모형 추정 예제

아래에서는 몇 가지 예를 통해서 OLS 추정을 Stata에서 실행하는 방법에 대해서 배워보자.

가) 단순회귀분석(simple regression)

단순회귀분석 모형은 통상적으로 설명변수가 1개인 회귀분석을 지칭한다. 모형을 이용해서 기업의 수익률로 해당 기업 CEO의 연봉을 설명할 수 있는지 살펴보자. 통상적으로 기업의 수익률이 높을수록 CEO의 기업 경영성과가 좋고, 그 결과 연봉이 높을 것을 기대해볼 수 있다. 기업의 수익률과 관해서는 다양한 지표가 있지만, 여기서는 자기자본에 대한 수익률, 자기자본수익률(ROE, return on equity)과 CEO의 연봉간의 관계에 대해서 살펴보자.

ceosal1.dta 파일을 열자.

```
. use ceosal1, clear
```

list를 이용해서 어떤 자료인지 살펴보자. 열로는 변수인 roe와 salary가 있고, 행으로는 관측치가 제시되어 있다.

```
. list roe salary

     +--------------+
     |  roe  salary |
     |--------------|
  1. | 14.1    1095 |
  2. | 10.9    1001 |
  3. | 23.5    1122 |
  4. |  5.9     578 |
  5. | 13.8    1368 |
     |--------------|
  6. |   20    1145 |
  7. | 16.4    1078 |
  8. | 16.3    1094 |
  9. | 10.5    1237 |
 10. | 26.3     833 |
```

실증분석에서 우리가 관심을 가지는 측면은, 기업의 수익률과 CEO 연봉의 관계, 즉 수익률이 높은 기업일수록 CEO에게 좀 더 높은 연봉을 제공하고 있는지 여부이다.

먼저 산포도를 통해 이러한 관계가 시각적으로 나타나는지를 살펴보자. [그림 5.3]의 x-축은 기업의 자기자본수익률(return on equity, roe), y-축은 CEO의 연봉을 나타낸다. 두 변수 간의 관계가 산포도로 그려져 있다.

```
. scatter salary roe,  color(%30)
```

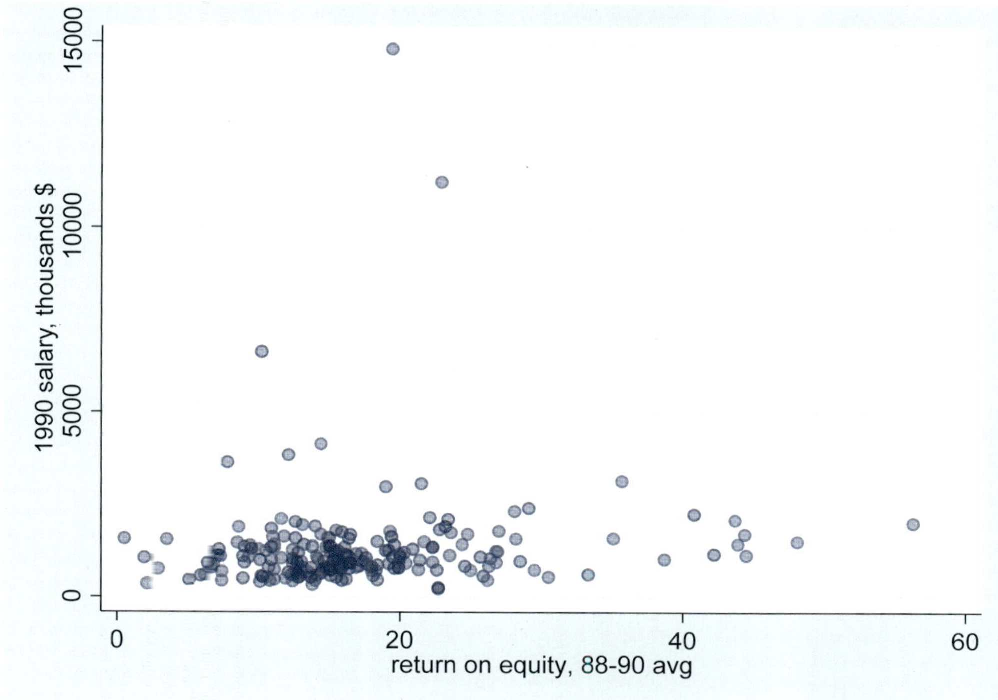

그림 5.3 기업의 수익성과 CEO 연봉과의 관계

우리가 추정하고 싶은 것은 [그림 5.4]의 아래의 점선, 즉 회귀선(regression line)이다. 회귀선의 기울기를 잘 살펴보면, 기업의 ROE가 증가할 때, CEO의 연봉이 얼마나 증가하는지를 어렴풋이 알 수 있다. [그림 5.4]는 급하지는 않지만, 기업의 ROE가 증가할 때 CEO의 연봉이 증가하는 경향이 있음을 보여주고는 있다.

```
. twoway (scatter salary roe) (lfit salary roe, lpattern(dash)),  ///
> legend(ring(0) pos(1) col(1))
```

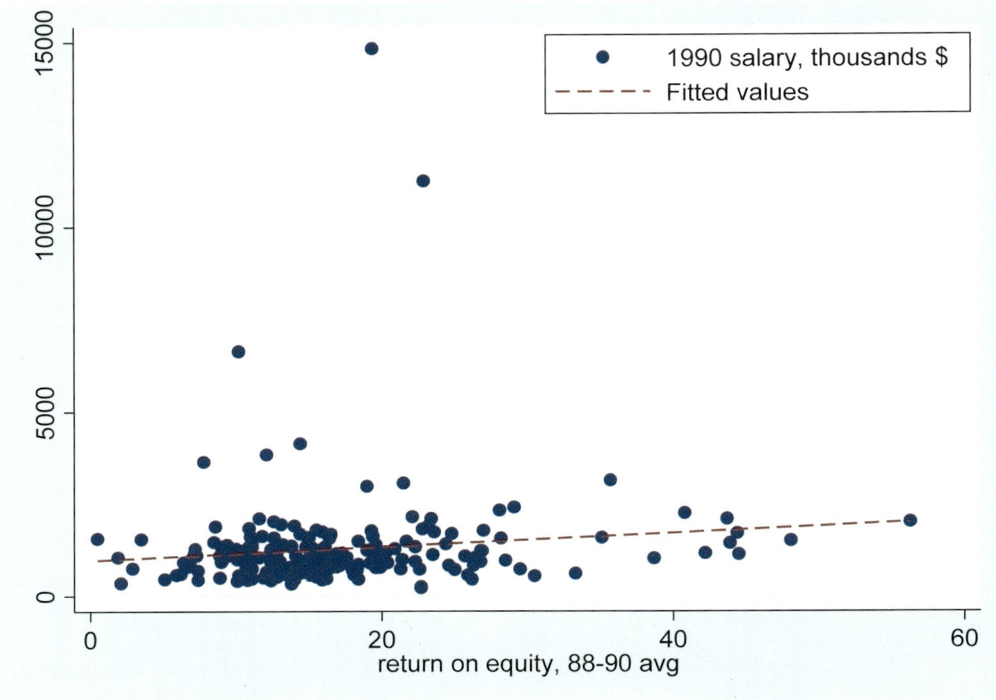

그림 5.4 회귀선의 추정

scheme()

위의 산포도에서 scheme 옵션은 그래프의 스타일을 사전에 정해놓은 형태를 이용한다는 것이다. 특별히 sj는 Stata Journal에서 사용하는 포맷을 사용하게 된다. 이외에도 컬러인 경우에는 s1color, s2color, 흑백인 경우에는 s1mono, s2mono 등이 자주 사용된다.

아래의 회귀분석식은 이러한 상관관계를 추정해주는 기본적인 모형이다.

(4) $salary_i = \beta_0 + \beta_1 roe_i + e_i$

Stata에서 회귀분석은 regress(줄임말 reg) 명령어를 이용하면 된다. 종속변수와 설명변수를 순서대로 써주면 OLS 추정치를 얻을 수 있다. CEO의 연봉을 기업의 수익률인 roe에 회귀분석 하면 아래와 같은 결과를 얻게 된다.

```
. reg salary roe

      Source |       SS           df       MS      Number of obs   =       209
-------------+----------------------------------   F(1, 207)       =      2.77
       Model |  5166419.04         1  5166419.04   Prob > F        =    0.0978
    Residual |   386566563       207  1867471.32   R-squared       =    0.0132
-------------+----------------------------------   Adj R-squared   =    0.0084
       Total |   391732982       208  1883331.64   Root MSE        =    1366.6

------------------------------------------------------------------------------
      salary |      Coef.   Std. Err.      t    P>|t|     [95% Conf. Interval]
-------------+----------------------------------------------------------------
         roe |   18.50119   11.12325     1.66   0.098    -3.428196    40.43057
       _cons |   963.1913   213.2403     4.52   0.000     542.7902    1383.592
------------------------------------------------------------------------------
```

위 추정결과는 다소 복잡해 보이기는 하지만, 일차적으로 우리가 관심 가지고 있는 것은 roe 변수 옆에 있는 숫자들이다. 추정결과에 따르면 roe의 계수의 추정치는 18.5이다. roe가 1%p 증가하면 연봉이 평균적으로 18,500달러 정도 증가하는 관계를 보여주고 있다.

한편 회귀분석에서 모형의 설명력을 나타내주는 지표인 R-squared에 대한 해석이 등장하는 경우가 있다. R-squared에 관한 가장 유용한 해석은 y의 변화(variation) 몇 %가 x의 변화에 의해서 설명되는가를 나타내는 척도라는 것이다. 여기에서는 약 1.3% 정도를 설명하고 있어, 임금의 변화 정도를 x의 변화가 그다지 많이 설명하고 있어 보이지는 않는다. 그러면 "R-squared가 너무나 낮은 것이 아닌가?"라는 의문이 생길 수 있다. 하지만 R-squared가 선형의 관계만을 측정하기 때문에 횡단면 분석에서는 R-squared 값이 작은 것은 매우 흔한 일이다. 반면 시계열 분석에서는 R-squared가 0.9를 넘는 것이 보통이며 가끔은 1에 가깝게 추정되기도 한다.

식(4)의 회귀방정식은 변수의 수준을 이용한 것이기 때문에, 변수의 단위에 따라 추정치가 변한다는 치명적인 약점이 있다. 경제학자들은 이를 극복하기 위해 수준변수 대신 로그-변수를 이용하여 탄성치(elasticity)를 바로 추정한다. 이번에는 기업의 매출과 CEO의 연봉과의 관계 중 특히 탄성치를 추정해보자. 식(5)는 기업의 매출액에 로그를 취한 변수와 CEO 연봉에 로그를 취한 변수를 이용한 회귀모형이다.

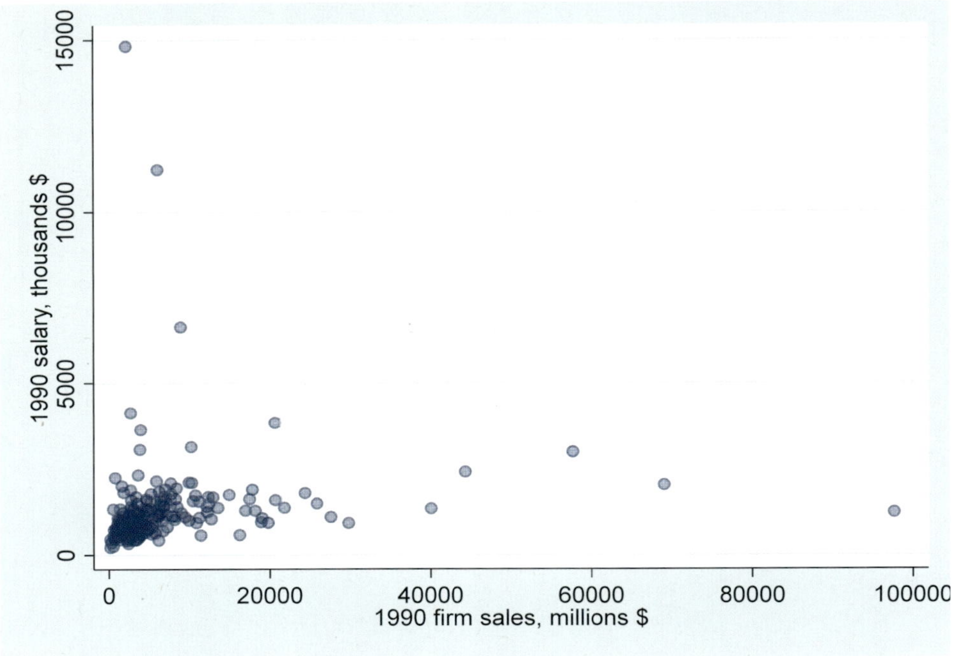

그림 5.5 기업의 매출과 CEO의 연봉 산포도

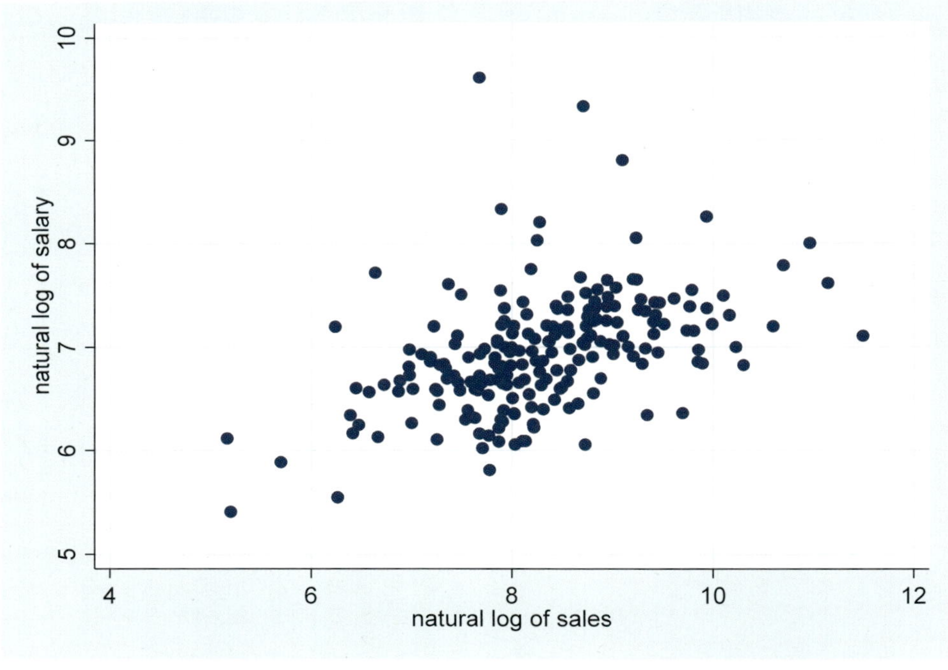

그림 5.6 로그-매출액 대비 로그-연봉과의 관계

(5) $\log(salary_i) = \beta_0 + \beta_1 \log(sale_i) + e_i$

매출과 연봉의 관계를 산포도를 이용하여 그려보면 [그림 5.5]와 같이 나타난다.

```
• scatter salary sales
• scatter lsalary lsales
```

매출과 연봉 사이의 관계가 분명히 보이지는 않는다. 이번에는 변수들에 로그-변환한 후에 다시 산포도를 그려보자. [그림 5.6]에 따르면 로그-변환을 한 후에 변수들의 상관관계가 좀 더 분명하게 보임을 확인할 수 있다. 로그-매출액이 큰 기업이 로그-연봉이 좀 더 큰 것을 알 수 있다. 양 축이 모두 로그 스케일이기 때문에 기울기는 탄력성으로 읽을 수 있다.

```
. reg  lsalary lsales

      Source |       SS           df       MS      Number of obs   =       209
-------------+----------------------------------   F(1, 207)       =     55.30
       Model |  14.0661688         1  14.0661688   Prob > F        =    0.0000
    Residual |  52.6559944       207  .254376785   R-squared       =    0.2108
-------------+----------------------------------   Adj R-squared   =    0.2070
       Total |  66.7221632       208  .320779631   Root MSE        =    .50436

------------------------------------------------------------------------------
     lsalary |      Coef.   Std. Err.      t    P>|t|     [95% Conf. Interval]
-------------+----------------------------------------------------------------
      lsales |   .2566717   .0345167     7.44   0.000     .1886224    .3247209
       _cons |   4.821997   .2883396    16.72   0.000     4.253538    5.390455
------------------------------------------------------------------------------
```

회귀분석 결과는 매출이 1% 증가하였을 때 CEO의 연봉은 0.25% 증가하는 경향이 있음을 보여주고 있다. 즉, 다시 말해 매출이 10% 증가하면, CEO의 연봉은 2.5% 증가하게 된다. 그리고 이러한 관계는 통계적으로도 매우 유의하다.[5] 하지만 탄력성의 규모만으로 보았을 때는 비탄력적이라고 볼 수 있다.

5 통상적으로 t-값을 보고 0인지의 여부를 판단하며, 대략 2(혹은 -2)보다 크면, 95% 신뢰수준에서 통계적 유의성을 갖는다고 본다.

나) 다중회귀분석(multiple regression)

가)의 예에서는 CEO의 임금결정 요인으로서 한 가지 요소만을 고려하였다. 하지만, 변수의 결정요인은 하나만 있는 것이 아니라 여러 가지 요인로부터 복합적으로 영향을 받는 것이 일반적이다. 이처럼 설명변수가 다수인 모형을 다중회귀분석 모형이라고 한다.

이번에는 학생들의 대학 성적을 결정하는 요인들이 무엇인지를 살펴봄으로써 다중회귀석을 해보자. 먼저 gpa1.dta를 읽어 들이자.

```
. use gpa1, clear
```

describe를 이용해서 살펴보자. 141개의 학생이 관측되었고, 29개의 변수가 포함되어 있다. 연령(age), 학년 더미 변수(soph, junior, senior), 성별(male) 등이 포함되어 있고, 고등학교 성적(hsGPA)과 대학교 성적(colGPA) 등이 포함되어 있다.

```
. des

Contains data from gpa1.dta
  obs:           141
 vars:            29                               8 Jul 1998 11:14
--------------------------------------------------------------------------------
              storage  display    value
variable name   type   format     label      variable label
--------------------------------------------------------------------------------
age             byte   %9.0g                 in years
soph            byte   %9.0g                 =1 if sophomore
junior          byte   %9.0g                 =1 if junior
senior          byte   %9.0g                 =1 if senior
senior5         byte   %9.0g                 =1 if fifth year senior
male            byte   %9.0g                 =1 if male
campus          byte   %9.0g                 =1 if live on campus
business        byte   %9.0g                 =1 if business major
engineer        byte   %9.0g                 =1 if engineering major
colGPA          float  %9.0g                 MSU GPA
hsGPA           float  %9.0g                 high school GPA
ACT             byte   %9.0g                 'achievement' score
job19           byte   %9.0g                 =1 if job <= 19 hours
job20           byte   %9.0g                 =1 if job >= 20 hours
drive           byte   %9.0g                 =1 if drive to campus
```

```
bike        byte   %9.0g          =1 if bicycle to campus
walk        byte   %9.0g          =1 if walk to campus
voluntr     byte   %9.0g          =1 if do volunteer work
PC          byte   %9.0g          =1 of pers computer at sch
greek       byte   %9.0g          =1 if fraternity or sorority
car         byte   %9.0g          =1 if own car
siblings    byte   %9.0g          =1 if have siblings
bgfriend    byte   %9.0g          =1 if boy- or girlfriend
clubs       byte   %9.0g          =1 if belong to MSU club
skipped     float  %9.0g          avg lectures missed per week
alcohol     float  %9.0g          avg # days per week drink alc.
gradMI      byte   %9.0g          =1 if Michigan high school
fathcoll    byte   %9.0g          =1 if father college grad
mothcoll    byte   %9.0g          =1 if mother college grad
-------------------------------------------------------------------
Sorted by:
```

고등학교 성적과 대학성적과의 관계를 산포도를 이용해서 살펴보자. 쉽게 예측할 수 있는 관계는 그등학교 때 공부 잘 한 학생이 대학에서도 공부를 잘 할 가능성이 높다는 것이다. 두 변수의 관계는 양(+)의 관계가 있을 것임을 쉽게 예측할 수 있다. [그림 5.7]은 고등학교 성적과 대학교 성적 간에 그러한 관계가 대략 존재하고 있음을 보여주고 있다.

```
. scatter colGPA hsGPA, mcolor(%30) msize(large) jitter(2)
```

대학 성적이 높은 이유가 고등학교 성적 외에도 다른 요인들이 있을 수가 있다. 예컨대 GPA는 고등학교 내의 상대적인 수준을 보여주는 반면, 표준화된 학업성취도 평가(achievement test score) 같은 경우는 전국에서의 학력 수준을 보여준다. 따라서 대학에서의 성적이라면 고등학교 내신보다는 표준화된 시험과 좀 더 상관관계가 높을 가능성이 있다. [그림 5.8]은 표준화된 성취점수와 대학교 성적과의 관계를 보여주고 있다. 고등학교 성적과 유사하게 양(+)의 상관관계가 존재하는 것으로 판단된다.

```
. scatter colGPA  ACT, mcolor(%30)  msize(large) jitter(2)
```

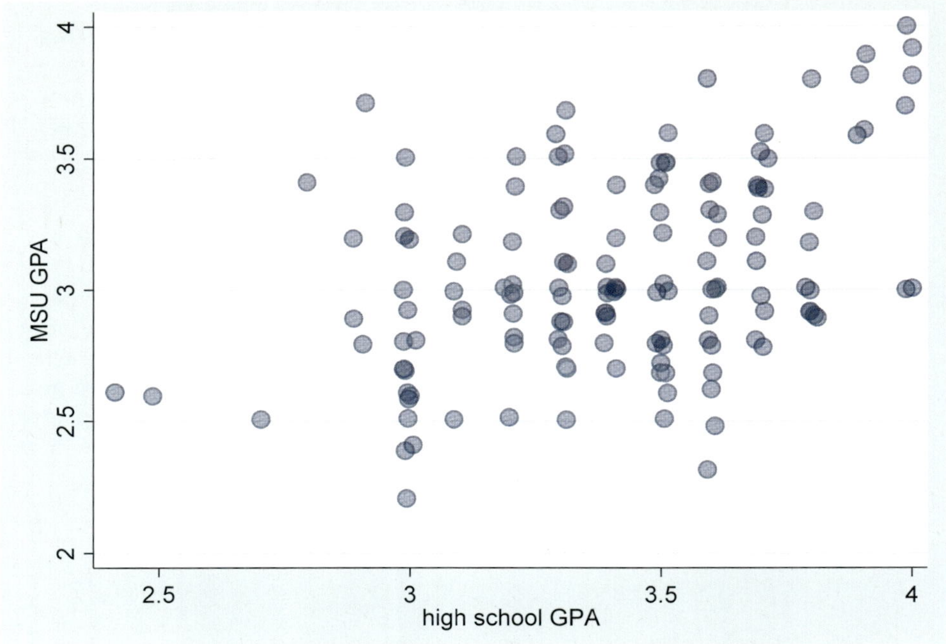

그림 5.7 고등학교 학점과 대학교 학점과의 상관관계

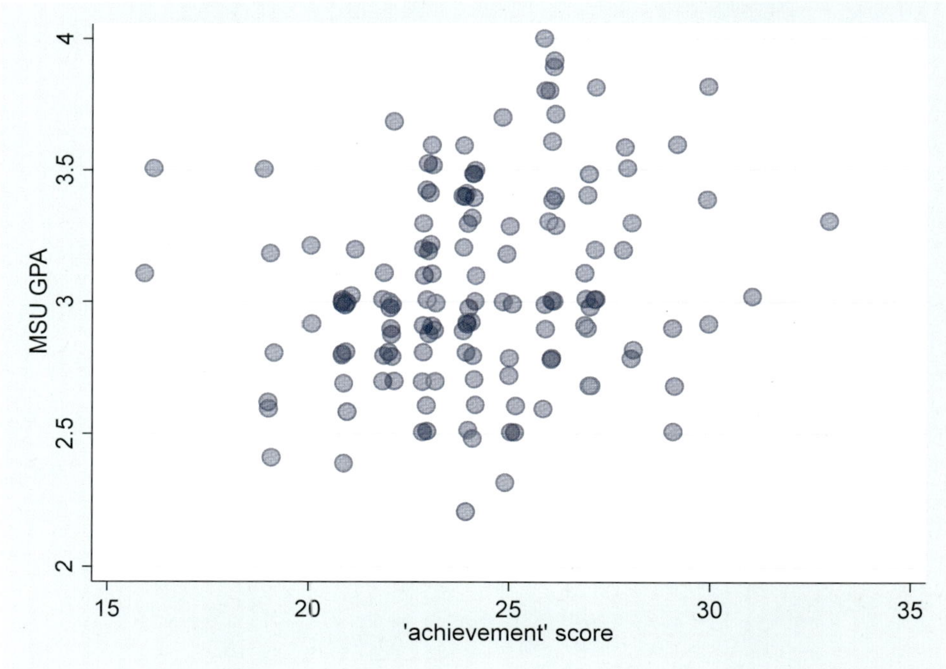

그림 5.8 성취점수와 대학교 학점과의 상관관계

따라서 성취점수가 동일한 학생들을 이용해서 고등학교 성적이 대학교 성적에 미치는 한계효과(marginal effect)를 추정하는 것이 필요하다. 즉 ACT 효과를 통제한 후에 고등학교 GPA가 대학교 GPA에 미치는 효과를 추정해야 한다. 이러한 통제의 역할을 회귀분석이 해주게 된다.

ACT를 통제하지 않았을 경우, 고등학교 학점이 대학교 학점에 미치는 효과는 고등학교 학점이 1점이 높은 학생이 대학 학점이 0.48점 상승하는 경향이 있다. R^2=0.17로서 대학 GPA 차이의 17% 정도를 고등학교 GPA가 설명해주고 있다.

```
. reg colGPA hsGPA

      Source |       SS           df       MS      Number of obs   =       141
-------------+----------------------------------   F(1, 139)       =     28.85
       Model |  3.33506006         1  3.33506006   Prob > F        =    0.0000
    Residual |  16.0710394       139  .115618988   R-squared       =    0.1719
-------------+----------------------------------   Adj R-squared   =    0.1659
       Total |  19.4060994       140  .138614996   Root MSE        =    .34003

------------------------------------------------------------------------------
      colGPA |      Coef.   Std. Err.      t    P>|t|     [95% Conf. Interval]
-------------+----------------------------------------------------------------
       hsGPA |   .4824346   .0898258     5.37   0.000      .304833    .6600362
       _cons |   1.415434   .3069376     4.61   0.000     .8085635    2.022304
------------------------------------------------------------------------------
```

ACT를 통제하면, 그 효과가 0.45로 소폭 감소하게 된다. R^2=0.176으로 대학 학점 변이의 17.6%를 고등학교 학점과 ACT 점수의 변이가 설명해주고 있다. 참고로 설명변수가 추가되면 R^2는 단조적으로 증가하는 경향이 있다. 모형의 설명력이 아무 변수나 추가하면 증가하는 것처럼 보인다. 이러한 단점을 보완하기 위한 측도가 adjusted R^2이다. adjusted R^2는 0.166에서 ACT를 포함한 이후에는 오히려 0.165로 감소하였다.

```
. reg colGPA hsGPA ACT

      Source |       SS           df       MS      Number of obs   =       141
-------------+----------------------------------   F(2, 138)       =     14.78
       Model |  3.42365506         2  1.71182753   Prob > F        =    0.0000
    Residual |  15.9824444       138  .115814814   R-squared       =    0.1764
-------------+----------------------------------   Adj R-squared   =    0.1645
       Total |  19.4060994       140  .138614996   Root MSE        =    .34032

------------------------------------------------------------------------------
      colGPA |      Coef.   Std. Err.      t    P>|t|     [95% Conf. Interval]
-------------+----------------------------------------------------------------
       hsGPA |   .4534559   .0958129     4.73   0.000     .2640047    .6429071
         ACT |    .009426   .0107772     0.87   0.383    -.0118838    .0307358
       _cons |   1.286328   .3408221     3.77   0.000      .612419    1.960237
------------------------------------------------------------------------------
```

남은 과제는 이렇게 회귀분석한 결과를 정리해서 저널이나 보고서에 보고할 수 있는 형태로 정리하는 것이다. 가장 손쉬운 방법은 추정한 결과를 '복사-붙여넣기'를 이용해서 표를 만드는 방법이 있다. 하지만 비슷한 모형을 약간씩만 바꿔서 여러 번 추정해야 하는 경우는 복사-붙여넣기를 이용해서 표로 정리하는 방법은 매우 비효율적이다.

outreg2라는 명령어를 이용하면 아래와 같이 Word나 Excel의 포맷으로 바로 뽑을 수가 있다. 필요한 편집을 약간 하게 되면, 저널 혹은 보고서에 비교적 예쁜 표를 편리하게 만들 수 있다.

outreg2의 설치

Stata에는 outreg2가 설치되어 있지 않다. 웹에서 다운을 받아 설치해야 한다. 이 경우, ssc install outreg2 명령어를 통해서 Stata에 설치할 수 있다. 설치가 다 되면 help outreg2를 이용해서 기능을 확인하자.

예컨대 다음과 같은 명령어를 사용할 수 있다. 회귀분석 결과를 outcome.txt 파일로 저장하되, 형식은 MS Word에서 사용할 수 있도록 하라는 명령어이다.

```
• outreg2 using outcome.txt, word
```

새롭게 만들어진 워드 파일을 복사해서 원래 작업 중인 파일에다 복사해서 붙이면 아래와 같은 표를 만들 수 있다. 이렇게 표를 생성하면, 매우 편리할 뿐만 아니라 모형간에 비교에도 유용하다.

표 5.1 outreg2를 이용한 추정결과 정리

VARIABLES	(1) colGPA	(2) colGPA
hsGPA	0.482***	0.453***
	(0.0898)	(0.0958)
ACT		0.00943
		(0.0108)
Constant	1.415***	1.286***
	(0.307)	(0.341)
Observations	141	141
R-squared	0.172	0.176

Standard errors in parentheses
*** p<0.01, ** p<0.05, * p<0.1

다) 교육수익률 추정

이번에는 좀 더 복잡한 회귀모형을 추정해보자. 소위 말하는 교육 투자의 수익(return to schooling)을 추정해보자. labor_supply_female.dta를 열어보자.

```
. use labor_supply_female, clear
```

먼저 교육수익률이 무엇인지 생각해보자. 교육수익률은 교육을 1년 더 받을 때 시간당 임금이 평균적으로 몇 % 상승하는지를 측정한 것이다. 연봉 혹은 월급 대신 시간당 임금을 사용한다는 점에 유의해야 한다. 연봉 혹은 월급의 경우 시간당 임금과 노동시간의 곱으로 이루어진다. 시간당 임금이 높지 않더라도 좀 더 많은 시간 일한 사람의 소득이 높을 수 있다. 그런 경우 소득이 높은 것이 교육 투자로 인한 것인지 아니면 일을 많이 해서 그런 것인지를 구분할 수 없게 된다. 따라서 교육의 수익률을 측정하려고

할 때는 시간당 임금을 사용하는 것이 바람직하다.

임금과 시간당 임금의 분포를 살펴보자. 일변수의 분포를 살펴보는 가장 편한 방법은 히스토그램을 살펴보는 것이다. Stata에서는 hist[ogram] 명령어를 이용하여 [그림 5.9]와 같이 히스토그램을 그릴 수 있다. 아래의 명령어는 임금(wage)과 시간당임금(wage_hourly)의 히스토그램을 각각 그린 후, 두 개의 그래프를 묶은 것이다. 이를 위해 graph combine이라는 명령어를 사용하였다.

```
. hist wage, gap(20) ylabel(#4) xlabel(#10) ///
> xtitle("임 금 ") saving(wage, replace)
. hist wage_hourly, gap(20) ylabel(#4) xlabel(#10)  ///
> xtitle("시 간 당  임 금 ") saving(wage_hourly, replace)
. graph combine wage.gph wage_hourly.gph, col(1)
```

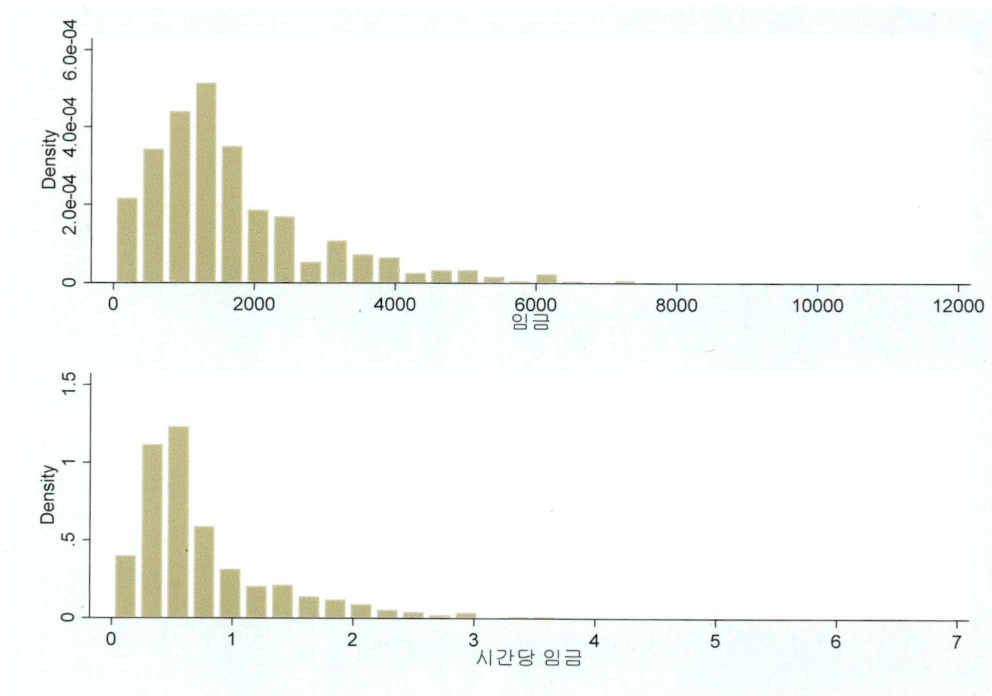

그림 5.9 소득 및 시간당 임금의 분포

임금의 분포나 시간당 임금의 분포 모두 유사하게 생겼고, 오른쪽으로 꼬리가 긴 분포임을 알 수 있다.

이번에는 원래의 수준 변수 대신 로그 변환한 변수의 분포를 살펴보자. [그림 5.10]은 로그를 취한 임금(ln_wage)과 시간당 임금의 분포(ln_wage_hourly)가 정규분포와 유사해졌음을 알 수 있다.

```
. hist ln_wage, normal gap(20) ylabel(#4) xlabel(#10)  ///
> xtitle("로그-소득") saving(ln_wage, replace)
. hist ln_wage_hourly,  normal gap(20) ylabel(#4) xlabel(#10)  ///
> xtitle("로그-시간당 소득") saving(ln_wage_hourly, replace)
. graph combire ln_wage.gph ln_wage_hourly.gph, col(1)
```

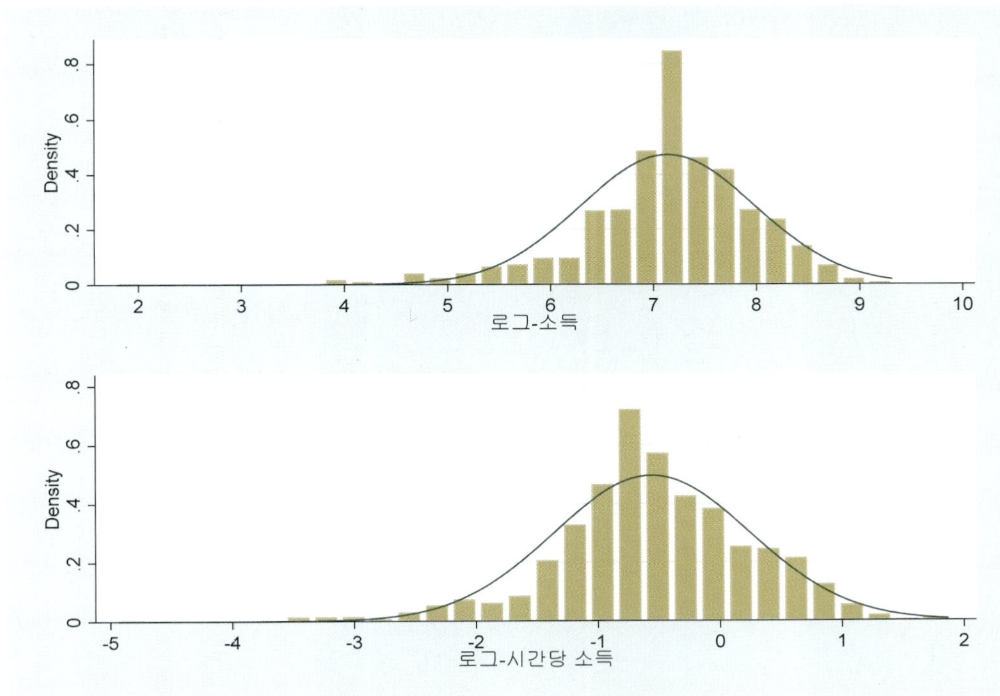

그림 5.10 로그-임금 및 로그-시간당 임금의 분포

교육의 수익률은 통상적으로 Mincer의 임금방정식을 추정함으로써 얻을 수 있다. 통상적인 Mincer의 임금방정식은 아래의 식과 같다.

(6) $$\ln(w_i) = \beta_0 + \beta_1 age_i + \beta_2 age_i^2 + \gamma edu_i + Z_i'\beta + e_i$$

노동자의 임금은 연령과 연령제곱, 그리고 교육변수(교육더미일수도 있고 교육기간일 수도 있다), 그리고 개인의 특성(Z) 변수에 의해서 결정된다는 것이다. 그리고 e_i는 임금의 결정요인 중 연구자에게는 관측되지 않는 부분이다.

교육수익률 추정을 위해 기본적인 모형부터 추정을 해보자. 회귀방정식에 독립변수로 연령만을 포함시켜 가장 단순한 회귀분석을 해보자. 종속변수는 임금을 사용해보자.

```
. reg wage  age

      Source |       SS           df       MS      Number of obs   =     1,140
-------------+----------------------------------   F(1, 1138)      =     37.36
       Model |  63701894.3         1  63701894.3   Prob > F        =    0.0000
    Residual |  1.9406e+09     1,138  1705240.97   R-squared       =    0.0318
-------------+----------------------------------   Adj R-squared   =    0.0309
       Total |  2.0043e+09     1,139  1759671.74   Root MSE        =    1305.8

------------------------------------------------------------------------------
        wage |      Coef.   Std. Err.      t    P>|t|     [95% Conf. Interval]
-------------+----------------------------------------------------------------
         age |  -18.82093   3.079342    -6.11   0.000    -24.86276   -12.77911
       _cons |   2448.606    128.021    19.13   0.000     2197.422     2699.79
------------------------------------------------------------------------------
```

추정결과에 따르면, 연령이 1살 증가할 때, 임금이 평균적으로 약 18.8만원 감소하는 것으로 추정되었는데 이것은 이는 상식에 반한다. 모형의 설정에 문제가 있을 가능성이 있다. 모형을 수정하여 연령제곱항[6]을 추가해보자.

6 연령제곱항을 만드는 방법은 generate age_sq = age^2을 이용해도 되지만, c.age#c.age를 이용하면 편리하게 제곱항을 생성할 수 있다. 다만, reg 앞에 xi:를 넣어 주어야 한다.

```
. reg wage  c.age##c.age

      Source |       SS           df       MS      Number of obs   =     1,140
-------------+----------------------------------   F(2, 1137)      =     50.70
       Model |   164105694         2  82052847.1   Prob > F        =    0.0000
    Residual |  1.8402e+09     1,137  1618434.85   R-squared       =    0.0819
-------------+----------------------------------   Adj R-squared   =    0.0803
       Total |  2.0043e+09     1,139  1759671.74   Root MSE        =    1272.2

------------------------------------------------------------------------------
        wage |      Coef.   Std. Err.      t    P>|t|     [95% Conf. Interval]
-------------+----------------------------------------------------------------
         age |   124.0989   18.39165     6.75   0.000     88.01349    160.1843
             |
 c.age#c.age |  -1.652939   .2098599    -7.88   0.000    -2.064695   -1.241183
             |
       _cons |  -358.5743   377.5964    -0.95   0.343    -1099.438    382.2897
------------------------------------------------------------------------------
```

회귀식에 연령제곱항을 포함시키면 추정결과에 변화가 발생한다. 첫째, 연령의 계수 추정치 부호가 음에서 양으로 바뀌었을 뿐만 아니라 그 크기도 큰 폭으로 바뀌었다. 연령이 1살 증가하면 임금이 124만원 증가하는 것으로 추정되었다. 둘째, 연령제곱항의 계수는 음수로 추정되었다. 연령이 증가하면서 임금이 증가하는 것은 맞지만 그 증가 정도는 연령에 따라 감소한다는 것이다. 즉 연령에 따른 임금 증가는 체감하게 된다.

factor variables

factor variable을 이용하면 범주형 변수의 더미변수들을 쉽게 만들 수 있다. 또한, 더미변수과 더미변수간의 상호교차항 혹은 더미변수와 연속변수와의 상호교차항을 쉽게 만들 수 있다. 기본적인 기호들은 아래와 같다.

i: 범주변수의 각 범주마다 더미변수 생성
c: 연속변수임을 표시

예를 들어 성별 변수 gender와 노조가입 변수 union 이 있다고 해보자. age는 연령으로 연속변수라고 해보자. 그러면 다음과 같이 더미변수들을 생성할 수 있다.

i.gender	남자면 1 아니면 0, 여자면 1 아니면 0 인 더미변수 생성
i.gender*i.union	성별과 노조가입여부의 조합에 대한 더미변수
gender#union	i.gender*i.union와 i.gender, i.union 즉 상호교차와 수준변수

gender#c.age	2개의 변수가 만들어지는데, 하나는 남성이면 연령 아니면 0인 변수, 다른 하나는 여성이면 연령 아니면 0인 변수
gender#c.age	i.gender age gender#c.age
c.age#c.age	age 제곱
c.age#c.age#c.age	age 세제곱

많은 더미변수가 만들어지는데 상수항이 있으면 제일 작은 값에 해당하는 더미변수가 자동으로 회귀분석에서 탈락된다.
베이스라인을 조정하고 싶으면 i. 대신에 ib#.를 써주면 된다.

기본 모형에 우리의 관심 변수인 교육수준을 추가적으로 고려해보자. 설문조사에서 최종학력은 아래와 같이 범주로 응답하는 것이 보통이다. 예컨대 조사원이 학력을 질문하면, 응답자는 설문의 보기 중에서 자신의 학력에 해당하는 칸에 표시한다. 그러면 최종학력별 관측치 수는 아래와 같이 요약되는데, 범주화된 최종학력에 대한 변수(w2edu)로부터 일련의 학력별 더미변수를 생성하여 회귀방정식에 넣을 수 있다.

```
. reg wage  c.age##c.age    i.w2edu

      Source |       SS           df       MS      Number of obs   =     1,140
-------------+----------------------------------   F(9, 1130)      =     52.38
       Model |   590000702         9  65555633.6   Prob > F        =    0.0000
    Residual |  1.4143e+09     1,130  1251562.31   R-squared       =    0.2944
-------------+----------------------------------   Adj R-squared   =    0.2888
       Total |  2.0043e+09     1,139  1759671.74   Root MSE        =    1118.7

------------------------------------------------------------------------------
        wage |      Coef.   Std. Err.      t    P>|t|     [95% Conf. Interval]
-------------+----------------------------------------------------------------
         age |   129.3106   18.33426     7.05   0.000     93.33758    165.2836
             |
 c.age#c.age |  -1.370872   .2184812    -6.27   0.000    -1.799547   -.9421975
             |
       w2edu |
    초등학교  |  -46.84484   250.8567    -0.19   0.852    -539.0421    445.3525
      중학교  |   78.06562   266.3614     0.29   0.770    -444.5529    600.6841
    고등학교  |   520.9547   270.4127     1.93   0.054    -9.612816    1051.522
  전문대학교  |   1013.391    286.969     3.53   0.000     450.3387    1576.443
      대학교  |   1630.663    279.277     5.84   0.000     1082.703    2178.623
    대학원..  |   2744.446   313.9766     8.74   0.000     2128.404    3360.489
    대학원..  |   3334.447    570.833     5.84   0.000     2214.435    4454.458
             |
       _cons |  -1961.405   395.5272    -4.96   0.000    -2737.455   -1185.354
------------------------------------------------------------------------------
```

반면에 교육연수를 나타내는 변수(educ_year)를 생성하여 사용할 수도 있다. 예컨대, 초등학교졸은 6년, 중학교졸은 9년, 고등학교졸은 12년, 대학졸은 16년 등으로 연속 변수를 새롭게 만들어서 사용할 수 있다. 다음과 같이 gen과 replace를 이용하여 educ_year를 생성할 수 있다.

```
. gen educ_year = .
. replace educ_year = 6 if w2edu == "초등학교"
. replace educ_year = 9 if w2edu == "중학교"
```

이렇게 생성된 교육연수를 회귀방정식에 포함하여 아래와 같이 교육기간이 임금에 미치는 효과를 측정할 수 있다. 추정결과에 따르면, 교육기간이 1년 증가했을 때, 임금이 평균적으로 201.8만원 증가하는 것으로 보인다.

```
. reg wage  c.age##c.age  educ_year

      Source |       SS           df       MS      Number of obs   =     1,140
-------------+----------------------------------   F(3, 1136)      =    117.55
       Model |   474795871         3   158265290   Prob > F        =    0.0000
    Residual |  1.5295e+09     1,136  1346364.65   R-squared       =    0.2369
-------------+----------------------------------   Adj R-squared   =    0.2349
       Total |  2.0043e+09     1,139  1759671.74   Root MSE        =    1160.3

------------------------------------------------------------------------------
        wage |      Coef.   Std. Err.      t    P>|t|     [95% Conf. Interval]
-------------+----------------------------------------------------------------
         age |   75.02075   17.08297     4.39   0.000     41.50303    108.5385
             |
 c.age#c.age |  -.6263996   .2029878    -3.09   0.002    -1.024673   -.2281264
             |
   educ_year |   201.7636    13.2819    15.19   0.000     175.7037    227.8234
       _cons |  -2740.299   378.4079    -7.24   0.000    -3482.756   -1997.842
------------------------------------------------------------------------------
```

이번에는 원래 우리의 관심이었던 시간당 임금을 이용해서 회귀분석을 해보자. 이전과 동일한 연령, 연령제곱 외에 교육수준을 더미변수 형태로 추정할 경우 다음과 같은 명령어를 이용할 수 있다.

```
. xi: reg wage_hourly  age c.age#c.age  i.w2edu
```

❙ tabulate를 이용해 범주형 변수의 더미변수 생성하기

tabulate에 옵션으로 gen()을 넣어주면 범주변수를 쉽게 생성할 수 있다.

```
tab w2edu, gen(edu)
```

이번에는 학력이 더미변수의 형태로 포함되었기 때문에, 계수의 해석은 더미변수에서 제외된 무학을 기준으로 하여 상대적으로 해석해야만 한다. 예컨대, 초등학교 졸은 무학에 비해보았을 때, 620원 정도 시간당 임금이 높다. 중학교졸은 무학에 비해 1840원 정도 시간당 임금이 높다.

이번에는 교육수준을 더미 변수 대신에 연속 변수 형태로 넣어보자. 추정결과를 간단히 보면, 교육연수가 1년 늘수록 시간당 임금이 약 111원 정도 증가하는 것으로 보인다.

```
. reg wage_hourly  age c.age#c.age  educ_year

      Source |       SS           df       MS      Number of obs   =     1,125
-------------+----------------------------------   F(3, 1121)      =    120.71
       Model |  115.078494         3  38.359498   Prob > F        =    0.0000
    Residual |  356.219711     1,121  .317769591   R-squared       =    0.2442
-------------+----------------------------------   Adj R-squared   =    0.2422
       Total |  471.298205     1,124  .419304453   Root MSE        =    .56371

------------------------------------------------------------------------------
 wage_hourly |      Coef.   Std. Err.      t    P>|t|     [95% Conf. Interval]
-------------+----------------------------------------------------------------
         age |   .0225421   .0084046     2.68   0.007     .0060515    .0390326
             |
 c.age#c.age |  -.0000819   .0001001    -0.82   0.413    -.0002783    .0001145
             |
   educ_year |   .1111097    .006493    17.11   0.000       .09837    .1238494
       _cons |  -1.389178   .1858735    -7.47   0.000    -1.753877   -1.024478
------------------------------------------------------------------------------
```

이번에는 원래 변수 대신에 탄력성을 바로 추정할 수 있는 로그-변수들을 사용하여 추정해보자. 종속변수가 로그 변수이고, 우리가 관심을 가지고 있는 정책변수가 범주형, 특히 0 혹은 1의 값을 갖는 더미변수인 경우 퍼센티지로 나타낸 프리미엄으로 즉각적으로 해석할 수 있다.

예컨대 학력 더미변수를 이용한 추정결과를 살펴보자. 초등학교졸의 경우에는 무학에 비해 14.2%, 중학교졸은 33.9%, 고등학교졸은 62% 정도가 높다는 점이 추정치로부터 바로 해석가능하다.

```
. reg ln_wage  age c.age#c.age  i.w2edu

      Source |       SS           df       MS      Number of obs   =     1,140
-------------+----------------------------------   F(9, 1130)      =     56.91
       Model |  255.778388         9  28.4198209   Prob > F        =    0.0000
    Residual |  564.279442     1,130  .499362338   R-squared       =    0.3119
-------------+----------------------------------   Adj R-squared   =    0.3064
       Total |   820.05783     1,139  .719980536   Root MSE        =    .70666

------------------------------------------------------------------------------
     ln_wage |      Coef.   Std. Err.      t    P>|t|     [95% Conf. Interval]
-------------+----------------------------------------------------------------
         age |   .1052894    .011581     9.09   0.000     .0825668    .1280121
             |
 c.age#c.age |  -.0013167    .000138    -9.54   0.000    -.0015875   -.0010459
             |
       w2edu |
    초등학교 |   .0211164   .1584555     0.13   0.894    -.2897837    .3320166
      중학교 |   .0624899   .1682492     0.37   0.710     -.267626    .3926058
    고등학교 |   .2828799   .1708082     1.66   0.098    -.0522571    .6180168
  전문대학교 |   .5603761   .1812661     3.09   0.002       .20472    .9160321
      대학교 |   .7939836   .1764074     4.50   0.000     .4478607    1.140106
대학원  석사 |   1.264494   .1983257     6.38   0.000     .8753656    1.653622
대학원  박사 |   1.385614    .360571     3.84   0.000     .6781503    2.093078
             |
       _cons |   4.781673   .2498377    19.14   0.000     4.291475    5.271871
------------------------------------------------------------------------------
```

반면 교육연수를 이용하여 추정한 결과에 따르면, 교육연수 1년의 시간당 임금 프리미엄은 약 6.8% 정도 된다.

```
. reg ln_wage  age c.age#c.age  educ_year

      Source |       SS           df       MS      Number of obs   =     1,140
-------------+----------------------------------   F(3, 1136)      =    152.00
       Model |  234.890041         3  78.2966805   Prob > F        =    0.0000
    Residual |  585.167789     1,136   .51511249   R-squared       =    0.2864
-------------+----------------------------------   Adj R-squared   =    0.2845
       Total |   820.05783     1,139  .719980536   Root MSE        =    .71771
```

```
     ln_wage |      Coef.   Std. Err.      t    P>|t|     [95% Conf. Interval]
-------------+----------------------------------------------------------------
         age |   .0793266   .0105665     7.51   0.000     .0585944    .1000587
             |
 c.age#c.age |   -.000973   .0001256    -7.75   0.000    -.0012193   -.0007266
             |
   educ_year |   .0919235   .0082154    11.19   0.000     .0758044    .1080426
       _cons |   4.517149   .2340615    19.30   0.000     4.057908    4.976391
------------------------------------------------------------------------------
```

회귀분석 이후에는 outreg2를 이용하여 회귀분석 결과를 저장하면 여러모로 편하다. 만들어진 표에 별표로 유의수준 1%, 5%, 10%를 각각 ***, **, *로 표시해주는 기능도 있어 편리하다. 다음과 같은 명령어를 이용하여 회귀분석 결과를 저장할 수 있다. 유의해야 할 점은 첫 번째 회귀모형을 저장할 때는 옵션에 replace를 사용하고, 두 번째 회귀모형부터는 replace 대신에 append를 이용하여 앞의 파일에 붙여 나가야 한 표에 여러 결과를 모아둘 수가 있다.

```
• outreg2 using regression.txt, br replace(or append)
```

텍스트 파일로 저장한 후에, 엑셀로 열어 약간만 편집 작업을 해주면 [표 5.2]와 같은 표를 쉽게 만들 수 있다.

표 5.2 교육수익률 추정결과(outreg2를 이용한 방법)

VARIABLES	(1) ln_wage_hourly	(2) ln_wage_hourly	(3) ln_wage_hourly	(4) ln_wage_hourly
age	−0.0179***	0.0788***	0.0743***	0.0506***
	[0.00185]	[0.0110]	[0.0112]	[0.0102]
c.age#c.age		−0.00112***	−0.000839***	−0.000529***
		[0.000125]	[0.000134]	[0.000122]
2.w2edu			0.142	
			[0.154]	
3.w2edu			0.339**	
			[0.163]	
4.w2edu			0.620***	

VARIABLES	(1) ln_wage_hourly	(2) ln_wage_hourly	(3) ln_wage_hourly	(4) ln_wage_hourly
			[0.165]	
5.w2edu			0.928***	
			[0.175]	
6.w2edu			1.236***	
			[0.171]	
7.w2edu			1.653***	
			[0.191]	
8.w2edu			1.845***	
			[0.346]	
educ_year				0.117***
				[0.00789]
Constant	0.153**	-1.742***	-2.861***	-3.125***
	[0.0767]	[0.224]	[0.242]	[0.226]
Observations	1,125	1,125	1,125	1,125
R-squared	0.077	0.139	0.301	0.279

Standard errors in brackets. *** p<0.01, ** p<0.05, * p<0.1

3 상수항에 대한 제약

연구문제에 따라 회귀모형에 제약을 주어야만 하는 경우가 발생한다. 예컨대 경제모형에 따라서 회귀모형은 상수항이 0인, 즉 $\beta_0 = 0$이어야만 회귀모형이 의미를 갖는 경우가 있다. 이런 경우 회귀모형을 추정할 때 상수항이 0이라는 제약하에서 회귀모형을 추정할 필요가 있다. Stata에서는 regress 명령어에 옵션인 noconstant를 아래와 같이 넣어주면 된다.

```
• reg y x1 x2 x3, noconstant
```

상수항을 제약할 때는 주의할 점이 있다. 진짜 모형(true model)에서 상수항이 0이 아닌데 기울기에 대한 제약을 주게 되면 기울기에 대한 추정치 역시 편의 있게 추정될 가능성이 있다. 반대로 진짜 모형에서 상수항이 0임에도 불구하고 추정 모형에서 상수항을 넣어서 추정하는 경우 문제가 발생하는 부분은 기울기 추정치의 표준오차가 좀 더 크게 추정되는 것 밖에는 없다. 따라서 구조모형을 추정하는 과정에서 상수항에 제약을 가해야만 하는 상황이 아니라면, 될 수 있으면 상수항을 넣고 추정하는 것이 바람직하다.

4 다중공선성의 문제

회귀분석에서 자주 등장하는 이슈로 다중공선성(multicollinearity)이라고 불리는 문제가 있다. 행렬표현을 이용해서 OLS 추정치는 다음과 같이 써볼 수 있다.

(7) $$\hat{\beta} = (X^{'}X)^{-1}X^{'}y$$

OLS 추정치를 구하기 위해서는 위의 식의 (X′X)의 역행렬을 구해야 한다. 하지만, 다중공선성, 독립변수들 중에 완전한 상관관계가 있는 변수들이 있으면 역행렬을 구할 수 없게 된다. 결국 회귀계수를 식별할 수 없는 심각한 문제가 발생한다. 이런 의미에서 OLS 추정량에 대한 식별 조건으로서 X가 full-slumn-rank인 조건이 식별조건으로 필요하다. 하나의 상수를 프함하여 설명변수가 다른 설명변수들의 선형결합(linear combination)으로 표현 가능해서는 안 된다는 것이다.

설명변수들이 완전히 상관되어 있는 것만 아니라면 OLS 추정에는 문제가 없다. 설사 완전 상관되어 있다고 하더라도 Stata에서는 이러한 변수들을 자동적으로 추정모형에서 탈락시켜 주기 때문에 큰 문제가 되지는 않는다. 완전 상관되어 있지 않는 경우에는 추정치는 그냥 계산 된다. 다만 독립변수들이 서로 상관되어 있기 때문에 변수가 추가된다고 해도 추가적인 정보량은 거의 없다. 이렇게 추가적인 정보량이 적은 경우, OLS 추정치의 표준오차는 커지게 된다.

다중공선성의 문제는 컴퓨터가 발달되지 않았던 과거에는 매우 중요한 문제였지만 지금에 와서는 그다지 중요하지 않은 문제로 인식되고 있다. 각 설명변수들이 가지고 있는 정보량이 유사하다면 추가적인 변수의 통계적 의미가 크지 않기 때문에 계수의 표준오차가 크게 추정되는 것일 뿐이다.

그럼에도 불구하고 Stata에는 다중공성선 문제를 진단할 수 있는 방법이 있다. 먼저 변수간에 corr을 명령어를 이용해서 설명변수간의 상관관계를 추정해보거나, OLS 추정 이후에 VIF(variance inflation factors)을 확인해보면 된다. 추정 후에 estat vif 명령어를 통해 확인해 볼 수 있다.

$$VIF(x_k) = \frac{1}{1 - R_k^2} \quad (8)$$

여기에서 R_k^2는 변수 x_k를 다른 설명변수에 회귀분석을 해서 산출되는 결정계수이다.

VIF는 대략 10을 기준으로 10보다 크면 다중공선성을 의심해볼 수 있다(rule of thumb). 하지만, 단지 의심을 해본다는 것이지 무슨 문제가 있고 그런 것은 아니다.

```
. estat vif

    Variable |       VIF       1/VIF
-------------+----------------------
         age |     39.03    0.025619
 c.age#c.age |     42.27    0.023656
   educ_year |      2.02    0.494296
-------------+----------------------
    Mean VIF |     27.78
```

5 긴 회귀모형과 짧은 회귀모형

연구자가 종속변수 y를 결정하는 요인들 전부를 관측할 수 있는 것은 아니다. 일부 결정 요인은 관측되어 회귀모형에 포함하여 분석할 수 있지만 일부 변수는 연구자가 여러 가지 이유로 관측할 수 없어 회귀모형에 포함하여 분석할 수가 없다.

긴 회귀모형(long regression)은 중요한 결정요인이 되는 변수들이 다 들어간 회귀모형이다. 짧은 회귀모형(short regression)은 연구자가 관심을 가지고 있는 변수 중 일부는 포함되어 있지만, 중요 변수가 실수로 혹은 관측되지 않아서 포함시키지 못한 모형을 지칭한다.

계량경제학 측면에서는 이러한 문제를 누락변수의 문제(omitted variable problem), 관련 변수를 제외한 경우의 문제(problem of excluding a relevant variable) 혹은 모형 설정 오류(underspecifying the model, misspecification error)라고 볼 수 있다. 아서 골드버거(Arthur Goldberger)의 유명한 계량교과서인 'A Course in Econometrics'에서도 회귀분석에서 중요한 문제로 논의된 적이 있다.

짧은 회귀모형과 긴 회귀모형의 논의가 중요한 이유는 정책변수(설명변수)와 성과변수(종속변수) 간의 상관관계와 인과관계의 구분 때문이다. 짧은 회귀모형일 때는, 추정치에 대해 정책변수가 성과변수에 미치는 효과를 인과적 효과로 해석할 수 없지만, 긴 회귀모형일 때는 인과관계로 해석이 가능해진다. 과학의 궁극적 분석 대상이 인과관계임을 고려해보았을 때, 회귀분석의 추정치가 단순 상관관계에서 인과관계로 해석이 가능해진다는 점은 매우 중요한 측면이다.

예컨대 회귀모형으로는 Mincer의 임금방정식의 변형을 들 수 있다.

(9) $\ln(w_i) = \beta_0 + \beta_1 edu_i + \beta_2 ability_i + \epsilon_i$

edu : 교육연수, ability: 능력

위 회귀모형은 임금결정요인을 설명하는 요인으로 교육수준과 능력을 제시하고 있다. 임금과 교육수준은 어느 설문조사를 보아도 쉽게 구할 수 있는 변수이다. 반면, 능력이라고 하는 것은 여간 해서는 관측되지 않는 변수이다. 위의 모형이 모두 관측되어 추정된다면, 능력이 동일한 두 사람 중 한 명은 1년을 더 교육시키고 다른 한 명은 교육을 지금 그대로 두었을 때, 교육 받은 사람의 임금이 평균적으로 얼마나 더 증가할 것인지를 회귀계수 β_1의 추정치가 측정하고 있다.

긴 회귀모형은 아래와 같이 추정 가능하다.

```
• reg ln_w edu ability
```

반면 능력이라고 하는 것은 관측불가능한 경우가 많다. 그 경우 교육수준만을 가지고 임금 결정을 설명하려고 한다고 해보자. 바로 이 회귀모형이 짧은 회귀모형이다.

```
• reg ln_w edu
```

문제는 능력 변수가 관측되지 못해 회귀모형에 넣지 않고 로그-임금을 학력에다만 회귀분석 했을 경우 발생할 부작용이다. 먼저, 그럴 리는 없겠지만 능력과 학력이 확률적으로 독립이라고 가정해보자. 그러면 능력이 회귀식에 포함되지 않았을 경우, 능력은 관측되지 않은 또 하나의 오차항의 역할을 하게 된다. 오차항이 하나 더 늘어나는 셈이니까, 임금의 학력에 대한 탄력성의 추정치인 β_1는 여전히 일치추정량이 된다. 다만 남은 문제는 β_1의 표준오차가 좀 더 크게 추정된다는 것이다. 실증분석을 주로 하는 응용계량경제학자의 입장에서 보았을 때는 그리 중요한 문제가 아니다. 문제가 아니라는 것은 문제가 전혀 없다는 것은 아니다. 다만 연구자의 입장에서 정책효과에 대한 추정치의 일치성이 보다 중요하다는 것이다. 반면 추정치의 효율성은 이차적으로만 중요한 문제이다. 좀 더 큰 표준오차를 가지고서도 통계적 유의성을 확보할 수 있다면, 좀 더 작은 표준오차를 확보하는 것이 꼭 필요하지는 않다.

둘째, 능력과 학력이 상관관계가 있다고 가정해보자. 그리고, 분석의 편의를 위해 그 관계는 상식대로 양(+)의 상관관계가 있다고 해보자. 즉 능력이 높은 사람이 높은 학력을 성취하는 경향이 있다고 가정해보자. 이 경우가 회귀분석에서 소위 말하는 내생성(endogeneity)의 주요 원천이 된다. 공통요소 편의(common factor bias)의 문제라고도 한다.

학력이 높아짐에 따라서 임금이 몇 % 증가하는지가 우리의 관심이라는 점을 상기하자. 그리고 우리의 상식대로 능력이 높은 사람이 높은 임금을 받는 경향이 있다고 가정해보자($\beta_2 > 0$). 동시에 능력이 높은 사람은 앞의 가정에 따라 높은 학력을 성취하는 경향이 있다고 가정해보자.

위의 가능성을 종합해보면, 짧은 회귀모형에서 능력이 제외되었을 경우 학력이 임금에 미치는 효과는 '높은 학력이 높은 임금을 가져오는 순효과 + 능력이 좋아 학력과 임금이 모두 높을 가능성'이 합쳐져 추정이 되게 된다. 우리의 관심은 학력의 순효과인 β_1만 추정되어야 하는데, 두 요소 모두 포함되어 추정되는 경우 학력이 임금에 미치는 효과가 편의 있게 추정된다. 즉, 짧은 회귀모형의 경우 편의를 가지고 추정되는 것이다.

직관적으로 결측변수 편의의 방향에 대해서 설명해보자. 원래는 임금의 상승 부분을 능력변수가 설명을 해줘야 하는데, 이 부분이 마치 학력부분이 설명한 것처럼 추정이 되므로, 학력의 효과가 과대추정(over-estimation)이 되는 경향이 있을 것이다. 즉 학력과 능력 사이의 양의 상관관계가 있고 능력이 제외된 짧은 회귀모형을 추정했을 경우, 학력의 효과가 과대추정될 가능성에 유의해야 한다.

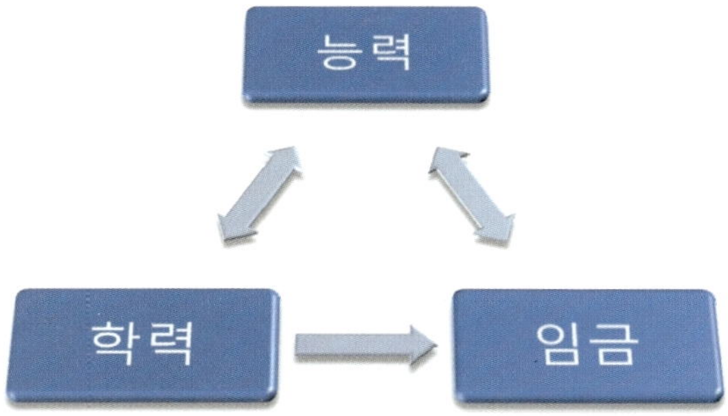

그림 5.11 편의가 발생할 가능성에 대한 개념도

6 도구변수 추정법

위의 내생성 문제가 있는 경우 단순한 OLS 추정치는 편의가 있다. 이를 해결하기 위해서는 적절한 도구변수를 이용하거나, 패널자료를 이용하거나, 형제 혹은 쌍둥이 자료를 사용하게 된다. 학력과는 관계가 있으나 능력과는 무관한 변수, 예컨대 대학 학비(학비가 싼 경우 학력이 높아지는 경향이 있음)는 좋은 도구변수가 될 수 있다(7장 참조). 패널 자료의 경우, 능력이 시간별로는 일정한 걸로 가정하고 고정효과(fixed effect) 모형 혹은 확률효과(random effect) 모형을 추정하면 된다(10장 참조). 혹은 쌍둥이의 경우, 유전적 영향에 따라서 같은 능력을 나누어 가지고 있다고 가정하고 마치 패널자료 같이 분석을 할 수 있다.

가장 편리한 방법은 능력에 대한 적절한 대리변수(proxy variable)를 찾아서 회귀분석할 때 통제하는 것이다. 능력에 대한 대리변수로는 개인의 IQ, 표준화된 시험성적, 혹은 미국의 경우 AFQT(armed forces qualification test) 등이 많이 사용된다.

도구변수를 소개한 7장에서 좀 더 자세히 설명하겠지만, 왜 변수들이 내생성의 문제를 일으키는지 이해하는 것이 중요하다. 경제적 모형이 있는 경우에는 어떤 변수가 모형 내에서 결정되는 내생변수이고, 어떤 변수가 외생적인지가 상대적으로 분명하다. 그러나 일반적으로 변수의 외생성은 사전적으로 알 수 없고, 외생성 가정에 대한 통계적 검정도 불가능하다. 따라서, 도구변수를 활용할 때에는 도구변수의 외생성을 신뢰할 만한 좋은 스토리를 먼저 제시하고, 이를 검증해나가는 방식이 바람직하다.

7 표준오차 구하기

관심을 가지고 있는 모수에 대한 추정을 한 후에는 통계적 추론(statistical inference)을 하게 된다. 이러한 과정은 추정된 모수의 표준오차와 기준이 되는 분포(reference distribution)를 이용하게 된다. 본 장에서 살펴보고 있는 regress 명령어는 추정결과의 일부로 자동적으로 표준오차를 보고해주고 있다. 그리고 $\beta = 0$이라는 귀무가설 하에서 t-값을 자주 이용하게 된다.

이 표준오차는 등분산성(homoskedasticity) 가정에 기초하여 얻어진 것이다. 하지만 오차항의 구조가 등분산성의 가정을 만족하지 못하는 경우가 좀 더 일반적이다. 좀 더 일반적인 표준오차는 소위 말하는 샌드위치 공식(sandwich formula)으로 표현되는 Huber-White, Eicker-White, Eicker-Huber-White 분산 공분산 행렬로부터 구할 수 있다.

Stata에서는 regress 명령어에 vce(robust)라는 옵션을 주면 Huber-White 공식에 따라 계산해준다. 이론적인 정당성 외에도 실용적인 관점에서 보았을 때 오차항 구조에 대한 확신이 없을 때에는 아래와 같이 robust 옵션을 주어 표준오차를 계산하는 것이 좀 더 강건한 추정치를 얻는 방법이 된다.

```
. reg ln_wage_hourly  age c.age#c.age  educ_year, vce(robust)

Linear regression                               Number of obs     =      1,125
                                                F(3, 1121)        =     103.98
                                                Prob > F          =     0.0000
                                                R-squared         =     0.2789
                                                Root MSE          =     .68479
```

```
------------------------------------------------------------------------------
             |               Robust
ln_wage_ho~y |      Coef.   Std. Err.      t    P>|t|     [95% Conf. Interval]
-------------+----------------------------------------------------------------
         age |   .0505973   .0129398     3.91   0.000     .0252084    .0759862
             |
 c.age#c.age |  -.0005288   .0001693    -3.12   0.002    -.0008609   -.0001967
             |
   educ_year |   .1165055   .0098671    11.81   0.000     .0971455    .1358656
       _cons |  -3.124733   .2387398   -13.09   0.000    -3.593161   -2.656306
------------------------------------------------------------------------------
```

최근에는 군집(cluster) 내에서 오차항의 상관관계를 허용하되 군집 간에는 독립을 허용하는 이른바 군집화(clustering)된 표준오차를 계산하는 것이 유행이다. 같은 군집 내에서 독립변수가 충분히 통제되지 않으면 오차항 사이에 상관관계가 존재할 가능성이 높다. 우리의 예에서는 지역 마다 노동시장 상황이 달라서 같은 지역에 있는 사람들은 지역내 노동시장 상황을 공유하지만, 다른 지역의 노동시장 상황과는 독립일 수 있다. 이러한 상황을 반영하면 regress의 옵션에 vce(cluster clustvar) 넣어주면 된다. 여기에서는 지역마다 군집이 발생할 수 있는 상황을 상정하여 vce(cluster w2area)를 넣어보자.

```
. reg ln_wage_hourly  age c.age#c.age  educ_year, vce(cluster w2area)

Linear regression                               Number of obs     =      1,125
                                                F(3, 14)          =      76.41
                                                Prob > F          =     0.0000
                                                R-squared         =     0.2789
                                                Root MSE          =     .68479

                                (Std. Err. adjusted for 15 clusters in w2area)
------------------------------------------------------------------------------
             |               Robust
ln_wage_ho~y |      Coef.   Std. Err.      t    P>|t|     [95% Conf. Interval]
-------------+----------------------------------------------------------------
         age |   .0505973   .0125073     4.05   0.001     .0237719    .0774228
             |
 c.age#c.age |  -.0005288   .0001773    -2.98   0.010    -.0009091   -.0001484
             |
   educ_year |   .1165055   .0185298     6.29   0.000      .076763    .1562481
       _cons |  -3.124733   .3320544    -9.41   0.000    -3.836919   -2.412547
------------------------------------------------------------------------------
```

❙ regsave를 사용해보자

ssc에서 가장 인기 있는 프로그램은 단연 앞에서 소개한 outreg2이다. 두 번째로 인기있는 프로그램은 regsave 이다. regsave는 추정결과를 dta 파일 형태로 저장해주는 역할을 한다. 회귀분석을 하다보면 하나의 회귀분석 추정결과를 어딘가에 저장해 두었다가 다른 회귀분석과 비교해볼 필요가 생긴다. 예컨대, 지역별로 회귀분석을 한 후 지역별로 특정변수의 회귀계수가 얼마나 다른지 그림을 그려 비교할 필요가 있을 때도 있다. 그럴 때는 regsave를 이용하면 편하다. regsave를 설치하자.

ssc install regsave

Stata에 예제파일로 들어가 있는 census.dta를 불러들이자.

```
sysuse census.dta, clear
levelsof region, local(levels)
local i = 1
foreach st of local levels {
  if `i' == 1 {
   local op = "replace"
  }
   else{
            local op = "append"
  }
   reg divorce marriage popurban if region == `st'
   regsave using results, addlabel(region,`st') `op'
   local i = `i' + 1
}

use results, clear
gen low = coef - 2* stderr
gen high= coef + 2*stderr
two (line coef region if var == "marriage", sort) (rcap high low
  region if var == "marriage", sort)
```

levelsof는 region 변수가 갖는 값을 levels라는 로컬 매크로 변수에 넣어 주는 함수이다. 여기에 foreach 루프를 걸어서 지역 값마다 회귀분석을 한다. 회귀분석한 결과를 regsave를 이용하여 results.dta에 저장한 것이다.

results.dta를 불러 들여 신뢰구간을 계산한 후 line 그래프를 이용해서 지역별로 추정된 계수를 표시하였다. rcap을 이용하여 95% 신뢰구간을 표시하였다.

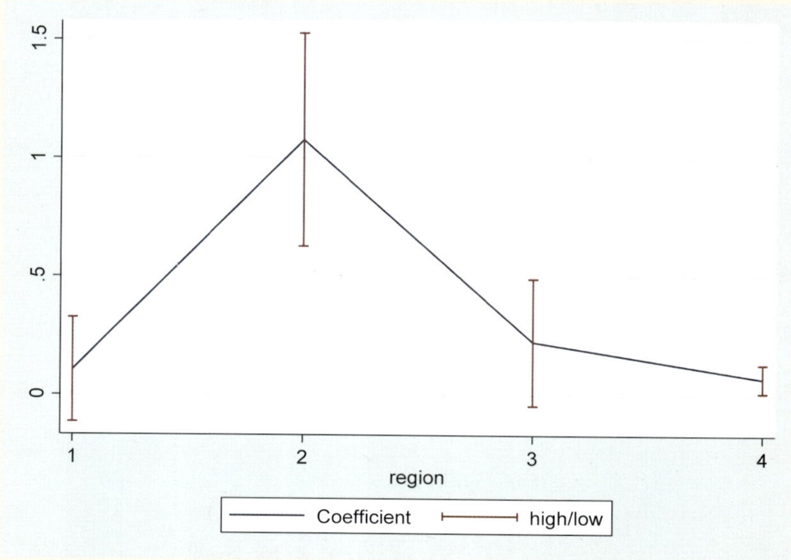

8 비모수 시리즈 추정(nonparametric series estimation)

보통 회귀분석에서는 선형 혹은 비선형의 모형을 가정하고 추정하게 된다. 하지만 사전적 정보가 충분하지 않은 상태에서 회귀함수가 특정 함수 형태를 갖게 된다고 가정하는 경우 모형 설정을 잘 못하게 되는 모형 오설정 오류(model mis-specification error)를 범할 수 있다.

이런 경우를 피하기 위해서 함수 형태를 설정하지 않거나 최소화하여 추정하는 것이 필요하다. 원래 Stata 이전 버전에서는 npregress kernel을 이용해서 이러한 추정이 가능했다. 이번 버전 16부터는 시리즈 추정(series estimaton)이 추가되었다.

음주운전에 대해 벌금이 음주운전에 미친 효과를 추정한다고 해보자. y는 월간 음주운전 단속 건수이고, x_1는 음주운전 단속에 따른 벌금 규모이다. x_2와 x_3는 통제변수로서 도시 규모와 대학도시 여부를 나타낸다.

다음과 같은 모형을 생각해보자.

$$y_i = g(x_{1i}, x_{2i}, x_{3i}) + \epsilon_i$$

위 모형을 추정하기 위해 dui.dta를 불러들이자.

```
. webuse dui, clear
(Fictional data on monthly drunk driving citations)
```

모형을 추정하기 위해서는 npregress series를 이용하면 된다.

```
. npregress series citations fines i.csize i.college

Computing approximating function

Minimizing cross-validation criterion

Iteration 0:  Cross-validation criterion =  30.26251

Computing average derivatives

Cubic B-spline estimation                   Number of obs      =        500
Criterion: cross validation                 Number of knots    =          1

------------------------------------------------------------------------------
             |               Robust
   citations |    Effect   Std. Err.      z    P>|z|     [95% Conf. Interval]
-------------+----------------------------------------------------------------
       fines | -7.787386   .2917941   -26.69   0.000    -8.359292   -7.215481
             |
       csize |
     (medium |
          vs |
      small) |  4.732592   .5087968     9.30   0.000     3.735368    5.729815
      (large |
          vs |
      small) |  10.91757   .5350892    20.40   0.000     9.868813    11.96632
             |
     college |
    (college |
          vs |
  not coll..) |  6.514286   .5958949    10.93   0.000     5.346353    7.682218
------------------------------------------------------------------------------
Note: Effect estimates are averages of derivatives for continuous covariates
      and averages of contrasts for factor covariates.
```

이렇게 추정한 결과에 따르면 벌금의 규모가 올라가는 경우 평균적인 한계효과는 (average marginal effect)는 약 -7.79로서 높은 벌금과 음주운전 건수는 음의 상관관계가 있음을 알 수 있다.

margins를 이용하면 서로 다른 벌금 규모에 대해서 평균한계효과가 어떻게 변하는지 알 수 있다.

```
. margins, at(fines=(7.4(0.3)12))
```

이후에 marginsplot을 이용하면 다음과 같은 그림을 그릴 수 있다.

```
. marginsplot

  Variables that uniquely identify margins: fines
```

아래 그림은 벌금이 음주운전에 미치는 영향을 비선형임을 알 수 있다.

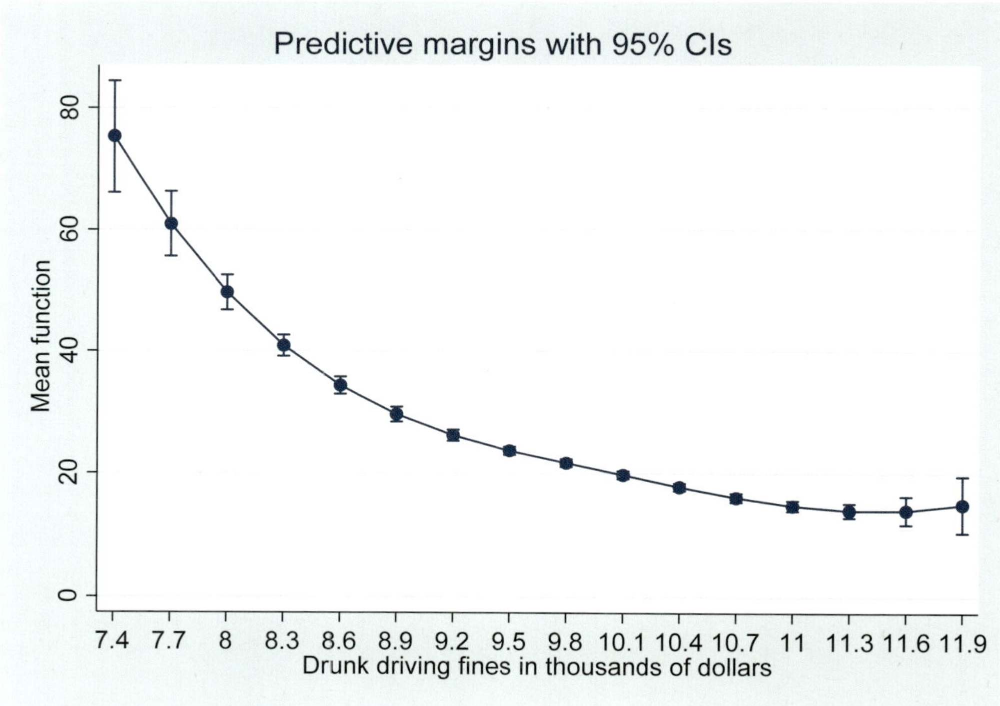

다음과 같은 반모수적인 모형을 추정할 수도 있다.

$$y_i = g(x_{1i}) + \beta_2 x_{2i} + \beta_3 x_{3i} + \epsilon_i$$

명령어는 다음과 같다.

```
. npregress series citations fines, asis(i.csize i.college)
```

CHAPTER 05 EXERCISES

01 이하에서는 미국의 대표적인 조사 자료인 National Longitudinal Survey Woman의 표본 일부를 활용한다. 명령문 sysuse nlsw88을 써서 dta 자료를 불러오자. 명령어 describe를 활용하여 자료의 특성을 살펴보자. 관측치수는 몇 개인가? 문자변수는 몇 개인가?

02 시간당임금을 나타내는 변수 wage의 히스토그램과 로그를 취한 시간당임금의 히스토그램을 각각 그려서 비교해보자. 어느 쪽이 정규분포와 유사한가?

03 다음과 같은 민서(Mincer) 방정식을 추정해보자.

$$\ln(wage_i) = \beta_0 + \beta_1 schooling_i + \beta_2 exp_i + \beta_3 exp_i^2 + u_i$$

여기서 $schooling_i$는 교육연수, exp_i는 총근로경력(연수)을 나타낸다. $\hat{\beta}_1$, $\hat{\beta}_2$, $\hat{\beta}_3$의 부호를 무엇으로 예상할 수 있는가?

04 위 추정모형에 인종과 혼인상태 등 기본적인 인구학적 특성을 추가로 통제해보자. 인종의 경우 흑인도 백인도 아닌 인종을 준거집단으로 삼고, 혼인상태는 미혼, 돌싱, 기혼의 세 가지 카테고리로 구분한 후 미혼을 준거집단으로 삼아 분석해보자. 교육연수의 수익률 추정치는 어떻게 달라지는가?

05 마지막으로 노동조합가입여부를 통제하여, 노동조합가입이 임금률과 무관하다는 가설을 95% 유의수준에서 검정하시오. 이 분석을 기초로 한 노동조합 가입과 임금률 간의 인과 추론 가능성에 대하여 논하시오. 강건 표준오차를 사용하면 결과가 달라지는가? 분석에 활용된 표본크기는 어떻게 달라졌는가?

06 동일한 표본에 대하여 세 가지 추정모형의 교육수익률 추정치를 비교하시오. 이 때 outreg2를 사용하여 모형에 따른 계수 추정치를 비교하는 표를 Microsoft Word 포맷으로 만드시오.

CHAPTER 06

유한시차모형

1 시계열, 나는 다르다

5장에서 소개한 회귀분석은 임의표본 자료인 횡단면 자료(cross-section data)를 이용한 경우이다. 실증분석하고 있는 자료가 횡단면 자료가 아니라 시계열 자료(time series)일 경우에는 유념해야 할 몇 가지 포인트가 있다.

먼저 시계열 자료는 시간상 순서(temporal ordering)를 가진 자료이다. 예컨대, 1970년 이후의 GDP 자료라고 하면, 1970년도 GDP 자료 뒤에 1971년 GDP, 그 뒤에 1972년 GDP 등, 자료가 시간의 순서로 등장하게 된다. 반면 횡단면 자료의 경우에는 대체로 관측치 간 순서가 큰 의미를 갖지는 않는다. 둘째, 시계열 자료는 관측치 간 서로 확률적 독립(stochastic independence)이 아니다. 임의표본의 경우 정의 상 서로 확률적 독립이다. 시계열자료가 확률적 독립이 아니라는 것은 어떤 의미일까? 서로 확률적으로 독립이 아닌, 즉 종속적인 시계열 자료가 있다고 해보자. 이런 경우 과거 자료를 잘 이용하면 현재 혹은 미래 값을 어느 정도 예측할 수 있다. 예컨대 친구의 어제와 오늘 용돈이 얼마인지를 알고 있다고 해보자. 그러면 그 사실을 바탕으로 얼추 내일 용돈이 얼마 정도 될 지 예측해 볼 수 있다. 과거 용돈의 크기와 미래 용돈의 크기가 서로 종속적이기 때문이다. 반면 횡단면 자료의 경우는 그런 가능성이 낮다. 예컨대 우리 아빠의 이번 달 월급을 안다고 해서, 옆집 아저씨의 월급을 맞추기는 쉽지 않다. 횡단면 자료의 특성이다.

시계열 자료 분석을 위한 기본모형 (1)은 다음과 같이 써볼 수 있다.

(1) $y_t = \beta_0 + \beta_1 x_t + u_t,\ t = 1,\ 2,\ \cdots,\ n$

5장에서 살펴본 기본모형과 일변수 회귀모형과 큰 차이가 없다. 다만 하첨자가 개별 자료를 나타내는 'i'에서 시간을 나타내는 't'로 바뀌었다는 점만 다르다.

모형(1)을 잘 알려진 예를 통해서 추정해보자. 거시경제학에서 물가와 실업간의 관계를 묘사하는 것으로 알려진 필립스 곡선(Phillips curve)을 추정해보자.

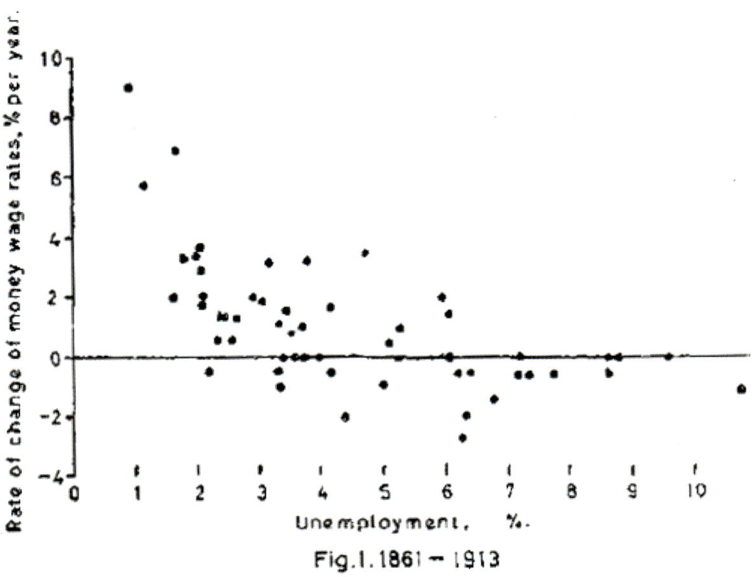

그림 6.1 필립스 곡선(출처: Philips, A.W.(1958), Economica, vol(25))

[그림 6.1]은 필립스(A.W. Philips)가 1958년 Economica에 발표했던 실업률과 명목임금간의 관계를 산포도로 그려 놓은 것이다. 명목임금과 물가가 어느 정도 상관관계에 있다는 것으로 고려하면, 실업률과 물가와의 관계가 대체로 음(−)의 관계를 갖고 있음을 추론해 볼 수 있다. 즉 실업률을 낮추기 위해서는 높은 물가를 감수해야 하고, 반면 인플레이션을 낮추기 위해서는 높은 실업률을 감수해야만 한다. 이와 같은 필립스 곡선을 추정하기 위해서 식(2)와 같은 모형을 설정해보자. 즉 t기의 인플레이션(inf)은 실업률(unem)의 선형함수라고 가정해보자.

(2) $inf_t = \beta_0 + \beta_1 unem_t + u_t$

모형의 추정을 위해 'philips.dta' 자료를 읽어 들이자.

```
. use phillips, clear

. tsset year
        time variable:  year, 1948 to 2003
                delta:  1 unit
```

그리고 자료가 어떤 변수들을 포함하고 있는지 살펴보기 위해서 'list'를 이용하여 살펴보자.

```
. list
```

연도를 나타내는 year 변수를 보면 1948년부터의 자료임을 알 수 있다. 또한, 그 해의 실업률과 인플레이션율을 나타내는 unem과 inf이 포함되어 있다. unem_1과 inf_1은 1년 전의 실업률과 인플레이션을 지칭한다. cinf와 cuem은 인플레이션과 실업률의 변화이다.

	year	unem	inf	inf_1	unem_1	cinf	cunem
1.	1948	3.8	8.1	.	.	.	.
2.	1949	5.9	-1.2	8.1	3.8	-9.3	2.1
3.	1950	5.3	1.3	-1.2	5.9	2.5	-.5999999
4.	1951	3.3	7.9	1.3	5.3	6.6	-2
5.	1952	3	1.9	7.9	3.3	-6	-.3
6.	1953	2.9	.8	1.9	3	-1.1	-.0999999
7.	1954	5.5	.7	.8	2.9	-.1	2.6
8.	1955	4.4	-.4	.7	5.5	-1.1	-1.1
9.	1956	4.1	1.5	-.4	4.4	1.9	-.3000002
10.	1957	4.3	3.3	1.5	4.1	1.8	.2000003
11.	1958	6.8	2.8	3.3	4.3	-.5	2.5
12.	1959	5.5	.7	2.8	6.8	-2.1	-1.3
13.	1960	5.5	1.7	.7	5.5	1	0
14.	1961	6.7	1	1.7	5.5	-.7	1.2
15.	1962	5.5	1	1	6.7	0	-1.2

먼저 자료에 있는 인플레이션율과 실업률이 과연 [그림 6.1]과 같은 음의 상관관계를 가지고 있는지 살펴보자. 이변수 간의 상관관계를 가장 간단히 살펴볼 수 있는 방법은 산포도를 그려보는 것이다. 인플레이션율과 실업률의 관계를 다음의 명령어를 통해 그려보자.

```
. twoway (scatter  inf unem) (lfit  inf unem)
```

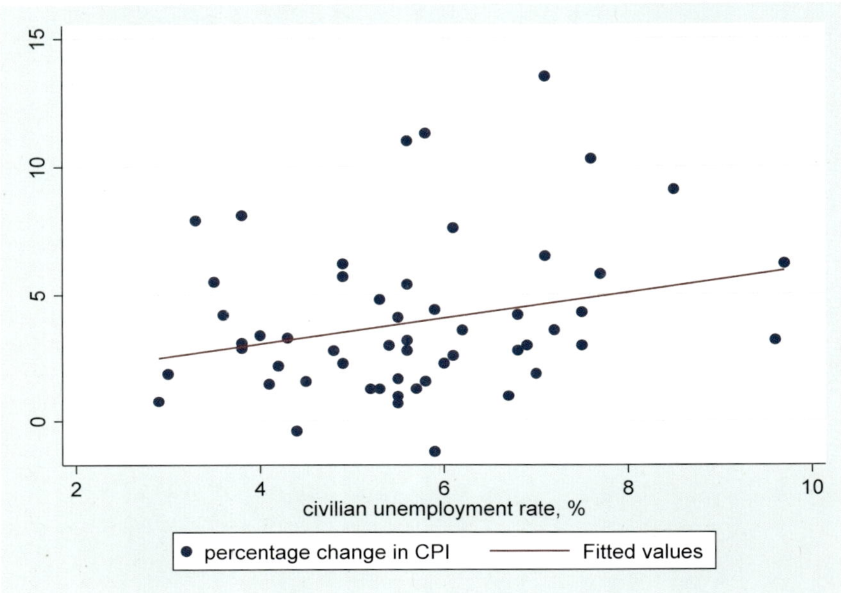

그림 6.2 실업률과 인플레이션율의 산포도

하지만 [그림 6.2]는 [그림 6.1]의 패턴과는 다른 모습을 보여주고 있다. 예측했던 대로 필립스 커브가 음(−)의 상관관계를 갖고 있는 것이 아니다. 오히려 선형추세선을 살펴보면 실업률과 인플레이션율은 양(+)의 관계를 가지고 있는 것처럼 보인다. 이러한 관계는 선형회귀분석을 통해서도 확인할 수 있다. 회귀분석 결과에 따르면 실업률이 1%p 증가할 때, 인플레이션율은 0.5%p 증가하고 있었다.

```
. reg inf unem

      Source |       SS           df       MS      Number of obs   =        56
-------------+----------------------------------   F(1, 54)        =      3.58
       Model |   31.599858         1   31.599858   Prob > F        =    0.0639
    Residual |  476.815691        54   8.8299202   R-squared       =    0.0622
-------------+----------------------------------   Adj R-squared   =    0.0448
       Total |  508.415549        55  9.24391907   Root MSE        =    2.9715

------------------------------------------------------------------------------
         inf |      Coef.   Std. Err.      t    P>|t|     [95% Conf. Interval]
-------------+----------------------------------------------------------------
        unem |   .5023782   .2655624     1.89   0.064    -.0300424    1.034799
       _cons |   1.053566   1.547957     0.68   0.499    -2.049901    4.157033
------------------------------------------------------------------------------
```

이렇게 예상과 다른 필립스곡선이 추정되는 이유는 두 가지 정도를 생각해 볼 수 있다. 먼저 원래 필립스곡선이 성립하기는 하지만 추정한 회귀모형에 문제가 있을 수 있다. 통제해야 할 변수가 실업률 외에도 다른 변수들이 필요할 가능성이 있다. 이런 경우 다중회귀 분석을 사용하면 된다. 둘째, 필립스 곡선 자체가 성립하지 않을 가능성이 있다. 1970년 이후, 특히 몇 번의 오일쇼크로 인한 스태그플레이션을 겪은 이후로 많은 연구들이 실업률과 인플레이션율 간의 관계에 의문을 제시해왔다. 우리가 사용한 자료 중에 1970년 이후의 자료들이 섞여 있기 때문에 필립스 곡선 자체가 성립하지 않는 자료일 가능성이 있다.

2 유한시차모형(Finite distributed lag models)

앞서 살펴본 모형은 기본적으로 동시간(comtemporaneous)의 변수들이 서로 영향을 주고 받는 관계를 고려한 것이었다. 하지만 시계열 분석에서는 동시간 변수 외에도 시차변수(lagged variable)들의 효과를 고려해야만 하는 경우가 자주 있다.

예컨대 요즘 같은 저출산 시대를 맞아 정부가 자녀에 대한 소득공제를 확대하였을 때, 이러한 정책이 출산율에 미치는 효과를 추정하는 연구를 생각해보자. 자녀 관련 소득공제의 효과가 시행 당해에 출산 결정에 영향을 줄 수도 있다. 하지만, 정책효과가 약간의 시차를 두고 효과가 발생한다고 보는 것이 좀 더 현실적인 모형일 것이다.

다른 예를 들어보자. 인플레이션이 빠르게 진행되고 있어 물가를 낮추기 위해 금융당국이 기준금리를 올리는 정책을 생각해보자. 이러한 화폐금융 정책이 즉각적으로 물가를 진정시킬 수도 있다. 하지만 이 역시 시차를 두고 효과가 나타날 것으로 보는 것이 현실적이다.

이렇게 시차를 두고 효과가 나타나는 현상을 설명하기 위한 모형이 유한시차모형(finite distributed lag models, FDL)이다. 식(3)과 같이 써볼 수 있다. 이 회귀모형은 정책변수 z가 동기간에(z_t), 1기 후에(z_{t-1}), 2기 후에(z_{t-2}) 시차를 두고 y에 영향을 미치는 모형이다.

$$(3) \qquad y_t = \alpha_0 + \delta_0 z_t + \delta_1 z_{t-1} + \delta_2 z_{t-2} + u_t$$

위의 유한시차모형에서는 각 계수들에 대한 해석에 주의해야 한다. 첫째, δ 들은 단기 효과를 나타내는 계수들이다. 이들을 충격효과(impact propensity) 혹은 충격승수(impact multiplier)라고도 한다. 예컨대 δ_0는 z의 단기간 변화(1기간)가 같은 시기에 y에 영향을 주는 효과의 크기이다. δ_1는 z의 변화가 1기간 후에 y에 미치는 효과이고, δ_2는 z의 변화가 2기간 후에 y에 미치는 효과이다. 그 이상의 시차 효과는 본 모형에서는 고려되고 있지 않다. 둘째, 장기적인 효과(long-run propensity 혹은 long-run multiplier), 다시 말해 z가 영원히 변했을 경우의 효과는 단기 효과들을 모두 합친 $\delta_0 + \delta_1 + \delta_2$이다. 셋째, 변수들이 로그-변수의 형태를 취한 경우에는 추정계수를 탄력성(elasticity)으로 해석할 수 있다.

▌탄력성(elasticity)

탄력성이란, x가 1% 변했을 때, y가 몇 % 변하는지에 대한 측도이다. 탄력성은 실증분석의 가장 중요한 대상 중에 하나이다. 탄력성은 x나 y의 측정단위에 의존하지 않는다는 장점이 있다. 탄력성은 아래 식으로 정의가 된다.

$$\varepsilon = \frac{\Delta X}{X} / \frac{\Delta Y}{Y} = \frac{\Delta \log(Y)}{\Delta \log(X)}$$

예컨대 GDP의 증가가 화폐량에 어떤 영향을 주게 되는지를 알아보기 위해서 아래와 같은 모형을 추정할 수 있다.

(4) $\log(M_t) = \alpha_0 + \delta_0 \log(GDP_t) + \delta_1(GDP_{t-1}) + \delta_2 \log(\mathrm{GDP}_{t-2}) + \mathrm{u}_t$

위 모형을 회귀분석을 통해서 추정하고 나서 다음과 같은 해석이 가능하다. GDP가 화폐량에 미치는 단기탄력성(short-run elasticity)는 δ_0이고, 장기탄력성(long-run elasticity)은 $\delta_0 + \delta_1 + \delta_2$이다. 즉, 단기적으로는 GDP가 1% 증가했을 때, 동기 화폐량 변화는 δ_0%이고, 장기적 변화는 $(\delta_0 + \delta_1 + \delta_2)$%이다.

가) 자녀관련 소득공제가 출산에 미치는 효과 추정

이번에는 Stata를 이용해 유한시차모형을 추정해보자. 자녀관련 소득공제액이 출산에 미치는 효과를 다음의 회귀모형을 통해서 추정해보자. t기의 총출산율(gfr)이 소득공제(pe, personal exemption) 금액의 시차변수들에 의해서 영향을 받되, 그 효과는 당해 연도를 포함해 2년 너의 효과로 제약한 모형이다. 통제변수로서는 베이비붐 세대의 행태변화를 고려하기 위해서 2차 세계대전 전/후를 나타내는 더미변수를 포함하였다. 또한 피임약이 60년대 개발되었기 때문에 출산 통제에 영향을 줄 수 있는 피임약의 발견 전후를 추가적으로 통제하였다.

(5) $\mathrm{gft}_t = \beta_0 + \beta_1 \mathrm{pe}_t + \beta_2 \mathrm{pe}_{t-1} + \beta_3 \mathrm{pe}_{t-2} + \beta_4 + \mathrm{ww2}_t + \beta_5 \mathrm{pill}_t + \mathrm{u}_t$

gfr: 출산율(가임여성 1000명당 출산아),
pe: 소득공제금액
ww2: 2차 세계대전
pill: 피임약의 발전(1: 1963년 이후)

▌합계출산율과 완결출산율

한 국가 혹은 지역의 출산율은 총출산율, 합계출산율, 완결출산율을 이용해 측정할 수 있다. 총출산율은 통상적으로 가임 여성 1000명당 출산 자녀 수로 측정한다. 하지만 총출산율은 어떤 것을 의미하는지가 분명하지 않다는 단점이 있다. 때문에 통상적으로는 합계출산율과 완결출산율을 사용하게 된다. 이 두 측도는 여성이 가임 생애 동안에 몇 명의 자녀를 출산하고 있는지에 관한 측도라는 점에서 해석이 명확하다.

실증분석을 위해 'fertil3.dta'자료를 아래와 같이 불러오자.

```
. use fertil3, clear
```

불러온 자료를 summarize를 이용하여 자료의 특징을 파악해보자. 총 72개년도의 관측치가 포함되어 있다. 연도변수인 year를 살펴보면, 최소값이 1913이고 최대값이 1984이기 때문에, 1913년부터 1984년까지의 자료임을 알 수 있다. 출산율의 지표인 gfr은 평균 95.6명이었다. 즉 가임 여성 1000명당 95.6명의 출산이 있었음을 알 수 있다. 그리고 실질 공제액 pe는 약 100불 정도임을 알 수 있다.

```
. sum
```

Variable	Obs	Mean	Std. Dev.	Min	Max
gfr	72	95.63194	19.80464	65.4	126.6
pe	72	100.4015	65.87563	0	243.83
year	72	1948.5	20.92845	1913	1984
t	72	36.5	20.92845	1	72
tsq	72	1764.167	1576.502	1	5184
pe_1	71	100.6339	66.31477	0	243.83
pe_2	70	100.7503	66.78628	0	243.83
pe_3	69	100.7316	67.27538	0	243.83
pe_4	68	100.4584	67.737	0	243.83
pill	72	.3055556	.4638749	0	1
ww2	72	.0694444	.2559923	0	1
tcu	72	95922	108841.2	1	373248
cgfr	71	-.8352112	4.258743	-8.600006	16
cpe	71	1.18169	17.78409	-45.23999	102.63
cpe_1	70	1.321286	17.87328	-45.23999	102.63
cpe_2	69	1.478841	17.95519	-45.23999	102.63
cpe_3	68	1.754559	17.94092	-45.23999	102.63
cpe_4	67	1.838358	18.06292	-45.23999	102.63
gfr_1	71	96.05775	19.61088	65.5	126.6
cgfr_1	70	-.8414285	4.289168	-8.600006	16
cgfr_2	69	-.831884	4.319842	-8.600006	16
cgfr_3	68	-.842647	4.351028	-8.600006	16
cgfr_4	67	-.8402984	4.383823	-8.600006	16
gfr_2	70	96.49	19.40881	65.5	126.6

이번에는 그림을 통해서 우리가 관심을 가지고 있는 변수의 시간 추이를 살펴보자. 시각적 표현이 가능한 그림을 통해서 주요 변수들의 추세를 파악하는 시계열 분석에서 매우 중요한 과정이다. 적극적 실증분석의 첫 단계가 되어야 한다. 산포도를 이용해서 출산율의 추세를 그려보자. 특별히 scheme 옵션을 이용하여 Economist지 형식을 이용하였다.

```
. scatter gfr year, sort scheme(economist)
```

[그림 6.3]을 보면 미국의 출산율은 2차 세계대전 이전에는 서서히 하락하고 있었다. 잘 알려져 있듯이 2차 세계대전 이후에 출산이 급격하게 늘어났다. 베이비붐(baby boom) 세대가 그 기간에 태어났다. 그러다가 1960년 이후로 출산율이 급격히 하락하기 시작했다. 1960년대 초반에 피임약이 개발되었다. 소위 말하는 베이비버스트(baby bust) 세대이다.

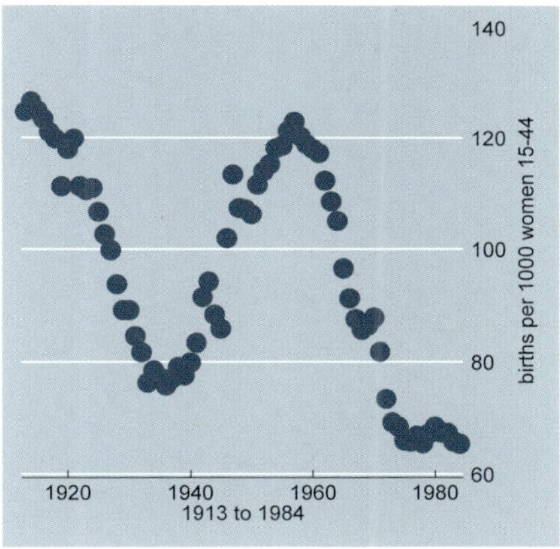

그림 6.3 **출산율 변화추이(economist의 scheme을 이용)**

이번에는 주요 설명요인으로 지목한 자녀관련 소득공제 금액의 추세를 살펴보자. [그림 6.4]에 따르면 2차 세계대전 후에 급격하게 증가하다가 서서히 하락하는 모습을 보여주고 있다.

```
. line pe year, sort
```

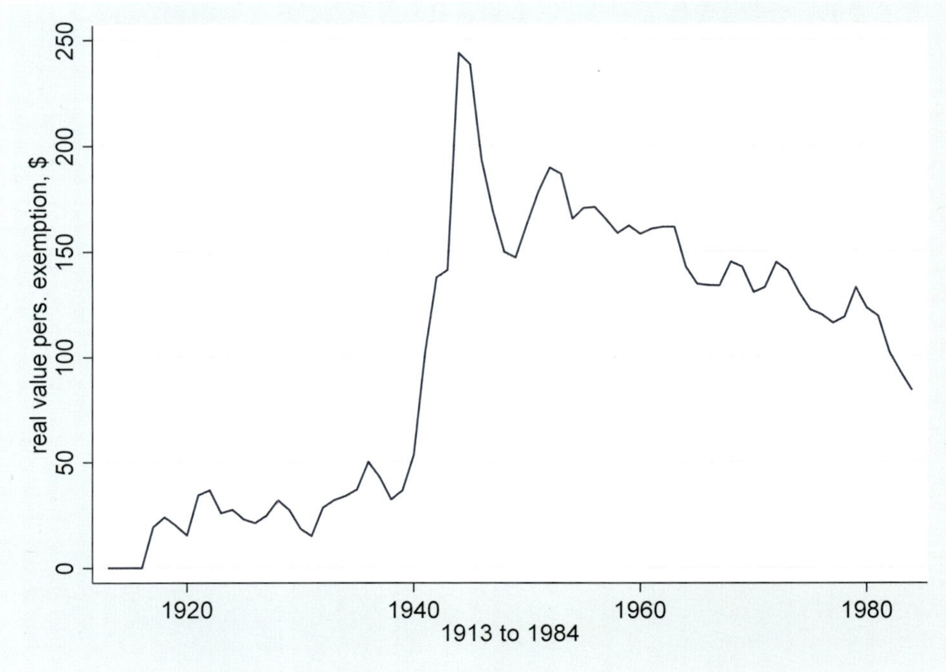

그림 6.4 실질 소득공제액의 변화추이

위의 두 그림으로부터 출산율의 추세와 소득공제금액의 추세가 정확히 일치하지는 않지만 유사한 추세가 있다는 것을 확인할 수 있다. 그러면 다음 질문은 자녀 관련 소득공제 정책이 출산 결정에 영향을 준 것이 아닌가 하는 것이다. 이 질문에 대한 답을 회귀분석을 통해서 알아보자.

먼저 다른 변수의 통제 없이 소득공제 금액 하나만을 넣고 회귀모형을 추정해보자. 추정결과는 신통치 않은 결과를 보여주고 있다. 소득공제가 늘수록 출산율은 오히려 떨어지고 있었다. 물론, 통계적으로는 유의하지 않은 결과이다(t = −0.20).

```
. reg gfr pe

      Source |       SS           df       MS      Number of obs   =        72
-------------+----------------------------------   F(1, 70)        =      0.04
       Model |  15.5100386         1  15.5100386   Prob > F        =    0.8440
    Residual |  27832.3854        70  397.605505   R-squared       =    0.0006
-------------+----------------------------------   Adj R-squared   =   -0.0137
       Total |  27847.8954        71  392.223879   Root MSE        =     19.94

------------------------------------------------------------------------------
         gfr |      Coef.   Std. Err.      t    P>|t|     [95% Conf. Interval]
-------------+----------------------------------------------------------------
          pe |   -.007095    .035923    -0.20   0.844    -.0787411    .0645511
       _cons |   96.34429   4.304734    22.38   0.000     87.75877    104.9298
------------------------------------------------------------------------------
```

이번에는 다른 변수들을 추가적으로 통제해보자. 2차 세계대전 더미와 피임약 더미를 회귀모형에 포함하면 예상과 비슷한 결과를 얻을 수 있다. 소득공제의 효과가 양(+)의 값을 갖고 동시에 통계적으로 하였다(t = 2.78).

```
. reg gfr pe

      Source |       SS           df       MS      Number of obs   =        72
-------------+----------------------------------   F(1, 70)        =      0.04
       Model |  15.5100386         1  15.5100386   Prob > F        =    0.8440
    Residual |  27832.3854        70  397.605505   R-squared       =    0.0006
-------------+----------------------------------   Adj R-squared   =   -0.0137
       Total |  27847.8954        71  392.223879   Root MSE        =     19.94

------------------------------------------------------------------------------
         gfr |      Coef.   Std. Err.      t    P>|t|     [95% Conf. Interval]
-------------+----------------------------------------------------------------
          pe |   -.007095    .035923    -0.20   0.844    -.0787411    .0645511
       _cons |   96.34429   4.304734    22.38   0.000     87.75877    104.9298
------------------------------------------------------------------------------
```

```
. reg gfr pe  ww2 pill

      Source |       SS           df       MS      Number of obs   =        72
-------------+----------------------------------   F(3, 68)        =     20.38
       Model |  13183.6215         3  4394.54049   Prob > F        =    0.0000
    Residual |  14664.2739        68  215.651087   R-squared       =    0.4734
-------------+----------------------------------   Adj R-squared   =    0.4502
       Total |  27847.8954        71  392.223879   Root MSE        =    14.685

------------------------------------------------------------------------------
         gfr |      Coef.   Std. Err.      t    P>|t|     [95% Conf. Interval]
-------------+----------------------------------------------------------------
          pe |     .08254   .0296462     2.78   0.007     .0233819    .1416981
         ww2 |   -24.2384   7.458253    -3.25   0.002    -39.12111   -9.355684
        pill |  -31.59403   4.081068    -7.74   0.000    -39.73768   -23.45039
       _cons |   98.68176   3.208129    30.76   0.000     92.28003    105.0835
------------------------------------------------------------------------------
```

이번에는 유한시차모형, 즉 소득공제효과가 시차를 두고 발생할 수 있는 모형을 추정해보자. 먼저 본 자료가 시계열 자료임을 선언해보자. Stata에서 시계열 자료 선언은 tsset을 이용하여 아래와 같이 하면 된다.

```
. tsset year
        time variable:  year, 1913 to 1984
                delta:  1 unit
```

tsset으로 시계열 자료임을 선언하면 Stata가 제공하는 편리하고 다양한 시계열 관련 명령어를 사용할 수 있게 된다. 예컨대 시차변수들을 따로 생성할 필요 없이 바로 'L.*'을 이용해서 만들 수 있다. 예컨대 'L.*'은 1기 시차변수를 'L2.*'는 2기 시차변수를 만들어준다.

시차변수 생성법

시계열 자료의 경우 tsset 명령어를 통해 해당 자료가 시계열 특성을 가지고 있음을 Stata에 알려줄 수가 있다. 이렇게 하면 다양한 시차 변수를 아주 쉽게 생성할 수 있다. 예컨대 L. 혹은 F. 함수를 통해 과거 혹은 미래 변수를 만들 수 있다. 혹은 차분 변수도 d.를 이용해서 만들 수 있다.

하지만 이 외에도 다음과 같이 약간은 원시적인 방법을 이용해서 만들 수도 있다. 예컨대 pe 변수의 1기 시차 변수를 만들어 보자.

- gen L1_pe = pe[_n - 1]
- gen L2_pe = pe[_n - 2]

위의 명령어처럼 해당 변수에 [ ] 안에다 관측 번호인 '_ n'을 적절히 잘 변형하면 시차변수 혹은 미래변수를 쉽게 생성할 수 있다. 1기 시차변수는 관측번호에 1을 뺀 것이고, 2기 시차변수는 관측번호에 2를 뺀 것이 된다.

식(5)는 다음과 같은 명령어로 추정할 수 있다.

```
. reg gfr pe L.pe L2.pe ww2 pill

      Source |       SS           df       MS      Number of obs   =        70
-------------+----------------------------------   F(5, 64)        =     12.73
       Model |  12959.7886         5  2591.95772   Prob > F        =    0.0000
    Residual |  13032.6443        64  203.635067   R-squared       =    0.4986
-------------+----------------------------------   Adj R-squared   =    0.4594
       Total |  25992.4329        69  376.701926   Root MSE        =     14.27

------------------------------------------------------------------------------
         gfr |      Coef.   Std. Err.      t    P>|t|     [95% Conf. Interval]
-------------+----------------------------------------------------------------
          pe |
         --. |   .0726718   .1255331     0.58   0.565    -.1781094     .323453
         L1. |  -.0057796   .1556629    -0.04   0.970     -.316752    .3051929
         L2. |   .0338268   .1262574     0.27   0.790    -.2184013     .286055
             |
         ww2 |  -22.1265    10.73197    -2.06   0.043    -43.56608   -.6869196
        pill |  -31.30499   3.981559    -7.86   0.000    -39.25907   -23.35091
       _cons |   95.8705    3.281957    29.21   0.000     89.31403     102.427
------------------------------------------------------------------------------
```

위 추정결과를 살펴보면, 소득공제의 개별 시차 변수가 출산에 미치는 효과는 없는 것으로 보인다. 동기 소득공제는 0.73(t = 0.58), 1기 시차 소득공제는 −0.006(t = −0.04), 2기 시차 소득공제는 0.034(t = 0.27)이다. 이와 같은 현상이 발생하는 이유는 회귀모형에 포함된 시차 변수들이 서로 비슷하기 때문이다. 서로 비슷한 변수들이 출산율을 설명하고 있기 때문에 한계적으로 더 설명할 것이 없기 때문이다. 이건 전형적인 다중공선성(multicollinearity)의 문제로 볼 수 있다. 하지만 동시에 설명력은 여전히 있음을 F-test로 확인할 수가 있다.

F-test 방법

회귀분석 후 특정계수가 어떤 값, 보통 0인지 아닌지 여부에 대한 검정을 하게 된다. 이 때에는 test라는 명령어를 사용하면 된다. 검정통계량은 보통 F-분포를 따르게 된다.

다만 계수들의 선형 결합을 검정하는 경우에는 lincom을 비선형 결합을 검정하는 경우에는 nlcom을 이용하면 된다.

위의 실질공제액에 대한 결합 검정의 경우 아래와 같이 수행하면 된다.

```
. test pe = 0

 ( 1)  pe = 0

       F(  1,    64) =    0.34
            Prob > F =    0.5647

. test L1.pe = 0, accumulate

 ( 1)  pe = 0
 ( 2)  L.pe = 0

       F(  2,    64) =    0.23
            Prob > F =    0.7915

. test L2.pe = 0, accumulate

 ( 1)  pe = 0
 ( 2)  L.pe = 0
 ( 3)  L2.pe = 0

       F(  3,    64) =    3.97
            Prob > F =    0.0117
```

맨 아래의 검정 결과는 pe 관련 시차 변수들이 동시에 설명력이 없다는 귀무가설을 기각할 수 있음을 보여주고 있다.

이번에는 소득공제가 출산율에 미치는 장기효과에 대해서 살펴보자. 위의 추정결과를 이용해서 장기효과를 쉽게 계산할 수 있다. 앞에서 정의하였듯이, 소득공제의 장기효과는 $\theta_0 = \beta_1 + \beta_2 + \beta_3$로 정의된다. 그리고 그 효과의 크기는 대략 0.1(= 0.07 - 0.005 + 0.033) 정도이다.

남은 것은 추정된 장기효과가 통계적으로 유의한가를 판단하는 것이다. 이를 위해서는 추정치의 표준오차를 계산하여야 한다. 하지만 장기효과는 3개의 확률개체의 합이기 때문에 표준오차를 계산하는 것이 약간 번거롭다. nlcom을 이용하여 계산할 수도 있다. 이 때에는 델타방법(delta method)를 이용하여 구하게 된다. 예컨대 다음과 같이 추정할 수 있다. 장기 효과는 0.1이고 t-값은 약 3.38이다.

```
. nlcom _b[pe] + _b[L.pe] + _b[L2.pe]

       _nl_1:  _b[pe] + _b[L.pe] + _b[L2.pe]
```

gfr	Coef.	Std. Err.	z	P>|z|	[95% Conf.	Interval]
_nl_1	.1007191	.0298027	3.38	0.001	.0423069	.1591313

한편 이 외에도 계수의 재구성 모수재구성(re-parametrization)을 통해 장기효과 및 표준오차를 비교적 쉽게 추정할 수 있는 방법이 있다. 원래 식에다가 $\theta_0 = \beta_1 + \beta_2 + \beta_3$을 대입하면, 아래와 같은 식을 얻을 수 있다.

(6)

$$gfr_t = \beta_0 + \theta_0 pe_t + \beta_2(pe_{t-1} - pe_t) + \beta_3(pe_{t-2} - pe_t) + \beta_4 ww2_t + \beta_5 Pill_t + u_t$$

즉, pe_t, $(pe_{t-1}-pe_t)$, $(pe_{t-2}-pe_t)$을 대신 통제하여 회귀분석하면 pe_t의 계수는 장기효과를 추정하게 되는 것이다. $(pe_{t-1}-pe_t)$와 $(pe_{t-2}-pe_t)$는 비교적 쉽게 생성할 수 있다.

```
. gen d_pe_1 = L.pe - pe
(1 missing value generated)

. gen d_pe_2 = L2.pe - pe
(2 missing values generated)
```

이렇게 생성된 차분변수를 이용하여 다시 회귀분석을 해보자.

```
. reg gfr pe d_pe_1 d_pe_2 ww2 pill

      Source |       SS           df       MS      Number of obs   =        70
-------------+----------------------------------   F(5, 64)        =     12.73
       Model |  12959.7886         5  2591.95772   Prob > F        =    0.0000
    Residual |  13032.6443        64  203.635067   R-squared       =    0.4986
-------------+----------------------------------   Adj R-squared   =    0.4594
       Total |  25992.4329        69  376.701926   Root MSE        =     14.27

------------------------------------------------------------------------------
         gfr |      Coef.   Std. Err.      t    P>|t|     [95% Conf. Interval]
-------------+----------------------------------------------------------------
          pe |   .1007191   .0298027     3.38   0.001     .0411814    .1602568
      d_pe_1 |  -.0057796   .1556629    -0.04   0.970     -.316752    .3051929
      d_pe_2 |   .0338268   .1262574     0.27   0.790    -.2184013     .286055
         ww2 |   -22.1265   10.73197    -2.06   0.043    -43.56608   -.6869196
        pill |  -31.30499   3.981559    -7.86   0.000    -39.25907   -23.35091
       _cons |    95.8705   3.281957    29.21   0.000     89.31403     102.427
------------------------------------------------------------------------------
```

위 추정결과에 따르면 장기효과의 크기는 앞에서 예상했듯이 약 0.1 정도였다. 그리고 표준오차가 0.03 정도로, 통계적으로 유의하였다($t = 3.38$). 즉 실질 소득공제 금액이 10달러 증가하면 가임여성 1000명당 출산 아동수는 1명 증가시키는 효과가 있다고 볼 수 있다.

이상의 회귀분석 결과를 outreg2를 이용하여 정리하면 [표 6.1]과 같이 정리할 수 있다.

표 6.1 소득공제가 출산에 미친 효과 추정 결과

VARIABLES	(1) gfr	(2) gfr	(3) gfr	(4) gfr
pe	−0.00710	0.0825***	0.0727	0.101***
	(0.0359)	(0.0296)	(0.126)	(0.0298)
L.pe			−0.00578	
			(0.156)	
L2.pe			0.0338	
			(0.126)	
ww2		−24.24***	−22.13**	−22.13**
		(7.458)	(10.73)	(10.73)
pill		−31.59***	−31.30***	−31.30***

VARIABLES	(1) gfr	(2) gfr	(3) gfr	(4) gfr
		(4.081)	(3.982)	(3.982)
d_pe_1				-0.00578
				(0.156)
d_pe_2				0.0338
				(0.126)
Constant	96.34***	98.68***	95.87***	95.87***
	(4.305)	(3.208)	(3.282)	(3.282)
Observations	72	72	70	70
R-squared	0.001	0.473	0.499	0.499

Standard errors in parentheses
*** p<0.01, ** p<0.05, * p<0.1

나) 반덤핑 제소가 화학물질 수입에 미치는 효과

이번에는 미국 기업들의 중국 기업에 대한 반덤핑 제소가 중국 기업들의 화학물질 수출에 미치는 효과를 분석해보자. 화학물질 중에서도 바륨의 경우에 대해서 분석해보자. 바륨은 화학물질 생산에 매개체로 투입되는 화학물질이다. 매개체로 사용되기 때문에 바륨의 수입량의 변화를 잘 살펴보면, 다른 화학물질의 수입량의 변화도 파악할 수 있다는 장점이 있다.

미국 시장에서 1980년 초 중국 기업들은 매우 낮은 가격에 바륨을 시장에 공급하고 있다는 의심을 받았다. 즉, 덤핑에 대한 혐의가 있었다. 1983년 미국기업들이 중국 기업들을 국제무역위원회(ITC,international trade commission)에 제소하였고, 미국 기업에 유리한 판결을 이끌어 내었다.

이러한 상황과 관련하여 다음과 같은 3가지 질문을 해보자. 첫째, 덤핑 관련 소송 전에 중국에서 미국으로 많은 양의 바륨이 수입되고 있었는지? 둘째, 미국 기업이 국제무역위원회에 제소한 후에는 바륨 수입량이 감소하였는지? 마지막으로 미국에 유리하게 판결이 내려진 이후에 바륨 수입량은 얼마나 줄었는지에 대한 질문이다. 이와 같은 3가지 질문에 대해 실증적인 답을 하면, 반덤핑제소가 바륨 수입에 어느 정도 영향을 미쳤는지를 파악할 수 있다. barium.dta를 열어보자.

```
. use barium, clear
```

list를 이용하여 변수를 확인하자. 기간은 1978년 2월부터, 1988년 12월까지의 월단위 자료이다. 변수리스트는 아래와 같다.

- chnimp: 중국으로부터의 수입(종속변수)
- chmpi: 화학물질 생산 지수(바륨은 중간재로 투입되기 때문에 수요 반영)
- gas: 가솔린 생산량
- rtwex: 환율
- befile6: 소송전 6개월 = 1
- afile6: 소송후 6개월 = 1
- afdec6: 승소후 6개월 = 1

그리고 sum을 이용해서 변수의 요약통계량을 살펴보자.

```
. summarize

    Variable |        Obs        Mean    Std. Dev.       Min        Max
-------------+---------------------------------------------------------
      chnimp |        131     589.237    349.5416     39.683   1794.516
     bchlimp |        131    19157.17     7481.55   8302.168   45716.61
     befile6 |        131    .0458015    .2098569          0          1
     affile6 |        131    .0458015    .2098569          0          1
      afdec6 |        131    .0458015    .2098569          0          1
-------------+---------------------------------------------------------
    befile12 |        131    .0916031    .2895721          0          1
    affile12 |        131    .0916031    .2895721          0          1
     afdec12 |        131    .0916031    .2895721          0          1
      chempi |        131    122.8313    14.23508      100.1        159
         gas |        131    8.52e+09    5.63e+08   6.90e+09   1.02e+10
-------------+---------------------------------------------------------
       rtwex |        131    102.5048    17.96898      79.45     146.45
         spr |        131    .2519084    .4357754          0          1
         sum |        131    .2519084    .4357754          0          1
        fall |        131    .2519084    .4357754          0          1
     lchnimp |        131    6.174599    .6997376   3.680923   7.492491
```

lgas	131	22.86331	.066842	22.65479	23.04565
lrtwex	131	4.615279	.1700601	4.375128	4.986684
lchempi	131	4.804361	.1131908	4.60617	5.068904
t	131	66	37.96051	1	131
feb	131	.0839695	.2784067	0	1
mar	131	.0839695	.2784067	0	1
apr	131	.0839695	.2784067	0	1
may	131	.0839695	.2784067	0	1
jun	131	.0839695	.2784067	0	1
jul	131	.0839695	.2784067	0	1
aug	131	.0839695	.2784067	0	1
sep	131	.0839695	.2784067	0	1
oct	131	.0839695	.2784067	0	1
nov	131	.0839695	.2784067	0	1
dec	131	.0839695	.2784067	0	1
percchn	131	3.272603	1.985512	.1726418	10.23261

이번에는 중국 기업으로부터의 바륨 수입의 시간 추세를 살펴보자. 산포도를 그려보자. 좀 더 예쁘게 추세를 그리는 방법은 13장과 16장에 소개되어 있다.

```
. twoway ///
> (scatter chnimp t,sort mcolor(%30) msize(4pt)) ///
> (lpoly chnimp t, sort lpattern(dash))
```

[그림 6.5]의 산포도는 이전의 다른 산포도과 유사하다. 하지만, 추세선의 경우 이번에는 모수적 선형추세선 대신에 비모수적으로 추정한 국지적 다항 추정법(local polynomial estimation)을 사용하였다. 비모수적 추정법은 모수적 추정법에 비해 함수형태를 특별히 가정하지 않기 때문에 좀 더 일반적인 추정결과를 얻을 수 있다는 장점이 있다. 이를 위해 lfit 대신에 lpoly를 사용하였다. [그림 6.5]에 따르면 1978년 2월을 t = 0으로 보았을 때의 바륨 수입량은 대체로 증가하는 추세에 있음을 확인할 수 있다.

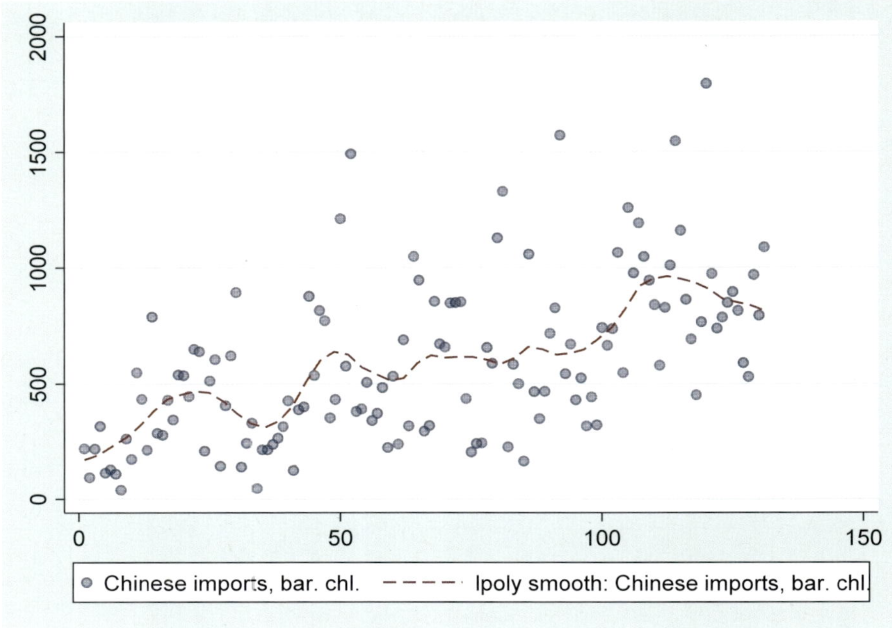

그림 6.5 중국 기업으로부터의 바륨 수입의 추이

더미 변수를 제외한 다른 변수들은 로그를 취하고 회귀분석을 해보자. 종속변수가 로그 형태를 띠고 있기 때문에 더미 형태의 정책변수들의 계수들은 탄력성으로 해석이 가능하다.

```
. reg  lchnimp lchempi lgas lrtwex befile6 affile6 afdec6

      Source |       SS           df       MS      Number of obs   =       131
-------------+----------------------------------   F(6, 124)       =      9.06
       Model |  19.4051607         6  3.23419346   Prob > F        =    0.0000
    Residual |  44.2470875       124  .356831351   R-squared       =    0.3049
-------------+----------------------------------   Adj R-squared   =    0.2712
       Total |  63.6522483       130  .489632679   Root MSE        =    .59735

------------------------------------------------------------------------------
     lchnimp |      Coef.   Std. Err.      t    P>|t|     [95% Conf. Interval]
-------------+----------------------------------------------------------------
     lchempi |   3.117193   .4792021     6.50   0.000     2.168718    4.065668
        lgas |   .1963504   .9066172     0.22   0.829    -1.598099      1.9908
      lrtwex |   .9830183   .4001537     2.46   0.015     .1910022    1.775034
     befile6 |   .0595739   .2609699     0.23   0.820    -.4569585    .5761064
     affile6 |  -.0324064   .2642973    -0.12   0.903    -.5555249     .490712
      afdec6 |   -.565245   .2858352    -1.98   0.050    -1.130993    .0005028
       _cons |    -17.803   21.04537    -0.85   0.399    -59.45769    23.85169
------------------------------------------------------------------------------
```

먼저 정책변수들에 대한 추정결과를 해석해보자. 소송 6개월 전을 나타내는 befile6의 계수는 0.0596이다. 이는 소송 6개월 전에 중국 기업으로부터의 바륨의 수입량이 다른 기간보다 6% 정도 높았음을 의미한다. 하지만 이러한 차이는 통계적으로 유의하지 않았다(t = 0.23). 소송 후 6개월 동안을 지칭하는 affile6 변수의 계수는 −0.0324로 다른 기간에 비해 수입량이 3.2% 감소하였지만 역시 통계적 유의성은 없었다. 한편 판결이 내려진 후 6개월 동안을 지칭하는 afdec6의 계수는 −0.565로 56.5% 큰 폭으로 감소하였다.[7] 다른 정책변수들에 비해 변화의 폭이 훨씬 클 뿐만 아니라 t값은 −1.98로 통계적으로도 유의하였다. 이상의 논의를 정리해보면, 추정결과에 따르면 중국 기업이 피소 당하기 전후의 바륨수입량은 다른 기간과 큰 차이는 없었지만, 판결이 내려진 후에는 큰 폭으로 하락하였음을 보여주고 있다.

7 정확하게는 43.2% 감소하였다. $100(\exp(-0.565)-1) = -43.2\%$

CHAPTER 06 EXERCISES

01 다음과 같이 자료를 읽어들이고, 물음에 답하시오.

```
import delimited
"http://people.stern.nyu.edu/wgreene/Text/Edition7/TableF5-2.txt",
delimiter(whitespace, collapse) varnames(1) clear
```

자료에 어떤 변수들이 포함되었는지 살펴보고, 요약통계량을 제시하시오.

02 year 변수와 qtr 변수를 이용하여 연도-분기별 변수인 date를 생성하시오.

03 위에서 생성한 date 변수의 포맷을 연도-분기로 선언하시오.

04 위의 date 변수를 이용하여 시계열 자료임을 선언하시오.

05 realgdp와 realcons의 추세선을 그리시오.

06 realgdp와 realcons를 로그 변환하여 ln_realgdp, ln_realcons 변수를 생성하고, 추세선을 그리시오.

07 위에서 생성된 ln_realgdp, ln_realcons 변수를 이용하여 ARDL(1,1) 모형, 즉 다음의 모형을 추정하시오.

$$\ln(C_t) = \alpha + \alpha_1 \ln(C_{t-1}) + \beta_0 \ln(GDP_t) + \beta_1 \ln(GDP_{t-1}) + e_t$$

08 이번에는 ARDL(3,3) 모형을 추정하고, 위의 모형과 비교하여 보시오. 비교할 때, estat ic 명령어를 이용하여 정보기준으로 보았을 때 어떤 모형이 좀 더 나은 모형인지 비교하여 보시오.

09 여기에 시간변수 t를 만들어서 통제변수로 포함시켜보시오. 그 다음에는 t^2 항까지 추가하여 추정하여 보시오. 그리고 두 결과를 비교해보시오.

10 마지막으로, 8번 문제에서 분기 더미를 생성하여 통제변수로 포함시키고 모형을 추정해보시오.

CHAPTER 07

경제분석을 위한 STATA 4 Edition

도구변수 추정법

1 전가의 보도(寶刀)

경제학 내 실증분석에서 가장 많이 사용되는 추정방법은 단연 OLS(Ordinary Least Squares)이다. OLS 모형은 가정이 많지 않기 때문에 왜곡된 추정치를 얻을 가능성이 낮다는 장점이 있다. 그리고 일정 추정량의 클래스 내에서는 효율성도 어느 정도 확보할 수 있는 특징을 지녔다.

OLS 모형의 가장 큰 약점 중에 하나는 내생성(endogeneity)의 문제가 있을 수 있다는 점이다. OLS를 이용하여 실증분석을 한 연구에는 실험을 해서 완전히 외생적인 X가 있는 경우를 빼면 내생성의 문제는 언제나 제기될 수 있는 것이다. 연구자는 자신이 추정하고 있는 회귀모형에서 내생성의 문제가 없다고 주장하거나 내생성의 문제를 충분히 고려하였다는 것을 온전히 입증해야 하는 책임이 있다. 내생성 문제의 해결은 실증분석에서 자주 등장하는 전가의 보도인셈이다.

한편 연구자가 내생성의 문제가 없다고 가정하는 것도 강한 가정이지만 무턱대고 내생성의 문제가 있다고 하는 것도 합리적 문제 제기는 아니다. 일반적으로 내생성의 문제가 있다고 주장하려면 어떤 문맥 하에서 어떤 이유로 내생성의 문제가 발생할 수 있는지 설명을 덧붙여야 한다. 적절한 근거로 내생성 문제가 제기되면, 통상적인 입증책임(burden of proof)은 연구자에게 주어진다. 연구자는 회귀모형 추정에서 독립변수 혹은 공변량(covariates)의 외생성(exogeneity)을 입증해야 한다. 아니면 OLS 추정방법 외에 다른 대안을 모색해야만 한다.

회귀분석에서의 설명변수 x의 외생성 조건은 일반적으로 아래의 식으로 표현한다. u는 회귀분석의 오차항이다.

(1) $E[xu]=0$

위 조건은 오차항과 독립변수의 직교(orthoganality) 조건이라고도 부른다. 즉 x와 u가 체계적으로 상관되어 있지 않다는 조건이다. 또한 회귀모형의 식별을 위한 식별조건(identification condition)이기도 하다..

내생성의 문제가 있다고 함은 식(1)이 만족되지 않는 경우를 지칭한다.

(2) $E[xu] \neq 0$

회귀분석 모형에서 내생성의 문제가 발생할 수 있는 경우는 매우 다양하지만 다음의 4가지 경우 정도로 정리해볼 수 있다.

① 연립방정식 체계의 문제(simultaneous equation system)
② 측정오차의 문제(errors-in-variables problem 혹은 measurement error)
③ 표본선택의 문제(sample selection problem) 혹은 내생적 처리(endogenous treatment)
④ 결측변수의 문제(missing variable or omitted variable problem)

내생성의 문제가 발생할 수 있는 첫 번째 경우는 가장 집중적으로 제기되는 연립방정식 추정의 문제이다. 예컨대 수요함수를 추정하고 싶다고 해보자. 수요함수는 가격의 함수이다. 이때의 가격은 시장 균형가격(equilibrium price)을 의미한다. 시장균형가격은 수요와 공급을 일치시켜주는 가격이므로, 수요함수와 공급함수의 연립방정식 체계를 통해 균형가격이 결정된다.

수요함수를 추정할 때, 아래와 같은 선형수요함수를 가정해보자.

(3) $q^d = \beta_0 + \beta_1 p + \beta_x x + \epsilon^d$

q^d : 수요량, p : 가격, x : 수요결정요인, ϵ^d : 수요측 충격

수요량은 가격 p와 수요결정요인 x, 그리고 관측불가능한 수요 결정요인 ϵ^d에 의해서 결정된다.

식(3)을 회귀분석을 이용하여 편의 없이 추정하기 위해서는 p와 ϵ^d가 외생성의 조건이 만족되어야 한다. 식(4)가 성립해야 한다.

(4) $$E[p\epsilon^d] = 0$$

그러나 여기에서 중요한 포인트는 p가 그냥 외생적으로 수요, 공급 체계 밖에서 주어지는 것이 아니다는 점이다. 위에서 간략하게 설명했듯이 p는 수요, 공급 시스템 내에서 연립방정식의 해로 내생적으로 결정되기 때문이다.

다음으로 아래 식(5)과 같이 공급함수를 가정해보자. 시장에서의 균형가격은 식(3)과 식(5)을 만족하는 p이다.

(5) $$q^s = \gamma_0 + \gamma_1 p + \gamma_z z + \epsilon^s$$

수요 측에서 선호 충격(preference shock)을 받았을 경우를 생각해보자. 특별히 양(+)의 충격을 받아 ϵ^d가 증가했다고 가정해보자. 당연히 수요는 증가한다. 이에 따라 수요곡선은 우측으로 이동하게 되고, 그 결과 균형가격은 상승하게 된다. 시장 균형조건을 통해, 수요, 공급의 연립방정식 체계 하에서는 수요함수의 오차항과 설명변수인 가격이 체계적으로 상관이 되게 된다. OLS 추정에서 필요한 조건인 설명변수의 외생성이 모형의 구성상 성립하지 않는다. 이와 같이 수요함수에 가격과 오차항 간에 상관관계가 존재하게 되는 것은 다음 식(6)으로 표현할 수 있다.

(6) $$E[p\epsilon^d] \neq 0$$

수요함수 식(3)을 편의 없이 추정하기 위해서는 도구변수가 필요하다. 도구변수는 가격에는 영향을 주지만 수요 충격과는 상관관계가 없는 변수이어야 한다. 이러한 도구변수의 조건을 흔히들 제외제약(exclusion restrictions)이라고 한다. 수요공급 연립방정식 체계의 경우 공급함수에 포함되어 있으나 수요함수에는 포함되어 있지 않은 변수 z는 좋은 도구변수가 된다. z는 모형의 구성상 ε^d와는 상관이 없지만 시장 균형 조건을 통해서 p에는 영향을 주게 되기 때문이다.

❙ 최근 수요함수 추정 경향

최근 선형 수요함수 보다는 이산 선택(discrete choice)하에서의 수요 체계를 이용한 분석이 많아지고 있다. 이산 선택과 같은 비선형 수요함수의 추정에서도 위와 같은 가격의 내생성 문제가 여전히 발생하고 있고, 기본적인 제외제약이 매우 중요한 역할을 한다(BLP, 1995).

내생성의 문제가 발생할 수 있는 두 번째 경우는 측정오차가 있는 경우이다. 측정오차의 문제는 연립방정식과 같은 복잡한 이론적 근거는 부족하지만, 흔히 발생할 수 있는 문제이다. 관측되는 변수가 원래 변수를 추정하면서 동시에 측정오차(measurement error)를 추정하는 경우이다. 예컨대 노동공급함수를 임금의 함수로 추정한다고 해보자. 임금은 설문조사에서 월 수입에 대해 물어본 문항을 이용한다고 해보자. 자신의 시간당 임금을 정확히 대답한 응답자는 많지 않을 것이다. 오히려 상당수의 응답자는 실제 임금에 기억의 노이즈(noise)가 섞인 대답을 했을 것이다. 즉 식(7)과 같이 관측된 변수 x는 원래 변수 x^*에 추정오차, 즉 관측오차 v가 함께 섞여서 관측된 것이다.

(7) $$x = x^* + v$$

원래 모형이 아래와 같다고 가정해보자.

(8) $$y = \beta_0 + \beta_1 x^*$$

그러면 관측오차가 있는 경우의 식(8)은 아래와 같이 쓸 수 있다.

(9) $$\begin{aligned} y &= \beta_0 + \beta_1 (x - v) + \epsilon \\ &= \beta_0 + \beta_1 x - \beta_1 v + \epsilon \\ &= \beta_0 + \beta_1 x + e \end{aligned}$$

x와 v는 모형의 구성상 선형 상관관계가 있으므로 x와 e사이에도 당연히 그러한 관계가 발생하게 되어 x가 외생성의 조건을 만족시키지 못하게 된다. 역시 이런 경우에도 도구변수 추정법이 필요하다.

이러한 측정오차가 있을 경우에는 통상적으로 하향 편의(attenuation bias)가 발생하게 된다. 이러한 편의의 방향을 이해하는 가장 좋은 방법은 측정된 변수가 모두 오차항으로 구성되었을 때를 ㅅㅇ각해보면 좋다. 그 때의 추정치는 당연히 0일 것이다. 측정오차가 커지면 커질수록 0과 가까워지는 방향으로 편의가 발생할 것이고, 점점 작아지는 경우에는 모수의 진짜 추정치와 가까운 값으로 추정될 것이다.

세 번째로 제시할 내생성의 문제는 전가의 보도 중의 전가의 보도인 자기선택(self selection) 혹은 표본선택(sample selection)의 문제이다. 논문에 대해서 논평을 해야 하는데 정말 할 것이 없는 경우에, 어느 경우에나 발생가능성이 있는 표본선택 문제를 제기하면 된다.

예컨대 중소기업에게 좋은 조건으로 정책자금을 지원하는 정책금융의 효과에 대해서 추정하는 연구를 생각해보자. 정책자금의 효과를 추정하기 위해서 식(10)과 같은 회귀모형을 상정해보자.

(10) $y = \alpha + \beta D + \rho x + \epsilon$

y : 경영성과(예컨대, ROA 혹은 ROE)

D : 정책자금 수혜여부, x : 기업의 특징

실증분석의 목적은 정책변수 D의 계수인 β를 편의 없이 추정하고, 이를 정책자금의 정책효과로 해석하는 것이다. 이와 같은 해석이 가능한 것은 식(11)과 같은 관계가 적절한 가정 하에서 성립하기 때문이다.

(11) $\beta = E[y|D=1] - E[y|D=0] = E[y(1) - y(0)|D=1]$

문제는 중소기업들의 정책금융 수혜가 기업에게 임의적으로 주어지는 것이 아니라, 기업의 자기선택(self-selection)의 결과라는 것이다. 예컨대 금융시장에서의 접근성을 고려해보았을 때, 경영성과가 상대적으로 좋지 않은 기업 혹은 상대적으로 업력이 짧은 기업 등은 민간 금융시장에서 자금을 구하기 어려워 정책자금을 받게 될 가능성이 높다.[8] 이런 경향성은 ε으로 처리되어 ε을 크게 만든다. 만약 ε이 클수록 정책자금을 받을 확률 즉 D = 1이 될 가능성이 높아진다. 따라서 식(12)와 같이 내생성의 문제가 발생한다.

(12) $E[D\epsilon] \neq 0$

이러한 문제는 도구변수를 이용하여 추정하고 있으나, 통제함수를 이용하기도 한다. 정책자금 선정과정에 미치는 요인들을 미리 제도적으로 파악하여 그것들을 통제하고

8 이와 같은 셋팅 중에서 가장 대표적인 모형은 로이 모형(Roy model)이다.

나면 모든 과정이 임의 과정이 된다는 관측변수에 의한 선택(selection-on-observables)을 이용할 수 있다. 충분히 많은 변수를 통제했을 경우 선택문제가 완화될 수 있다. 한편, Heckman의 2단계 추정법은 통제함수를 이용한 방법이다.

▎최근 표본선택문제에 의한 내생성 해결 방법

최근에는 준실험 설계(quasi-experimental design)를 이용한 분석들이 많이 사용되고 있다. 혹은 성향점수매칭추정법(propensity score matching estimation)을 많이 사용하여 표본선택 문제에 의한 내생성을 해결하고 있다. 좀 더 자세한 내용은 12장을 참조하자.

마지막으로 가장 중요하고 가장 자주 마주치는 문제는 결측변수(omitted variable)에 의한 내생성이다. 5장에서 예로 들었던 교육의 수익률 추정의 경우가 이에 해당된다. 어떠한 사람의 학력이 1년이 증가할 때, 임금이 몇 % 증가하는지 추정하고자 하는 연구에서 그 사람의 능력이 결측되는 것이 보통이고 이로 인한 편의가 발생할 수 있다.

학력이 임금 증가에 미친 순효과를 추정하는 것이 목적일 것이다. 두 변수와의 관계가 능력을 제외하고 추정하였을 경우, 능력 부분이 학력에 묻혀서 같이 추정되어 학력의 효과가 과대추정(overestimation) 될 가능성이 있다. 능력이라는 공통요소가 학력과 임금 각각에게 미치는 영향이 존재하기 때문이다. 학력 자체가 높은 임금의 원인이 아니라, 능력 있는 사람이 학력도 높고, 또 학력과 무관하게 직장에서 능력을 바탕으로 받는 임금도 높을 가능성이 있다는 것이다. 우리가 관심을 가지고 있는 학력과 임금의 관계가 잘못 추정될 수 있다.

물론 이 경우 제일 좋은 내생성 처리방법은 능력을 대신할 수 있는 대리변수(proxy variable)를 이용하여 회귀식에서 통제해주는 것이다. 예컨대 IQ 혹은 AFQT score 등을 이용하여 능력변수를 직접 통제한 연구들이 있다. 이런 변수들이 사람들의 진정한 능력을 대변하는지에 대한 논쟁은 있지만 자료에 이런 변수들이 포함되어 있으면 추정대상이 되는 교육변수, 즉 정책변수들에 대한 편의를 큰 폭으로 줄일 수 있다.

하지만 능력에 대한 대리변수가 모든 자료에 포함되어 있지는 않다. 오히려 없는 경우가 대다수일 것이다. 그런 경우 학력 수준과 상관있으나, 능력과는 상관없는 도구변수를 이용하여 능력의 대리변수를 이용한다. 능력을 통제하기 위해 형제 혹은 쌍둥이의 자료를 사용하는 경우도 있다. 같은 유전자를 공유하는 경우 미관측 되는 능력도 어느 정도 공유한다고 보기 때문이다. 아니면, 동일 인물을 여러 시점에 걸쳐 추적하는 패널자료를 이용하여 추정하기도 한다. 패널자료를 이용한 추정방법은 10장을 참조하면 된다.

2 도구변수 추정법

위에서 설명한 이유 때문에 내생성의 문제가 발생하게 되면, 도구변수를 필사적으로 찾아야만 한다. 관심을 갖고 있는 변수의 효과를 추정하기 위해서는 주어진 모형에서 설명변수의 외생적인 변화(exogenous variation)가 필요하기 때문이다.

도구변수를 찾는 방법이 정해져 있는 것은 아니다. 정책변수들과 관련된 제도를 잘 살펴보고 법이나 규정의 변화, 정책의 변화 등을 찾아봐야 한다. 통상적으로 실증분석에서의 가장 중요한 부분을 도구변수 추정을 했다는 것이 아니고, 내생성이 왜 발생하며 나의 도구변수는 왜 좋은 도구변수가 되는지에 대한 스토리를 찾는 것이다.

도구변수 추정에 대해 모형을 통해서 살펴보자. 먼저 내생성이 문제가 되는 경우는 아래와 같은 경우이다.

(13) $$y=\beta_0+\beta_1 x+u$$
$$Cov(x,u)\neq 0$$

식(13)에서 두 번째 식처럼 x와 u가 체계적 상관관계를 갖게 되면, OLS 추정치가 편의를 가지게 된다. 이런 경우, 도구변수 z가 필요하다.

변수 z가 적절한 도구변수가 되려면 다음과 같이 관련성과 외생성의 2가지 조건을 만족해야 한다.

- 도구 외생성(instrument exogeneity): $\mathrm{cov}(z,u)=0$
- 도구 관련성(instrument relevance): $\mathrm{cov}(z,x)\neq 0$

도구변수 z는 내생변수인 x와 상관이 있어야 하고, 동시에 오차항 u와는 체계적인

상관관계가 없어야 한다. 위의 조건은 유사해 보이지만 매우 다른 의미를 가지고 있고 둘 다 매우 중요하다.

도구 외생성의 경우 통계적 검증을 하기 쉽지 않다. Hausman 검정이 있기는 하지만 그것 보다는, 경제이론에 근거한 스토리 혹은 제도의 변화, 자연적 실험 등의 논리를 사용하게 된다. 경제모형은 어떤 변수들이 내생적이고 어떤 변수들이 외생적인지에 대한 함의를 제공해준다.

반면 도구 관련성의 경우 기본적으로 통계적 검정이 가능하다. 다음과 같은 회귀식을 생각해보자.

(14) $x=\pi_0+\pi_1 z+v$

위의 모형 중에서 z의 계수인 $H_0: \pi_1=0$에 대한 검정을 실시하면 x와 z가 관련된 변수인지를 검정할 수 있다. 다만, 이러한 관계가 약한 도구변수를 사용했을 때는 약한 도구변수의 문제(weak instrument problem)이 발생할 수 있음을 유의해야 한다.

3 2SLS 추정법

이번에는 도구변수 z가 있을 때 도구변수 추정법, 그 중에서도 2단계 최소자승 추정법(2 stage least square)에 대해서 알아보자.

다음과 같은 구조방정식(structural equation)을 상정해보자. 구조방정식은 모형의 계수가 우리가 알고 싶어하는 모수라는 특징을 가지고 있다. 이와 반대되는 개념으로 축약모형(reduced form equation)이 있다. 축약형 모형의 모수들은 우리가 알고 싶은 모수 그 자체는 아니다.

아래 식(15)의 회귀모형에서 y_2를 사용하고 있는 것은 내생성의 문제가 암묵적으로 연립방정식 체계(예, 수요-공급 방정식)에서 발생하고 있음을 보여주기 위함이다.

(15) $y_1=\beta_0+\beta_1 y_2+\beta_2 z_1+u_1$

2개의 도구변수 z_2, z_3가 있다고 하자. z_2, z_3는 y_2와는 상관관계가 있지만, y_1 방정식에는 등장하지 않아야 한다는 제약, 즉 제외제약(exclusion restrictions)을 만족시키고 있다고 가정하자.

y_2에 관한 가장 좋은 도구변수를 z_1, z_2, z_3의 선형결합으로 표시해 볼 수 있다면, 아래와 같이 축약형 모형으로 쓸 수 있다.

(16) $$y_2 = \pi_0 + \pi_1 z_1 + \pi_2 z_2 + \pi_3 z_3 + v_2$$

2단계 최소자승 추정법은 1단계에서는 바로 위의 모형을 추정한다. 이 단계에서는 추정된 계수를 이용하여 y_2 중에서 u_1과 상관관계가 발생하는 부분을 제거하고, 2단계에서는 이렇게 내생성이 제거된 $\widehat{y_2}$을 이용하여 원래 모형을 추정하게 되는 것이다.

- 1단계(1st stage): y_2를 z_1, z_2, z_3에 대해서 회귀분석한 후, 예측치 $\widehat{y_2}$를 도출한다.
- 2단계(2nd stage): y_1을 $\widehat{y_2}$와 z_1에 대해서 회귀분석한다.

여기서 한 가지 주의해야 할 점은 2단계 회귀분석에서 도출되는 추정치의 표준오차를 바로 사용하면 안된다. 1단계로부터 예측치를 가져왔기 때문에 여기서 발생되는 설명변수의 오차를 고려해 주어야만 한다. 그런 이유에서 두 번의 연속적인 회귀분석을 통해서 구한 표준오차는 진짜 표준오차를 과소평가하게 된다. 이를 보정해주기 위해 Stata에서 제공하는 도구변수추정 명령어인 ivregess을 사용하는 것이 여러모로 바람직하다.

마지막으로 식별조건(identification condition)에 대해서 알아보자. 도구변수의 수가 최소한 내생변수의 수와 같거나 많아야만 식별이 가능해진다. 예를 들어 내생변수가 1개 있을 때에는 최소한 1개의 도구변수가 필요한데, 이렇듯 도구변수 추정에서 식별을 위한 충분조건(sufficient condition)을 랭크 조건(rank condition)이라고 한다.

4 ivregress

방정식 1개로 구성된 회귀식에 대해 도구변수 추정을 할 수 있는 Stata 명령어는 ivregress이다. 기본 명령어 구문은 아래와 같다.

```
• ivregress estimator depvar [varlist1] (varlist2 = varlist_iv)
  [if] [in] [weight] [, options]
```

먼저 estimator는 다음과 같은 3가지 중에서 선택할 수 있다.

- 2sls: 2단계 도구변수 추정
- liml: limited information maximum likelihood estimation
- gmm: generalized method of moment estimation

2sls는 위에서 설명한 2단계 추정법을 말한다. gmm은 최근에 유행하는 generalized method of moments 추정방법이다. liml은 한정된 정보만을 이용하여 추정하는 최우추정법을 말한다. 본 장에서 설명한 추정방법은 2단계 도구변수 추정법이기 때문에 estimator 옵션은 2sls를 선택하는 것으로 하자.

문법에 따라서 종속변수(depvar)는 그냥 선택하면 되고 [varlist1]은 외생변수 리스트를 적어주면 된다. (varlist2 = varlist_iv) 부분이 중요한데, 여기 괄호 안에서 등호 왼쪽 변수는 내생변수를 등호 오른쪽에는 도구변수 리스트를 적어 주면 된다.

예컨대 학력에 따른 임금 수익률을 추정하는 경우를 생각해보자. 종속변수로는 로그-임금(log_wage)이, 외생변수로는 연령(age), 지역(region)이, 내생변수로는 노동자의 학력(schooling)이, 마지막으로 도구변수는 출생 월(birth_month)이 주어졌다고 해보자. 그러면 회귀모형을 추정하는 명령어는 다음과 같다.

```
• ivregress 2sls log_wage age region (schooling = birth_month)
```

이번에는 실제 자료인 mroz.dta의 자료를 이용해서 도구변수 추정을 해보자. 아래와 같이 자료를 불러오자.

```
. use mroz, clear
```

이 자료를 이용하여 경제활동참가를 하고 있는 노동자의 Mincer 타입의 임금방정식을 추정해보자. 그리고 주요 변수들의 통계량을 정리해보자.

```
. keep if lfp
(325 observations deleted)

. sum wage educ exper

    Variable |        Obs        Mean    Std. Dev.       Min        Max
-------------+---------------------------------------------------------
        wage |        428    4.177682    3.310282      .1282         25
        educ |        428    12.65888    2.285376          5         17
       exper |        428    13.03738    8.055923          0         38
```

이번에는 회귀분석에 필요한 새로운 변수들을 만들자. 임금변수에 로그를 취해서 로그-임금변수를, 경력변수를 제곱하여 경력제곱 변수를 생성하자.

```
. gen lwage = ln(wage)

. gen  exper_sq = exper^2
```

일단 내생성의 문제를 무시하고 OLS를 이용해서 교육의 수익률을 추정해보자.

```
. reg lwage educ exper exper_sq

      Source |       SS           df       MS      Number of obs   =       428
-------------+----------------------------------   F(3, 424)       =     26.29
       Model |  35.0222967         3  11.6740989   Prob > F        =    0.0000
    Residual |  188.305145       424  .444115908   R-squared       =    0.1568
-------------+----------------------------------   Adj R-squared   =    0.1509
       Total |  223.327442       427  .523015086   Root MSE        =    .66642

------------------------------------------------------------------------------
       lwage |      Coef.   Std. Err.      t    P>|t|     [95% Conf. Interval]
-------------+----------------------------------------------------------------
        educ |   .1074896   .0141465     7.60   0.000     .0796837    .1352956
       exper |   .0415665   .0131752     3.15   0.002     .0156697    .0674633
    exper_sq |  -.0008112   .0003932    -2.06   0.040    -.0015841   -.0000382
       _cons |  -.5220406   .1986321    -2.63   0.009    -.9124667   -.1316144
------------------------------------------------------------------------------
```

위의 추정치는 교육의 수익률이 1년에 약 10% 가까이 되는 것으로 보고하고 있다. 위의 추정결과를 아래와 같이 저장해보자.

```
. estimates store ls
```

앞에서 설명한 바와 같이 교육 변수는 내생변수일 가능성이 있다. 특히 능력과 같은 변수가 결측 되었고, 능력이 학력과 임금수준을 동시에 결정하면 OLS 추정치가 일치추정량이 아닐 가능성이 있다.

이를 극복하기 위해, 도구변수 추정을 해보자. 도구변수로는 엄마의 교육(mothereduc) 혹은 아빠의 교육(fathereduc) 변수를 사용해보자. 먼저 노동자의 교육수준과 부모의 교육 수준이 얼마나 관계가 있는지 살펴보자.

```
. regress educ mothereduc fathereduc exper exper_sq

      Source |       SS           df       MS      Number of obs   =       428
-------------+----------------------------------   F(4, 423)       =     28.36
       Model |  471.620998         4  117.90525    Prob > F        =    0.0000
    Residual |  1758.57526       423  4.15738833   R-squared       =    0.2115
-------------+----------------------------------   Adj R-squared   =    0.2040
       Total |  2230.19626       427  5.22294206   Root MSE        =     2.039

------------------------------------------------------------------------------
        educ |      Coef.   Std. Err.      t    P>|t|     [95% Conf. Interval]
-------------+----------------------------------------------------------------
  mothereduc |    .157597   .0358941     4.39   0.000      .087044    .2281501
  fathereduc |   .1895484   .0337565     5.62   0.000     .1231971    .2558997
       exper |   .0452254   .0402507     1.12   0.262    -.0338909    .1243417
    exper_sq |  -.0010091   .0012033    -0.84   0.402    -.0033744    .0013562
       _cons |    9.10264   .4265614    21.34   0.000     8.264196    9.941084
------------------------------------------------------------------------------
```

위 추정결과에 따르면 엄마 혹은 아빠의 교육 연수가 많을수록 해당 노동자의 교육 연수도 길어지는 경향이 있음을 확인할 수 있다.

이번에는 이 2개의 도구변수에 기초하여 교육의 수익률을 다시 추정해보자.

```
. ivregress 2sls lwage (educ = mothereduc fathereduc ) exper exper_sq

Instrumental variables (2SLS) regression          Number of obs   =        428
                                                  Wald chi2(3)    =      24.65
                                                  Prob > chi2     =     0.0000
                                                  R-squared       =     0.1357
                                                  Root MSE        =     .67155

------------------------------------------------------------------------------
       lwage |      Coef.   Std. Err.      z    P>|z|     [95% Conf. Interval]
-------------+----------------------------------------------------------------
        educ |   .0613966   .0312895     1.96   0.050     .0000704    .1227228
       exper |   .0441704   .0133696     3.30   0.001     .0179665    .0703742
    exper_sq |   -.000899   .0003998    -2.25   0.025    -.0016826   -.0001154
       _cons |   .0481003    .398453     0.12   0.904    -.7328532    .8290538
------------------------------------------------------------------------------
Instrumented:  educ
Instruments:   exper exper_sq mothereduc fathereduc
```

위 추정결과에 따르면 교육의 수익률은 6.13%로 OLS 추정치 보다 약 40% 작다. 즉 예상과 같이 OLS 추정치는 교육수익률을 과대추정하고 있었다.

5 내생성 검정

내생성의 문제가 있다고 의심되면 특정 변수가 내생성의 문제를 갖고 있는지 검정하고 싶어진다. 내생성이 있는 경우에 내생성에 대한 고려를 하지 않으면 불일치 추정량을 얻게 된다. 반대로 x가 외생변수일 때, 도구변수 추정인 2SLS 추정을 하게 되면 비효율적인 추정량을 얻게 된다. 이런 경우 2SLS 추정치의 표준오차는 때때로 매우 커지는 경향이 있다.

따라서, 경우에 따라 내생변수의 외생성, 다른 말로 외생변수의 내생성을 검정해 볼 필요가 있다(testing for endogeneity). 흔히 많이 사용되는 검정이 Hausman-test이다. Hausman(1978)의 아이디어는 간단하다. 만약 변수 y_2가 외생적이라고 하면, OLS 추정치도 일치 추정량이 되어야 한다. 관심변수가 외생적이라고 하면 OLS 추정치와 2SLS 추정치에 큰 차이가 발생하면 안 된다는 점에 착안한 것이다.

| Jerry Hausman

학부는 Brown 대학에서, 박사는 옥스포드(Nuttfield College) 대학에서 받았다. 현재는 MIT 대학 교수이자 유명한 계량경제학자이다. 1980년에는 Frisch 메달을, 1985년에 John Bates Clark 메달을 받았다. 다른 공헌도 많지만 Hausman-test로 잘 알려져있다.

Stata에서 내생성은 검정하기 위해서는 2SLS 추정 이후에 estat endogenous 명령어를 이용해서 검정해볼 수 있다. estat endogenous는 도구변수 추정에서 사용된 y_2 변수가 외생적인지를 검정하는 명령어이다. 2SLS 추정 후에는 조정이 안된 VCE를 사용한 경우, Durbin(1954), Wu-Hausman(Wu, 1974: Hausman, 1978) 통계량이 보고 된다. 조정이 된 VCE를 사용하는 경우(HAC), Wooldridge(1995)의 스코어 검정(score test)이 보고된다. 검정이 기각되는 경우, 해당 변수가 통계적으로 내생적임을 의미한다.

하지만 통계적 검정이 모든 것을 확정지어 주는 것은 아니다. 궁극적으로 특정 변수가 내생적인지 아닌지 판단하기 위해서 경제모형 혹은 설득력이 있는 스토리가 뒷받침되어야만 한다.

앞의 예제를 이용하여 내생성 검정을 해보자.

```
. estat endogenous

  Tests of endogeneity
  Ho: variables are exogenous

  Durbin (score) chi2(1)          =  2.80707  (p = 0.0938)
  Wu-Hausman F(1,423)             =  2.79259  (p = 0.0954)
```

Hausman 검정 결과는 약 10% 유의수준에서 내생성이 없다는 귀무가설을 기각할 수 있음을 보여주고 있다.

2개의 도구변수가 너무 과도한 것은 아닌지를 검정하는 과식별(overidentification) 검정은 도구변수 추정 후에 다음과 같은 명령어로 쉽게 할 수 있다.

```
. estat overid

  Tests of overidentifying restrictions:

  Sargan (score) chi2(1) =  .378071  (p = 0.5386)
  Basmann chi2(1)        =  .373985  (p = 0.5408)
```

검정결과는 overidentification이 아니라는 귀무가설을 기각할 수 없었다. 즉 통계적으로 도구변수들은 적절한 것으로 볼 수 있다.

CHAPTER 07 EXERCISES

01 card1995.dta를 불러오자. 교육수익률을 추정하기 위해 다음과 같은 모형을 추정해보자. $lwage76_i = \alpha + \beta ed76_i + \theta_1 exp76_i + \theta_2 exp76_i^2 + x_i\gamma + u_i$. 여기서 $exp76_i$는 경력연수로 연령에서 (6+교육연수)를 뺀 값으로 생성하자. x_i는 흑인여부, IQ, 대도시지역 여부 $(smsa76r)$, 지역더미$(reg661,...reg669)$ 등을 포함시키자.

02 교육연수가 내생변수이고, 2년제 및 4년제 대학에 대한 근접성($ne\ \ arc2_i$, $nearc4_i$)을 도구변수로 활용하고자 한다. 위에서 추정한 기본 모형을 토대로 이 도구변수의 적절성(relevance)을 검정해보시오.

03 2년제 및 4년제 대학에 대한 근접성을 도구변수로 활용하여 추가적인 교육에 따른 수익률을 추정하고, 이를 OLS 추정치와 비교해보시오.

04 교육연수 뿐 아니라 경력연수도 내생적이라고 가정하자. 경력연수의 도구변수로 연령을 활용하여, 2SLS 추정치를 구해보시오.

CHAPTER 08

경제분석을 위한 STATA 17 4th edition

이항선택모형

1 이산반응모형(discrete response model)이란?

변수는 크게 연속변수(continuous variable)와 이산변수(discrete variable)로 나누어볼 수 있다. 지금까지 소개한 회귀분석은 종속변수가 연속이라는 가정에 기초한 분석이었다. 하지만 종속변수가 이산인 경우도 적지 않다. 의료시설 이용 정도를 파악하기 위해 병원에 몇 번 다녀왔는지를 종속변수로 사용하는 경우가 이산변수에 기초한 분석의 좋은 사례이다. 병원 방문 횟수는 0, 1, 2, ⋯, n과 같은 형태를 갖는데, 종속변수가 연속 확률변수에 기초한 모형이 적절하지 않은 경우가 간혹 발생한다. 다른 예로, 종속변수가 중소기업의 정책자금 수혜 여부라면, 이 변수는 0 또는 1의 값만 갖는 이항변수(binary variable)로서 이산변수에 해당한다. 저소득 가구의 국민기초생활보장제도 수급 여부가 종속변수인 경우도 유사하다.

이산변수 중에서 수치 자체가 의미를 갖지 않는 경우도 있다. 이를테면 여러 교통수단을 나타내는 변수가 그러하다. 운임과 소요시간이 교통수단의 선택에 미치는 효과를 분석한다고 해보자. 예컨대 종속변수가 1이면 지하철, 2이면 버스, 3이면 택시라고 하자. 이 이산변수의 특징은 숫자가 서로 구분되는 범주를 나타낼 뿐 그 자체로는 의미가 없다는 점이다. 가령 버스가 1, 택시는 2, 지하철은 3이라고 해도 분석 결과가 달라져서는 안된다.

종속변수가 이산인 이산반응모형(discrete response model)에서 가장 중요한 포인트는 여러 대안 가운데서의 개인의 선택이 경제 주체가 최적화 과정을 통해 고른 최선의 대안이고, 선택가능한 대안의 유한성(finiteness)으로 인해 구석해(corner solution)를 갖게 된 것이라는 점이다. 선택변수가 연속변수인 최적화 문제의 해는 1계 필요조건(1st order necessary condition)인 오일러 방정식을 통해 결정된다. 이 오일러 방정식을 GMM을 통해 추정할 수 있다. 하지만 선택변수가 이산변수인 경우에는 구석해를 갖게 되고 최적화 조건은 등식이 아닌 부등식으로 주어져, 오일러 방정식을 이용한 추정이 불가능해진다. 따라서 애초에 부등식 조건을 염두에 둔 모형이 필요하다.

8장과 9장에서는 이산반응모형을 크게 다음과 같은 몇 가지로 분류하여 Stata를 이용한 추정법을 설명해보자.

- 이항선택모형(binary choice model): LPM, logit, probit
- 이항선택모형 + 연속모형 : tobit, heckit
- 다항선택모형(multinomial choice model): mlogit, clogit, asclogit
- 카운트모형(count model): poisson, nbreg

가장 흔히 접할 수 있는 이항선택모형(binary choice model)은 종속변수의 가능한 결과가 2개로 구성된 모형을 의미한다. 예를 들어 일을 했는지 하지 않았는지, 정책지원을 받았는지 받지 않았는지 등의 반응이 이항변수에 속한다. 이항선택모형 + 연속모형은 내구재 소비도 좋은 예이다. 가구를 살 것인지 말 것인지 결정하고, 산다면 몇 개를 살 것인지를 결정하는 경우이다. 따라서 관측치에서는 무시하지 못할 규모의 0이 등장하게 된다. 다항선택모형은 자동차 브랜드 선택을 예를 들 수 있다. 소나타를 살 것인지, 그랜저를 살 것인지, 아니면 외제차인 BMW나 벤츠를 구입할 것인지 등 여러 대안들 중 하나를 골라야 하는 문제가 이에 속한다. 카운트모형은 특정 사건이 일어나는 횟수를 모형화한다. 병원 방문 회수, 출생 자녀 수 등을 설명하는 모형이 대표적이다.

2 이항선택모형(binary choice model)

선택의 대안이 둘 중 하나인 이항선택의 상황은 대단히 많다. 경제활동참가 여부, 출산 여부, 기업 재무성과의 개선 여부, 아동 발달 지표의 개선 여부 등이 이에 해당한다. 두 가지 대안을 수치화할 때 연구자들은 보통 주된 관심을 가진 대안을 1(성공), 다른 대안을 0(실패)으로 설정한다.

이항선택모형의 기본은 개인, 기업 등 의사결정 주체가 연구자의 관심 대안을 선택할 확률을 모형화하는 것이다. 이를 수식으로 표현하면 식(1)과 같다.

(1) $\Pr(y=1|x)=p(x)$

식(1)의 이항선택모형은 반응확률이 벡터 x에 의해 결정된다는 점을 보여준다. 일반적으로 이항선택모형을 활용하는 주된 목적은 특정 공변량이 반응확률에 미치는 한계효과(marginal effect)를 구하는 것이다. 공변량 x_k가 연속변수일 경우, 이 변수의 한계효과는 $\dfrac{\partial p(x)}{\partial x_k}$로 쓸 수 있다. 결국 특정 변수 x_k가 반응확률에 미치는 한계효과는 x_k뿐 아니라 모든 x에 의존한다는 점은 기억해두자.

가) 선형확률모형(linear probability model, LPM)

식 (1)에서 함수 p에 대한 가정에 따라 선형확률모형, 로짓 모형, 프로빗 모형 등으로 구분해볼 수 있다. 선형확률모형은 식(1)의 선택 확률이 설명변수의 계수 β에 대해서 선형함수의 형태를 가정하고 있다.

(2) $\Pr(y=1|x)=E[y|x]=\beta_0+\beta_1 x$

선형확률모형의 장점은 선형회귀분석을 이용해서 추정이 가능하다는 점이다. 이는 뒤에서 살펴볼 비선형 모형과 비교할 때, 몇 가지 측면에서 정책효과 분석에 특히 유용하다. 우선 패널자료가 있을 때, 고정효과 모형을 비교적 쉽게 추정할 수 있다. 선형모형이 아닌 경우에는 고정효과를 추정하는데 기술적인 어려움이 많다. 또한 정책평가에 널리 활용되는 이중차분법이 선형회귀모형을 가정하므로, 종속변수가 이항이면 이중차분법을 선형확률모형으로 구현할 수 있다. 특히 이중차분법을 활용한 분석에서 집단특수한 시간추세(group-specific time trends)를 적용하기 용이하다. 무엇보다 계수 추정치로부터 평균한계효과를 계산하기 쉽고, 그 평균한계효과는 평균처치효과(ATE)에 가깝다.

과거에는 일반적으로 표본 크기가 작았기 때문에 특정 분포를 가정하는 비선형 모형을 통해 얻는 효율 증대의 편익이 컸지만, 요즘과 같이 표본 수가 수천개에 이르는 조사자료 혹은 수백만에 이르는 행정자료를 사용하는 경우에는 추정의 효율성은 큰 문제가 되지 않는다. 표본 크기가 클 때 비선형 모형을 최우추정법으로 추정하면, 오히려 최적화 문제를 푸는데 상당한 시간이 소요된다는 단점이 있다.

선형확률모형의 분명한 한계는 추정된 확률값이 공변량에 따라 0보다 작거나 1보다 큰 경우가 발생할 수 있다는 점이다. 공변량에 연속변수가 많이 포함되어 있을수록 더욱 그러하다. 물론 이는 단위구간 [0,1]에 속한다는 확률의 정의에 반한다. 한계효과의 평균값을 얻는 것이 목표라면 이 점이 크게 문제되지 않는다. 그러나 특정 공변량에 따른 확률 예측치를 얻는 것이 목표라면 로짓 혹은 프로빗을 활용하는 것이 좋다.

선형확률모형은 Stata의 regress를 이용하여 추정하면 된다. 한 가지 주의해야 할 점은, 선형확률모형의 분산이 모형의 구조상 이분산성(heteroskedasticity)을 가진다는 사실이다. 따라서 regress 명령어의 옵션에 vce(robust)를 반드시 넣어야만 바른 표준오차를 얻을 수 있다.

나) 로짓과 프로빗 (Logit and Probit)

이항선택모형을 아래와 같이 써보자.

(3) $$\Pr(y=1|x)=G(x'b)$$
$$0<G(u)<1$$

이러한 모형을 지표모형(index model)이라 부르는데, 공변량 x가 단일지표 $x'b$를 통해 확률에 영향을 주게 되어 있다. 지표를 확률에 매핑하는 함수 $G(\cdot)$에 대한 가정에 따라 로짓모형과 프로빗 모형으로 구분한다. $G(\cdot)$가 로지스틱 함수(logistic function)인 경우 로짓 모형이라고 부른다. 로지스틱 함수는 다음과 같은 형태를 가지고 있다.

(4) $$G(u) = \frac{\exp(u)}{(1+\exp(u))} = \frac{1}{1+\exp(-u)}$$

그리고 로지스틱 함수의 모형은 [그림 8.1]과 같이 생겼다. 당연히 0과 1 사이에 있고, u에 대해서는 단조증가함수이다.

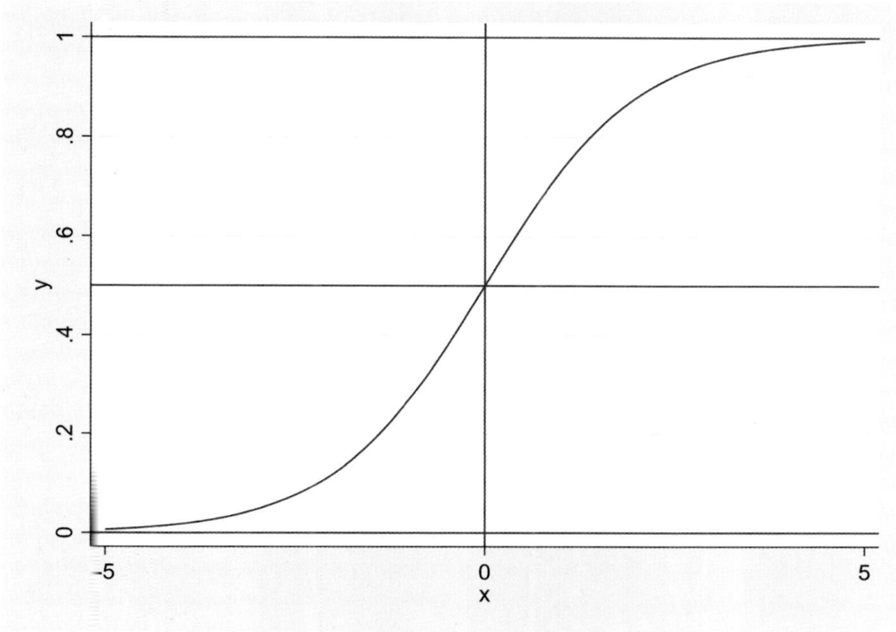

그림 8.1 **로지스틱 함수**

▎로지스틱 함수(logistic function)

로지스틱 함수 혹은 곡선은 S자 곡선을 대표하는 함수이다. 1840년대 피에르 프랑소와 베르울스트(Pierre François Verhulst)가 인구 증가를 묘사하기 위한 곡선으로 사용하였다. 인구가 초기에 서서히 늘어나다가 기하학적으로 빠르게 증가한 뒤 인구 규모가 일정한 수준에 머물면 성장을 멈추는 모습을 보여준다.

한편, G(·)가 표준정규분포(standard normal distribution)의 누적분포함수(cdf)를 따르는 경우, 프로빗모형이라고 한다. 표준정규분포의 누적분포함수와 밀도함수는 각각 아래와 같다.

(5)
$$G(u) = \Phi(u) \equiv \int_{-\infty}^{u} \phi(z)dz$$
$$\phi(z) = \frac{1}{\sqrt{2\pi}} \exp(-\frac{z^2}{2})$$

로짓모형과 프로빗모형 모두, u가 커질수록($u \rightarrow \infty$) $G(u)$는 1에 가까워지고 ($G(u) \rightarrow 1$), u가 작아질수록($u \rightarrow -\infty$) $G(u)$는 0에 가까워진다($G(u) \rightarrow 0$)는 특성을 가진다.

이항 모형에 대한 위와 같은 이해는 통계학적 접근이다. 이러한 접근법은 경제학적으로 보았을 때 큰 도움이 되지는 않는다. 경제학적 이해와 맥을 같이 하는 접근법은 잠재변수모형(latent variable model)이다. 잠재변수모형을 이용하면 경제주체의 최적화 과정을 고려할 수 있다.

각 선택에 따른 목적함수(효용함수 혹은 이윤함수)가 존재한다. 하지만 이 목적함수의 수준은 직접 관측되지 않는다. 즉 잠재변수이다. 경제주체는 이 잠재변수가 특정 수준을 넘어설 때 특정 대안을 선택하게 되는 것이다.

예컨대 잠재변수 y^*가 아래와 같이 결정되고, y^*가 0보다 큰 경우 경제주체는 1을 선택하게 된다고 해보자. 그리고 선택결과인 y가 관측된다고 해보자.

(6)
$$y^* = \beta_0 + x\beta - e$$
$$y = 1\{y^* \geq 0\}$$

1{A}는 A가 참이면 1, 아니면 0을 갖는 지표함수

관측된 결정 중 y = 1일 확률을 구해보면 다음과 같다.

(7)
$$\begin{aligned} \Pr(y=1|x) &= \Pr(y^* \geq 0|x) \\ &= \Pr(\beta_0 + x\beta \geq e|x) \\ &= G(\beta_0 + x\beta) \end{aligned}$$

여기에서 e가 1종 극한분포(type-I extreme value distribution)을 따르면 로짓 모형이, 표준정규분포를 따르면 프로빗 모형이 도출되는 것이다.

로짓, 프로빗 모형의 추정은 최우추정법을 이용하여 추정하면 된다. 즉 다음의 우도함수를 로그를 취한 후 합하여 모수에 대하여 극대화 시키면 된다.

(8) $$f(y|x;\beta) = [G(x\beta)]^y [1-G(x\beta)]^{1-y}$$
$$y = 0, 1$$

Stata에서 로짓 모형 추정은 logit 명령어를 통해서 실행 가능하다. 프로빗모형 추정은 probit 명령어를 통해서 실행 가능하다. logit, probit 구문은 다음과 같다.

```
• logit depvar [indepvars] [if] [in] [weight] [, options]
• probit depvar [indepvars] [if] [in] [weight] [, options]
```

예컨대 여성의 학력이 경제활동참가 확률에 얼마나 영향을 주는지 알고 싶을 때 로짓모형이나 프로빗모형을 이용할 수 있다.

몇 가지 이항선택모형을 이용하여, 여성의 학력이 경제활동 참가 확률에 미치는 요인을 추정해보자. 여성의 경제활동에 관한 women_work.dta 자료를 읽어 들이자.

```
. use women_work, clear
```

우선 tab을 이용하여 여성의 경제활동참가 분포를 살펴보자. 표본의 약 67%가 경제활동참가를 하고 있는 반면에 33%는 경제활동참가를 하고 있지 않다.

```
. tab participation

participati
         on |      Freq.     Percent        Cum.
------------+-----------------------------------
          0 |        657       32.85       32.85
          1 |      1,343       67.15      100.00
------------+-----------------------------------
      Total |      2,000      100.00
```

이론적으로 어떤 여성들이 경제활동에 참가했을지에 대해 생각해보자. 경제활동 참여를 고려하는 여성은 자신이 생각하는 유보임금(w^*)과 시장임금(w)을 비교한다. 시장임금이 유보임금보다 크면 경제활동에 참가하고 작으면 노동시장에 나오지 않는다.

(9) $\qquad w^* \leq w$

유보임금과 시장임금을 설명하는 변수로서는 연령, 교육, 결혼, 자녀 수 등이 있다고 해보자. 그러면 아래와 같은 축약형 모형으로 경제활동참가 여부를 설명하는 모형을 추정할 수 있다.

먼저 LPM을 추정해보자. 추정 결과를 살펴보면, 여성의 나이가 많을수록, 교육수준이 높을수록, 기혼 여성일수록, 자녀 수가 많을수록 경제활동에 참가할 가능성이 높다.

```
. reg participation age education married children , vce(robust)

Linear regression                               Number of obs     =      2,000
                                                F(4, 1995)        =     192.58
                                                Prob > F          =     0.0000
                                                R-squared         =     0.2026
                                                Root MSE          =     .41992

------------------------------------------------------------------------------
             |               Robust
participat~n |      Coef.   Std. Err.      t    P>|t|     [95% Conf. Interval]
-------------+----------------------------------------------------------------
         age |   .0102552   .0012236     8.38   0.000     .0078556    .0126548
   education |   .0186011   .0033006     5.64   0.000     .0121282     .025074
     married |   .1111116   .0226719     4.90   0.000     .0666485    .1555748
    children |   .1153084   .0056978    20.24   0.000     .1041342    .1264827
       _cons |  -.2073227   .0534581    -3.88   0.000    -.3121622   -.1024832
------------------------------------------------------------------------------
```

predict를 이용하면 개인별 경제활동 참가 확률의 예측치를 얻을 수 있다.

```
. predict probit_lpm, xb
```

이를 산포도로 나타내면 [그림 8.2]와 같다. LPM의 한계에 대해 논의한 바와 같이, 확률 예측치가 1보다 크거나 0보다 작은 경우가 관측됨을 볼 수 있다.

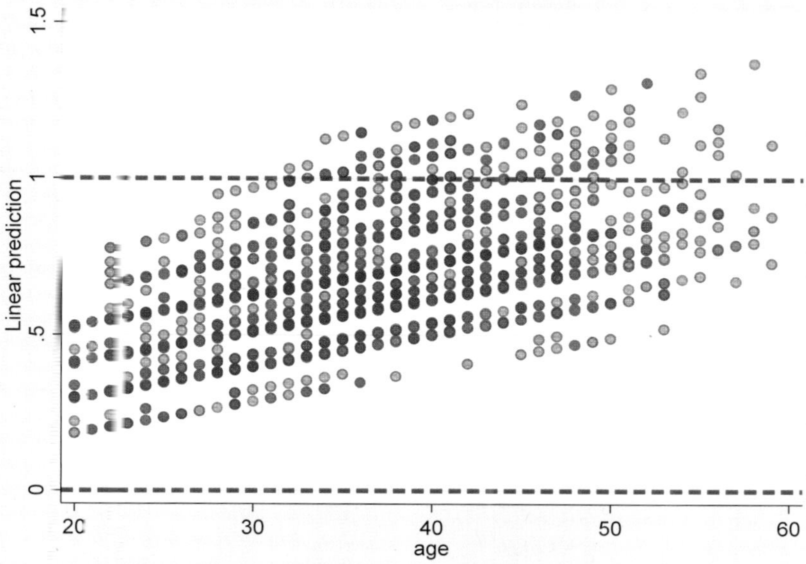

그림 8.2 LPM의 확률 예측

이번에는 로짓 모형을 추정해보자. 로짓 모형의 계수 추정치는 LPM과 차이가 큼을 볼 수 있다.

```
. logit participation age education married children

Iteration 0:   log likelihood = -1266.2225
Iteration 1:   log likelihood = -1040.6658
Iteration 2:   log likelihood = -1027.9567
Iteration 3:   log likelihood = -1027.9145
Iteration 4:   log likelihood = -1027.9144

Logistic regression                             Number of obs     =      2,000
                                                LR chi2(4)        =     476.62
                                                Prob > chi2       =     0.0000
Log likelihood = -1027.9144                     Pseudo R2         =     0.1882

------------------------------------------------------------------------------
participation |      Coef.   Std. Err.      z    P>|z|     [95% Conf. Interval]
-------------+----------------------------------------------------------------
          age |   .0579303     .007221     8.02   0.000     .0437773    .0720833
    education |   .0982513    .0186522     5.27   0.000     .0616936     .134809
      married |   .7417775    .1264705     5.87   0.000     .4938998    .9896552
     children |   .7644882    .0515289    14.84   0.000     .6634935     .865483
        _cons |  -4.159247    .3320401   -12.53   0.000    -4.810034   -3.508461
------------------------------------------------------------------------------
```

LPM의 경우 특정 변수의 계수 추정치가 곧 이 변수가 반응 확률에 미치는 한계효과를 나타낸다. 하지만 로짓 모형의 경우는 계수 추정치에 공변량에 의존하는 스케일 팩터를 곱해주어야 한계효과를 얻을 수 있다. 로짓 모형을 추정할 경우 연구자는 일반적으로 계수 추정치가 아닌 한계효과 추정치를 보고한다(비선형 모형의 한계효과에 대해서는 Box 참조).

margins를 통해 특정 변수가 반응확률에 미치는 평균한계효과(average marginal effect; AME)를 추정해보자. 로짓모형 또는 프로빗모형의 평균한계효과를 얻기 위해서는 명령어 margins, dydx를 사용하면 된다. 이렇게 얻은 한계효과를 LPM의 계수와 비교해보면, 크기가 유사함을 확인할 수 있다. 예컨대 연령은 0.0099로서 선형확률모형의 계수인 0.10과 대체로 유사하다.

```
. margins, dydx(_all)

Average marginal effects                        Number of obs     =      2,000
Model VCE      : OIM

Expression     : Pr(participation), predict()
dy/dx w.r.t.  : age education married children

------------------------------------------------------------------------------
             |            Delta-method
             |      dy/dx   Std. Err.      z    P>|z|     [95% Conf. Interval]
-------------+----------------------------------------------------------------
         age |   .0099674   .0011682     8.53   0.000     .0076778    .0122569
   education |   .0169049   .0031243     5.41   0.000     .0107814    .0230285
     married |    .127629    .021152     6.03   0.000     .0861717    .1690862
    children |   .1315365    .007073    18.60   0.000     .1176736    .1453994
------------------------------------------------------------------------------
```

▎이항선택모형의 한계효과(marginal effect)

일반적인 이항선택모형의 한계효과는 선형회귀모형에서와 달리 공변량에 의존한다. 식 (3)을 활용하여 한계효과를 표현하면, $\frac{\partial p(x)}{\partial x_k} = G'(x\beta)\beta_k$이다. $G' > 0$이므로 x_k의 한계효과의 부호는 β_k의 부호와 동일하지만, 한계효과는 또한 $G'(x\beta)$에도 의존한다. LPM은 예외적인데, $G(u) = u, G'(u) = 1$이므로 한계효과는 계수추정치와 일치한다.

반면 로짓, 프로빗과 같은 비선형 모형의 경우 한계효과는 x의 함수이다. 이 때에는 특정한 x

에서 평가한 한계효과를 구하거나, 개별 한계효과의 평균값을 구한다. 전자의 특수한 경우로서 변수 각각의 평균치에서 평가한 한계효과를 MEM(marginal effect at the mean)이라고 한다. 후자는 AME(average marginal effect) 즉 평균한계효과라고 하고 명령어 margins 옵션의 기본값(default option)이다.

MEM은 해석하기 곤란한 경우가 많다. 공변량에 성별더미가 포함되어 있다고 하자. 이 변수의 평균은 0과 1 사이가 될텐데, 이 숫자는 남성도 여성도 아니다. 혹은 공변량에 로그화된 소득이 포함되어 있다고 하자. 로그소득의 평균보다 평균소득의 로그값에서 평가하는 것이 더 적절할 수 있다.

반면 AME는 이러한 문제가 없고, 정책더미의 한계효과를 평가할 때, 평균처치효과(ATE)로 해석할 수 있다. 참고로 LPM의 계수추정치는 MEM보다 AME에 가깝다.

margins를 이용한 다음에는 marginsplot을 이용할 수 있다. marginsplot을 이용하면 한계효과가 얼마나 되는지를 쉽게 살펴볼 수 있다.

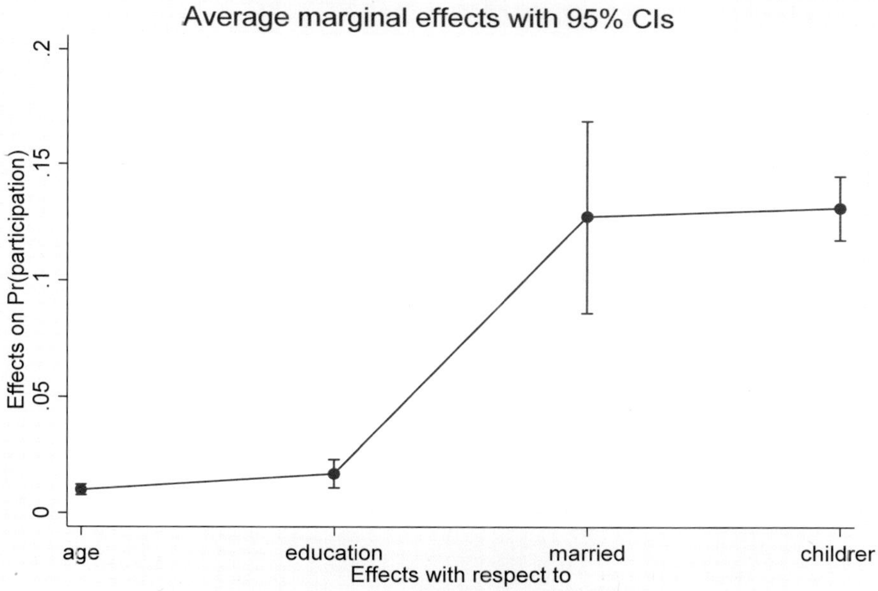

그림 8.3 logit 모형 이후에 marginsplot

그리고 predict를 이용해서 예측확률을 계산하고 이를 그려보면, 확률 예측치가 0과 1사이에 들어 있음을 확인할 수 있다.

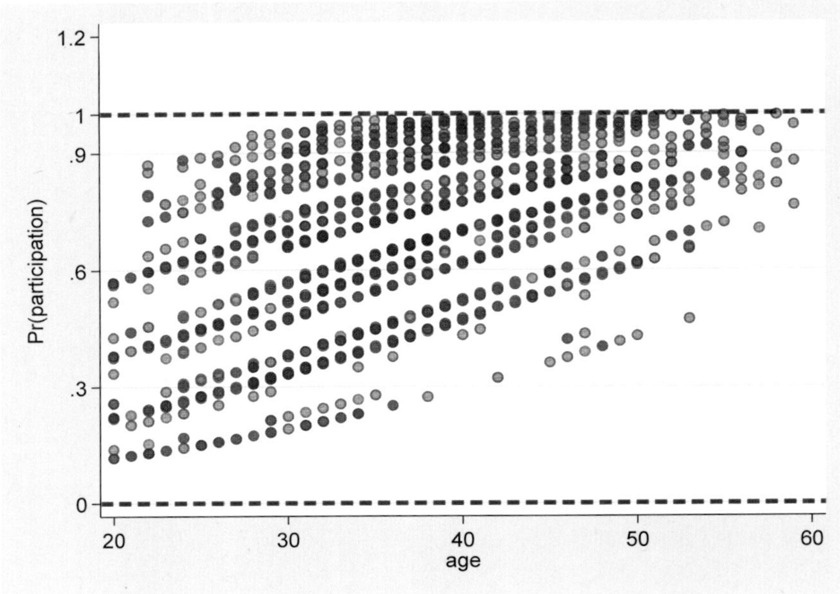

그림 8.4 로짓-모형의 확률 예측

이번에는 프로빗 모형으로 추정해보자. 추정결과를 로짓모형 계수추정치와 비교해 보면, 크기에 있어 미세한 차이가 있을 뿐, 질적으로나 양적으로나 거의 유사하다.

```
. probit participation age education married children

Iteration 0:   log likelihood = -1266.2225
Iteration 1:   log likelihood = -1031.4962
Iteration 2:   log likelihood = -1027.0625
Iteration 3:   log likelihood = -1027.0616
Iteration 4:   log likelihood = -1027.0616

Probit regression                               Number of obs     =      2,000
                                                LR chi2(4)        =     478.32
                                                Prob > chi2       =     0.0000
Log likelihood = -1027.0616                     Pseudo R2         =     0.1889

------------------------------------------------------------------------------
participation |      Coef.   Std. Err.      z    P>|z|     [95% Conf. Interval]
--------------+---------------------------------------------------------------
          age |   .0347211   .0042293     8.21   0.000     .0264318    .0430105
    education |   .0583645   .0109742     5.32   0.000     .0368555    .0798735
      married |   .4308575    .074208     5.81   0.000     .2854125    .5763025
     children |   .4473249   .0287417    15.56   0.000     .3909922    .5036576
        _cons |  -2.467365   .1925635   -12.81   0.000    -2.844782   -2.089948
------------------------------------------------------------------------------
```

평균한계효과의 추정방법은 로짓 모형의 경우와 별 차이가 없다.

```
. margins, dydx(_all)

Average marginal effects                        Number of obs     =      2,000
Model VCE    : OIM

Expression   : Pr(participation), predict()
dy/dx w.r.t. : age education married children

------------------------------------------------------------------------------
             |            Delta-method
             |      dy/dx   Std. Err.      z    P>|z|     [95% Conf. Interval]
-------------+----------------------------------------------------------------
         age |   .0100768   .0011647     8.65   0.000     .0077941    .0123595
   education |   .0169386   .0031183     5.43   0.000     .0108269    .0230504
     married |   .1250441   .0210541     5.94   0.000     .0837788    .1663094
    children |   .1298233   .0068418    18.98   0.000     .1164137    .1432329
------------------------------------------------------------------------------
```

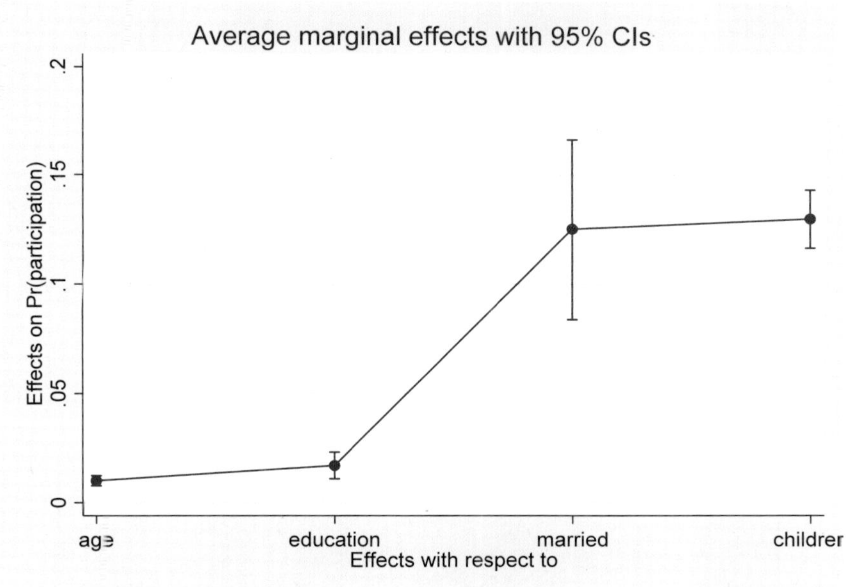

그림 8.5 프로빗-모형의 확률 예측

추정방법에 따른 계수 추정치의 차이를 비교해보자. outreg2를 이용하여 비교한 결과가 [표 8.1]에 요약되어 있다. 로짓 모형과 프로빗 모형은 추정치의 부호가 같고, 크기만 로짓 모형 추정치가 1.7배 정도 큰 것을 확인할 수 있다.

표 8.1 이항모형 추정방법간 계수추정치 비교

VARIABLES	LPM	LOGIT(A)	PROBIT(B)	A/B
age	0.0103***	0.0579***	0.0347***	1.668
	[0.00122]	[0.00722]	[0.00423]	
education	0.0186***	0.0983***	0.0584***	1.683
	[0.00330]	[0.0187]	[0.0110]	
married	0.111***	0.742***	0.431***	1.721
	[0.0227]	[0.126]	[0.0742]	
children	0.115***	0.764***	0.447***	1.709
	[0.00570]	[0.0515]	[0.0287]	
Constant	[0.0535]	−4.159***	−2.467***	1.685
	−0.207***	[0.332]	[0.193]	
Observations	2000	2000	2000	
R-squared	0.203			

Robust standard errors in brackets
*** p〈0.01, ** p〈0.05, * p〈0.1

3 토빗(tobit)모형 추정

종속변수 중에서 연속변수와 이항변수의 속성을 동시에 갖는 경우가 있다. 예컨대 내구재의 소비 혹은 담배소비의 경우 소비자가 양(+)의 소비를 하기도 하지만 상당수의 소비자들은 소비는 아예 하지 않아 0의 값을 갖게 되는 경우도 많다.

종속변수가 그러한 특성을 가진다 하더라도 특정 공변량이 종속변수의 기댓값에 미치는 한계효과를 추정하는 것이 목적이라면 단순 선형회귀모형을 OLS로 추정하면 그것으로 충분하다. 하지만 종속변수의 예측치가 중요할 경우에는 선형회귀모형은 LPM에서처럼 한계를 갖는다. 어떤 구간에서는 음(−)의 소비가 발생할 수 있기 때문이다. 혹은 동일한 변수가 담배소비 여부와 담배소비량에 미치는 효과가 각각 다를 수 있는데(한계효과가 비선형), 선형회귀모형으로 분석하면 소비 수요에 대한 이러한 정보를 놓칠 수 있다.

토빈(J. Tobin)은 이러한 한계를 극복하는 한 가지 방법을 제시하였다. 토빗모형을 단순화하면 식(10)와 같다. 잠재변수 y*가 있다. y*가 0보다 작은 경우에는 0이 관측되고, 0보다 큰 경우에만 온전한 소비가 관측되는 모형이다. 예컨대 내구재에 대한 선호가 있다고 해보자. 효용이 기준치(threshold)보다 작을 때에는 내구재를 구입하지 않다가, 효용이 그 기준치를 넘어서면 비례적으로 소비량을 늘리는 경우이다.

(10)
$$y^* = \beta_0 + x\beta + u$$
$$y = \max\{y^*, 0\}$$
$$u|x \sim N(0, \sigma^2)$$

식(10)의 토빗모형은 분포에 대한 가정 하에 최우추정법(maximum likelihood estimation, MLE)을 사용하여 추정할 수 있다. 개별우도함수는 관측치가 y = 0인 경우에는 아래와 같이 분포함수의 형태로 주어진다.

(11)
$$\begin{aligned}\Pr(y=0|x) &= \Pr(y^* \le 0|x) \\ &= \Pr(u \le -x\beta|x) \\ &= \Pr\left(\frac{u}{\sigma} \le -\frac{x\beta}{\sigma}|x\right) \\ &= \Phi\left(-\frac{x\beta}{\sigma}\right) = 1 - \Phi\left(\frac{x\beta}{\sigma}\right)\end{aligned}$$

반면 y>0인 경우에는 아래와 같이 밀도함수의 형태로 주어진다.

(12)
$$\frac{1}{\sqrt{2\pi\sigma^2}}\exp\left(-\frac{(y-x\beta)^2}{2\sigma^2}\right) = \frac{1}{\sigma^2}\phi\left(\frac{(y-x\beta)}{\sigma^2}\right)$$

위의 두 경우를 합쳐서 쓰면, 개별 로그-우도함수는 아래와 같이 쓸 수 있다.

(13)
$$\mathcal{L}(\beta, \sigma) = 1\{y=0\}\log\left(1-\Phi\left(\frac{\mathrm{x}\beta}{\sigma}\right)\right) + 1\{y>0\}\log\left(\frac{1}{\sigma}\phi\left(\frac{\mathrm{y}-\mathrm{x}\beta}{\sigma}\right)\right)$$

위의 우도함수를 극대화시켜 주는 β, σ를 찾으면 최우추정치가 된다.

Stata에서 토빗모형을 추정하는 명령어는 tobit이고, 구문은 아래와 같다.

- `tobit depvar [indepvars] [if] [in] [weight], ll[(#)] ul[(#)] [options]`

여기에서 ll은 종속변수의 하한을, ul은 종속변수의 상한을 지칭한다. 예를 들어 보

자. 위 식(10)을 Stata의 tobit 명령어로 써보자. 아래와 같다.

```
. tobit y x, ll(0)
```

위의 문제는 일반적인 종속변수 y가 있고, y가 0에서 잘린 경우이다. 즉 종속변수의 하한이 0인 바톰코딩(bottom coding)의 경우이다.

일반적인 tobit 명령어는 바톰코딩(bottom coding) 외에도 탑코딩(top coding)과 같은 위쪽으로부터 절단하는 경우도 추정할 수 있다.[9]

바톰코딩(bottom coding)의 경우의 예를 들어보자. auto.dta 자료를 읽어 들이자.

```
.  use auto, clear
(1978 Automobile Data)
```

바톰코딩이 되지 않았을 때의 자동차 연비와 하중과의 관계는 아래와 같이 추정해 볼 수 있다. 먼저, 파운드로 되어 있는 자동차의 하중의 단위가 크기 때문에 1,000파운드 단위로 단위를 조정한 후에 회귀분석을 해보자.

```
.  reg mpg wgt

      Source |       SS           df       MS      Number of obs   =        74
-------------+----------------------------------   F(1, 72)        =    134.62
       Model |  1591.99024         1  1591.99024   Prob > F        =    0.0000
    Residual |  851.469221        72  11.8259614   R-squared       =    0.6515
-------------+----------------------------------   Adj R-squared   =    0.6467
       Total |  2443.45946        73  33.4720474   Root MSE        =    3.4389

------------------------------------------------------------------------------
         mpg |      Coef.   Std. Err.      t    P>|t|     [95% Conf. Interval]
-------------+----------------------------------------------------------------
         wgt |  -6.008687   .5178782   -11.60   0.000    -7.041058   -4.976316
       _cons |   39.44028   1.614003    24.44   0.000     36.22283    42.65774
------------------------------------------------------------------------------
```

그리고 이 관계를 추세선과 같이 산포도를 그려보자.

---

9 tobit과 유사하면서도 좀 더 일반적인 Stata 명령어는 intreg이다.

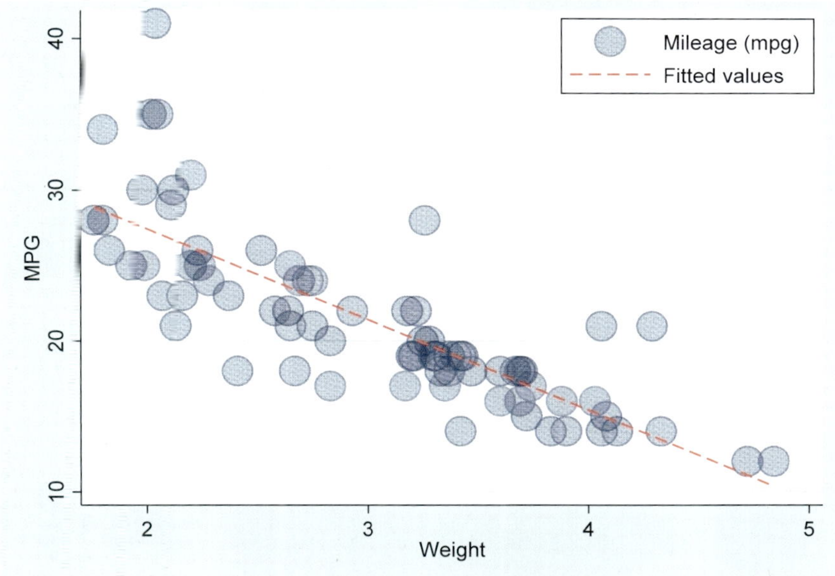

그림 8.6 하중 대비 연비 산포도

다음 아래는 특정값 이하가 관측이 안 된 경우에 바톰코딩이 되어 있다. 인위적으로 mpg가 17 이하의 값은 17로 기록되어 있다. 아래 그림의 실선과 같이 바톰코딩을 고려하지 않는 회귀분석을 했을 경우 회귀선과는 차이가 있는 추정을 할 가능성이 있다.

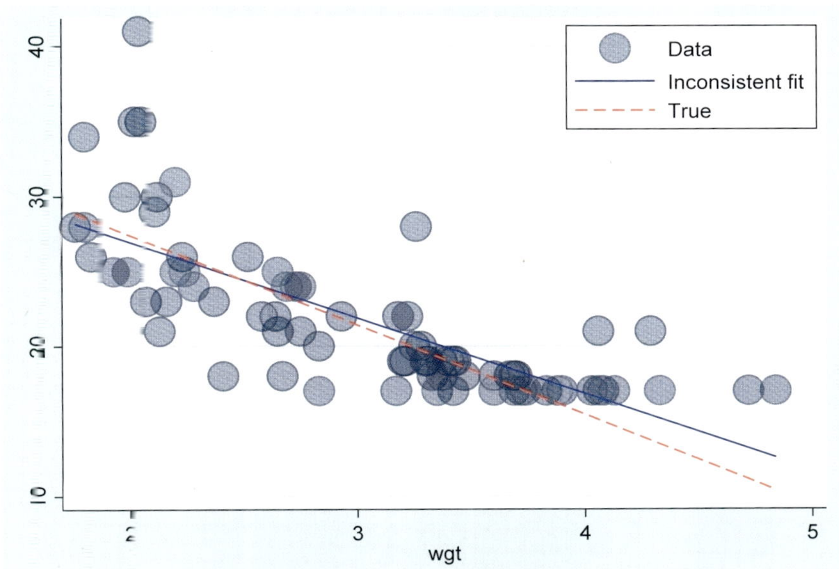

그림 8.7 바톰코딩을 고려하지 않았을 경우의 회귀선

바톰코딩을 고려하지 않고 단순 회귀분석을 이용하여 추정한 경우 다음과 같은 불일치 추정치가 추정된다. 원래 mpg의 계수가 −6.0 정도이었으나 바톰코딩을 한 후에는 −5.08로 추정되었다.

```
. replace mpg = 17 if mpg<17
(14 real changes made)
```

```
.  reg mpg wgt

      Source |       SS           df       MS      Number of obs   =        74
-------------+----------------------------------   F(1, 72)        =     95.06
       Model |  1138.32073         1  1138.32073   Prob > F        =    0.0000
    Residual |  862.219806        72  11.9752751   R-squared       =    0.5690
-------------+----------------------------------   Adj R-squared   =    0.5630
       Total |  2000.54054        73  27.4046649   Root MSE        =    3.4605

------------------------------------------------------------------------------
         mpg |      Coef.   Std. Err.      t    P>|t|     [95% Conf. Interval]
-------------+----------------------------------------------------------------
         wgt |  -5.080912   .5211373    -9.75   0.000     -6.11978   -4.042044
       _cons |   37.12539    1.62416    22.86   0.000     33.88769     40.3631
------------------------------------------------------------------------------
```

이번에는 tobit 모형으로 바톰코딩을 고려하여 추정해보자. tobit 모형으로 추정했을 경우 바톰코딩이 일어나지 않는 부분에서는 그 추정계수 차이가 감소하는 것으로 보인다.

```
.  tobit mpg wgt,  ll
Tobit regression                                Number of obs     =         74
                                                   Uncensored     =         56
Limits: lower = 17                                 Left-censored  =         18
        upper = +inf                               Right-censored =          0

                                                LR chi2(1)        =      72.85
                                                Prob > chi2       =     0.0000
Log likelihood = -164.25438                     Pseudo R2         =     0.1815

------------------------------------------------------------------------------
         mpg |      Coef.   Std. Err.      t    P>|t|     [95% Conf. Interval]
-------------+----------------------------------------------------------------
         wgt |   -6.87305    .700257    -9.82   0.000    -8.268661    -5.47744
       _cons |   41.49856   2.058384    20.16   0.000      37.3962    45.60091
-------------+----------------------------------------------------------------
  var(e.mpg)|   14.78942   2.817609                      10.11698    21.61977
------------------------------------------------------------------------------
```

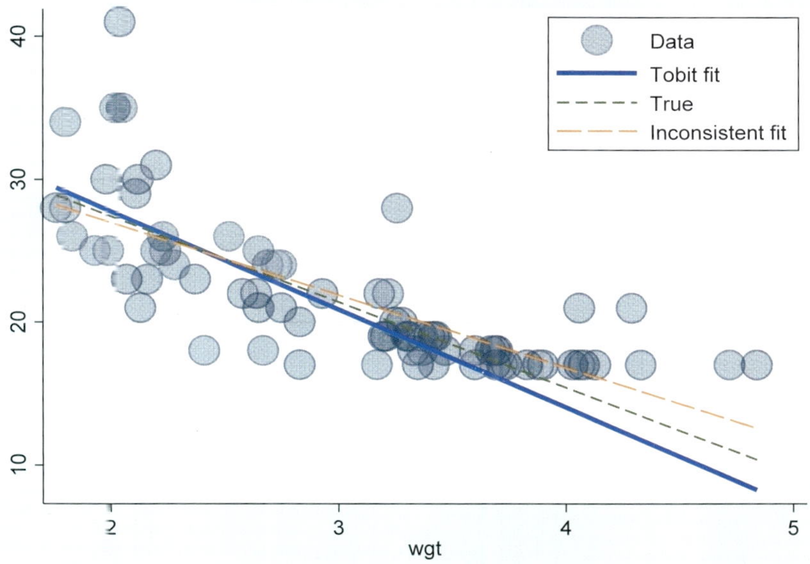

그림 8.8 tobit 모형 추정했을 경우의 회귀선

4 헤킷(heckit)모형 추정

대부분의 계량경제모형은 통계학의 결과들을 원용하고 있다. 적게는 10년 많게는 30~40년 정도 계량경제학이 통계학에 비해 뒤처져 있다고 보는 학자도 있다. 하지만 계량경제학 중에서 통계학에서 미진했던 부분을 계량경제학이 메운 연구도 있는데, 그 중 하나로 헥크만(J. Heckman)의 표본 혹은 자기선택(sample- or self-selection)모형을 들 수 있다.

기본적인 셋업은 앞의 토빗 모형과 유사하다. 하지만 근본적인 차이점이 존재한다. 토빗 모형은 종속변수가 0으로 관측될 뿐 다른 변수들은 이상 없이 관측되는 truncated distribution이다. 이에 반해 헤크만 모형은 일부 표본만 관측되어 변수의 값이 없는 censored distribution인 경우이다.

예컨대 여성의 노동공급(노동시간)이 임금에 어떤 영향을 받는지, 즉 여성의 노동공급함수를 추정해보자. 시장에서 노동공급을 하고 있는 여성은 노동시간과 임금이 관측되지만(변수들이 이상 없이 관측된다고 가정할 때), 전 시간 가사노동을 하고 있는 여성의 경우 노동시간은 0이고, 임금은 관측되지 않는다. 여성노동공급과 관련된 초기 연구에서는 이런 경우에 노동시간을 0으로 두고, 예측된 임금을 넣어서 노동공급함수를 추정하곤 했다. 하지만 이러한 방법이 틀린 것이라는 것은 곧 알려졌다.

다른 방법으로는 임금이 있는 사람들, 즉 노동시장에 참가한 사람들만 모아서 노동공급함수를 추정하는 방법이 있다. 문제는 노동시장에 참가한 사람들은 노동(혹은 여가)에 대해서 특별한 선호를 가진 사람들이라는 것이다. 이러한 사람들만 모아놓고 노동공급함수를 추정하면 일치추정량을 얻을 수 없다.

노동공급함수가 아래와 같다고 가정해보자.

$$(14)\quad \begin{aligned} &y = x\beta + u \\ &E(u|x) = 0 \end{aligned}$$

우리의 목적은 β를 편의 없이 추정하는 것이다. 그런데 우리가 모분포로부터 임의적으로 추출된 표본을 관측하는 것이 아니라, 자기선택 과정에 따라서 특정한 특성을 가진 경제주체를 관측하게 되는 경우가 발생한 것이다.

여성의 노동시장 참가 결정은 다음과 같은 모형에 의해서 정해진다고 해보자.

$$(15)\quad s = 1\{z\gamma + v \geq 0\}$$

즉, $z\gamma + v$가 0보다 큰 경우 경제주체가 관측되고(노동시장에 참가하고), 그렇지 않은 경우는 관측되지 않는(전일제 가사노동에 전념하게 되는) 경우이다.

헥크만의 모형에서는 통상적으로 z는 외생성 특히 제외제약 조건을 만족시킨다고 가정하자.

$$(16)\quad E(u|x, z) = 0$$

그리고 v의 경우 z와 독립이면서 표준정규분포를 따르고, u와는 이항정규분포를 갖는다고 가정하는 것이 보통이다.

$$(17)\quad \begin{pmatrix} v \\ u \end{pmatrix} \sim N\left(\begin{pmatrix} 0 \\ 0 \end{pmatrix}, \begin{pmatrix} 1 & \lambda \\ \lambda & \sigma^2 \end{pmatrix}\right)$$

u와 v가 양의 상관관계를 갖는 경우, v가 큰 경제주체가 자기선택할 가능성이 높아

지고, 덩달아 u도 커지기 때문에 y가 커질 가능성이 높다는 것이다. 따라서 y가 높은 것이 β의 공헌 때문이 아니라, u가 큰 값을 가지기 때문인 것이다. 이러한 표본선택의 영향을 고려해주지 않으면 β가 과대추정(overstate)될 가능성이 높다.

이를 다음과 같은 과정을 통해 살펴볼 수 있다. z와 v가 주어졌을 때, y의 조건부 기대값은 다음과 같다.

(18) $E(y|x,z,v)=x\beta+E(u|x,z,v)=x\beta+E(u|v)$

u와 v가 이항정규분포를 따르면, u의 조건부 기대값은 아래와 같다.

(19) $E(u|v)=\lambda v$

위의 관계를 이용하면 식(19)는 아래와 같이 다시 쓸 수 있다.

(20) $E(y|x,z,v)=x\beta+\lambda v$

식(20)은 v가 관측이 불가능하기 때문에 바로 사용할 수는 없다. 하지만 자기선택을 고려했을 때, 즉 s = 1인 경우의 회귀식을 분석할 때 매우 유용하다. 식(20)을 s = 1인 경우에 조건해보자.

(21) $E(y|x,z,s=1)=x\beta+\lambda E(v|x,z,s=1)$

그리고 다음의 결과를 생각해보자.

(22) $E[v|v>-x]=\Lambda(x)=\dfrac{\phi(x)}{\Phi(x)}$, the inverse of Mill's ratio

그러면 식(21)의 가지막항은 식(22)를 이용해 다음과 같이 쓸 수 있다.

(23) $E(v|x,z,s=1)=E(v|v\geq -z\gamma)=\Lambda(z\gamma)$

따라서 식(20)은 아래와 같이 도출된다.

(24) $E(y|x,z,s=1)=x\beta+\lambda\Lambda(z\gamma)$

위 식(24)가 가장 중요한 식이다. 표본선택 과정이 있었을 경우, 선형 항목 xβ 외에도 비선형 항목인 inverse Mill's ratio가 등장하게 된다는 점이 매우 중요하다. 이를 문헌에서는 통제함수(control function)라고 부르기도 한다.

식(24)의 문제는 우리가 γ를 모른다는 점이다. γ를 추정할 필요가 있다. 헥크만은 γ를 다음과 같은 프로빗모형을 이용하여 추정하였다.

$$(25) \qquad \Pr(s=1|z)=\Phi(z\gamma)$$

정리해보자. 통상적으로 Heckman의 모형은 다음과 같은 2단계 추정을 통해서 이루어진다.

- 1단계: 프로빗모형을 통해 γ 추정
- 2단계: inverse Mill's ratio를 대입하여 y를 x, $\Lambda(z\hat{\gamma})$에 대해서 회귀분석

위 모형을 추정하는 Stata 명령어는 heckman이다. heckman 명령어의 구문은 아래와 같다.

```
• heckman depvar [indepvars], select(depvar_s = varlist_s)
  [twostep]
```

heckit.dta를 이용하여 여성의 노동공급 함수, 임금이 여성의 노동시간에 미치는 효과를 추정해보자.

```
. use heckit, clear
```

가장 큰 난점은 임금은 노동공급을 한 여성의 임금만 관측된다는 점이다. 여성이 경제활동참가를 하게 되는 경우 즉, 해당 여성이 노동공급할 경우는 여성의 임금이 유보임금(reservation wage)보다 큰 경우이다.

먼저 tab을 이용해서 여성의 경제활동참가 현황을 살펴보자. 여성 중 경제활동참가를 하고 있는 비중은 약 67.2%이다.

```
. tab participation

participati |
         on |      Freq.     Percent        Cum.
------------+-----------------------------------
          0 |        657       32.85       32.85
          1 |      1,343       67.15      100.00
------------+-----------------------------------
      Total |      2,000      100.00
```

임금(로그-임금)이 기록되어 있는 여성에 대해서만 회귀분석 했을 경우, 교육의 수익률은 약 3.8%, 연령의 수익률은 0.6% 정도로 추정되었다.

```
. gen age_sq = age^2

. reg ln_wage education age age_sq

      Source |       SS           df       MS      Number of obs   =     1,343
-------------+----------------------------------   F(3, 1339)      =    136.05
       Model |  25.7348609         3  8.57828695   Prob > F        =    0.0000
    Residual |  84.4280526     1,339  .063053064   R-squared       =    0.2336
-------------+----------------------------------   Adj R-squared   =    0.2319
       Total |  110.162913     1,342  .082088609   Root MSE        =     .2511

------------------------------------------------------------------------------
     ln_wage |      Coef.   Std. Err.      t    P>|t|     [95% Conf. Interval]
-------------+----------------------------------------------------------------
   education |   .0395696   .0023159    17.09   0.000     .0350264    .0441127
         age |  -.0072311   .0064818    -1.12   0.265    -.0199467    .0054844
      age_sq |   .0001771   .0000837     2.12   0.035     .0000129    .0003413
       _cons |   2.602817    .120608    21.58   0.000     2.366216    2.839419
------------------------------------------------------------------------------
```

다음의 [그림 8.9]은 교육수준은 16년으로 고정했을 경우에 연령-(로그)임금 프로파일이다.

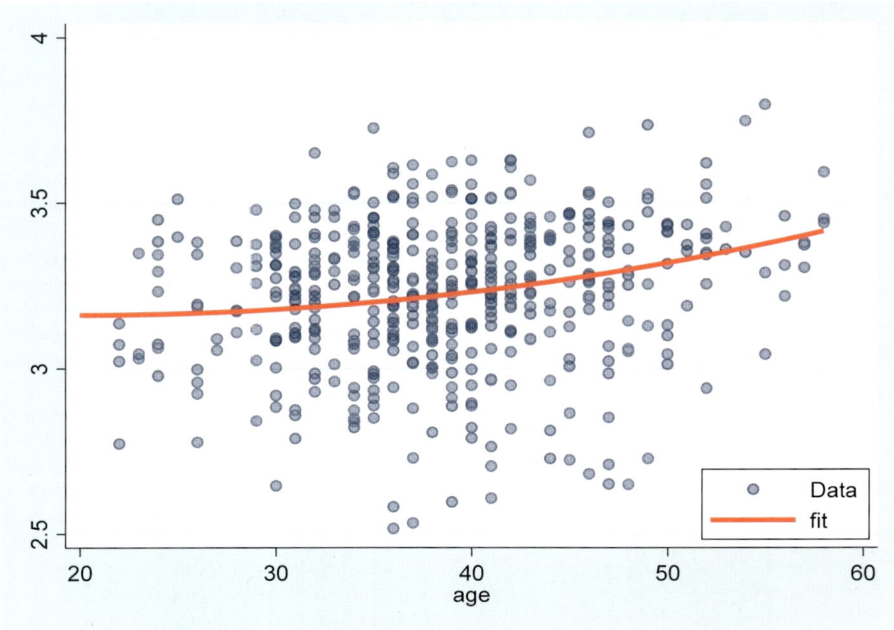

그림 8.9 OLS 추정(education = 16에서 평가)

이번에는 Heckman의 2단계 추정법으로 동일한 자료를 이용하여 임금방정식을 추정해보자. 표본선택 방정식에는 결혼여부, 자녀 수, 교육수준, 연령을 포함하였다. 교육의 수익률은 4.3%, 연령은 0.9% 정도로 추정되었다.[10]

```
. heckman ln_wage educ age age_sq, ///
> select(participation = married children educ age) twostep

Heckman selection model -- two-step estimates   Number of obs     =      2,000
(regression model with sample selection)              Selected    =      1,343
                                                      Nonselected =        657

                                                Wald chi2(3)      =     403.73
                                                Prob > chi2       =     0.0000
```

10 마지막으로 헥크만의 2단계 추정법에서 OLS를 통해서 구해진 표준오차를 사용하면 안 된다는 점에 유의하자.

	Coef.	Std. Err.	z	P>|z|	[95% Conf.	Interval]
ln_wage						
education	.0432891	.0024971	17.34	0.000	.0383949	.0481832
age	.0022189	.0065	0.34	0.733	-.0105209	.0149587
age_sq	.0000939	.0000831	1.13	0.259	-.000069	.0002568
_cons	2.238836	.130398	17.17	0.000	1.983261	2.494412
participation						
married	.4308575	.074208	5.81	0.000	.2854125	.5763025
children	.4473249	.0287417	15.56	0.000	.3909922	.5036576
education	.0583645	.0109742	5.32	0.000	.0368555	.0798735
age	.0347211	.0042293	8.21	0.000	.0264318	.0430105
_cons	-2.467365	.1925635	-12.81	0.000	-2.844782	-2.089948
/mills						
lambda	.1879019	.02823	6.66	0.000	.1325721	.2432317
rho	0.68381					
sigma	.27478727					

OLS 회귀선과 Heckman 회귀선을 동시에 그려보면, 차이가 존재함을 확인할 수 있다. OLS 회귀선은 다소 완만한데 비해, 표본선택을 고려한 회귀선은 약간 더 급한 기울기를 가지고 있다.

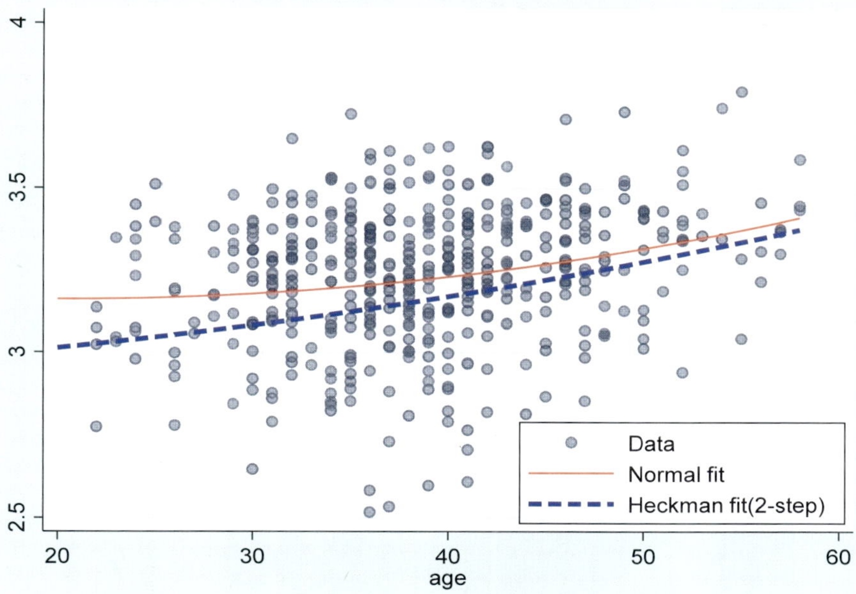

그림 8.10 Heckman 2-단계 추정 (education = 16에서 평가)

원래 최초의 선택모형(Heckman, 1974)은 최우추정법을 이용한 것이었다. 하지만 당시 컴퓨터 성능에서는 누구나 최우추정법을 할 수 있는 상황은 아니었다. 그래서 단순한 프로빗 모형과 회귀분석을 이용해서 추정할 수 있는 2단계 추정법이 개발된 것이다. 하지만 현재의 컴퓨터 능력은 최우추정법을 계산하는데 1초도 걸리지 않기 때문에 굳이 2단계 추정법을 고집할 이유가 없다. 이미 오차항의 분포에 대한 가정도 충분히 하였기 때문에 최우추정법을 이용하여 추정하면 좀 더 효율적인 추정량을 얻을 수 있다. 아래의 추정결과를 살펴보자.

```
. heckman ln_wage educ age age_sq, ///
> select(participation = married children educ age)

Iteration 0:   log likelihood = -1067.2327
Iteration 1:   log likelihood = -1056.1935
Iteration 2:   log likelihood =  -1055.945
Iteration 3:   log likelihood = -1055.9449

Heckman selection model                         Number of obs     =      2,000
(regression model with sample selection)              Selected    =      1,343
                                                      Nonselected =        657

                                                Wald chi2(3)      =     440.62
Log likelihood = -1055.945                      Prob > chi2       =     0.0000

------------------------------------------------------------------------------
             |      Coef.   Std. Err.      z    P>|z|     [95% Conf. Interval]
-------------+----------------------------------------------------------------
ln_wage      |
   education |   .0420766    .002391    17.60   0.000     .0373903    .0467628
         age |  -.0009738   .0064663    -0.15   0.880    -.0136475    .0116998
      age_sq |   .0001214   .0000832     1.46   0.145    -.0000417    .0002844
       _cons |    2.36323   .1239856    19.06   0.000     2.120222    2.606237
-------------+----------------------------------------------------------------
participation|
     married |   .4590881    .072164     6.36   0.000     .3176493    .6005269
    children |   .4698157    .028116    16.71   0.000     .4147094    .5249221
   education |   .0549079   .0109545     5.01   0.000     .0334375    .0763783
         age |   .0347547   .0042157     8.24   0.000     .0264921    .0430172
       _cons |  -2.478071   .1922243   -12.89   0.000    -2.854824   -2.101319
-------------+----------------------------------------------------------------
     /athrho |   .5110283   .0755421     6.76   0.000     .3629686    .6590881
    /lnsigma |   -1.34254   .0233182   -57.57   0.000    -1.388243   -1.296837
-------------+----------------------------------------------------------------
         rho |   .4707461   .0588018                      .3478262    .5777562
       sigma |   .2611815   .0060903                      .2495134    .2733952
      lambda |   .1229501   .0171499                       .089337    .1565632
------------------------------------------------------------------------------
LR test of indep. eqns. (rho = 0):   chi2(1) =    37.74   Prob > chi2 = 0.0000
```

2단계 추정치와 최우추정법을 이용한 추정치를 비교한 결과는 아래의 [그림 8.10]에 그려 놓았다.

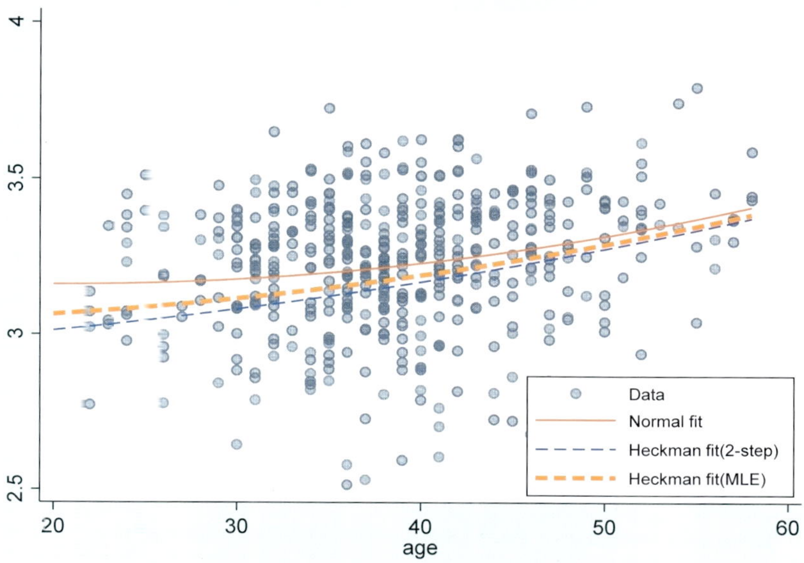

그림 8.11 Heckman의 MLE 추정결과(education = 16에서 평가)

5 패널 헤킷 모형

헤크만의 선택모형은 표본이 임의적으로 표집된 것이 아니라 특정한 룰에 의해서 표집된 경우에 적용할 수 있는 모형이다. 예를 들어, 여성노동자의 임금방정식을 추정하는 경우를 생각해보자. 일하는 여성의 경우 임금이 관측되지만, 일하지 않는 여성의 경우 임금이 관측되지 않는다. 여성이 일하는지의 여부는 임의로 결정되는 것이 아니라 해당 여성의 일정한 의사 결정에 따라 결정된다. 보통, 여성의 유보임금과 시장 임금을 비교하여 시장 임금이 유보임금보다 큰 경우에 경제활동을 참가하게 된다.

이러한 규칙을 모형화 하면 다음과 같다. 먼저 임금 방정식은 다음과 같다.

(26) $w_{i,t} = z_{i,t}\beta + v_{1i} + \varepsilon_{1i,t}$

동시에 아래의 규칙을 만족하는 경우에 여성은 경제활동참가를 하게 된다.

$$S_{i,t} = I\{z_{i,t}\gamma + v_{2i} + \varepsilon_{2i,t} \geq 0\} \quad (27)$$

여기에서 v_{1i}와 v_{2i}는 임의효과이다.[11]

위 모형은 횡단면 표본선택 모형과 유사하다. 먼저, $\varepsilon_{1i,t}$와 $\varepsilon_{2i,t}$는 통상적인 평균이 0인 이항정규분포를 따르게 되고 분산-공분산행렬은 다음과 같다고 가정한다.

$$\Sigma = \begin{bmatrix} \sigma_1^2 & \rho\sigma_1 \\ \rho\sigma_1 & 1 \end{bmatrix} \quad (28)$$

여기까지는 횡단면 표본선택모형과 동일하다. 추가적인 가정은 임의효과 v_1과 v_2 역시 이항정규분포를 따른다고 가정한다.

$$\Sigma_v = \begin{bmatrix} \sigma_{1v}^2 & \rho_v\sigma_{1v}\sigma_{2v} \\ \rho_v\sigma_{1v}\sigma_{2v} & \sigma_{2v}^2 \end{bmatrix} \quad (29)$$

먼저, wagework.dta를 불러들이고 어떤 변수들이 포함되어 있는지 확인해보자. 자료에는 연령, 개인 식별자, 조사연도, 경제활동참가여부, 노동시장 조건, 근속연수, 시간당 임금이 포함되어 있다.

```
. webuse wagework, clear
(Wages for 20 to 77 year olds, 2013-2016)

. des

Contains data from https://www.stata-press.com/data/r16/wagework.dta
  obs:         2,400                          Wages for 20 to 77 year olds,
                                                2013-2016
 vars:             7                          20 Dec 2018 10:29
--------------------------------------------------------------------------------
              storage   display    value
variable name   type    format     label      variable label
--------------------------------------------------------------------------------
age             byte    %9.0g                 Age in years
personid        int     %9.0g                 Person ID
year            int     %9.0g                 Year
market          float   %9.0g                 Labor-market condition
working         byte    %8.0g      yesno      Work status
tenure          byte    %9.0g                 Job tenure
wage            double  %10.0g                Hourly wage
--------------------------------------------------------------------------------
Sorted by: personid  year
```

11 고정효과를 추정하는 모형은 아직 Stata에 포함되어 있지 않다.

표본선택문제와 익의효과를 무시한 합동 OLS 모형을 추정해보자. 1,928명의 임금이 있는 노동자에 대하서 OLS 모형이 추정되었다.

```
. * Pooled OLS
. regress wage c.age##c.age tenure

      Source |       SS           df       MS      Number of obs   =     1,928
-------------+----------------------------------   F(3, 1924)      =   1464.66
       Model |  28507.867         3  9502.62232   Prob > F        =    0.0000
    Residual |  12482.8271    1,924  6.4879559   R-squared       =    0.6955
-------------+----------------------------------   Adj R-squared   =    0.6950
       Total |  40990.6941    1,927  21.2717665   Root MSE        =    2.5471

------------------------------------------------------------------------------
        wage |      Coef.   Std. Err.      t    P>|t|     [95% Conf. Interval]
-------------+----------------------------------------------------------------
         age |   .4781338   .0317255    15.07   0.000     .4159138    .5403537
             |
 c.age#c.age |  -.0031316   .0003505    -8.93   0.000    -.0038191   -.0024442
             |
      tenure |   .5950364   .0157831    37.70   0.000     .5640825    .6259902
       _cons |    7.81112   .6705132    11.65   0.000     6.496111    9.126129
------------------------------------------------------------------------------
```

위 추정치는 표본선택 편이가 존재할 수 있다. 헥크만의 표본선택 모형을 추정해보자. working 변수는 경제활동참가를 나타낸다. 현재 자료 상으로는 전체 표본 중 80%가 경제활동참가를 하고 있고, 20%는 경제활동참가를 하고 있지 않다. 20%를 제외하고 임금방정식을 추정할 경우 선택편의가 발생할 수 있다.

```
. tab working

Work status |      Freq.     Percent        Cum.
------------+-----------------------------------
         no |        472       19.67       19.67
        yes |      1,928       80.33      100.00
------------+-----------------------------------
      Total |      2,400      100.00
```

헥크만 모형은 heckman 명령어를 이용하면 된다. OLS와 동일한 임금 방정식에 옵션으로서 select()에 경제활동참가를 모형화 하여 집어 넣었다.

```
. heckman wage c.age##c.age tenure, select(working = c.age##c.age market)
```

추정결과는 다음과 같다. OLS 추정결과와는 다소 차이가 있고, ρ는 0과 통계적으로 유의할 정도로 달랐다. 즉, 임금이 높은 노동자가 경제활동을 할 가능성이 높은 것이다.

```
Heckman selection model                         Number of obs     =      2,400
(regression model with sample selection)              Selected    =      1,928
                                                      Nonselected =        472

                                                Wald chi2(3)      =    4304.14
Log likelihood = -5529.929                      Prob > chi2       =     0.0000

------------------------------------------------------------------------------
             |      Coef.   Std. Err.      z    P>|z|     [95% Conf. Interval]
-------------+----------------------------------------------------------------
wage         |
         age |   .5665689   .0475379    11.92   0.000     .4733964    .6597415
             |
 c.age#c.age |  -.0041759   .0005447    -7.67   0.000    -.0052434   -.0031084
             |
      tenure |    .597016   .0157613    37.88   0.000     .5661245    .6279075
       _cons |     5.7698   1.053985     5.47   0.000     3.704027    7.835574
-------------+----------------------------------------------------------------
working      |
         age |   .1957375   .0145363    13.47   0.000     .1672469    .2242282
             |
 c.age#c.age |  -.0022789   .0001554   -14.66   0.000    -.0025835   -.0019743
             |
      market |   .1650469   .0163872    10.07   0.000     .1329286    .1971652
       _cons |  -2.781523   .3102817    -8.96   0.000    -3.389664   -2.173382
-------------+----------------------------------------------------------------
     /athrho |   .4510759   .1891434     2.38   0.017     .0803617      .82179
    /lnsigma |   .9641662    .028602    33.71   0.000     .9081072    1.020225
-------------+----------------------------------------------------------------
         rho |    .422783   .1553348                      .0801892     .676043
       sigma |     2.6226   .0750116                      2.479625    2.773819
      lambda |   1.108791   .4339495                      .2582652    1.959316
------------------------------------------------------------------------------
LR test of indep. eqns. (rho = 0):   chi2(1) =     3.53   Prob > chi2 = 0.0602
```

이번에는 자료가 가지고 있는 패널구조를 이용하여 추가적으로 임의효과를 고려해 보자. 먼저, 패널자료임을 선언하자.

```
. xtset personid year
       panel variable:  personid (strongly balanced)
        time variable:  year, 2013 to 2016
                delta:  1 unit
```

임의효과 헥크만 모형의 추정을 위해서는 xtheckman을 사용하면 된다.

```
. xtheckman wage c.age##c.age tenure, select(working = c.age##c.age market)
```

추정결과는 다음과 같다.

```
Random-effects regression with selection        Number of obs      =      2,400
                                                       Selected    =      1,928
                                                       Nonselected =        472

Group variable: personid                        Number of groups   =        600

                                                Obs. per group:
                                                              min =          4
                                                              avg =        4.0
                                                              max =          4

Integration method: mvaghermite                 Integration pts.   =          7

                                                Wald chi2(3)       =    2827.78
Log likelihood =  -5[illegible]76.445                         Prob > chi2        =     0.0000

------------------------------------------------------------------------------------
                  |      Coef.   Std. Err.      z    P>|z|     [95% Conf. Interval]
------------------+-----------------------------------------------------------------
wage              |
              age |   .5722234   .0477613    11.98   0.000     .4786129    .6658339
                  |
      c.age#c.age |  -.0042448   .0005329    -7.97   0.000    -.0052893   -.0032003
                  |
           tenure |   .5927719   .0169866    34.90   0.000     .5594787     .626065
            _cons |   5.651812   1.038011     5.44   0.000     3.617347    7.686277
------------------+-----------------------------------------------------------------
working           |
              age |   .2305309   .0207988    11.08   0.000     .1897661    .2712958
                  |
      c.age#c.age |  -.0026832   .0002241   -11.97   0.000    -.0031225   -.0022439
                  |
           market |   .1894934    .019038     9.95   0.000     .1521796    .2268072
            _cons |  -3.276904   .4352836    -7.53   0.000    -4.130045   -2.423764
------------------+-----------------------------------------------------------------
      var(e.wage) |   4.458219   .2235342                      4.040939    4.918588
------------------+-----------------------------------------------------------------
   corr(e.working,|
          e.wage) |   .4091115   .1391856     2.94   0.003     .1065022     .642359
------------------+-----------------------------------------------------------------
var(wage[personid])|  2.493737   .2547628                      2.041226    3.046564
var(work~g[pers~d])|  .3831411   .0830963                       .250466    .5860961
------------------+-----------------------------------------------------------------
 corr(wor~g[per~d],|
   wage[personid])|   .6021096   .0845675     7.12   0.000     .4106863    .7426953
------------------------------------------------------------------------------------
```

위 추정결과에 다르면 임금방정식과 경제활동참가와는 양의 상관관계가 있음을 확인할 수 있다.

이렇게 추정을 하고 나면 margins와 marginsplot을 이용하여 다음과 같은 그림을 그릴 수 있다.

```
. margins, at(age=(30(5)70) tenure =(0 5 10))
```

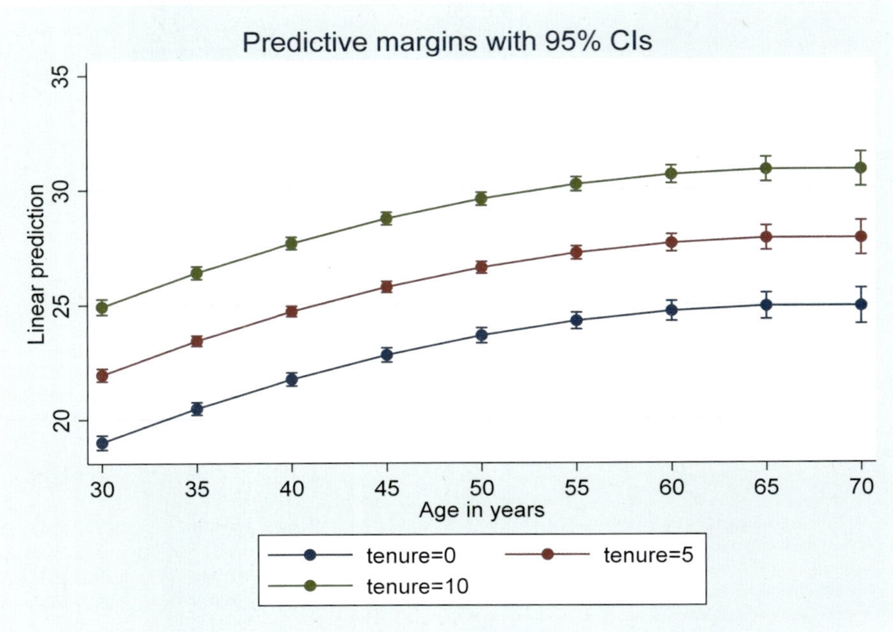

그림 8.12 xtheckman 후 marginsplot

CHAPTER 08 **EXERCISES**

01 여성의 교육수준과 출산 간의 관계를 추정해보자. 기혼여성 i의 출산 여부 결정($cbirth_i$)이 본인의 연령(age_i)과 교육연수($educ_i$)의 함수라고 가정하자. 「여성가족패널」 단년도 자료의 일부를 활용하여 위에 제시된 간단한 모형을 추정하려고 한다. klowf.dta를 불러들이자.

(1) 다음과 같은 아주 단순한 선형확률모형(LPM)을 고려해보자.

$$cbirth_i = \alpha + \beta_1 age_i + \beta_2 educ_i + u_i$$

여성 연령의 계수추정치를 보고하고 부호, 유의성, 크기 등을 해석해보시오.

(2) 위 추정식에서 계산된 출산확률 추정치를 구해서, 출산확률 추정치와 연령 간의 산포도를 그려보시오. 출산확률 추정치는 확률의 정의를 만족하는가?

(3) (1)의 모형을 로짓모형으로 추정해 보시오. 여성의 교육연수의 계수추정치를 보고하고 부호, 유의성 등을 LPM과 비교해보시오. 연령이 출산 결정에 미치는 영향에 대한 로짓모형 추정치의 평균한계효과를 계산하여, LPM에서 얻은 추정치와 비교해보시오.

(4) 로짓모형 추정치로부터 출산확률의 추정치를 구하고, 이를 연령의 산포도로 그려보시오. 출산확률 추정치는 확률의 정의를 만족하는가?

(5) 다음과 같이 변형된 선형확률모형을 추정해보자.

$$cbirth_i = \alpha + \beta_1 age_i + \beta_2 age_i^2 + \beta_3 educ_i + \beta_4 educ_i^2 + e_i$$

출산확률 추정치를 구해서 연령과의 산포도를 다시 그려보시오. 출산확률 추정치는 확률의 정의를 만족하는가? 확률 추정치가 [0,1]에 속하지 않는 것은 LPM 모형에 고유한 불가피한 한계인가?

CHAPTER 09 다항선택모형

1 다항선택모형(multinomial choice model)

이산선택의 사례를 보면 셋 이상의 대안 중 하나를 고르는 경우도 많다. 예컨대 경제활동참가 결정도 참가/불참가에 더하여, 참가한다면 전일제 노동을 할 것인지 아니면 시간제 노동을 할 것인지를 결정해야 하는 경우가 있다. 이 때 경제활동의 대안은 셋이 된다. 은퇴의 경우도 완전은퇴, 부분은퇴, 혹은 은퇴하지 않고 노동공급을 계속하는 선택이 있다. 건강보험의 경우는 보험이 없는 경우, 국민건강보험에 들어있는 경우, 국민건강보험과 민간브험에 들어 있는 경우와 같이 3가지 대안으로 구분해볼 수 있다. 이주문제는 다수의 거주 가능 지역 중에서 하나를 고르는 전형적인 다항 선택의 상황이다. 교통수단 선택의 경우 버스를 이용할 것인지, 자가용을 이용할지, 아니면 택시 혹은 지하철 중 하나를 선택할 것인지와 같은 선택대안이 있다. 이들 예에서 알 수 있듯이 경제주체가 다수의 선택 대안 중에서 하나를 고르는 상황은 아주 흔하다.

다항선택모형을 이용한 문석를 위해서는 선택 대안이 일반적으로 다음과 같은 성질을 만족시켜야 한다. 첫째, 대안이 서로 간 배타적이어야 한다. 한 선택이 다른 선택과 겹쳐있거나 포함하고 있으면 안 된다. 둘째, 가능한 모든 선택 대안이 선택 집합에 포함되어야 한다. 예컨대 자동차 브랜드 선택을 모형화하는 경우, 자동차 브랜드와 동시에 자동차를 사지 않는 외부 옵션(outside option)도 선택집합 내에 들어와야 한다. 마지막으로 선택대안의 수가 유한하여야 한다.

- 첫째, 대안들이 서로 배타적일 것(exclusive)
- 둘째, 대안들의 집합이 모든 가능한 대안들을 포함할 것(exhaustive)
- 셋째, 대안의 수가 유한할 것(finite)

다항선택의 상황을 가장 쉽게 모형화하는 방법은 확률효용모형(Random Utility Model, RUM)을 이용하는 것이다. 확률효용이 선택 j에 대해서 다음과 같이 주어진다고 해보자.

$$(1) \qquad U_n(j) = V_n(j) + \epsilon_n(j)$$

위 모형은 충분히 일반적인 모형이다. V(j)는 소비자 선택의 특정한 특성 중 연구자에게 관측되는 부분이다. 반면에 ε(j)는 연구자에게 관측되지 않으나 의사결정에는 영향을 주는 개인의 미관측 이질성(individual unobserved heterogeneity)으로 해석하는 것이 일반적이다.

미관측 이질성의 결합분포가 다음과 같이 주어졌다고 가정해보자.

$$(2) \qquad \epsilon_n \sim F(\epsilon_n), \epsilon_n = (\epsilon_{n1}, \cdots, \epsilon_{nJ})$$

소비자 n에 의해서 특정 선택 j가 선택될 확률은 다음과 같이 구할 수 있다.

$$(3) \qquad \begin{aligned} P_n(j) &= \mathrm{Prob}(U_n(j) > U_n(k), \forall k \neq j) \\ &= \mathrm{Prob}(V_n(j) + \epsilon_{nj} > V_n(k) + \epsilon_{nk}, \forall k \neq j) \\ &= \mathrm{Prob}(\epsilon_{nk} - \epsilon_{nj} < V_n(j) - V_n(k), \forall k \neq j) \\ &= \int_\epsilon 1(\epsilon_{nk} - \epsilon_{nj} < V_n(j) - V_n(k), \forall k \neq j) dF(\epsilon_n) \end{aligned}$$

위 식의 마지막 등호를 통해 몇 가지 한계점을 살펴보자. 첫째, 결과적으로 보면 (J−1)개의 $\varepsilon_{nk} - \varepsilon_{nj}$ 분포함수임을 알 수 있다. (J−1) 차원의 다중적분 문제를 풀어야 하기 때문에 상당히 복잡한 문제가 됨을 알 수 있다. 둘째, $V_n(j) - V_n(k)$이 오른쪽 항에 포함되기 때문에, 관측가능한 효용들의 차이만 중요하게 된다. 즉 공통요소는 식별될 수가 없다.

ε_n이 IID-type I extreme value 분포를 따르는 경우 다항 로짓 모형(multinomial logit model)이 된다. 다항로짓모형의 경우 선택확률 식(3)이 닫힌 해(closed form)의 형태로

존재하기 때문에 확률 계산이 쉽다. 반면 대안 간 대체 패턴(substitution pattern)이 제약적이라는 단점이 있다.

반면 ε_n이 다변수 정규분포(multivariate normal)를 따르는 경우에는 다항프로빗 모형(multinomial probit model)이 된다. 다항 로짓 모형과 비교해보았을 때, 좀 더 유연하고 현실적인 대체패턴(substitution pattern)을 갖게 된다는 장점이 있다. 하지만 선택 확률 계산이 매우 복잡해진다는 단점도 있다.

대안 간 선택패턴이 연구의 관심일 때는 다항 프로빗 모형을 추정하는 것이 다항 로짓 모형을 추정하는 것보다는 좀 더 현실적인 대체패턴을 추정할 수 있다.

요즘 컴퓨터가 기능이 향상되고 통계 패키지가 발달하면서 계산의 복잡성은 큰 문제가 되지 않는다. 그런 의미에서 다항프로빗 모형이 좀 더 선호된다고 볼 수 있다. 다만, 대안의 수가 늘어날수록 적분의 근사치의 정확도가 떨어지는 경향이 있다. 대안의 개수가 5개까지는 다항프로빗 모형의 계산이 괜찮다고 알려져 있다. 따라서 대안의 개수가 이보다 큰 경우에는 다항프로빗 보다는 다항로짓 모형이 선호된다고 볼 수 있다.

Stata를 이용해서 다항선택 모형을 추정할 때에는 Stata에서 사용되고 있는 명령어의 정의와 경제학에서 쓰이고 있는 명령어의 정의가 약간 상이하므로 이에 주의하여 적절한 명령어를 찾는 것이 필요하다.

명령어의 구분을 위해서는 $V_n(j)$에 대한 정의가 필요하다. $V_n(j)$에는 선택 j에 따라서 변하는 부분과 선택 주체 n에 따라서 변하는 부분이 있다. 선택 j에 따라서 변하지 않는 부분은 기본적으로 식별할 수가 없다. 따라서 선택의 특성과 교차시키거나 선택에 따른 특정 계수를 사용하는 수밖에 없다.

선택 j의 특성 x_j와 개인 n의 특성 z_n이 주어졌을 때, $V_n(j)$은 다음과 같이 써볼 수 있다.

(4) $$V_n(j)=x_j\beta+z_n\alpha_j$$

경제학자들이 말하는 McFadden 류의 다항선택 모형은 기본적으로 $\alpha_j=0$인, 즉 선택의 특성이 주어진 상태에서 선택의 특성이 (간접)효용에 미치는 효과를 보는 다음과 같은 모형이다.

(5) $V_n(j) = x_j\beta$

반면에, Stata에서 말하는 다항선택 모형은 기본적으로 $\beta = 0$인 모형, 즉 개인의 특성이 주어진 상태에서 그 계수가 선택마다 다른 모형이다.

(6) $V_n(j) = z_n\alpha_j$

위 모형의 특성은 α_j가 그냥 식별되는 것은 아니고, 기저가 되는 선택(가령 선택 1)에 대해서 상대적으로 식별된다는 점이 중요하다. 이와 같은 점은 아래의 식에서 (J－1) 셋트의 파라미터가 추정됨으로써 분명해진다.

(7)
$$\begin{aligned} & Prob(\epsilon_{nk} - \epsilon_{nj} < V_n(j) - V_n(k), \forall k \neq j) \\ &= Prob(\epsilon_{nk} - \epsilon_{nj} < z_n\alpha_j - z_n\alpha_k, \forall k \neq j) \\ &= Prob(\epsilon_{nk} - \epsilon_{nj} < z_n(\alpha_j - \alpha_k), \forall k \neq j) \end{aligned}$$

위에서 설명했듯이 모형 자체도 크게 다르고, 그에 따라서 요구되는 자료의 형태도 다르기 때문에 주의할 필요가 있다.

경제학 분석에서 주로 사용되는 경우는 McFadden 류의 모형이기 때문에 식(5)에 해당하는 Stata 명령어는 clogit, asclogit, asmprobit, nlogit이다. Stata에서 Multinomial logit(probit)으로 되어 있는 mlogit 혹은 mprobit은 식(6)에 해당하는 명령어이다. 각 명령어와 특성과 이에 따른 자료 구성은 이후의 별도의 장에서 설명할 것이다.

2 IIA 성질(Independence from Irrelevant Alternatives)

로짓 형태의 모형, 특히 다항 로짓 모형은 닫힌 해(closed-form solution)로 선택확률을 구할 수 있는 계산상의 이점이 확실하기 때문에 선호되는 경향이 있다. 하지만 공짜로 이러한 편리함을 얻게 되는 것이 아니라 대안 간 대체 가능성에 대한 강한 제약이 가정되어 있다.

예컨대 대안 i와 j 간의 선택확률 비율은 제3의 대안의 존재유무에 전혀 영향받지 않음을 알 수 있다.

(8) $$\frac{P_{ni}}{P_{nj}} = \exp(V_n(i) - V_n(j))$$

가장 잘 알려진 예가 Debreu의 자가용 대 버스(파란 버스와 빨간 버스)의 예이다. 자가용과 파란버스를 (1/2, 1/2)로 선택할 확률을 가지고 있다고 해보자. 빨간 버스가 새로 도입되었다면, 선책확률은 (1/2, 1/4, 1/4)이 합리적이지 않을까? 하지만 로짓 모형은 자가용과 파란 버스의 선택확률은 같은 비율로 1이 유지될 것을 요구한다. 또한 빨간 버스가 파란 버스와 색깔만 다른 것이라면 이 역시 확률 비율이 1이 되어야 한다. 따라서 로짓 모형이 예측하는 확률분포는 (1/3, 1/3, 1/3)이 될 것이다. 결과적으로 다항로짓 모형은 자가용의 경우는 과소추정을 버스의 경우는 과대추정한다.

이러한 문제가 발생하는 근본적인 이유는 다항 로짓 모형에서 대체패턴에 대한 제약이 강하기 때문이다. 다항프로빗 모형 혹은 네스티드(nested) 로짓 모형은 그러한 한계를 극복할 수 있는 방법이다.

3 다항 로짓 모형

가) mlogit

mlogit은 기본적으로 위에서 설명한 식(9)와 같은 모형을 추정한다.

(9) $$U_n(j) = V_n(j) + \epsilon_{nj} = z_n \alpha_j + \epsilon_{nj}$$

이 모형을 추정하기 위한 자료는 개인 i의 특성과 그 개인이 J개의 대안들 가운데 선택한 결과를 포함해야 한다. 예컨대 세 가지 대안이 있고(j = 1,2,3), ε_{nj}는 type I extreme value 분포를 갖는다고 가정하자. 각 대안을 선택할 확률은 식(10)과 같이 주어진다.

$$
(10)\quad
\begin{aligned}
\Pr(j=1) &= \frac{\exp(z\alpha_1)}{\exp(z\alpha_1)+\exp(z\alpha_2)+\exp(z\alpha_3)} \\
\Pr(j=2) &= \frac{\exp(z\alpha_2)}{\exp(z\alpha_1)+\exp(z\alpha_2)+\exp(z\alpha_3)} \\
\Pr(j=3) &= \frac{\exp(z\alpha_3)}{\exp(z\alpha_1)+\exp(z\alpha_2)+\exp(z\alpha_3)}
\end{aligned}
$$

위에서 지적했듯이 모든 α_j를 식별해낼 수 없기 때문에, 정규화가 필요하다. 대안 1을 비교의 기준이 되는 대안으로 삼으려면 $\alpha_1 = 0$으로 정규화해야 한다. 그러면 위의 확률은 식(11)과 같이 수정된다.

$$
(11)\quad
\begin{aligned}
\Pr(j=1) &= \frac{1}{1+\exp(z\alpha_2)+\exp(z\alpha_3)} \\
\Pr(j=2) &= \frac{\exp(z\alpha_2)}{1+\exp(z\alpha_2)+\exp(z\alpha_3)} \\
\Pr(j=3) &= \frac{\exp(z\alpha_3)}{1+\exp(z\alpha_2)+\exp(z\alpha_3)}
\end{aligned}
$$

대안 1을 선택할 확률 대비 대안 2를 선택할 확률의 비율은 다음과 같다.

$$
(12)\quad \frac{\mathrm{Pr}ob(j=2)}{\mathrm{Pr}ob(j=1)} = \exp(z\alpha_2)
$$

이 식은 α_2의 추정치가 대안 1을 선택할 확률 대비 대안 2를 선택할 확률, 즉 대안 1 대비 대안 2를 선택할 확률의 상대적 크기(relative risk)를 나타냄을 보여준다.

예를 통해서 mlogit을 활용해보자. 건강보험 선택과 관련된 자료를 이용해보자. 의무가입 건강보험이 없고 흔히 직장에서 제공되는 민간 건강보험에 의존하는 미국의 경우, 건강보험 관련 선택지는 indemnity(실손보험과 같이 매달 일정액을 보험사에 납부하는 형태), prepaid(우리나라의 보장보험 형태), uninsure(무보험) 등 세 가지 대안으로 요약될 수 있다. 우리의 관심은 건강보험선택과 인종 간의 관계에 있다고 하자. 자료를 읽어 들이자.

```
. use mlogit, clear
(Health insurance data)
```

data editor를 이용하여 자료의 형태를 살펴보자. 자료의 형태는 개인이 선택한 보험 종류를 말하는 insure와 개인의 특성 변수들로 구성이 되어 있음을 알 수 있다.

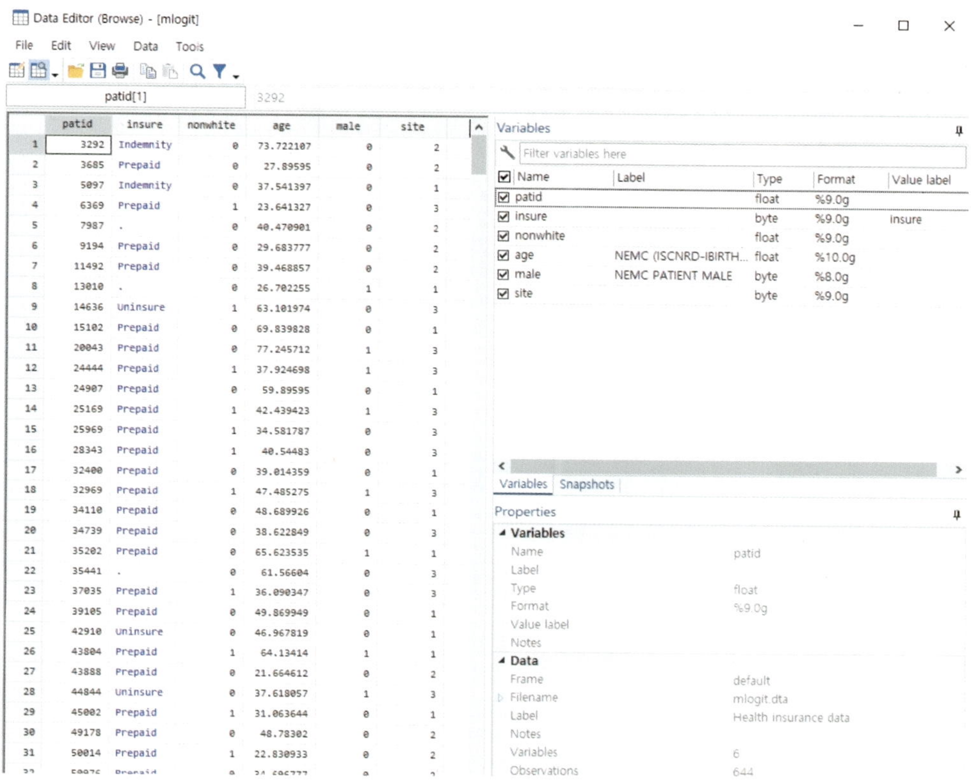

이번에는 tab을 이용하여 보험선택 현황을 살펴보자. 약 48%가 indemnity를, 45%가 prepaid를, 7.3%는 uninsure를 선택하였다.

```
. tab insure

     insure |      Freq.     Percent        Cum.
------------+-----------------------------------
  Indemnity |        294       47.73       47.73
    Prepaid |        277       44.97       92.69
   Uninsure |         45        7.31      100.00
------------+-----------------------------------
      Total |        616      100.00
```

mlogit을 이용하여 인종과 건강보험 선택 간의 관계를 추정해보자. indemnity(자료에서 1로 코딩됨)를 기준 대안으로 지정하려면, 옵션에 base(1)을 붙여주면 된다. 기준 대안을 따로 지정하지 않을 경우 Stata는 최빈값을 기본값으로 설정한다.

아래 제시된 Stata 버전의 다항로짓모형 추정 결과를 보면, 두 벌의 회귀분석 추정치가 있다. 대안이 셋이고 이 중 하나는 기준 대안이므로 두 벌의 추정치를 얻게 된다. 백인이 아닐 경우 indemnity에 비해 prepaid 또는 uninsure를 선택할 가능성이 높지만, 후자는 통계적으로 유의하지 않음을 알 수 있다.

```
. mlogit insure nonwhite age male, base(1)

Iteration 0:   log likelihood = -555.85446
Iteration 1:   log likelihood = -545.60089
Iteration 2:   log likelihood = -545.58328
Iteration 3:   log likelihood = -545.58328

Multinomial logistic regression                 Number of obs     =        615
                                                LR chi2(6)        =      20.54
                                                Prob > chi2       =     0.0022
Log likelihood = -545.58328                     Pseudo R2         =     0.0185
```

insure	Coef.	Std. Err.	z	P>|z|	[95% Conf.	Interval]
Indemnity	(base outcome)					
Prepaid						
nonwhite	.7312659	.218978	3.34	0.001	.302077	1.160455
age	-.0111915	.0060915	-1.84	0.066	-.0231305	.0007475
male	.5739825	.2005221	2.86	0.004	.1809665	.9669985
_cons	.1567003	.2828509	0.55	0.580	-.3976773	.7110778
Uninsure						
nonwhite	.4333141	.4106255	1.06	0.291	-.371497	1.238125
age	-.0058414	.0114114	-0.51	0.609	-.0282073	.0165245
male	.5102237	.3639793	1.40	0.161	-.2031626	1.22361
_cons	-1.811165	.5348606	-3.39	0.001	-2.859473	-.7628578

일반적으로 계수추정치와 통계적 유의성 모두 기준대안의 선택에 따라 달라지는데, 위에서 살펴본 예에서처럼 특정 대안을 기준 대안으로 삼아야 할 필연적인 이유가 없는 일이 많다. 따라서 어떤 변수에 대한 귀무가설을 검정하기 위해서는 아래 제시된 월드 검정(Wald test)와 같은 결합검정(joint test)를 실시한다. 이를 통해 유색인 여부가 통계적으로 유의하게 건강보험 선택에 영향을 준다는 사실을 확인할 수 있다.

```
. test nonwhite

 ( 1)  [Indemnity]o.nonwhite = 0
 ( 2)  [Prepaid]nonwhite = 0
 ( 3)  [Uninsure]nonwhite = 0
       Constraint 1 dropped

           chi2(  2) =   11.15
         Prob > chi2 =    0.0038
```

나) asclogit

이번에는 아래와 같은 McFadden류의 다항-로짓 모형을 추정한다.

(13) $$U_n(j) = V_n(j) + \epsilon_n(j) = x_j\beta + \epsilon_{nj}$$

위 모형은 기본적으로 대안의 특성들이 (간접)효용에 어떤 영향을 주었는지를 추정할 때, 즉 특성들의 한계기여(marginal contribution)를 구할 때 유용하다. 이를 위해서는 분석자료가 각 대안의 특성에 대한 정보를 포함해야 하므로, 자료의 구조는 한 사람당 J개의 관측치가 있어야 하며, 각 관측치는 특정 대안 j의 특성을 포함하고 있어야 한다.

이번에는 asclogit 명령을 이용해서 다항-로짓 모형을 추정해보자. 자동차 종류 중에서 미제, 일제, 유럽제 3가지 차량 종류가 있다고 해보자. 각 지역에는 각 제품을 취급하는 딜러들의 숫자가 있다. 이 딜러의 숫자가 늘수록 제품을 선택할 가능성이 올라가는지를 알아보자.

```
. use asclogit.dta, clear
```

자료는 통상적으로 아래와 같은 형태를 갖는다.

```
. list id car choice dealer sex income , sepby(id)
```

	id	car	choice	dealer	sex	income
1.	1	American	0	18	male	46.7
2.	1	Japan	0	8	male	46.7
3.	1	Europe	1	5	male	46.7
4.	2	American	1	17	male	26.1
5.	2	Japan	0	6	male	26.1
6.	2	Europe	0	2	male	26.1
7.	3	American	1	12	male	32.7
8.	3	Japan	0	6	male	32.7
9.	3	Europe	0	2	male	32.7
10.	4	American	0	18	female	49.2
11.	4	Japan	1	7	female	49.2
12.	4	Europe	0	4	female	49.2
13.	5	American	1	10	male	24.3
14.	5	Japan	0	7	male	24.3
15.	5	Europe	0	3	male	24.3
16.	6	American	1	13	female	39
17.	6	Japan	0	4	female	39
18.	6	Europe	0	1	female	39
19.	7	American	1	24	male	33
20.	7	Japan	0	7	male	33
21.	7	Europe	0	4	male	33

| 자료의 구축

이런 자료를 실제로 어떻게 구축할 수 있는지에 대해서 설명해보자.

- 기본적으로 선택과 개인 특성이 포함된 자료를 대안의 개수만큼 expand 시켜서 자료를 만든다(A1).
- 자료 A에서 id를 이용하여 sort하고 "gen alternative = _n"을 이용하여 대안번호를 부여한다(A2)
- 대안번호 별로 대안들의 특성을 담고 있는 자료를 구축한다(B).
- merge를 이용하여 대안번호를 키로 하여 자료 A2와 자료 B를 머지한다.

다음과 같이 asclogit 명령어를 사용하여 추정해보자. 모형에서 상수가 기본적으로 식별되지 않기 때문에 noconstant라는 제약조건을 달아주어야 한다.

추정결과를 살펴보면, 딜러 수가 많을수록 해당 브랜드를 선택할 확률이 증가한다.

```
. asclogit choice dealer, case(id) alternatives(car) noconstant

Iteration 0:   log likelihood = -271.54122
Iteration 1:   log likelihood = -261.24784
Iteration 2:   log likelihood = -260.75018
Iteration 3:   log likelihood = -260.74988
Iteration 4:   log likelihood = -260.74988

Alternative-specific conditional logit         Number of obs      =        885
Case ID variable: id                           Number of cases    =        295

Alternatives variable: car                     Alts per case: min =          3
                                                              avg =        3.0
                                                              max =          3

                                                  Wald chi2(1)    =     111.93
Log likelihood = -260.74988                       Prob > chi2     =     0.0000

------------------------------------------------------------------------------
      choice |      Coef.   Std. Err.      z    P>|z|     [95% Conf. Interval]
-------------+----------------------------------------------------------------
car          |
      dealer |   .0962276   .0090957    10.58   0.000     .0784004    .1140548
------------------------------------------------------------------------------
```

한 가지 주의할 점이 있다. 개인 특성이 선택에 어떠한 영향을 주었는지가 궁금할 수 있다. 개인의 특성이 선택된 대안에 따라 변하지 않는 경우에는 일반적으로 그 효과를 식별할 수 없다. 왜냐하면 이 모형에서는 대안 간 차이만 식별가능하기 때문이다. 이 경우에는 해당 개인 특성과 대안의 특성 간 상호작용항(interaction term)을 회귀식에 포함하므로써 그 효과를 확인할 수 있다.

다) asmprobit 모형

기본적으로 다항 프로빗 모형은 asclogit과 동일한 모형을 추정한다.

(14) $U_n(j) = V_n(j) + \epsilon_n(j) = x_j\beta + \epsilon_{nj}$

ε_n이 다변량 표준정규분포를 따르기 때문에 확률 계산 시 다중적분이 매우 복잡한

구조를 가지게 된다. asmprobit에서는 GHK 같은 시뮬레이션 알고리즘을 이용하여 MSLE(maximum simulated likelihood estimation)의 평가를 통해 모수를 추정하게 된다. 자료형태는 asclogit과 같은 형태로 주어져야 한다. 구체적인 명령어 구문은 아래와 같다.

- asmprobit depvar [indepvars] [if] [in] [weight], case(varname) alternatives(varname) [options]

다음 명령어의 예는 시뮬레이션 알고리즘 중에서 Halton sequence를 이용하여 선택 확률을 수치적으로 계산한 것이다. 추정결과는 앞의 다항-로짓 모형의 결과와 크게 다르지는 않다.

```
. asmprobit choice dealer , case(id ) alternatives(car) noconstant intmethod(halton)
Iteration 0:   log simulated-likelihood = -260.82449

. asmprobit choice dealer, case(id) alternatives(car) noconstant intm(halton)

Iteration 0:   log simulated-likelihood = -260.82449
Iteration 1:   log simulated-likelihood = -260.79991  (backed up)
Iteration 2:   log simulated-likelihood = -260.62248
Iteration 3:   log simulated-likelihood = -260.39224
Iteration 4:   log simulated-likelihood = -260.02863
Iteration 5:   log simulated-likelihood = -259.78664
Iteration 6:   log simulated-likelihood = -259.70305
Iteration 7:   log simulated-likelihood = -259.66988
Iteration 8:   log simulated-likelihood = -259.63234
Iteration 9:   log simulated-likelihood = -259.63098
Iteration 10:  log simulated-likelihood = -259.63094
Iteration 11:  log simulated-likelihood = -259.63093

Alternative-specific multinomial probit        Number of obs      =        885
Case ID variable: id                           Number of cases    =        295

Alternatives variable: car                     Alts per case: min =          3
                                                              avg =        3.0
                                                              max =          3

Integration sequence:          Halton
Integration points:               150             Wald chi2(1)    =      19.13
Log simulated-likelihood = -259.63093             Prob > chi2     =     0.0000
```

choice	Coef.	Std. Err.	z	P>|z|	[95% Conf. Interval]	
car						
dealer	.0590658	.0135059	4.37	0.000	.0325948	.0855368
/lnl2_2	-.4169981	.5156872	-0.81	0.419	-1.427726	.5937304
/l2_1	1.338012	.2139311	6.25	0.000	.9187146	1.757309

```
(car=American is the alternative normalizing location)
(car=Japan is the alternative normalizing scale)

. estat covariance
```

	Japan	Europe
Japan	2	
Europe	1.892235	2.224586

```
Note: Covariances are for alternatives differenced with American.

. estat correlation
```

	Japan	Europe
Japan	1.0000	
Europe	0.8971	1.0000

```
Note: Correlations are for alternatives differenced with American.
```

라) 기타 추정방법

이 외에도 네스티드 로짓 모형 혹은 혼합로짓(mixed logit) 모형 등도 로짓 모형의 편리함을 유지함과 동시에 IIA를 극복하기 위한 모형 등이 다양하게 사용되고 있다.

4 counting 모형

우리가 관심을 가지고 있는 종속변수가 연속변수가 아닌 정수인 경우가 종종 있다. 예컨대, 자녀 수, 병원 방문 횟수, 여행 경험 등의 변수들은 정수의 형태를 띈다. 이러한 정수를 종속변수로 가진 많은 경우, 몇 개의 수 예컨대 0, 1, 2에 상당수의 관측치가 집중되어 분포하는 경우가 많다. 특히 0이 굉장히 많이 관측될 가능성이 있다. 또한 자료의 분포가 오른쪽으로 길게 늘어져 있거나(skewed to the right), 이분산성(heteroskedastic)의 특성을 가질 가능성이 있다.

이런 경우 일반적인 OLS보다는 Poisson 모형 혹은 Negative Binomial 모형 등을 이용하여 회귀분석을 하는 것이 바람직하다. 특별히 관측치 중에서 0이 많은 경우에는 소위 말하는 hurdle 모형을 사용하기도 한다.

Poisson 모형에 대해서 살펴보자. 기본 모형은 관측횟수 y가 주어졌을 때, 관측확률을 모형화하는 것으로부터 시작한다. 확률변수 Y가 포아송 분포를 따르면 아래와 같은 확률분포를 갖게 된다.

$$(15) \qquad \mathrm{Pr}ob[Y=y]=\frac{\exp(-\mu)\mu^{y}}{y!}$$

그러면 Y의 평균과 분산은 각각 아래와 같이 동일하다(equidispersion).

$$(16) \qquad \begin{aligned} &E[Y]=\mu \\ &VAR[Y]=\mu \end{aligned}$$

조건부 평균은 양수이기 때문에 아래와 같이 모형화하는 것은 매우 자연스러운 것이다. 즉 지수함수를 통해서 평균이 양수가 되도록 보장하는 것이다.

$$(17) \qquad \mu_{\mathrm{i}}=\exp(\mathrm{x_i}'\beta)$$

당연히 조건부 분산도 같은 형태를 갖게 되기 때문에, 기본적으로 이분산성을 갖게 된다.

예를 들어 심장혈관 관련 사망자수에 담배흡연 및 연령이 미치는 효과를 추정해보자. counting.dta 자료를 불러오자.

```
. use counting, clear
```

종속변수로서 사망자 수를, 독립변수로는 흡연여부와 연령 범주를 포함시켜보자. 아래의 추정결과는 연령그룹을 통제한 후에 흡연이 많을수록 사망자 수가 많아지는 것을 확인할 수 있다.

```
. poisson deaths smokes i.agecat, exposure(pyears)

Iteration 0:   log likelihood = -33.823284
Iteration 1:   log likelihood = -33.600471
Iteration 2:   log likelihood = -33.600153
Iteration 3:   log likelihood = -33.600153

Poisson regression                              Number of obs     =         10
                                                LR chi2(5)        =     922.93
                                                Prob > chi2       =     0.0000
Log likelihood = -33.600153                     Pseudo R2         =     0.9321

------------------------------------------------------------------------------
      deaths |      Coef.   Std. Err.      z    P>|z|     [95% Conf. Interval]
-------------+----------------------------------------------------------------
      smokes |   .3545356   .1073741     3.30   0.001     .1440862     .564985
             |
      agecat |
          2  |   1.484007   .1951034     7.61   0.000     1.101611    1.866403
          3  |   2.627505   .1837273    14.30   0.000     2.267406    2.987604
          4  |   3.350493   .1847992    18.13   0.000     2.988293    3.712693
          5  |   3.700096   .1922195    19.25   0.000     3.323353     4.07684
             |
       _cons |  -7.919326   .1917618   -41.30   0.000    -8.295172   -7.543479
  ln(pyears) |          1  (exposure)
------------------------------------------------------------------------------
```

위와 같은 포아송 모형의 경우, 통상적으로 2가지 문제를 가지고 있는 것으로 알려져 있다. 첫째, 자료에는 0이 굉장히 많은데, 포아송 분포에서는 0이 상대적으로 적게 관측된다. 둘째, 포아송 분포의 경우 평균 = 분산인데, 통상적으로 평균<분산, 즉 overdispersion의 특성을 가지고 있는 경우가 많다. 특히 두 번째 문제를 해결하기 위해서 negative-binomial model이 등장하게 되었다. 이 경우 nbreg을 통해서 추정할 수 있다.

CHAPTER 09 EXERCISES

01 국회의원들의 개인 특성과 정당의 소속 간의 관계를 살펴보자. 관심있는 개인 특성은 성별, 연령과 같은 인구학적 특성, 교육수준, 법률가 출신 여부와 같은 인적자본이라고 하자. party.dta 자료를 불러들이자.

(1) 자료상에 총 몇 개의 정당이 존재하는가?

(2) 소속정당을 종속변수로 분석하기 위해 다항로짓모형을 고려하자. 다항로짓분석을 위해서는 범주변수가 수치로 표현되어야 한다. 문자변수 party를 수치변수로 변환하시오.

(3) 소속정당 선택이 성별, 연령, 교육수준, 법률가 출신 여부 등의 함수라고 하자. B정당을 기준범주(reference category)로 삼아 다항로짓모형을 추정해보시오.

(4) 연령이 정당선택에 미치는 영향의 추정치는 몇 개인가? 연령이 정당선택에 미치는 영향이 0이라는 귀무가설(복합가설)을 검정해보시오.

(5) 연령이 정당선택에 미치는 평균한계효과를 구하시오. 평균한계효과는 몇 개인가? 이들의 합은 얼마인가?

경제분석을 위한 STATA 17 4th edition

CHAPTER 10

패널자료분석

1 패널 혹은 종단자료란?

실증분석에서 쓰이는 자료는 크게 횡단면 자료(cross-sectional data), 시계열 자료(time-series data), 그리고 두 성격을 모두 갖는 패널자료(panel data)로 나누어 볼 수 있다.

횡단면 자료는 미국 민간인의 건강상태를 조사하는 Nation Health Interview Survey 혹은 한국의 「국민건강영양조사」와 같이 특정 시점에 추출한 표본에 대한 조사이다. 횡단면 자료는 주기적으로 조사되는데, 여러 기간에 걸친 횡단면 자료를 활용할 경우 이를 반복 횡단면 자료(repeated cross-sectional data)라고 부른다.[12]

시계열 자료는 특정한 관측 대상을 시간의 흐름에 따라 추적하여 기록한 것으로 일반적으로 관측 대상은 개인이나 개별 기업이 아닌 국가나 경제와 같은 큰 집단이다. 따라서 시계열 자료는 명목 GDP, 물가지수, 이자율, 주가지수와 같이 통상 집계변수의 형태를 띈다.

종단자료(longitudinal data)라고도 불리는 패널자료는 횡단면적 특징과 시계열적 특징을 모두 가진 자료이다. 횡단면 자료를 구성하는 대상에 대해서 다른 시점에 반복해서 설문이 이루어진다. 동일한 대상을 추적한다는 점에서 반복 횡단면 자료와 구분된다.

12 월별 노동력을 조사하는 미국의 Current Population Survey 혹은 한국의 「경제활동인구조사」 등은 흔히 반복횡단면 자료로 이해되고 활용되지만 엄밀히는 연동패널(rotating panel)에 해당한다. 이를테면 「경제활동인구조사」의 경우 매월 표본의 1/36만 교체되며, 각 가구는 36개월 간 연속적으로 조사된다.

2 언제 패널 자료를 써야 하는가?

동일 대상을 시간 흐름에 따라 추적하는 패널자료의 특징을 활용하면, 소위 시간불변의 미관측 이질성(time-invariant unobserved heterogeneity)을 통제할 수 있다는 장점이 있다. 이질성이란 분석단위가 갖는 특수성을 의미한다. 분석대상이 동질적이지 않고 개별 특성이 있다는 의미이다. 예컨대 교육의 수익률을 추정하는 민서의 임금방정식을 다시 생각해보자. 인지능력, 비인지능력은 노동생산성 따라서 임금에 영향을 주는 중요한 요인이지만, 연구자가 관찰할 수 없는 경우가 많고(미관측), 개인별 편차가 상당히 크다(이질성).

문제는 이러한 미관측 이질성이 공변량과 모종의 관계를 갖고 있을 때 발생한다. 이를테면 우리는 인지능력이 교육수준과 관계가 있다고 믿을 만한 근거를 갖고 있다. 이러한 관계를 무시하고 임금방정식을 OLS로 추정한다면 누락 변수에 의한 편의(omitted-variable bias)로 인해 일치 추정치를 얻을 수 없다.

미관측 이질성이 시간에 따라 변화하지 않는 속성을 지녔다고 가정할 수 있는 경우(시간불변의 미관측 이질성)에는 다행히 해결책이 있다. 패널 자료를 활용하여 고정효과 추정법을 적용함으로써 일치 추정치를 얻을 수 있다. 다시 말해 고정효과 패널자료 추정법은 시간불변의 미관측 이질성으로 인한 누락변수 편의 문제를 해결할 수 있는 강력한 도구이다.

3 패널자료의 구축

패널자료의 구조를 살펴보자. 기본적으로 동일한 응답자가 여러 해에 걸쳐서 반복적으로 유사한 질문에 응답을 한 것을 기록한 구조이다. 그러므로 다음과 같은 자료의 모습을 갖는 것이 자연스러울 것이다. 동일 개인 식별자(ID)를 중심으로 해서 연간 자료가 붙어있는 모습을 갖게 된다.

```
. u panel, clear
(National Longitudinal Survey.  Young Women 14-26 years of age in 1968)

. list idcode year age ln_wage hours in 1/39, sepby(idcode)
```

	idcode	year	age	ln_wage	hours
1.	1	70	18	1.451214	20
2.	1	71	19	1.02862	44
3.	1	72	20	1.589977	40
4.	1	73	21	1.780273	40
5.	1	75	23	1.777012	10
6.	1	77	25	1.778681	32
7.	1	78	26	2.493976	52
8.	1	80	28	2.551715	45
9.	1	83	31	2.420261	49
10.	1	85	33	2.614172	42
11.	1	87	35	2.536374	45
12.	1	88	37	2.462927	48
13.	2	71	19	1.360348	40
14.	2	72	20	1.206198	40
15.	2	73	21	1.549883	40
16.	2	75	23	1.832581	40
17.	2	77	25	1.726721	40
18.	2	78	26	1.68991	40
19.	2	80	28	1.726964	40
20.	2	82	30	1.808289	38
21.	2	83	31	1.863417	38
22.	2	85	33	1.789367	38
23.	2	87	35	1.84653	40
24.	2	88	37	1.856449	40
25.	3	68	22	1.493561	40
26.	3	69	23	1.702528	40
27.	3	70	24	1.451214	40
28.	3	71	25	1.54742	40
29.	3	72	26	1.607294	40
30.	3	73	27	1.597267	40
31.	3	75	29	1.53585	40
32.	3	77	31	1.622841	40
33.	3	78	32	1.566635	40
34.	3	80	34	1.559723	40
35.	3	82	36	1.603419	40
36.	3	83	37	1.614229	40
37.	3	85	39	1.730799	40
38.	3	87	41	1.525765	40
39.	3	88	42	1.612777	40

문제는 패널자료가 처음부터 이런 식으로 제공되지 않을 수 있다는 점이다. 흔히 패널자료는 일반적으로 각 연도별 자료(wave라고 보통 부른다)가 횡단면 자료처럼 제공된다. 이 경우 패널자료 분석을 위해서는 우선 패널자료의 각 wave를 횡으로 이어붙인 후 위 그림과 같은 형태로 바꾸어주는 작업이 필요하다. 이 작업을 하려면 Stata에서 자료를 이어붙이도록 도와주는 명령어 merge와 자료 형태를 바꾸어주는 명령어 reshape을 사용해야 한다.

가) merge

merge는 Stata에서 유용한 명령어 중 하나이다. 패널자료가 아니더라도 merge를 잘 활용하면 매우 편리하게 자료 분석 작업을 할 수 있다.

패널자료의 연도별 파일에는 개인식별자(identifier 혹은 ID)가 반드시 포함되어 있다. 패널자료가 가구조사라면 개인 식별자(PID)와 가구 식별(HHID)가 별도로 존재한다. 또한 연도별 자료의 모든 변수에는 연도를 나타내는 숫자가 붙어있다. 우선 wave68.out을 읽어들여서 68년도 자료를 확인해보자.

```
. import delimited using wave68.out, clear
(encoding automatically selected: ISO-8859-1)
(11 vars, 4,711 obs)

. des

Contains data
 Observations:         4,711
    Variables:            11
------------------------------------------------------------------------
Variable      Storage   Display    Value
    name         type    format    label      Variable label
------------------------------------------------------------------------
idcode          int     %8.0g
birth_yr68      byte    %8.0g
age68           byte    %8.0g
race68          byte    %8.0g
grade68         byte    %8.0g
not_smsa68      byte    %8.0g
south68         byte    %8.0g
ttl_exp68       float   %9.0g
tenure68        float   %9.0g
hours68         byte    %8.0g
ln_wage68       float   %9.0g
------------------------------------------------------------------------
```

패널자료를 구축하기 위해 68년도 자료와 69년도 자료를 결합하고자 한다. ID를 나타내는 변수명은 idcode임을 알 수 있다. idcode를 매칭 키(matching key)로 활용하려면 68년도 자료에 있는 idcode 값이 유일(unique)해야 한다. 바꾸어 말해 idcode 값이 동일한 관측치가 둘 이상 있으면 자료를 결합할 수 없다.

ID가 유일한지 확인하려면 명령어 isid를 쓰면 된다. 실행 후 아무일도 일어나지 않는다면 관측치마다 변수값이 유일하다는 뜻이다. 유일하지 않다면 오류 메시지가 뜬다. 매칭 키에 문제가 없다면 68년도 자료를 temp68.dta라는 임시 Stata 포맷자료로 저장해두자.

```
. isid idcode

. save temp68, replace
(file temp68.dta not found)
file temp68.dta saved
```

비슷하게, wave69를 읽어 들여서 idcode가 유일한지 확인하자. 역시 문제가 없다면 idcode를 매칭 키로 해서 merge 1:1을 실행하면 69년도 자료에 68년도 자료를 합칠 수 있다. 이 경우 69년도 자료가 master 데이터셋, 68년도 자료가 using 데이터셋이 된다. 69년도 자료를 기준으로 ID별로 68년도 변수를 횡으로 붙인다고 이해하면 된다.

```
. import delimited using wave69.out, clear
(encoding automatically selected: ISO-8859-1)
(11 vars, 4,711 obs)

. isid idcode

. merge 1:1 idcode using temp68

    Result                      Number of obs
    -----------------------------------------
    Not matched                             0
    Matched                             4,711  (_merge==3)
    -----------------------------------------
```

참고로 데이터셋을 결합하는 또 다른 Stata 명령어로 append가 있다. merge가 동일한 대상에 대하여 횡으로 변수를 추가하는 것이라면, append는 동일한 변수에 대하여 종으로 관측치를 추가하는 것으로 이해할 수 있다. 예컨대 수 년치의 횡단면 자료를 결합하여 반복횡단면 자료를 구축하고 싶다면 append를 사용할 수 있다.

두 자료를 merge 하고 나면 항상 _merge라는 변수명을 가진 변수가 생성된다. 이 변수는 관측치마다 1, 2, 3 중 하나의 값을 갖는다. _merge가 1이면 해당 ID가 master 자료에만 있는 경우, 2이면 using 자료에만 있는 경우, 3은 양쪽 모두에 있는 경우를 뜻한다. 위의 예에서는 _merge의 값이 모두 3이므로 4,711개의 관측치가 master와 using 자료 양쪽에 모두 있었고, 제대로 매칭되었음을 확인할 수 있다.

"tabulate _merge"라는 명령문을 활용하면 두 자료가 어떻게 결합되어 있는지 이해할 수 있다. _merge 변수가 더 이상 필요없다면 제거하자.

```
. tabulate _merge

 Matching result from |
                merge |      Freq.     Percent        Cum.
----------------------+-----------------------------------
          Matched (3) |      4,711      100.00      100.00
----------------------+-----------------------------------
                Total |      4,711      100.00

. drop _merge
```

명령어 list를 써서 아래와 같이 idcode별로 68년도 69년도 변수가 있음을 확인하자. 두 개 연도 자료가 잘 결합되어 있다. 관측치마다 ID와 연도별 변수가 횡으로 길게 붙어 있는 패널자료를 wide form 이라고 한다.

```
. list idcode age* ln_wage* in 1/20

     +---------------------------------------------------+
     | idcode   age69   age68   ln_wa~69   ln_wa~68 |
     |---------------------------------------------------|
  1. |      1       .       .          .          . |
  2. |      2       .       .          .          . |
  3. |      3      23      22   1.702528   1.493561 |
  4. |      4       .       .          .          . |
  5. |      5      23      22   1.787686   1.627093 |
     |---------------------------------------------------|
  6. |      6      22      21   1.479384   1.521732 |
  7. |      7      19      19   1.490434   1.482067 |
  8. |      9       .       .          .          . |
  9. |     10      17       .   1.361601          . |
 10. |     12       .       .          .          . |
     |---------------------------------------------------|
 11. |     13       .       .          .          . |
 12. |     14       .       .          .          . |
 13. |     15       .       .          .          . |
 14. |     16       .       .          .          . |
 15. |     17       .       .          .          . |
     |---------------------------------------------------|
 16. |     18       .       .          .          . |
 17. |     19       .       .          .          . |
 18. |     20       .       .          .          . |
 19. |     21       .       .          .          . |
 20. |     22      21       .   1.949388          . |
     +---------------------------------------------------+
```

서두에 본 패널자료와 형태가 다르다는 점에 주목하자. 서두에 본 자료에서는 하나의 관측치가 특정 ID의 1개연도 자료였다. ID별로 연도가 종으로 붙어 있는 패널자료를 long form 혹은 tidy-form이라고 한다. Stata에서 패널 분석을 하려면 wide-form 자료를 long-form 자료로 변환해야 한다.

나) reshape long v. reshape wide

wide-form 자료를 long-form 자료로 혹은 그 반대로 바꾸어주는 명령어가 reshape이다. wide-form 자료를 long form으로 전환하기 위해서는 어떤 변수가 식별자(i)이고 어떤 변수가 시간을 나타내는 변수(j)인지 지정해주어야 한다. 또한 어떤 변수들을 long-form

으로 전환하고자 하는 지도 정해주어야 한다.

```
. reshape long birth_yr age race grade not_smsa south ttl_exp tenure hours ln_
> wage, i(idcode) j(year)
```

위 명령문은 idcode라는 변수를 식별자로 쓰고, 시간을 나타내는 변수명을 year로 지정하여 birth_yr68 age68 race68 등등의 변수를 long-form으로 전환하라는 뜻이다. 여기서 year는 기존 변수명이 아니고, 새로 생성되는 변수명임에 유의하자. 이를 실행하면 처음 보았던 형태 즉 long-form 패널자료로 변환되며, 새로 생성된 year는 68 또는 69라는 값을 갖게 된다.

반대로 reshape wide는 long-form 자료를 wide-form 자료로 전환시켜준다.

❙ 유일한 ID 체크하는 법

ID가 유일하지 않으면 reshape에 문제가 생긴다. 그 때 사용할 수 있는 명령어가 isid 이다.

```
isid ID
```

혹은 duplicates를 이용하기도 한다.

```
duplicates report id
```

어떤 id가 중복되었는지를 확인하기 위해서는 다음과 같은 명령어를 사용하면 된다.

```
duplicates examples id, clean
```

4 고정효과(fixed effect)모형과 임의효과(random effect) 모형

패널자료를 이용하는 기본 회귀모형은 아래와 같다.

(1) $$y_{it}=\alpha+x_{it}\beta+\lambda_i+\epsilon_{it}$$

과거에는 시간불변의 미관측 이질성 λ_i가 확률변수이면 임의효과 모형, 파라미터이면 고정효과 모형으로 구분했다. 그러나 현대 계량경제학에서는 λ_i를 항상 확률변수로

취급한다. 고정효과와 임의효과와의 차이는 λ_i와 x_{it} 간의 관계에 대한 가정에 달려 있다. 임의효과 모형은 α_i가 외생적이라는 가정, 즉 $E[\lambda_i x_{it}]=0$이라는 강한 가정을 포함한다. 반면 고정효과 모형은 $E[\lambda_i x_{it}]\neq 0$인 경우를 허용한다.

고정효과가 좀 더 약한 가정에 근거한 일반적인 모형이기 때문에 특별한 이유가 없으면 임의효과를 사용할 이유가 없다. 다만, 경제모형이 임의효과를 가정하고 있거나 이산선택 모형에서 고정효과를 추정하는 것은 아직까지는 기술적으로 불가능한 경우가 있다. 이런 경우에는 임의효과 모형을 추정하기도 한다.

아래에서는 패널모형에서 자주 사용될 수 있는 추정치들을 소개한다.

가) Pooled OLS estimator

패널자료라 하더라도 패널자료의 특성을 무시한 채 마치 반복횡단면 자료처럼 분석할 수 있다. 식 (2)와 같은 모형을 OLS로 추정하는 셈이다.

(2)
$$y_{it}=\alpha+x_{it}\beta+v_{it}$$
$$v_{it}=\lambda_i+e_{it}$$

임의효과 모형에서처럼 λ_i가 x_{it}와 무관할 경우 $E[v_{it}x_{it}]=0$이므로 추정량 β_{POLS}는 일치추정량(consistent estimator)이다. 하지만 $E[\lambda_i x_{it}]\neq 0$인 경우 β_{POLS}는 당연히 일치추정량이 아니다. 독립변수의 외생성의 가정이 깨지기 때문이다($E[v_{it}x_{it}]\neq 0$).

나) Between estimator

패널자료 모형을 추정하는 또 다른 방법은 각 개인에 대하여 변수들의 시간평균을 구함으로써 일종의 횡단면 분석을 실시하는 것이다. 이를테면 패널자료의 변수 x에 대하여 개인마다 $\overline{x}_i=\sum_{t=1}^{T}x_{it}$를 계산할 수 있다. 이렇게 변환하면 패널모형을 다음과 같이 쓸 수 있다.

$$(4)\qquad \overline{y_i} = \alpha + \overline{x_i}\beta + \tilde{v}$$
$$\tilde{v} = \lambda_i + \overline{e_i}$$

시간평균을 취하고 나서 $\overline{y_i}$를 $\overline{x_i}$로 회귀하는 것이다. 이렇게 얻어지는 OLS 추정량 β_{BE}를 between estimator라고 부른다. β_{BE}는 β_{POLS}와 마찬가지로 임의효과의 가정이 유효할 경우에만 일치추정량이다. 시간평균을 취하는 과정에서 정보가 버려지므로 효율성이 낮아 실제로는 거의 이용되지 않는다.

다) Random-effect estimator

임의효과 가정이 맞다면, pooled Feasible GLS를 이용하여 임의효과 모형을 추정할 수 있다. 원래 식을 아래와 같이 변형하여 OLS 추정치를 구하면 된다.

$$(5)\qquad \begin{aligned}&(y_{it} - \hat{\theta}\overline{y_i}) = (1-\hat{\theta})\alpha + (x_{it} - \hat{\theta}\overline{x_i})\beta + u_{it}\\ &\theta_{it} = 1 - \frac{\sigma_e}{\sqrt{\sigma_e^2 + T\sigma_\alpha^2}}\end{aligned}$$

혹은 λ_i, e_{it}의 분포를 가정한 경우에는 최우추정법을 통해서 추정치를 구할 수 있다.

라) Fixed-effect estimator(within estimator) or first-difference estimator

고정효과의 경우, 보통 within estimator와 first-differences estimator를 이용해 볼 수 있다. within estimator는 각 변수를 평균에서의 편차 형태로 만들어 OLS를 하는 것이다. FD estimator는 연속한 두 개의 시점을 차분한 후 OLS해서 추정하는 것이다. T = 2인 경우는 두 추정방법이 동일하다. 하지만 T > 2인 경우 within estimator가 FD estimator보다 더 효율적이다.

within estimator에 대해서 좀 더 구체적으로 설명해보자. within estimator는 다음과 같이 변형하여 추정하는 것이다.

$$(6)\qquad (y_{it} - \overline{y_i}) = (x_{it} - \overline{x_i})\beta + (e_{it} - \overline{e_i})$$

이렇게 추정된 within estimator는 다음과 같은 성질을 가지고 있다. 먼저 within estimator는 효율적인 추정치이다. 둘째, 고정효과는 nuisance parameter이다. 즉 우리의 관심은 β에 있고 λ_i에 있지 않다. within estimator는 λ_i의 추정 없이 β를 추정한다는 장점이 있다. 셋째, 샘플수가 크지 않은 경우에는 각 개별관측치마다 dummy 변수를 넣고 OLS 추정한 것과 동일하다.

마) Hausman test

결국 연구자가 어떤 모형을 선택하는 것이 좋은지를 검정해보고 싶은 경우가 있다. 즉 임의효과 모형을 추정해야 하는지 아니면 고정효과 모형을 추정해야 하는지를 검정할 필요가 있다. 그런 경우 Wald-type의 Hausman test를 해 볼 수 있다.

이 검정의 아이디어는 다음과 같다. 만약 개별효과가 고정효과인 경우 within estimator가 가장 효율적인 추정치가 된다. 임의효과 추정치와 비교하여 얼마나 큰 차이가 나는지를 검정하면 된다. Hausman검정량이 크면, 모형이 임의효과 가정보다는 고정효과 쪽을 지지하고 있음을 의미한다. Hausman검정은 다음을 참고하여 수행할 수 있다.

```
• xtreg ln_wage age msp ttl_exp, fe
• estimates store fixed
• xtreg ln_wage age msp ttl_exp, re
• hausman fixed ., sigmamore
```

5 추정

패널자료 분석을 위해서는 우선 명령어 xtset을 이용하여 Stata에 어떤 변수가 식별자이고 어떤 변수가 시간 변수인지를 알려주어야 한다. 아래 예시는 식별자가 idcode이고 시간변수가 year임을 선언한 결과이다. Stata는 패널자료가 불균형(unbalanced)하고, 연도가 68년부터 88년까지 있지만 이가 빠져있음(with gaps)을 알려준다.

```
. use panel, clear
(National Longitudinal Survey.  Young Women 14-26 years of age in 1968)

. xtset idcode year

Panel variable: idcode (unbalanced)
 Time variable: year, 68 to 88, but with gaps
         Delta: 1 unit
```

패널구조를 더 자세히 살펴볼 수 있는 명령어로 xtdes가 있다. idcode는 1부터 5159까지 있고, 연도는 68년에서 88년까지, 기간으로는 15년 동안 관측되었다. 전체 개인의 절반이 5번 관측되었다. 역시 패널 자료가 불균형함을 알 수 있다.

```
. xtdes

  idcode:  1, 2, ..., 5159                                n =       4711
    year:  68, 69, ..., 88                                T =         15
           Delta(year) = 1 unit
           Span(year)  = 21 periods
           (idcode*year uniquely identifies each observation)

Distribution of T_i:   min      5%      25%       50%       75%     95%     max
                         1       1        3         5         9      13      15

     Freq.  Percent    Cum. |  Pattern
 ---------------------------+----------------------
      136      2.89    2.89 |  1....................
      114      2.42    5.31 |  ....................1
       89      1.89    7.20 |  .................1.11
       87      1.85    9.04 |  ...................11
       86      1.83   10.87 |  111111.1.11.1.11.1.11
       61      1.29   12.16 |  ..............11.1.11
       56      1.19   13.35 |  11...................
       54      1.15   14.50 |  ...............1.1.11
       54      1.15   15.64 |  .......1.11.1.11.1.11
     3974     84.36  100.00 | (other patterns)
 ---------------------------+----------------------
     4711    100.00         |  XXXXXX.X.XX.X.XX.X.XX
```

패널자료를 요약해주는 명령어 중 하나는 xtsum 이다. 예컨대 노동시간을 살펴보자. 노동시간은 평균 36.56시간이다. 사람들간의 편차는 7.85시간이고, 사람 내에서의 편차는 7.52시간이다. 최대값과 최소값을 보고하고 있는데, 전체적으로 주당 1시간에서 168시간을 일하는 사람이 있다. 사람별 평균을 비교하면 적게는 1시간 많게는 83.5시간 일하고 있다. 사람 내에서는 평균으로부터의 deviation이 −2.15 시간부터 130.06시간임을 지칭한다.

```
. xtsum hours

Variable              |    Mean    Std. dev.        Min        Max |    Observations
----------------------+--------------------------------------------+----------------
hours     overall     | 36.55956    9.869623          1        168 |     N =   28467
          between     |             7.846585          1       83.5 |     n =    4710
          within      |             7.520712  -2.154726   130.0596 | T-bar = 6.04395
```

추정은 POLS 부터 시작해보자. 전체 자료에 대해서 적절한 변수를 통제한 후에 로그 임금을 학력에 대해서 회귀한 모형의 계수에 대한 POLS 추정치를 구해보자. 추정 결과를 보면 근속의 연수익률 평균은 약 4.7%로 나타난다.

```
. reg ln_wage grade age c.age#c.age ///
> ttl_exp c.ttl_exp#c.ttl_exp tenure c.tenure#c.tenure ///
> 2.race not_smsa south, robust

Linear regression                               Number of obs     =     28,091
                                                F(10, 28080)      =    1667.62
                                                Prob > F          =     0.0000
                                                R-squared         =     0.3745
                                                Root MSE          =     .37797

---------------------------------------------------------------------------------
                |               Robust
        ln_wage | Coefficient  std. err.      t    P>|t|     [95% conf. interval]
----------------+----------------------------------------------------------------
          grade |   .0629238   .0011145    56.46   0.000     .0607394    .0651082
            age |    .038598   .0038052    10.14   0.000     .0311395    .0460565
                |
    c.age#c.age |  -.0007082    .000063   -11.25   0.000    -.0008316   -.0005847
                |
        ttl_exp |   .0211279   .0026616     7.94   0.000     .0159109    .0263448
                |
      c.ttl_exp#|
      c.ttl_exp |   .0004473   .0001542     2.90   0.004     .0001452    .0007495
                |
         tenure |   .0473687    .002094    22.62   0.000     .0432645     .051473
                |
       c.tenure#|
       c.tenure |   -.002027   .0001461   -13.87   0.000    -.0023134   -.0017407
                |
         2.race |  -.0699386   .0050779   -13.77   0.000    -.0798914   -.0599857
       not_smsa |  -.1720455   .0051704   -33.28   0.000    -.1821798   -.1619113
          south |  -.1003387   .0048013   -20.90   0.000    -.1097495   -.0909279
          _cons |   .2472833   .0530935     4.66   0.000     .1432175     .351349
---------------------------------------------------------------------------------
```

이번에는 between estimates을 구해보자. 명령어는 xtreg을 사용한다. 다만, 옵션에 be를 포함하여 between estimator를 사용함을 지정해주어야 한다. 근속의 수익률은 커져서 6.7%로 추정되었다.

```
Between regression (regression on group means)  Number of obs     =     28,091
Group variable: idcode                          Number of groups  =      4,697

R-squared:                                      Obs per group:
     Within  = 0.1591                                         min =          1
     Between = 0.4900                                         avg =        6.0
     Overall = 0.3695                                         max =         15

                                                F(10,4686)        =     450.23
sd(u_i + avg(e_i.)) = .3036114                  Prob > F          =     0.0000

------------------------------------------------------------------------------
     ln_wage | Coefficient  Std. err.      t    P>|t|     [95% conf. interval]
-------------+----------------------------------------------------------------
       grade |   .0607602   .0020006    30.37   0.000     .0568382    .0646822
         age |   .0323158   .0087251     3.70   0.000     .0152105    .0494211
             |
 c.age#c.age |  -.0005997   .0001429    -4.20   0.000    -.0008799   -.0003194
             |
     ttl_exp |   .0138853   .0056749     2.45   0.014     .0027598    .0250108
             |
   c.ttl_exp#|
   c.ttl_exp |   .0007342   .0003267     2.25   0.025     .0000936    .0013747
             |
      tenure |   .0698419   .0060729    11.50   0.000     .0579361    .0817476
             |
    c.tenure#|
    c.tenure |  -.0028756   .0004098    -7.02   0.000    -.0036789   -.0020722
             |
      2.race |  -.0564167   .0105131    -5.37   0.000    -.0770272   -.0358061
    not_smsa |  -.1860406   .0112495   -16.54   0.000    -.2080949   -.1639862
       south |  -.0993378    .010136    -9.80   0.000    -.1192091   -.0794665
       _cons |   .3339113   .1210434     2.76   0.006     .0966093    .5712133
------------------------------------------------------------------------------
```

이번에는 임의효과 모형을 추정해보자. 동일하게 xtreg을 이용하되, 옵션만 re로 바꾸어주면 된다. 근속의 수익률은 3.9%로 좀 작게 추정되었다.

```
Random-effects GLS regression                   Number of obs     =     28,091
Group variable: idcode                          Number of groups  =      4,697

R-squared:                                      Obs per group:
     Within  = 0.1715                                         min =          1
     Between = 0.4784                                         avg =        6.0
     Overall = 0.3708                                         max =         15

                                                Wald chi2(10)     =    9244.74
corr(u_i, X) = 0 (assumed)                      Prob > chi2       =     0.0000

------------------------------------------------------------------------------
     ln_wage | Coefficient  Std. err.      z    P>|z|     [95% conf. interval]
-------------+----------------------------------------------------------------
       grade |   .0646499   .0017812    36.30   0.000     .0611589    .0681409
         age |   .0368059   .0031195    11.80   0.000     .0306918    .0429201
             |
 c.age#c.age |  -.0007133     .00005   -14.27   0.000    -.0008113   -.0006153
             |
     ttl_exp |   .0290208    .002422    11.98   0.000     .0242739    .0337678
             |
   c.ttl_exp#|
   c.ttl_exp |   .0003049   .0001162     2.62   0.009      .000077    .0005327
             |
      tenure |   .0392519   .0017554    22.36   0.000     .0358113    .0426925
             |
    c.tenure#|
    c.tenure |  -.0020035   .0001193   -16.80   0.000    -.0022373   -.0017697
             |
      2.race |   -.053053   .0099926    -5.31   0.000    -.0726381   -.0334679
    not_smsa |  -.1308252   .0071751   -18.23   0.000    -.1448881   -.1167622
       south |  -.0868922   .0073032   -11.90   0.000    -.1012062   -.0725781
       _cons |   .2387207    .049469     4.83   0.000     .1417633    .3356781
-------------+----------------------------------------------------------------
     sigma_u |  .25790526
     sigma_e |  .29068923
         rho |  .44045273   (fraction of variance due to u_i)
------------------------------------------------------------------------------
```

마지막으로 고정효과(fixed effect) 추정법을 이용하여 추정해보자. 역시 xtreg을 이용하되, 옵션을 fe로 바꾸어 주면 된다. 근속의 수익률은 35%로 추정되었다.

그런데 한 가지 흥미로운 차이점이 드러난다. grade와 인종의 계수가 추정되지 않았다. 왜 그럴까? 시간에 따라 변하지 않는 변수는 고정효과 모형에서는 식별되지 않는다. 평균을 빼면서 없어지기 때문이다. 즉 고정효과 모형에서 공변량의 효과를 추정하기 위해서는 공변량이 시간에 따라 변해야 한다. 그렇지 않으면 해당 공변량의 효과는 추정할 수 없다.

```
Fixed-effects (within) regression               Number of obs     =     28,091
Group variable: idcode                          Number of groups  =      4,697

R-squared:                                      Obs per group:
     Within  = 0.1727                                         min =          1
     Between = 0.3505                                         avg =        6.0
     Overall = 0.2625                                         max =         15

                                                F(8,23386)        =     610.12
corr(u_i, Xb) = 0.1936                          Prob > F          =     0.0000

------------------------------------------------------------------------------
     ln_wage | Coefficient  Std. err.      t    P>|t|     [95% conf. interval]
-------------+----------------------------------------------------------------
       grade |          0  (omitted)
         age |   .0359987   .0033864    10.63   0.000     .0293611    .0426362
             |
 c.age#c.age |   -.000723   .0000533   -13.58   0.000    -.0008274   -.0006186
             |
     ttl_exp |   .0334668   .0029653    11.29   0.000     .0276545     .039279
             |
   c.ttl_exp#|
   c.ttl_exp |   .0002163   .0001277     1.69   0.090    -.0000341    .0004666
             |
      tenure |   .0357539   .0018487    19.34   0.000     .0321303    .0393775
             |
    c.tenure#|
    c.tenure |  -.0019701    .000125   -15.76   0.000    -.0022151   -.0017251
             |
      2.race |          0  (omitted)
    not_smsa |  -.0890108   .0095316    -9.34   0.000    -.1076933   -.0703282
       south |  -.0606309   .0109319    -5.55   0.000    -.0820582   -.0392036
       _cons |    1.03732   .0485546    21.36   0.000     .9421496     1.13249
-------------+----------------------------------------------------------------
     sigma_u |  .35562203
     sigma_e |  .29068923
         rho |  .59946283   (fraction of variance due to u_i)
------------------------------------------------------------------------------
F test that all u_i=0: F(4696, 23386) = 6.65                 Prob > F = 0.0000
```

패널자료를 이용한 다른 모형을 살펴보자. 저체중 아동의 비중과 복지정책의 프로그램과의 관계를 살펴보자. 기초생활보장제도와 같은 저소득층을 위한 소득보전 정책이 신생아의 체중에 어떤 영향을 주는지를 간단히 실증분석 해보자. 복지프로그램에 참여하게 되면 산전 보호 및 영양 프로그램에 참여하게 되어 복지프로그램은 태아에게 긍정적인 영향을 줄 수 있다.

다음과 같은 모형을 설정해보자.

$$lowbrth_{i,t} = \beta_0 + \beta_1 afdcpre_{i,t} + \beta_2 \log(phypc)_{i,t} + \beta_3 \log(bedspc)_{i,t} \\ + \beta_4 \log(pcinc)_{i,t} + \beta_5 \log(popul)_{i,t} + c_i + \lambda_t + e_{i,t}$$

- lowbrth : 저체중 아동의 비중
- afdcpre : 복지정책(AFDC) 수급자 비중
- phypc : 1인당 의사 비율
- bedspc : 1인당 병원 침상 비율
- pcinc : 1인당 소득
- popul : 인구

분석 자료 lowbirth.dta를 불러들여 패널자료임을 선언하자. 그전에 주를 나타낼 식별 변수가 없기 때문에 group() 함수를 이용하여 id 변수를 생성하자.

```
. u lowbirth, clear

. egen id=group(state)

. xtset id year

Panel variable: id (strongly balanced)
 Time variable: year, 1987 to 1990, but with gaps
         Delta: 1 unit
```

먼저 AFDC 수급자 비중과 저체중 아동의 비중을 간단한 산포도를 이용하여 살펴보자.

```
. scatter lowbrth afdcprc
```

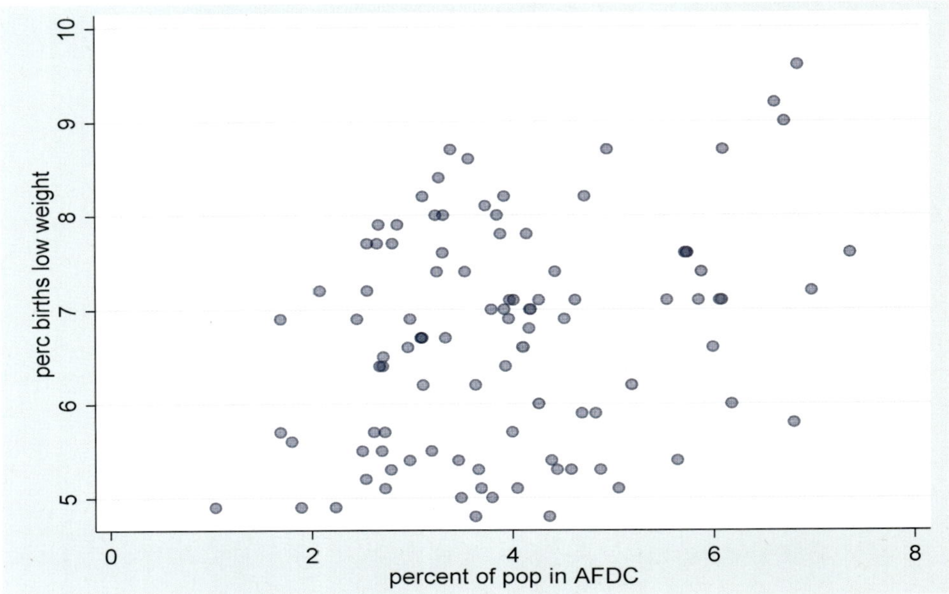

그림 9.1 주별 AFDC 수급자 비중과 저체중 출생아 비중

위 산포도를 살펴보면 AFDC 수급자 비중과 저체중 아동 출산 비중과는 양의 상관 관계가 있어 보인다.

이제 POLS부터 추정을 시작해보자.

```
. reg lowbrth afdcprc lphypc lbedspc lpcinc lpopul d90, r

Linear regression                               Number of obs     =        100
                                                F(6, 93)          =       5.06
                                                Prob > F          =     0.0002
                                                R-squared         =     0.2509
                                                Root MSE          =     1.0413

------------------------------------------------------------------------------
             |               Robust
     lowbrth | Coefficient  std. err.      t    P>|t|     [95% conf. interval]
-------------+----------------------------------------------------------------
     afdcprc |   .0955932    .087742     1.09   0.279     -.078645    .2698314
      lphypc |   .3080648   .6460398     0.48   0.635    -.9748422    1.590972
     lbedspc |   .2790041   .5639608     0.49   0.622    -.8409102    1.398918
      lpcinc |  -2.494685   .8673108    -2.88   0.005    -4.216993   -.7723779
      lpopul |    .739284    .646206     1.14   0.256     -.543953    2.022521
         d90 |   .5797136   .2586903     2.24   0.027     .0660059    1.093421
       _cons |   26.57786   6.696711     3.97   0.000     13.27952     39.8762
------------------------------------------------------------------------------
```

OLS 추정결과에 따르면 AFDC 수급자 비중이 증가하면 저체중 출생아 비중이 증가하는 경향이 있다. 다만, 그 정도는 통계적으로 유의하지는 않았다.

이번에는 주 단위에서 고정효과가 있고, 이 고정효과가 AFDC 수급자 비중과 상관관계가 있다고 해보자. 이를 고정효과 모형을 이용해서 추정해보자. 아래 고정효과 추정결과에 따르면 OLS 추정결과와 반대로 AFDC 수급자 비중이 높을수록 저체중 출생아 비중이 감소함을 알 수 있다. 이는 복지정책의 긍정적인 효과라고 볼 수 있다.

```
. xtreg lowbrth afdcprc lphypc lbedspc lpcinc lpopul d90, fe r

Fixed-effects (within) regression               Number of obs     =        100
Group variable: id                              Number of groups  =         50

R-squared:                                      Obs per group:
     Within  = 0.3839                                         min =          2
     Between = 0.1741                                         avg =        2.0
     Overall = 0.1679                                         max =          2

                                                F(6,49)           =       5.62
corr(u_i, Xb) = -0.9394                         Prob > F          =     0.0002

                                  (Std. err. adjusted for 50 clusters in id)
------------------------------------------------------------------------------
             |               Robust
     lowbrth | Coefficient  std. err.      t    P>|t|     [95% conf. interval]
-------------+----------------------------------------------------------------
     afdcprc |  -.1760763    .075045    -2.35   0.023    -.3268848   -.0252678
      lphypc |   5.894509   3.029538     1.95   0.057    -.1935754    11.98259
     lbedspc |  -1.576195   1.208617    -1.30   0.198    -4.005002    .8526125
      lpcinc |  -.8455268   1.450936    -0.58   0.563    -3.761291    2.070238
      lpopul |   3.441116   2.627762     1.31   0.196    -1.839568    8.721801
         d90 |   .1060158   .3593691     0.30   0.769    -.6161634     .828195
       _cons |    -4.0138   26.08214    -0.15   0.878    -56.42782    48.40022
-------------+----------------------------------------------------------------
     sigma_u |  3.0975315
     sigma_e |  .18464547
         rho |  .99645917   (fraction of variance due to u_i)
------------------------------------------------------------------------------
```

Version 17: Bayesian Panel 모형

bayes: xtreg 명령어를 이용하면 베이지안 패널 임의효과 모형을 추정할 수 있다. 종속변수가 연속변수가 아니라 이항 확률변수인 경우에는 bayes: xtprobit, 카운팅 변수인 경우에는 bayes: xtpoisson을 사용할 수 있다.

다음과 같은 데이터를 불러들이자.

```
. webuse nlswork6, clear
(Subsample of 1986 National Longitudinal Survey of Young Women)
```

이 데이터는 1968년도에 14세에서 24세까지 여성에 대한 종단 자료이다. 여기에서는 로그-임금을 종속변수로 교육(grade), 경력(ttl_exp)과 경력제곱, 표준도시지역 거주 여부(not_smsa)를 이용하여 베이지안 패널 임의효과 모형을 추정해보자. bayes: xtreg을 사용하면 된다.

모형은 다음과 같다.

```
. bayes, mcmcsize(1000) rseed(17): ///
> xtreg ln_wage grade c.ttl_exp##c.ttl_exp i.not_smsa
note: Gibbs sampling is used for regression coefficients and variance
      components.

Burn-in 2500 aaaaaaaaa1000aaaaaaaaa2000aaaaa done
Simulation 1000 .........1000 done

Model summary
------------------------------------------------------------------------------

Likelihood:
  ln_wage ~ normal(xb_ln_wage,{sigma2})

Priors:
                {ln_wage:grade} ~ normal(0,10000)                          (1)
              {ln_wage:ttl_exp} ~ normal(0,10000)                          (1)
  {ln_wage:c.ttl_exp#c.ttl_exp} ~ normal(0,10000)                          (1)
           {ln_wage:1.not_smsa} ~ normal(0,10000)                          (1)
                {ln_wage:_cons} ~ normal(0,10000)                          (1)
                        {U[id]} ~ normal(0,{var_U})                        (1)
                       {sigma2} ~ igamma(0.01,0.01)

Hyperprior:
  {var_U} ~ igamma(0.01,0.01)
------------------------------------------------------------------------------
```

추정치는 다음과 같다.

```
(1) Parameters are elements of the linear form xb_ln_wage.

Bayesian RE normal regression                    MCMC iterations  =      3,500
Metropolis-Hastings and Gibbs sampling           Burn-in          =      2,500
                                                 MCMC sample size =      1,000
Group variable: id                               Number of groups =        831
                                                 Obs per group:
                                                              min =          1
                                                              avg =        1.4
                                                              max =          5
                                                 Number of obs    =      1,174
                                                 Acceptance rate  =       .796
                                                 Efficiency:  min =     .02411
                                                              avg =     .07145
Log marginal-likelihood                                       max =      .1676

------------------------------------------------------------------------------
             |                                                Equal-tailed
             |      Mean   Std. dev.     MCSE     Median  [95% cred. interval]
-------------+----------------------------------------------------------------
ln_wage      |
       grade |  .0696248   .0052371    .00082    .069638   .0591421     .07999
     ttl_exp |  .0404646   .0070371   .000544   .0404901    .026454    .053855
             |
   c.ttl_exp#|
   c.ttl_exp | -.0005053   .0003978   .000039  -.0005132  -.0012609   .0003009
             |
 1.not_smsa  | -.1502314   .0251494   .002755   -.150213   -.200979  -.1014476
       _cons |  .5646936   .0658804     .0099   .5680976   .4377888   .6957415
-------------+----------------------------------------------------------------
       var_U |  .0801363   .0073138   .001258   .0795163   .0674855   .0959143
      sigma2 |  .0673308   .0046724   .000952   .0671238   .0590742   .0771401
------------------------------------------------------------------------------
Note: Default priors are used for model parameters.
```

grade에 대한 사후분포는 양수이고 평균 7%의 효과를 보여주고 있다. 경력의 경우 평균 4% 이지만 그 수익률은 체감하고 있음을 알 수 있다.

계수나 분산에 대한 사전정보가 있다면, 연구자가 사전분포를 정해줄 수 있다. 예를 들어, 학력에 대한 수익률은 양수이면서 그 값은 일정 구간 안에 존재한다고 하면 0과 15 사이의 일양분포(uniform distribution)로 사전분포를 정해줄 수 있다.

```
. bayes, mcmcsize(1000) rseed(17) prior({ln_wage:grade}, uniform(0,15)): ///
> xtreg ln_wage grade c.ttl_exp##c.ttl_exp i.not_smsa
note: Gibbs sampling is used for variance components.

Burn-in 2500 aaaaaaaaa1000aaaaaaaaa2000aaaaa done
Simulation 1000 .........1000 done

Model summary
------------------------------------------------------------------------------
Likelihood:
  ln_wage ~ normal(xb_ln_wage,{sigma2})

Priors:
 {ln_wage:ttl_exp c.ttl_exp#c.ttl_exp 1.not_smsa _cons} ~ normal(0,10000)  (1)
                                       {ln_wage:grade} ~ uniform(0,15)    (1)
                                              {U[id]} ~ normal(0,{var_U}) (1)
                                             {sigma2} ~ igamma(0.01,0.01)

Hyperprior:
  {var_U} ~ igamma(0.01,0.01)
------------------------------------------------------------------------------
```

추정결과는 다음과 같다. 교육에 대한 수익률은 거의 동일한 것으로 추정되었다.

```
(1) Parameters are elements of the linear form xb_ln_wage.

Bayesian RE normal regression                   MCMC iterations  =      3,500
Metropolis-Hastings and Gibbs sampling          Burn-in          =      2,500
                                                MCMC sample size =      1,000
Group variable: id                              Number of groups =        831
                                                Obs per group:
                                                             min =          1
                                                             avg =        1.4
                                                             max =          5
                                                Number of obs    =      1,174
                                                Acceptance rate  =      .6181
                                                Efficiency:  min =    .009861
                                                             avg =     .01259
Log marginal-likelihood                                      max =     .01751
```

	Mean	Std. dev.	MCSE	Median	Equal-tailed [95% cred. interval]	
ln_wage						
grade	.0691558	.0063225	.002013	.0692614	.0567288	.0819581
ttl_exp	.0389882	.0080916	.002355	.0390646	.0228502	.0530886
c.ttl_exp# c.ttl_exp	-.0004548	.0004804	.000153	-.0004778	-.0013733	.0005973
1.not_smsa	-.1452854	.0241483	.006649	-.1450175	-.1934294	-.0947368
_cons	.5751218	.0727991	.022234	.5795395	.4176046	.7018132
var_U	.0785815	.0082846	.00198	.0784331	.0615956	.0956798
sigma2	.0688682	.0059815	.001537	.0684258	.0583475	.0823034

Note: Default priors are used for some model parameters.

CHAPTER 10 EXERCISES

01 airfare.dta를 사용하자. 다음과 같은 모형을 추정하려고 한다.

$$\log(fare_{i,t}) = \alpha + \beta_1 concen_{i,t} + \beta_2 \log(dist_i) + \beta_3 [\log(dist_i)]^2 + a_i + \lambda_t + e_{i,t}$$

이 모형을 POLS로 추정해보자. 시장점유율($concen_{i,t}$)이 10% 증가할 때 항공료는 얼마나 증가하는가?

02 이 모형을 between estimator로 추정해보자. 시장점유율의 한계효과는 어떻게 달라지는가?

03 이 모형을 random effects 추정법으로 추정해보자. 시장점유율의 한계효과는 어떻게 달라지는가?

04 이 모형을 fixed effects 추정법으로 추정해보자. 시장점유율의 한계효과는 어떻게 달라지는가?

05 RE와 FE 추정치에 대하여 하우스만 검정을 실시하시오. 검정 결과가 의미하는 바는 무엇인가?

CHAPTER 11

경제분석을 위한 STATA Version 17 4th edition

생존분석

1 개요

가) 모수적 접근

최근 들어 생존분석이 매우 유행이다. 분야를 가리지 않고 다양한 분석에서 많이 사용되고 있다. 예컨대 실업수당 수급자가 구직활동의 결과로 일자리를 찾아나갈 때까지 소요되는 시간에 관한 연구, 특히 실업수당 금액의 크기가 크면 구직노력이 작게 투입되어 결과적으로 실업의 기간을 연장시키는 효과가 있는지에 관한 연구를 예를 들 수 있다. 국민기초생활보장제도 수급권자 중 근로능력자가 탈수급/탈빈곤 할 때까지 소요되는 시간과 수급제도의 (인과)관계에 관한 연구도 생존분석의 좋은 예가 된다. 중소기업에 대한 정책이 생존가능성이 낮은 한계기업을 지원함으로써 자원의 효율적 집행이 이뤄지지 못하고 있는 것은 아닌가에 관한 질문도 생존분석을 통해 답을 할 수 있다.

이러한 문제들에 대한 실증분석은 특정 상태의 지속기간(duration)과 외생적인 정책변수 혹은 통제변수들간의 관계를 추정하는 것이 핵심이다. 예컨대 다음과 같이 실업급여액과 실업에서 탈출할 때까지 소요된 시간에 대한 자료가 있다고 해보자.

실업수당(benefit)	수급기간(duration)
3	1
4	5
2	9
8	20

이러한 자료에 단순회귀분석은 식(1)을 염두에 두고 회귀분석을 하게 된다. 실업수당 x가 1 만큼 변했을 때, 수급기간 t가 얼마나 변했는지를 추정하게 된다.

(1) $$t_i = \beta_0 + \beta_1 x_i + e_i$$
$$e_i \sim N(0, \sigma^2)$$

혹은 수준변수인 시간 대신에 로그를 취한 로그-시간을 종속변수로 한 모형을 추정하기도 한다. 식(2)는 실업수당이 1만큼 변했을 때, 수급기간이 몇 % 변했는지를 추정하는 식이다.

(2) $$\log(t_i) = \beta_0 + \beta_1 x_i + e_i$$
$$e_i \sim N(0, \sigma^2)$$

식(1)과 식(2) 같은 선형회귀모형의 추정은 직관적이면서 쉽다는 장점이 있다. 하지만 동시에 단점도 있다. 예컨대 단순회귀분석 모형이 옳다면 지속기간의 분포는 식(3)과 같이 정규분포를 따르게 된다.

(3) $$t_i \sim N(\beta_0 + \beta_1 x_i, \sigma^2)$$

하지만 정규분포는 전형적인 지속기간의 분포를 묘사하는데 제약이 있다. 첫째, 탈수급할 (조건부)확률이 실업 지속기간 동안 일정하다고 가정하면, 지속기간의 분포는 정규분포가 아닌 지수분포(exponential distribution)를 따르게 된다. 둘째, 실업급여 수급을 시작한 후 열심히 구직한 사람들은 수급 초기에 직업을 찾아 탈수급 하거나, 수급기간의 거의 마지막 시점에서 다수의 탈수급이 발생하는 것이 보통이기 때문에 지속기간의 최빈점이 1개가 아니라 2개가 존재할 가능성이 높다. 셋째, 지속기간은 정의상 양수이어야만 하는데, 정규분포는 음(−)일 확률이 작지 않다. 넷째, 자료에 나와 있지는 않지만, 일부 지속기간은 일자리를 찾지 못한 채 그냥 수급기간이 종료된 것일 수도 있다.

즉 소위 말하는 우측절단(right censoring)이 존재할 가능성이 있다. 물론 이 경우만 문제라면 cnreg를 이용하여 회귀분석을 추정할 수 있다.

요약해보면, 단순회귀분석 모형에 기초한 회귀분석은 근본적으로 지속기간의 결정요인을 설명하는 데 있어서 근본적인 문제가 있을 수밖에 없다. 회귀분석을 통해 모수적 분석을 하고 싶으면, 지속기간의 분포를 잘 근사할 수 있는 오차항의 분포를 사용하는 것이 필요하다.

> 지속기간의 경우 정규분포에 기반을 둔 회귀분석을 이용하여 추정하는 것은 부적절한 접근 방법이다.

나) 반모수적 접근(semi-parametric approach)

지속기간에 대한 특정한 분포 가정 없이 추정할 수 있는 방법을 고려할 수도 있다. 하나의 대안으로 지속기간 자체에 대한 정보 대신, 시간적 순서(time ordering)만을 이용하는 방법이 있다. 소위 말하는, 첫 번째 사건이 일어난 사건을 이용하여, 그 사건이 일어날 확률을 추정(analyze-the-first-failure method)하는 것이다.

실업수당(benefit)	수급기간(duration)	탈수급여부(exit)
3	1	1
4	5	0
2	9	0
8	20	0

이 경우, 탈수급 여부의 이항 변수를 이용하여 logit 혹은 probit 모형을 추정할 수 있다.

(4) $$\Pr(\text{탈수급}=1)=\frac{1}{1+\exp(-(\beta_0+\beta_1 x_i))}$$

예컨대 로짓 모형을 사용하는 경우, 다음과 같은 명령어를 이용하면 된다.

```
• logit exit benefit
```

이러한 모형의 가장 일반적인 버전이 Cox 회귀모형(1972)이다. 로짓 또는 프로빗 모형에 기초한 추정은 지속기간에 대한 특별한 가정 없이 가능하다는 장점과 동시에 단점을 가지고 있다. 기본적으로 지속기간은 시간적 순서(temporal ordering)를 결정하는 역할만을 하게 된다.

다) 비모수적 접근법

위 방법은 지속기간의 분포에 대해서는 가정하지 않았지만, 공변량(covariate)이 지속기간에 영향을 주는 방식은 선형모형을 가정하고 확률이 로짓 모형을 따른다는 점에서 반모수적 방법이다. 이렇듯 특별한 가정을 사용하지 않고서도 지속기간 하나만 가지고 지속기간의 분포에 대해서 어느 정도 추정할 수 있다. 예컨대 Kaplan and Meier(1958)의 추정방법을 쓰면 가능하다.

좀 더 구체적으로는 다음과 같은 확률들을 비모수적으로 추정할 수 있다.

- Pr(지속기간이 2에서 끝날 확률)
- Pr(지속기간이 5에서 끝날 확률)
- Pr(지속기간이 7에서 끝날 확률)
- Pr(지속기간이 8에서 끝날 확률)

다만 0에서 2사이, 2에서 5사이, 5에서 7사이의 확률은 자료에서 관측되지 않기 때문에 사이의 확률은 추정할 수가 없다. 만약 그 사이의 확률도 추정가능 하다면 좀 더 효율적인(표준오차가 좀 더 작은) 추정치를 얻을 수 있을 것이다. 예컨대 지속기간이 1.1개월, 1.2개월에 끝날 확률을 추정할 수 있다면 말이다.

- Pr(지속기간이 1.1에서 끝날 확률)
- Pr(지속기간이 1.2에서 끝날 확률)

하지만 자료가 관측되지 않은 기간에 대해서는 확률이 어떤 모습을 갖고 있는지 모르기 때문에 한계가 있다. 이런 의미에서 모수적 기저확률이 옳다면, 좀 더 효율적인 추정치를 얻을 수 있게 된다.

2 생존분석의 기본모형

궁극적인 우리의 관심은 지속기간(T)의 분포(F(t))에 대해서 알고, 그 분포가 공변량(covariates)에 의해서 어떻게 영향을 받는지에 있다. 이러한 분석을 통해서 우리의 연구 질문을 답하려고 하는 것이다. 지속기간 T의 분포함수는 아래와 같이 정의된다.

(5) $F(t) = \Pr(T \leq t)$

지속기간의 분포는 특정 시점까지 죽어있을 확률이기 때문에 직관적으로 이해하기 쉽지 않다. 따라서 그 반대인 생존함수(survivor function), 즉 특정 시점에 살아있을 비조건부 확률을 분석하는 것이 보통이다. 생존함수 $S(t)$는 아래와 같이 정의된다.

(6) $S(t) = 1 - F(t) = \Pr(T > t)$

생존함수와 지속기간의 분포함수는 다음과 같은 관계로 맺어진다. 즉 생존함수를 미분해서 마이너스 부호를 붙여주면 지속기간의 밀도함수를 구할 수 있다.

(7) $f(t) = -S'(t)$

하지만 실제 분석에서는 생존함수보다는 생존함수와 일대일 관계에 있는 위험률함수(hazard function)를 중심으로 모든 논의가 이루어지고 있다. 위험률함수는 t 시점까지 사건이 발생하지 않았을 때 그 다음 짧은 기간 동안에 사건이 발생할 확률로 정의된다. 예컨대 실업급여의 경우, t 시점까지 계속 수급을 할 경우, t기 근방에서 탈수급할 조건부 확률이 위험률이다. 식(8)과 같이 위험률함수를 구체적으로 정의하자. 그러면 생존함수와 위험률함수와의 관계는 아래와 같이 구해진다.

(8)
$$\begin{aligned} h(t) &= \lim_{\Delta t \to 0} \frac{\Pr[t + \Delta t > T > t | T > t]}{\Delta t} \\ &= \frac{f(t)}{S(t)} \\ &= -\frac{d\log S(t)}{dt} \end{aligned}$$

정리하면, 4가지 함수 밀도함수(f), 분포함수(F), 생존함수(S), 위험률 함수(h) 중 하나만 식별할 수 있으면 나머지는 수학적 관계에 의해 자동적으로 결정된다. 그 중 분석의 핵심은 위험률 함수이기는 하지만, 하나를 외워야 한다면 누적위험률 함수를 외우는 것이 매우 핵심적이고, 편리하고, 중요하다. 그리고 위험률함수 자체는 직접 해석하는 것이 힘들지만 누적위험률함수는 직관적으로 해석이 가능하다. 누적위험률 함수는 아래와 같이 정의된다.

$$
\begin{aligned}
(9)\qquad H(t) &= \int_{Q}^{t} h(s)ds \\
&= \int_{0}^{t} \frac{f(s)}{S(s)}ds \\
&= \int_{0}^{t} \frac{1}{S(s)}\left(-\frac{dS(s)}{du}\right)ds \\
&= -\log(S(t))
\end{aligned}
$$

따라서 생존함수와 누적위험률함수와의 관계는 아래와 같이 구해볼 수 있고, 꼭 외워두어야 하는 관계이기도 하다.

$$
\begin{aligned}
(10)\qquad & S(t)=\exp(-\mathrm{H}(t)) \\
& F(t)=1-\exp(-\mathrm{H}(t)) \\
& f(t)=h(t)\exp(-\mathrm{H}(t))
\end{aligned}
$$

예컨대 위험률이 전 지속기간 동안 λ로 일정한 경우, 지속기간과 관련된 분포는 식(11)과 같이 구해진다. 이 분포는 다름 아닌 지수분포(exponential distribution)이다. 즉 위험률이 일정할 경우 지속기간은 지수분포를 따르게 된다.

$$
\begin{aligned}
(11)\qquad & H(t)=\lambda t \\
& S(t)=\exp(-\lambda t) \\
& F(t)=1-\exp(-\lambda t) \\
& f(t)=\lambda\exp(-\lambda t)
\end{aligned}
$$

다른 한편, 위험률함수가 일정한 것이 아니라 지속기간에 따라 변하는, 즉 상태의존성(state dependence)을 갖는 베이블 분포(Weibull distribution)를 따르는 경우, 지속기간은 다음과 같은 형태로 주어진다.

$$
\begin{aligned}
(12)\qquad & h(t)=pt^{p-1} \\
& H(t)=t^{p} S(t)=\exp(-t^{p}) \\
& F(t)=1-\exp(-t^{p}) \\
& f(t)=pt^{p-1}\times\exp(-t^{p})
\end{aligned}
$$

위험률은 순간 시간에서 벌어지는 일종의 변화율(rate) 혹은 강도(intensity)이기 때문에 물리적으로, 직접적으로 해석하기가 쉽지 않다. 반면 누적위험률은 주어진 시간 동안 실제 노출된 위험의 총량을 나타내는 것이기 때문에 물리적으로, 직접적으로 해석하기가 좀 더 용이하다. 즉 누적위험률을 주어진 시간 동안에 몇 번 사건이 발생할 것인지에 대한 기대값으로 해석해볼 수 있다.

▌포아송 분포와 지수 분포

위험률이 상수 λ인 경우, 지속시간 T의 분포는 지수분포를 갖게 되고, 해당 사건이 몇 번 일어났는지 N의 분포는 포아송 분포를 따르게 된다.

예컨대 실업수당을 받는 구직자의 탈수급 문제에 있어서, 위험률이 $\lambda = 0.2$이고, 시간의 단위는 월이라고 해보자. 1년은 12개월이기 때문에, 1년이면 평균 2.4번(0.2×12) 정도의 직업제안을 받는다고 볼 수 있다.

지속기간(T)에 대한 추정이 끝난 후에는 분포의 특성에 대한 요약통계량을 계산해 볼 수 있다. 특히 평균이나 중위수는 지속기간이 얼마나 긴지를 잘 요약해서 보여줄 수 있다.

지속기간의 평균은 지속기간이 양(+)의 값만을 갖는 확률변수임을 이용하여 다음과 같이 구해볼 수 있다.

(13) $$E(T) = \int_0^\infty S(\tau)d\tau$$

예컨대 지속기간이 Weibull 분포를 따르는 경우, 평균 지속기간은 아래와 같이 주어진다.

(14) $$E(T) = \Gamma(1 + \frac{1}{p})$$

3 위험률 모형

생존분석에서 관심은 지속기간의 분포에 있다. 하지만 지속기간의 분포를 타켓으로 하는 경우는 거의 없고, 대신에 위험률함수를 모형화하고 이를 추정하는 것이 보통이다.

위험률함수의 일반적인 형태는 아래와 같이 가정한다. 즉,

(15) $h_i(t) = g(h_0(t), \beta_0 + x_i\beta_1)$

위 위험률 함수에 대한 해석은 모든 사람이 동일한 위험률 $h_0(t)$에 직면하고 있는 동시에 위험률의 차이는 $\beta_0 + x_i\beta_1$에 의해서 만들어지는 것이다. 한편 위험률은 강도(intensity)이기 때문에 음(−)이면 안 된다는 제약을 만족시켜야 한다.

특별히 식(16)과 같은 형태의 비례위험함수(proportional hazard model, PH)가 자주 사용되고 있다.

(16) $h_i(t) = h_0(t)\exp(\beta_0 + x_i\beta_1)$

PH 모형 같은 경우, 베이스라인 위험률과 개인의 관측가능한 이질성이 서로 곱하기의 형태로 결합이 되어 있다는 것이 특징이다. exp()이 사용된 것은 단지 위험률함수가 음(−)이 되는 것을 방지하기 위한 모형의 선택일 뿐, 다른 형태의 함수가 사용되기도 한다.

생존분석에 있어서 가장 핵심은 위험률함수를 정의하고, 이에 영향을 주는 변수들의 효과를 추정하는 것이다.

베이스라인 위험률함수를 어떻게 가정하느냐에 따라서 반모수적(semi-parametric) 모형 혹은 모수적(parametric) 모형으로 구분할 수 있다. 모수적인 경우 베이스라인에 대한 가정이 상수인지 아니면 시간에 따라 변하는지에 따라, 상수인 경우 지수 모형(exponential model) 혹은 베이불 모형(Weibull model)으로 구분할 수 있다.

반모수적인 경우에는 베이스라인 위험률함수에 대한 특별한 가정 없이 관측가능한 이질성의 위험률 기여도인 β_x를 추정하게 된다. 베이스라인 위험률함수는 계산 중간에

약분되어 없어지기 때문에 굳이 어떤 함수 형태를 갖는지 가정할 필요가 없다. 사건이 발생한 시점의 이항-결과만을 이용하여 추정하게 된다. 이러한 모형을 Cox의 PH 모형이라고 한다.

4 우측절단(right-censoring)

생존분석 자료 중에서 잘 알려진 문제는 우측절단의 문제이다. 우측절단이란, 지속기간이 연구자가 관심을 가지고 있는 사건에 의해서 끝난 것이 아니라 관측기간이 끝나서 지속기간이 단절된 경우를 말한다. 예컨대, 은퇴한 노인의 노동시장 복귀 요인에 관한 연구의 경우, 특정 시점에서 설문조사를 하게 되는데, 그 시점까지 노동시장에 복귀하지 않은 사람은 지속기간이 우측절단된 상태에서 관측된 경우이다. 다른 예를 들어보자. 실업급여를 받은 후에 일자리를 찾아 탈수급할 때까지의 지속기간에 대한 결정요인을 알고 싶은데, 관측된 지속기간은 두 가지 요인에 영향을 받는다. 첫째, 수급기간 내에 일자리를 찾아 탈출하는 사건. 둘째, 수급기간이 끝나서 더 이상 관측되지 않는 경우. 두 번째 경우는 지속기간이 수급기간보다 길다는 정보 외에는 더 이상의 정보는 주지 않는다.

이와 같은 상황을 예시하면 아래 [그림 11.1]과 같다. 수급기간 내에 일자리를 찾은 경우는 $t=5$ 또는 $t=7$과 같이 실업기간이 온전히 관측되지만, 최대 지급가능기간 $(t=9)$ 이후에 일자리를 찾은 경우에는 실업기간이 9로 관측되고 말 것이다.

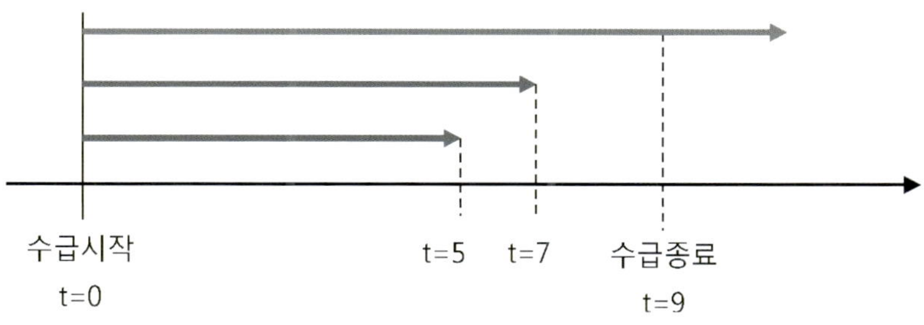

그림 11.1 우측절단 개념도

이러한 우측절단이 존재하면, 관측된 지속기간이 실제 지속기간보다 짧게 된다. 따라서 우측절단이 있으면 우도함수에 포함되는 개별 우도함수가 다음과 같아야 한다.

(17) $\Pr(T \geq t) = S(t)$

5 자료의 형태

가) 표준적인 자료 형태

본격적인 실증분석에 앞서 자료가 어떤 형태로 주어지면 생존분석을 할 수 있는지 알아보자. 앞에서 분석했던 아래와 같은 자료의 형태는 여러 가지 이유로 불편하다. 특히 우측절단이 된 경우가 아주 많기 때문에 다른 형태의 자료가 필요하다.

duration	benefit
1	3
3	4
4	2
20	8
24	5

위의 자료 형태 대신 Stata의 생존분석에서 자주 사용되는 자료 양식은 아래와 같다.

pid	t0	t1	outcome	benefit
1	0	1	1	3
2	0	3	1	4
3	0	4	1	2
4	0	20	1	8
5	0	24	0	5

이 포맷의 특징은 사건이 발생한 시점($t1$)과 더불어 관측 시작 시점($t0$)과 관측 종료 시점의 상태($outcome$)가 기록되므로, 지속기간($t1-t0$)이 완결된 것인지, 아니면 우측절단된 것인지 알 수 있다는 점이다. 예컨대 pid = 5인 관측치의 경우, outcome = 0이므로 우측절단되었음을 알 수 있다.

만일 pid = 3인 노동자의 관측치가 다음 표와 같다고 하자. 이 경우에는 여전히 지속기간은 4이지만, 실업급여를 받기 시작한 기간이 t0 = 5로 다른 수급자들보다 늦게 실업급여를 받기 시작하였다.

pid	t0	t1	outcome	benefit
1	0	1	1	3
2	0	3	1	4
3	**5**	**9**	**1**	**2**
4	0	20	1	8
5	0	24	0	5

아래 표의 pid = 3과 같이 동일한 노동자가 여러 번 관측되면 outcome 변수에 따라서 Stata는 지속기간을 파악할 수 있다. 세 번째 행을 보면, 0기에서 2기까지 먼저 관측되었다. 그리고 2기에서 3기까지, 다음으로는 3기에서 4기까지 관측되고, 지속기간도 완료되었다. 이렇게 관측이 기록된 경우에도 Stata에서는 지속기간을 쉽게 파악할 수 있다.

pid	t0	t1	outcome	benefit
1	0	1	1	3
2	0	3	1	4
3	**0**	**2**	**0**	**2**
3	**2**	**3**	**0**	**2**
3	**3**	**4**	**1**	**2**
4	0	20	1	8
5	0	24	0	5

나) 다른 자료 형태

이상과 같은 표준적인 형태 외에도 흔히 스냅샷(snapshot)으로 불리는 자료의 형태가 있다. 스냅샷에는 long-form과 wide-form이 있다.

예컨대 다음과 같은 Stata 생존분석 형태의 자료가 있다고 해보자. 아래 자료는 pid = 1인 실업급여 수급자가 처음 t = 0, t = 2, t = 5, t = 7, t = 8기에 구직여부를 확인받고, 해당 기간 동안 직업훈련(jobtrain) 참가 여부가 기록되어 있다.

pid	t0	t1	outcome	education	jobtrain
1	0	2	0	4	0
1	2	5	0	4	1
1	5	7	0	4	1
1	7	8	1	4	0

하지만 보통 이런 형태의 자료보다는 소위 말하는 snapshot-long-form의 형태로 주어지는 경우가 많다. 즉 pid = 1인 수급자가 0기에 등록해서 2기, 5기, 7기에 구직상태를 보고하고 그것이 기록되는 것이다. 특히 2기와 5기에는 직업훈련을 받았음을 알 수 있다. 그리고 8기에는 성공적으로 구직하여 탈수급이 이루어진 경우이다.

pid	t	event	education	jobtrain
1	0	registered	4	0
1	2	checkup		1
1	5	checkup		1
1	7	checkup		0
1	8	job		

위의 경우보다 좀 더 일반적인 자료는 시간이 일반화된 측도가 아닌, 연월일로 표시되는 경우일 것이다. date 변수에 시간 대신에 날짜가 들어가 있다. event의 경우도 rectype이 대신 들어가 있다.

pid	date	rectype	education	jobtrain
1	20090710	1	4	0
1	20090901	2		1
1	20091001	2		1
1	20091201	2		0
1	20100102	3		

남은 문제는 이런 자료를 Stata 생존분석 자료 타입으로 전환하는 것이다. 전환 후 최종상태는 아래와 같은 모습을 가지도록 자료를 전환해야 한다.

pid	date0	date1	rectype	education
1	.	20090710	1	.
1	20090710	20090901	2	4
1	20090901	20091001	2	.
1	20091001	20091201	2	.
1	20091201	20100102	3	.

이 작업을 snapspan 명령어를 이용하면 한 번에 수행할 수 있다. 예컨대 다음의 명령어를 실행시켜 보자. snapspan에 개인식별자(pid)와 기록일자(date)와 이벤트 타입(rectype)을 지정해주다. 그리고 옵션에 시작일자를 생성하는 gen(date0)를 넣어주자. 마지막으로 종료일자를 원래 date 변수를 date1로 이름을 바꾸어서 만들어주자.

```
• spapspan pid date rectype, gen(date0)
• rename date date1
```

다) stset으로 생존분석 자료임을 선언하자

stset을 이용하면, 현재 읽어들인 자료가 생존분석을 위한 자료임을 Stata에 선언할 수 있다. stset을 선언하는 이유는 다음과 같은 2가지이다. 먼저, 읽어 들인 자료가 생존분석에 적합한 자료인지 체크할 수 있다. 둘째, 여러 가지 Stata 생존분석에서 사용되는 유틸리티 등을 사용할 수 있게 된다. 먼저 stset_1.dta 자료를 읽어 들이자.

```
. use stset_1, clear
```

그리고 어떤 변수들이 포함되어 있는지를 살펴보자.

```
. list, sepby(pid)
```

	pid	date0	date1	event	x	exercise
1.	1	20jan2000	21jan2000	4	3	1
2.	2	15dec1999	20dec1999	3	2	0
3.	3	04jan2000	13jan2000	2	4	1
4.	4	31jan2000	08feb2000	1	9	1
5.	4	10feb2000	19feb2000	4	9	0
6.	5	12jan2000	14jan2000	1	-4	0
7.	5	16jan2000	18jan2000	1	-4	1
8.	5	20jan2000	25jan2000	1	-4	1
9.	5	27jan2000	01feb2000	4	-4	0

stset을 이용해 다음과 같이 생존분석이 가능한 자료로 선언할 수 있다. 먼저 시작 시점과 종료 시점을 정해주는 것이 필요하다. 거기에다 개인 식별자를 알려주어야 여러 번 등장하는 개인 자료를 하나로 인식하여 묶을 수 있다. 그리고 어떤 경우가 우리가 관심을 가지고 있는 이벤트인지 지정해주어야 한다.

여기에서는 종점이 date1, 시점이 date0, 지속기간의 완료는 event가 4인 경우를 지칭하고 있다. 그러면 다음과 같은 요약 결과를 얻을 수 있다.

```
. stset date1, origin(time date0) id(pid) failure(event == 4) time0(date0)

                id:  pid
     failure event:  event == 4
obs. time interval:  (date0, date1]
 exit on or before:  failure
    t for analysis:  (time-origin)
            origin:  time date0

------------------------------------------------------------------------------
          9  total observations
          0  exclusions
------------------------------------------------------------------------------
          9  observations remaining, representing
          5  subjects
          3  failures in single-failure-per-subject data
         46  total analysis time at risk and under observation
                                                at risk from t =         0
                                     earliest observed entry t =         0
                                          last observed exit t =        20
```

생존분석에서 중요한 변수는 언제 관측이 시작되었고, 언제 관측이 끝났고, 관측이 끝난 이유가 지속기간이 완료되어서인지 아니면 관측기간이 끝났기 때문인지 여부이다. 즉 중요한 변수는 (t_0, t, d)이다.

- t_0 : 관측시작 시점
- t : 관측완료 시점
- d : 우측절단 여부

```
. list pid date0  date1 event x _t0 _t _d, sepby(pid)
```

	pid	date0	date1	event	x	_t0	_t	_d
1.	1	20jan2000	21jan2000	4	3	0	1	1
2.	2	15dec1999	20dec1999	3	2	0	5	0
3.	3	04jan2000	13jan2000	2	4	0	9	0
4.	4	31jan2000	08feb2000	1	9	0	8	0
5.	4	10feb2000	19feb2000	4	9	10	19	1
6.	5	12jan2000	14jan2000	1	-4	0	2	0
7.	5	16jan2000	18jan2000	1	-4	4	6	0
8.	5	20jan2000	25jan2000	1	-4	8	13	0
9.	5	27jan2000	01feb2000	4	-4	15	20	1

라) 그 외의 유용한 명령어

stset을 선언한 이후에는 자료의 특성을 쉽게 파악할 수 있는 몇 가지 유용한 명령어가 있다.

- stdescribe: describe의 생존분석 버젼임
- stvary: 어떤 변수가 지속기간 동안 변하는 변수인지, 변한다면 얼마나 변하는지를 파악해줌. 특히 공변량의 경우 time-varying 인지, 아니면 time-invarying 인지는 매우 중요함
- stfill: 비어 있는 자료가 있으면, 전기의 관측치로 자동으로 채워주는 기능을 함

예컨대 stdescibe는 다음과 같이 결과를 보여준다.

```
. stdescribe

         failure _d:  event == 4
   analysis time _t:  (date1-origin)
             origin:  time date0
                 id:  pid

                                   |-------------- per subject --------------|
Category                   total        mean         min     median        max
------------------------------------------------------------------------------
no. of subjects                5
no. of records                 9         1.8           1          1          4

(first) entry time                         0           0          0          0
(final) exit time                       10.8           1          9         20

subjects with gap              2
time on gap if gap             8           2           2          2          2
time at risk                  46         9.2           1          9         17

failures                       3          .6           0          1          1
------------------------------------------------------------------------------
```

6 비모수적 추정, Kaplan-Meier Estimation

생존분석 방법은 모수적, 반모수적, 비모수적 방법으로 크게 나누어 볼 수 있다. 그 중 비모수적 추정 방법에 대해서 먼저 설명해보자.

비모수적 추정 중에서 가장 대표적인 추정방법이 Kaplan & Meier(1958)의 생존함수(survivor function) 추정이다. K-M 추정의 주요 아이디어는 식(18)과 같이 생존함수가 조건부 생존함수의 product limit인 점을 이용하여 추정치를 단순 계산한다는 것이다.

$$(18) \qquad \hat{S}(t) = \Pi_{j|t_j \le t}\left(\frac{n_j - d_j}{n_j}\right)$$

다음과 같이 자료를 읽어들여서 자료의 형태를 살펴보자.

```
. use KM_1, clear

. list, sepby(id)
```

	id	time	failed
1.	1	2	1
2.	2	4	1
3.	3	4	1
4.	4	5	0
5.	5	7	1
6.	6	8	0

```
. stset time, fail(failed)

     failure event:  failed != 0 & failed < .
obs. time interval:  (0, time]
 exit on or before:  failure

------------------------------------------------------------------------------
          6  total observations
          0  exclusions
------------------------------------------------------------------------------
          6  observations remaining, representing
          4  failures in single-record/single-failure data
         30  total analysis time at risk and under observation
                                                at risk from t =         0
                                     earliest observed entry t =         0
                                          last observed exit t =         8
```

자료를 이용하면 아래와 같은 생명표(life table)를 손으로 직접 계산하여 아래와 같이 만들 수 있다. 관측된 시점마다 그 전에 생존해있는 것 중에서 몇 개가 생존했는지의 조건부 확률을 먼저 계산하고(p), 이를 이용하여 생존함수 S(t)를 아래와 같이 계산할 수 있다.

t	No.at risk	No. failed	No. censored	p	S(t)
2	6	1	0	5/6	5/6
4	5	2	0	3/5	1/2
5	4	0	1	1	1/2
7	2	1	0	1/2	1/4
8	1	0	1	1	1/4

위와 같은 비모수적 분석은 sts list를 이용하면 쉽게 생명표를 구할 수 있다. sts list를 입력하면 다음과 같은 표가 만들어진다.

```
. sts list

        failure _d:  failed
  analysis time _t:  time

           Beg.          Net            Survivor      Std.
  Time    Total   Fail   Lost           Function     Error     [95% Conf. Int.]
-------------------------------------------------------------------------------
     2        6      1      0             0.8333    0.1521     0.2731    0.9747
     4        5      2      0             0.5000    0.2041     0.1109    0.8037
     5        3      0      1             0.5000    0.2041     0.1109    0.8037
     7        2      1      0             0.2500    0.2041     0.0123    0.6459
     8        1      0      1             0.2500    0.2041     0.0123    0.6459
-------------------------------------------------------------------------------
```

이번에는 K-M에 근거한 생존함수를 그려보자. sts graph를 이용하면 비모수적으로 추정된 K-M 생존함수를 [그림 11.2]와 같이 그릴 수 있다.

```
. sts graph, atrisk ylabel(, grid) xlabel(, grid)
```

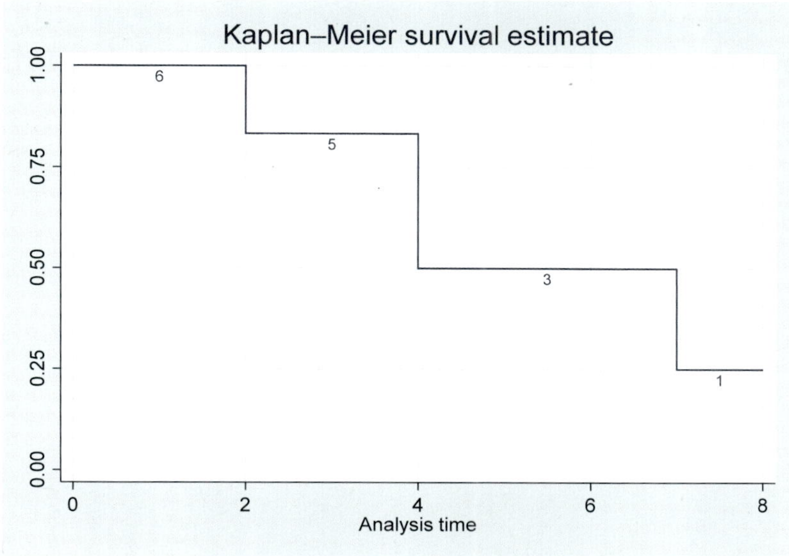

그림 11.2 Kaplan-Meier 생존함수

우리의 관심인 위험률함수는 sts graph에 옵션인 hazard를 넣어주면 된다. 단, kernel 옵션을 통해서 어떤 kernel function을 사용할 것인지를 지정해줄 수 있다.

```
. sts graph, hazard kernel(epan2) xla(,grid)
```

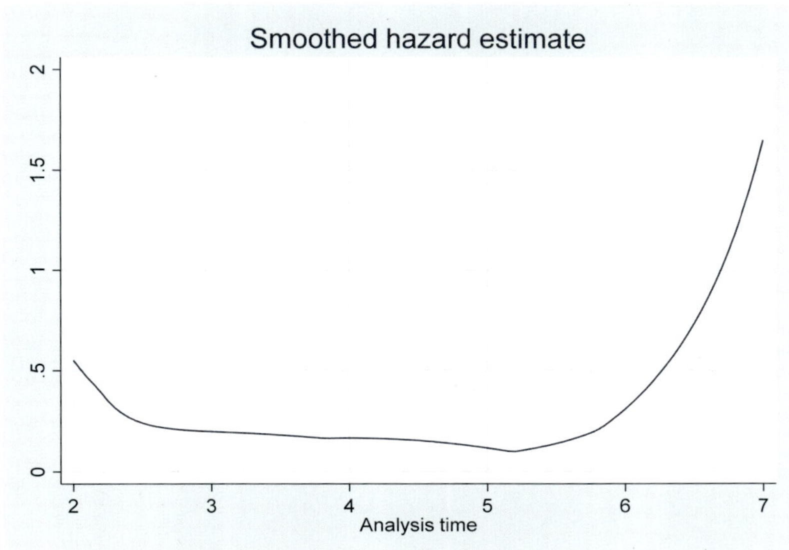

그림 11.3 Kaplan-Meier 위험률 함수

위의 추정은 앞에서 정의했던 생존함수와 누적위험률함수와의 관계, 그리고 누적위험률함수와 위험률함수와의 관계를 이용하여 추정가능하다.

$$(18)\quad \begin{aligned} S(t) &= \exp(-H(t)) \\ H(t) &= \int_0^t h(s)ds \end{aligned}$$

생존함수가 K-M 추정법을 통해 추정되었기 때문에 이를 바탕으로 누적위험률 함수를 다음과 같이 구할 수 있다.

$$(19)\quad \begin{aligned} \hat{H}(t) &= -\ln(\hat{S}(t)) \\ \hat{h}(t) &= \frac{1}{b}\sum_{j=1}^{D} K_t\left(\frac{t-t_j}{b}\right)\Delta\hat{H}(t_j) \end{aligned}$$

7 반모수적 추정방법, Cox의 비례위험률 모형(proportional hazard model)

비례위험률 모형 중에서 베이스라인 위험률에 대한 가정 없이 추정하는 반모수적 방법 중에서 가장 많이 사용되는 모형은 Cox의 PH 모형(proportional hazard model)이다.

$$(21)\quad h(t|x) = h_0(t)\exp(x\beta_x)$$

Cox의 PH 모형의 경우, $h_0(t)$에 대한 가정, 즉 지속기간에 따라 변화 없거나, 증가하거나, 감소하거나에 대한 가정 없이 β_x을 추정할 수 있다는 장점이 있다. 즉 베이스라인 위험률이 증가하든, 감소하든, 아니면 임의의 형태를 갖든지에 상관없이 추정할 수 있다.

직장 내 교육 OJT(on-the-job training)가 이직에 미치는 효과를 살펴보자. x를 처리변수인 OJT로 이용하자. jobloss.dta 자료를 불러들이자.

```
. use jobloss, clear
```

먼저 K-M 생존함수를 추정해보자. [그림 11.4]에 따르면 12개월까지는 이직이 빠르게 늘어났지만 그 이후에는 다소 이직이 감소하는 패턴을 보여주고 있다.

```
. sts graph, xla(,grid)

        failure _d:  jobloss
  analysis time _t:  (time1-origin)
            origin:  time time0
```

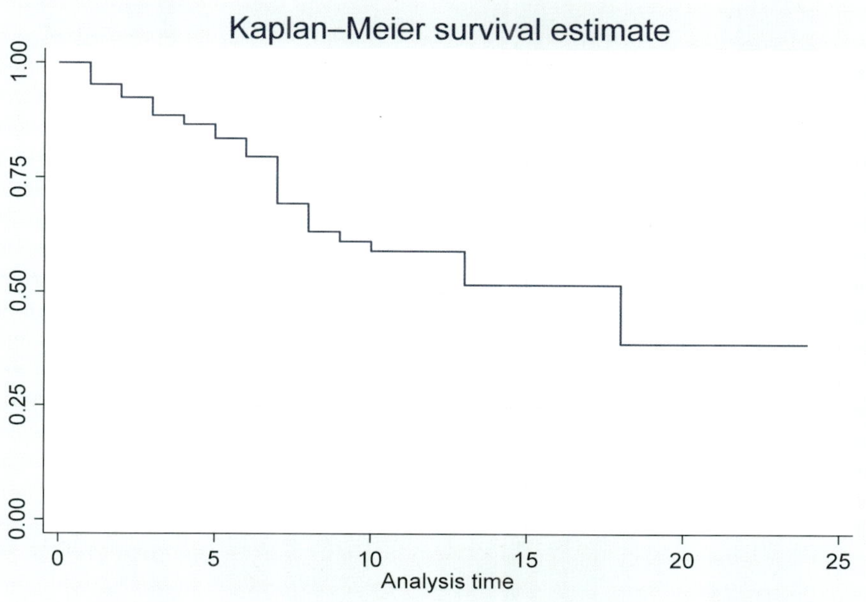

그림 11.4 K-M 생존함수

[그림 11.5]은 OJT 여부에 따른 생존함수를 보여주고 있다. OJT를 받은 사람들은 회사에 좀 더 오랫동안 남아 있었던 반면에, OJT를 받지 않은 경우에는 10개월까지 상당수의 직원이 이직했음을 확인할 수 있다.

```
. sts graph, xla(,grid) by(ojt)

        failure _d:  jobloss
  analysis time _t:  (time1-origin)
            origin:  time time0
```

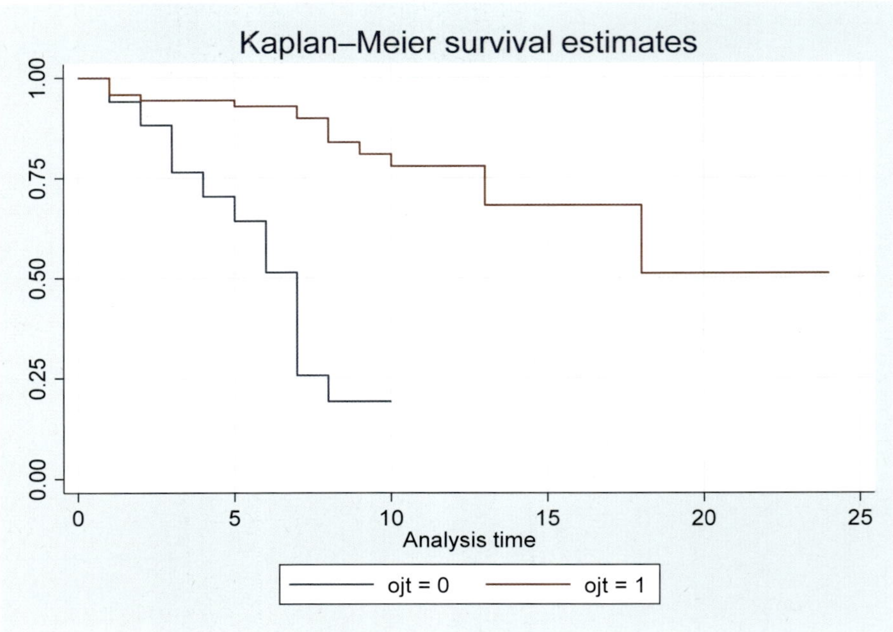

그림 11.5 OJT에 따른 K-M 생존함수

이번에는 불러들인 자료를 이용하여 Cox의 PH 모형을 추정해보자. stset을 통해서 지속기간은 이미 정의하였으므로 공변량만 포함시켜주면 된다. 명령어는 stcox이다. 아래와 같이 써 볼 수 있다. 다만, nohr는 no hazard rate으로서 추정계수를 보고하는 방식을 옵션으로 지정해주는 것이다. 이 옵션이 지정되지 않으면 베이스라인에 기초하여 위험률비율로 추정결과를 보고해준다.

```
. stcox ojt, nohr

         failure _d:  jobloss
   analysis time _t:  (time1-origin)
             origin:  time time0

Iteration 0:   log likelihood = -124.38132
Iteration 1:   log likelihood = -113.58317
Iteration 2:   log likelihood = -113.08708
Iteration 3:   log likelihood = -113.08336
Refining estimates:
Iteration 0:   log likelihood = -113.08336

Cox regression -- Breslow method for ties
```

```
No. of subjects =          106                  Number of obs    =        106
No. of failures =           31
Time at risk    =          714
                                                LR chi2(1)       =      22.60
Log likelihood  =   -113.08336                  Prob > chi2      =     0.0000
```

_t	Coef.	Std. Err.	z	P>|z|	[95% Conf.	Interval]
ojt	-1.861722	.4052797	-4.59	0.000	-2.656056	-1.067388

위의 추정결과에 따르면 β_x의 추정결과는 음(−)이고 통계적 유의성이 있다. 즉 OJT를 받은 사람이 직장에서 해고될 위험률은 낮고 그 차이도 통계적으로 유의하다는 것이다.

남은 문제는 x의 효과가 위험률 함수인 h()에 미치는 한계효과이기 때문에 평이한 언어로 효과의 크기를 이해하는 데에는 제약이 있다는 점이다. 통상적으로 효과가 없는 경우와 비교하여 OJT가 실직위험을 얼마나 낮추는지, 즉 위험률의 비율을 계산하면, 효과의 크기를 직관적으로 이해할 수 있다. 즉 hazard ratio를 계산하면 된다. hazard ratio를 보면 OJT를 받았을 때의 위험률이 받지 않았을 때의 위험률보다 15%밖에 되지 않는다.

- OJT 받았을 때 위험률 : $h(t|x=1) = h_0(t)\exp(-1.861722)$
- OJT 받지 않았을 때 위험률 : $h(t|x=0) = h_0(t)\exp(0)$
- hazard ratio: $\frac{h(t|x=1)}{h(t|x=0)} = \exp(-1.861722) = 0.1554$

생존함수는 basesurv 옵션을 추가함으로써 베이스라인 생존함수를 자동으로 구할 수 있다.

```
. stcox ojt, basesurv(s0)

         failure _d:  jobloss
   analysis time _t:  (time1-origin)
             origin:  time time0

Iteration 0:   log likelihood = -124.38132
Iteration 1:   log likelihood = -113.58317
Iteration 2:   log likelihood = -113.08708
Iteration 3:   log likelihood = -113.08336
Refining estimates:
Iteration 0:   log likelihood = -113.08336

Cox regression -- Breslow method for ties

No. of subjects =          106                 Number of obs    =        106
No. of failures =           31
Time at risk    =          714
                                               LR chi2(1)       =      22.60
Log likelihood  =   -113.08336                 Prob > chi2      =     0.0000

------------------------------------------------------------------------------
          _t | Haz. Ratio   Std. Err.      z    P>|z|     [95% Conf. Interval]
-------------+----------------------------------------------------------------
         ojt |   .1554048   .0629824    -4.59   0.000     .0702247    .3439056
------------------------------------------------------------------------------
```

그리고 line 그래프를 이용하여 이를 [그림 11.6]과 같이 그릴 수 있다.

```
. line s0 _t, c(J) sort xla(,grid) xtitle("Duration")
```

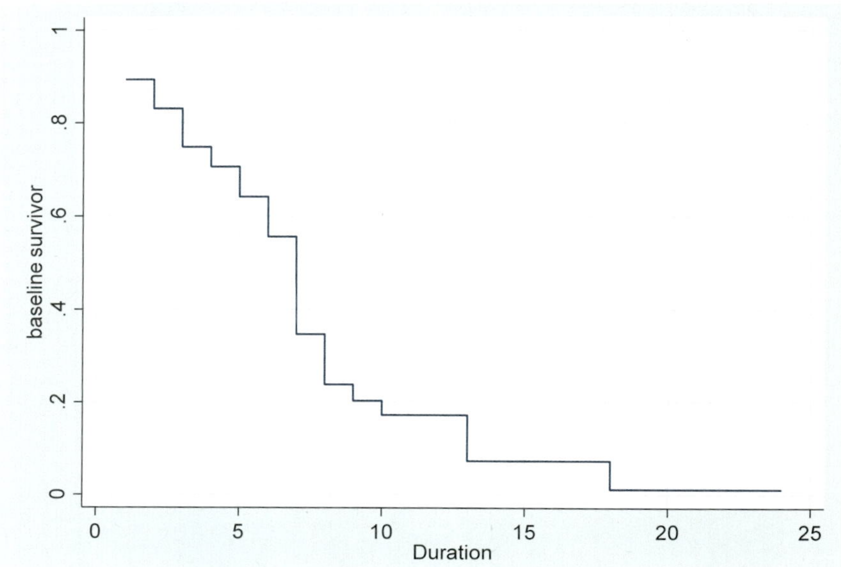

그림 11.6 Cox의 PH 모형의 생존함수

혹은 다음과 같은 명령어를 이용해서도 위 그림을 그릴 수 있다.

```
. stcurve, survival
```

한편, 직업훈련을 받은 사람들의 생존함수는 다음의 관계를 통해서 얻을 수 있다.

$$(22)\quad \begin{aligned} S(t|x) &= \exp\{-H(t|x)\} \\ &= \exp\{-\exp(x\beta_x)H_0(t|x)\} \\ &= S_0(t)\exp^{(x\beta_x)} \end{aligned}$$

따라서 앞에서 추정한 베이스라인 생존함수에 0.1554 승을 해주면, OJT를 받은 사람들의 생존함수는 다음과 같다. [그림 11.7]에 따르면 베이스라인, 즉 OJT를 받지 않은 경우와 비교해보았을 때 OJT를 받은 사람들의 생존확률이 월등히 높은 것을 눈으로 확인할 수 있다.

```
. gen s1 = s0^0.1554048
```

그러면 다음과 같은 line 그래프로 그릴 수 있다.

```
. line s1 s0 _t, sort c(J J) xtitle("Duration") xla(,grid) ///
>         legend(order(1 "OJT" 2 "Non-OJT") ring(0) pos(1) col(1))
```

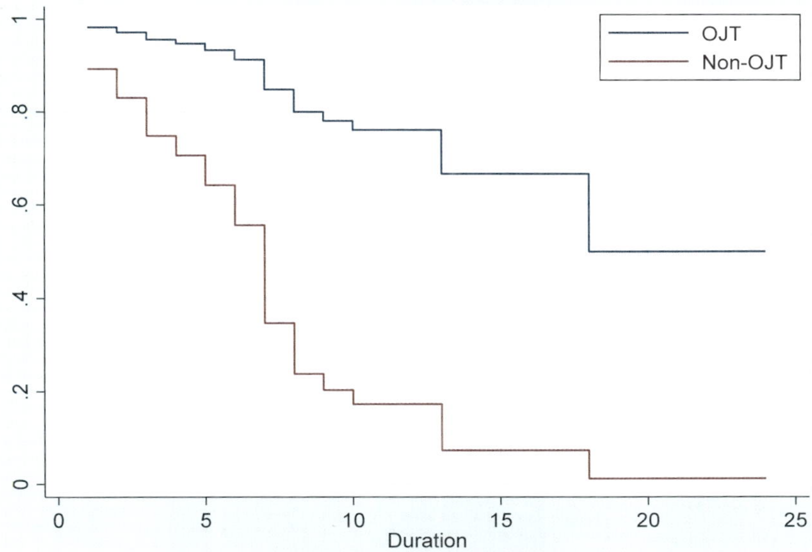

그림 11.7 직업훈련 여부 별 생존함수

위험률 함수 역시 유사한 방법을 이용해서 추정할 수 있다. stcox 모형 추정할 때 basehc 옵션을 이용해서 구할 수 있다. 위험률 함수 그래프 [그림 11.8]에서 보았듯이, OJT를 받은 경우는 지속기간이 지남에도 불구하고 대체로 낮은 수준에 머물고 있는 반면에 OJT를 받지 않은 경우는 지속기간이 14개월에 접어들면서 급속하게 증가하고 있음을 확인할 수 있다.

```
. stcox ojt, basehc(h0)

         failure _d:  jobloss
   analysis time _t:  (time1-origin)
             origin:  time time0

Iteration 0:   log likelihood = -124.38132
Iteration 1:   log likelihood = -113.58317
Iteration 2:   log likelihood = -113.08708
Iteration 3:   log likelihood = -113.08336
Refining estimates:
Iteration 0:   log likelihood = -113.08336

Cox regression -- Breslow method for ties

No. of subjects =          106                Number of obs    =         106
No. of failures =           31
Time at risk    =          714
                                              LR chi2(1)       =       22.60
Log likelihood  =   -113.08336                Prob > chi2      =      0.0000
```

_t	Haz. Ratio	Std. Err.	z	P>|z|	[95% Conf.	Interval]
ojt	.1554048	.0629824	-4.59	0.000	.0702247	.3439056

이렇게 추정된 결과를 이용하여 다음과 같이 위험률을 계산할 수 있다.

```
. gen h1 = h0*0.1554048
```

이렇게 계산된 위험률을 이용하여 다음과 같은 그림을 그릴 수 있다.

```
. line h1 h0 _t, sort c(J J)  ///
> xtitle("Duration") xla(0(5)25,grid) ///
> legend(order(1 "OJT" 2 "Non-OJT") ring(0) pos(11) col(1))
```

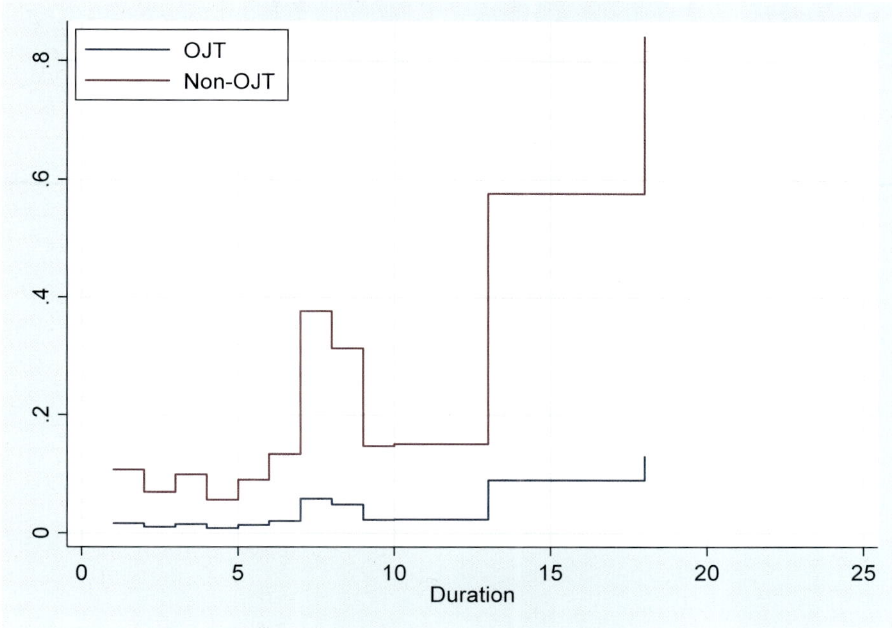

그림 11.8 직업훈련 여부 별 위험률 함수

CHAPTER 11 EXERCISES

※ kennan.dta 자료를 이용하여 다음의 질문에 답하시오.

01 파업기간 time의 요약통계량을 작성하고 특성에 대해서 설명해보시오.

02 히스토그램을 이용하여 파업 기간의 분포를 파악해보시오.

03 status 변수를 이용하여 표본 내에 우측절단이 된 파업기간이 얼마나 되는지 설명해보시오.

04 stset을 이용하여 우측절단이 있는 생존분석 자료임을 선언하시오.

05 생존표를 생성하시오.

06 Kaplan-Meier 생존함수를 그리시오.

07 위험률 함수를 그리시오.

CHAPTER 12

경제분석을 위한 STATA Version 17 4th edition

정책평가

1 정책평가의 인과추론(Causal Inference)

정책평가(program evaluation)는 쉽게 말해서 정책 D가 성과지표 y에 미친 인과효과(causal effect), 혹은 처치효과(treatment effect)에 대한 추정이다. 자연과학에서처럼 무작위 통제실험(randomized controlled trial)이 가능하다면, 정책 수혜그룹(처치군)과 비수혜그룹(대조군) 간 성과지표 평균값의 단순 비교 혹은 회귀분석을 이용하여 정책의 인과효과를 비교적 간단히 추정할 수 있다. 일부 정책은 먼저 시범사업을 거치는데, 이를 잘 설계하면 무작위 통제된 사회실험이 가능할 수 있다. 예컨대 핀란드의 기본소득실험은 유명하다. 하지만 사회실험은 종종 문제를 야기한다. 실험대상이 사람이므로 윤리 문제가 야기될 수 있다. 혹은 장기효과가 관건인 경우 실험이 사실상 불가능하다. 예컨대 누리과정의 장기효과를 알기 위해 유아가 성인이 될 때까지 기다릴 수는 없다.

우리나라에서 실증분석은 대체로 관측자료(observational data)에 의존한다. 관측자료에서 처치군은 무작위통제된 결과가 아니고 자기선택(self-selection)의 결과이다. 자기선택과 성과가 일정한 상관관계를 가지다면, 단순히 OLS로 추정된 정책의 계수값은 인과효과가 아니라 상관관계(association)를 포착할 뿐이다. 이러한 실제적 제약을 극복하고 정책의 인과효과를 규명하는 것이 정책평가의 핵심이다.

2 이중차분법: 대조군의 활용

정책의 효과를 측정하는 초보적인 방법은 정책 시행 전후의 성과를 비교하는 것이다. 담뱃세 인상 이후 흡연율이 감소하였는가? 음주운전 기준 강화로 인해 음주운전이 감소하였는가? 예컨대 음주운전 기준을 강화하는 도로교통법 개정안이 2019년 7월부터 시행되었다고 하자. 이 정책이 효과적이라면 7월부터 음주운전이 감소하는 변화를 기대할 수 있을 것이다. 하지만 음주운전에 영향을 주는 것은 이 음주운전 기준뿐만이 아닐 수 있다. 7월부터 휴가철이 시작되면서 정책과 무관하게 음주운전이 증가할 수 있다. 결국 도로교통법 개정 외에 음주운전에 영향을 주는 다른 요인들이 적절히 통제되지 못했다면, 정책 시행 전후 성과의 차이는 정책의 인과효과로 보기 어렵다.

이러한 혼동요인을 적절히 통제하기 위해서는 대조군(control group)이 필요하다. 사회실험이 가능하지 않더라도, (1)정책환경이 외생적으로 변화하고, (2)적절한 대조군이 있는 경우, 이른바 준실험적 연구(quasi-experimental study)가 가능하다. 우리나라도 정치적인 이유로 정책이 느닷없이 시행되는 경우가 많기 때문에 의도치 않은 준실험적 환경이 주어지는 경우가 많다. 이러한 상황에서 가장 흔히 쓰이는 분석도구가 이중차분법(difference-in-differences method)이다.

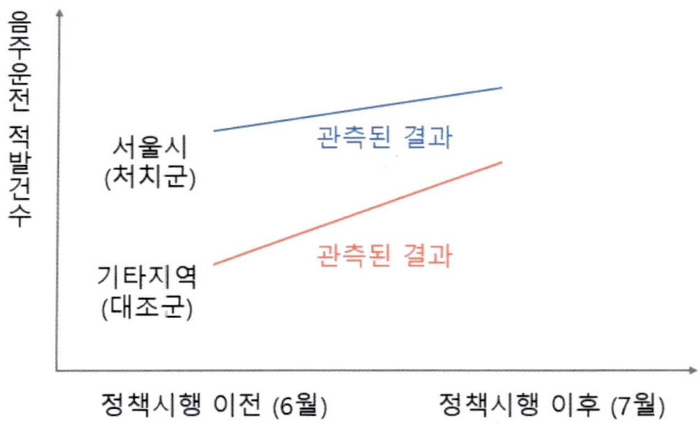

그림 12.1 처치군과 대조군의 정책시행 전후 변화

대조군을 활용하는 이중차분법의 아이디어를 설명해보자. 이번에는 도로교통법 개정안이 2019년 7월부터 우선 서울시에 국한하여 시범적으로 실시되었다고 가정하자. 이 경우 서울시를 처치군, 서울시 여타 지역을 대조군으로 활용할 수 있다. [그림 12.1]은 음준운전 기준 강화 전후 서울시와 기타지역의 음주운전 적발 건수에 대한 가설적인 상황을 보여준다.

정책시행 전후만 비교할 경우, 서울시의 음주운전 적발 건수가 오히려 증가하여 음주운전 기준 강화 정책이 역효과를 일으킨 것처럼 보인다. 그러나 음주운전 적발 건수는 처치군보다 대조군에서 더 크게 증가하는 모습을 보인다. 7월에 음주운전 적발 건수가 처치군과 대조군 모두에서 증가하는 것은 7월부터 휴가철이 시작되기 때문일 수 있다. 그렇다면 대조군 성과의 정책 시행 전후 변화(overtime change)는 계절성을 포착하고, 처치군 성과의 정책 시행 전후 변화는 계절성과 정책 효과를 모두 포함하는 것이다. 따라서 처치군과 대조군 각각에서 정책 시행 전후 변화(differences)를 먼저 구하고, 처치군의 전후변화에서 대조군의 전후변화를 차감하면(difference in differences) 정책효과를 알아낼 수 있다. 결국 서울시의 음주운전 적발 건수가 정책 시행 이후 오히려 늘어났음에도 불구하고 음주운전 기준 강화의 정책 효과는 음주운전을 억제하는 효과가 있다고 볼 수 있다.

이중차분법을 통한 추정치를 정책의 인과 효과로 해석하기 위해서는 몇 가지 가정이 필요하다. 일례로, 정책 효과에 대한 위의 해석은 계절성으로 인한 음주음전 적발 건수가 처치군과 대조군 간에 동일하다는 암묵적인 가정을 내포하고 있다. 다음 소절에서는 이중차분법의 아이디어를 루빈 인과 모형(Rubin Causal Model)이라 불리는 인과 분석에 대한 더욱 일반적인 접근법을 통해 정식화함으로써, 이중차분법의 적용에 필요한 가정과 식별에 대하여 명시적으로 논의한다.

3 두 개의 문! 한쪽의 상태만 관측된다

우리는 새로 도입된 근로장려금(소위 EITC) 정책이 노동시간에 미치는 효과에 관심이 있다고 하자. 처치 여부(treatment status)를 나타내는 변수는 W로서 노동자가 근로장려금을 받지 않으면 $W=0$, 받으면 $W=1$이다. 루빈인과모형을 이해하기 위해서는 잠재적 결과(potential outcomes)를 우선 이해할 필요가 있다. 시점 t에서 노동자의 잠재적 결과, 즉 근로시간을 $Y^{w}(t)$라고 하자. $t=1$은 근로장려금 도입 전, $t=2$는 근로장려금 도입 이후를 의미한다. 근로장려금 도입 이후 특정 노동자에 대해서 우리는 두 가지 잠재적 결과를 생각할 수 있다. 한 가지는 근로장려금을 받지 않을 때의 노동시간으로서 $Y^{0}(2)$로 표시하자. 다른 하나는 동일한 노동자가 근로장려금을 받을 때의 노동시간으로서 $Y^{1}(2)$로 나타낸다.

이 특정 노동자에 대해 우리가 알고 싶은 것은 처치 여부에 따른 잠재적 성과의 차이, 즉 $Y^{1}(2)-Y^{0}(2)$이다. 이 값은 특정 노동자가 근로장려금을 수급하지 않을 때에 비해, 수급할 때 얼마나 더 일하는지를 나타낸다. 물론 우리가 알고자 하는 것은 특정 노동자에 대한 값이 아니라, 근로장려금을 수급한 노동자($W=1$)의 평균이다. 이를 조건부기대(conditional expectation)를 활용하여 표현하면 아래와 같다.

$$\tau_{ATT}=E[Y^{1}(2)-Y^{0}(2)|W=1]$$

여기서 τ_{ATT}는 처치군에 대한 평균처치효과(average treatment effect on the treated)를 의미하며, 이것이 우리가 궁극적으로 추정하고자 하는 값(estimand)이다. 만약 $Y^{0}(2)$와 $Y^{1}(2)$가 모두 관찰된다면, τ_{ATT}는 손쉽게 추정할 수 있다. 근로장려금을 받은 각 노동자에 대해서 $Y^{1}(2)-Y^{0}(2)$를 계산하고 평균을 취하면 된다.

실증분석의 근본적인 문제는 두 가지 잠재적 성과 가운데 한 가지만 실제로 관찰된다는 점이다. 근로장려금을 받은 사람에 대해서는 $Y^{1}(2)$가 실현되고 이것은 사실적 결과(factual outcome)이다. 반면 이 사람은 실제로 근로장려금을 받았으므로, 근로장려금을 수급하지 않을 때의 잠재적 결과, 즉 $Y^{0}(2)$는 관측될 수 없다. 이처럼 관측될 수 없는 결과를 반사실적 결과(counterfactual outcome)라고 부른다. 물론 근로장려금을 실제로 받지 않은 사람의 경우에는 $Y^{0}(2)$가 실제적 결과, $Y^{1}(2)$가 반사실적 결과이다. 관측된 결과를 $Y(t)$라고 할 때, 이를 잠재적 결과로 표현하면 다음과 같다.

$$Y(t)=(1-W)Y^{0}(t)+WY^{1}(t)$$

관측된 결과만으로 τ_{ATT}를 추정하기 위해서는 다음과 같은 가정이 필요하다.

$$E[Y^0(2) - Y^0(1)| W=1] = E[Y^0(2) - Y^0(1)| W=0]$$

이것은 종종 공통추세 가정(common time trend assumption)으로 불리는데, 처치군에서 만약 처치가 없었을 경우 잠재적 결과의 추세적 변화는 대조군에서 처치가 없었을 경우의 잠재적 결과의 추세적 변화와 동일함을 의미한다. 여기서 등호의 좌측은 관측 가능하지 않은 데 반해, 등호의 우측은 관측 가능하다는 점에 주목하자. 이 가정이 유효하다면, 좌변의 반사실적 결과는 우변의 사실적 결과로 대체될 수 있다. 이를 활용하면, τ_{ATT}는 아래와 같이 관측치 $Y(t)$만으로 표현될 수 있다. 이를 일반적으로 식별(identification)이라고 한다.

$$\tau_{ATT} \equiv E[Y^1(2) - Y^0(2)| W=1]$$
$$= E[Y^1(2)| W=1] - E[Y^0(2)| W=1]$$
$$= E[Y^1(2)| W=1] - (E[Y^0(2) - Y^0(1)| W=0] + E[Y^0(1)| W=1])$$
$$= (E[Y^1(2)| W=1] - E[Y^0(1)| W=1]) - (E[Y^0(2)| W=0] - E[Y^0(1)| W=0])$$
$$= (E[Y(2)| W=1] - E[Y(1)| W=1]) - (E[Y(2)| W=0] - E[Y(1)| W=0])$$

위 식을 보면, 세 번째 등호의 전개에 공통추세 가정이 활용되었고, 마지막 등호의 전개에서는 식 (3)을 활용하였다.

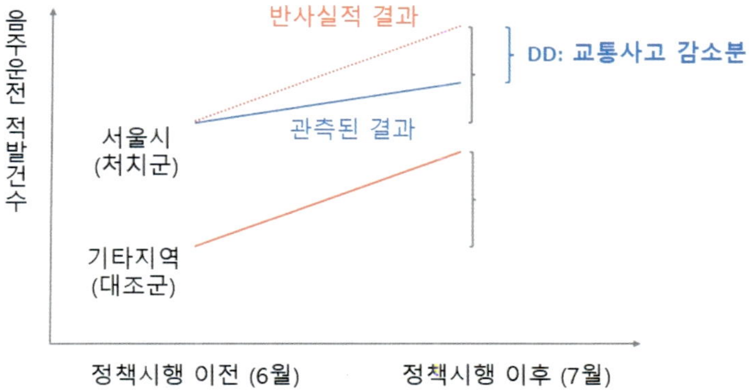

그림 12.2 이중차분법 개념도

공통추세 가정이 루빈 인과 모형 맥락에서 의미하는 바를 그림으로 표현하기 위해 음주운전 기준 강화의 예로 돌아가보자. 공통추세 가정 하에서 서울시(처치군)에 처치가 없었다면 음주운전 적발 건수가 6-7월 간 어떻게 변화했을 것인지를 나타내는 반사실적 변화가 [그림 12.2]의 점선으로 표시되어 있다. 처치군의 반사실적 결과는 관측될 수 없으므로, 대조군의 관측된 결과로부터 이를 추론하는 것이다. 이러한 가정 하에 정책효과(DD)는 처치군의 실제 변화에서 대조군으로부터 추론된 반사실적 변화를 제거하여 얻을 수 있다.

공통추세 가정은 관측될 수 없는 반사실적 결과(정책 시행 이후 처치군에 만약 처치가 없다면 발생할 결과)와 관련되어 있기 때문에, 이 가정이 성립하는지를 통계적으로 검정하는 것은 불가능하다. 다만 처치군과 대조군 간 성과변수의 추이 변화를 그려서 정책 시행 전 두 집단 간 매우 유사한 움직임이 관측됨을 보여줄 수 있다면, 독자는 공통추세 가정의 유효성을 더 신뢰할 수 있을 것이다. 물론 이러한 분석은 정책 시행 이전 시기에 대한 자료가 충분히 확보될 때에 가능하다.

두 시기(정책 시행 전/후)-두 집단(처치군/대조군)이 있는 사례가 가장 단순하다. 공통추세 가정이 성립된다는 가정 하에, 반복적 횡단면 자료를 활용한 이중차분 추정치는 다음과 같은 회귀모형을 추정하여 얻을 수 있다.

$$y = \beta_0 + \beta_1 d_W + \delta_0 d_2 + \delta_1 d_2 d_W + u$$

여기서 y는 성과변수, d_2는 정책 시행 전이면 0, 이후면 1을 갖는 더미변수, d_W는 통제군이면 0, 처치군이면 1을 갖는 더미변수이다. β_1은 통제군과 비교하여 처치군의 시간불변의 집단효과(time invariant group effect)를 포착하며, δ_0는 정책 시행 전과 비교하여 시행 이후의 공통 시간 추세를 포착한다. 우리가 관심을 갖는 계수는 두 더미변수의 상호작용항의 계수인 δ_1으로서 정책효과를 포착한다. 이 회귀모형의 OLS 추정치인 $\widehat{\delta_1}$이 이중차분 추정치이다.

더 일반적으로, 시기와 집단이 셋 이상이면, 일련의 시기 더미와 집단 더미를 추가하고, $d_2 d_W$ 대신에 정책이 시행되었으면 1 아니면 0인 새로운 정책더미를 정의해야 한다. 식을 다시 쓰면,

$$y_{i,g,t} = \alpha + \theta_g + \psi_t + \delta D_{i,g,t} + e_{i,g,t}$$

여기서 $D_{i,g,t}$는 i라는 사람이 t 시점에 처치를 받았다면 1, 그렇지 않다면 0을 갖는 정책더미로서 값은 g와 t에 의해 결정된다. θ_g는 집단효과(group effects), ψ_t는 시간효과(time effects), δ는 정책효과를 포착한다. 집단효과와 시간효과는 일련의 더미변수를 생성하여 통제할 수 있다.

만약 패널자료가 있다면 θ_g를 c_i 즉 개인고정효과(individual FE)로 치환하여 고정효과추정법(fixed effects estimation)으로 추정하면 된다.

$$y_{i,t} = \alpha + c_i + \psi_t + \delta D_{i,t} + e_{i,t}$$

고정효과 모형은 개인의 관측되지 않는 시간불변 특수성을 통제할 수 있기 때문에 더욱 신뢰할만한 추정치를 기대할 수 있다.

다 시기-다 집단 모형에서 OLS 또는 고정효과 추정법을 통해 δ에 대한 일치추정치를 얻기 위해서는 강한 외생성(strict exogeneity) 가정이 필요하다. 예컨대 미국의 EITC가 주별로 다른 시기에 걸쳐 도입되었으므로, 자료의 특성에 따라 다 시기-다 집단 모형을 사용해야 하는데, 이 때 필요한 요건은 각 주의 정책 도입 결정이 외생적이어야 한다는 것이다. 여기서 외생성이 "강하다"는 의미는 정책 도입 결정이 노동시간(성과변수)과 동시적으로 무관할 뿐 아니라, 정책 도입 전후의 노동시간과도 무관하다는 것을 의미한다. 예컨대 경기불황으로 실업률이 높은 주일수록 EITC 도입 가능성이 높다면 강한 외생성 가정이 유효하지 않다. 반대로 EITC 도입을 예상하여 정책 시행 이전부터 저소득층이 미리 노동시간을 조정한다면, 역시 강한 외생성 가정은 유효하지 않게 된다.

4 이중차분법의 적용 사례

이중차분법을 적용한 가장 대표적인 사례 중 하나는 Card and Krueger(1994)의 최저임금 효과에 대한 연구이다. 단순 경제이론이 예측하듯, 최저임금 인상이 실업의 증가를 야기하는지 실증적으로 검토하기 위해, 이들은 미국 뉴저지주 최저임금 인상($4.25에서 1992년 4월 1일 이후 $5.05로 인상)을 연구하였다. 이를 위해 1992년 2월(최저임금 인상 전)과 10월(최저임금 인상 이후) 뉴저지주 패스트푸드점 고용자료를 수집하였다. 뉴저지주가 처치군이라면, 뉴저지주의 서쪽으로 인접한 펜실베니아주의 동부지역은 뉴저지주의 대조군이 될 수 있었다. 이 주의 최저임금은 같은 기간 $4.25로 변하지 않았기 때문이다. 이들이 고려했던 회귀모형은 아래와 같다.

$$E_{i,t} = \alpha + \beta_1 NJ_i + \beta_2 OCT_t + \delta NJ_i \times OCT_t + u_{i,t}$$

여기서 $E_{i,t}$는 t시점에서 패스트푸드점 i의 고용수준을 나타내고, NJ_i는 패스트푸드점 i가 최저임금을 인상한 뉴저지주(처치군)에 속하면 1, 펜실베니아주(대조군)에 속하면 0을 갖는 더미변수, $OCT_{i,t}$는 정책시행 이후인 10월 관측치일 때 1, 정책시행 전인 2월 관측치이면 0을 갖는 더미변수이다.

이제 이 모형을 추정하기 위해 fastfood.dta를 Stata에 불러들이자.

```
. use fastfood, clear
```

fastfood.dta 자료의 조사 단위는 패스트푸드 점포이다. 당시 뉴저지주와 펜실베니아주의 패스트푸드 체인은 버거킹(burger king), 켄터키후라이드치킨(KFC), 로이로저스(Roy Rogers), 웬디스(Wendys) 등이었다. 체인명을 나타내는 변수는 chain이다. 명령어 tab(ulate)를 통해서 어떤 체인이 있는지 살펴보자. 체인별 점포 수는 다음과 같다.

```
. tabulate chain
```

CHAIN	Freq.	Percent	Cum.
Burger King	171	41.71	41.71
KFC	80	19.51	61.22
Roy Rogers	99	24.15	85.37
Wendys	60	14.63	100.00
Total	410	100.00	

총 410개 점포 가운데 가장 비중이 큰 체인은 버거킹으로서 점포 수 171개(41.7%), 그 다음은 로이로저스로 99개(24.2%), KFC와 웬디스의 점포 수는 각각 80개(19.5%)와 60개(14.6%)이다.

일단 분석자료에 우리의 관심 대상인 전일제 종사자수(empft*)와 신입직원 임금

(wage_st*)에 대한 정보를 포함한 변수만 남기자.

```
. keep sheet state empft* wage_st*
```

여기서 sheet는 개별 점포의 고유번호(id)이다. state는 점포가 위치한 주를 나타내는 변수로서 뉴저지주에 속하면 1, 펜실베니아주에 속하면 0을 갖는다. 주별 점포수의 분포는 아래와 같다.

```
. tab state
```

STATE	Freq.	Percent	Cum.
PA	79	19.27	19.27
NJ	331	80.73	100.00
Total	410	100.00	

최저임금이 상승한 뉴저지주 속한 점포 수는 331개로 80.7%, 펜실베니아주 동부에 속한 점포 수는 79개로 19.3%이다. 최저임금은 뉴저지주에서만 상승했기 때문에 state는 처치군을 나타내는 변수 역할을 하게 된다.

고정효과 모형을 추정하기 위해 자료를 long form으로 전환해보자. 이를 위해 우선 변수명을 바꾸자.

```
. ren empft empft1

. ren wage_st wage_st1
```

명령어 reshape을 활용하여 wide form 자료를 long form으로 전환할 수 있다. i()에는 고유번호를, j()에는 새로 생성될 시간변수 명칭을 넣어준다.

```
. reshape long empft wage_st, i(sheet) j(time)
(note: j = 1 2)

Data                                    wide   ->   long
-----------------------------------------------------------------------------
Number of obs.                           410   ->    820
Number of variables                        6   ->      5
j variable (2 values)                          ->   time
xij variables:
                                empft1 empft2  ->   empft
                            wage_st1 wage_st2  ->   wage_st
-----------------------------------------------------------------------------
```

이렇게 long form으로 전환하면, 자료에 시간변수인 time이 생성됨을 볼 수 있다.

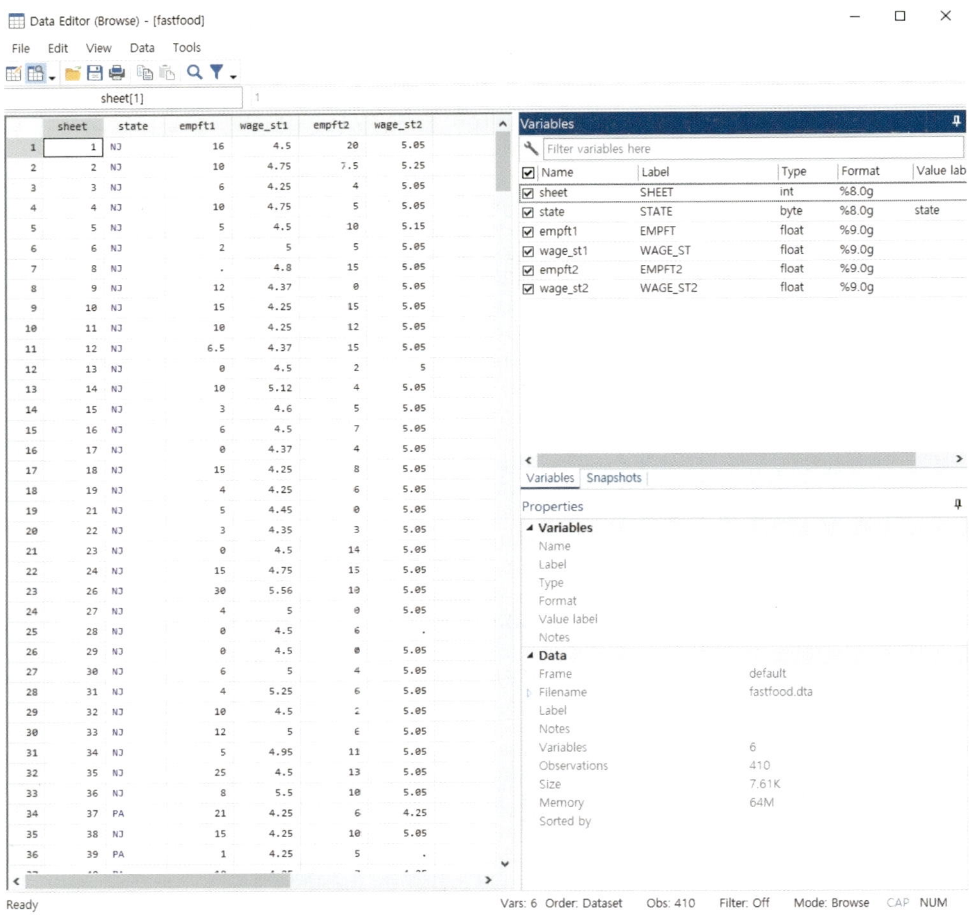

(가) wide form

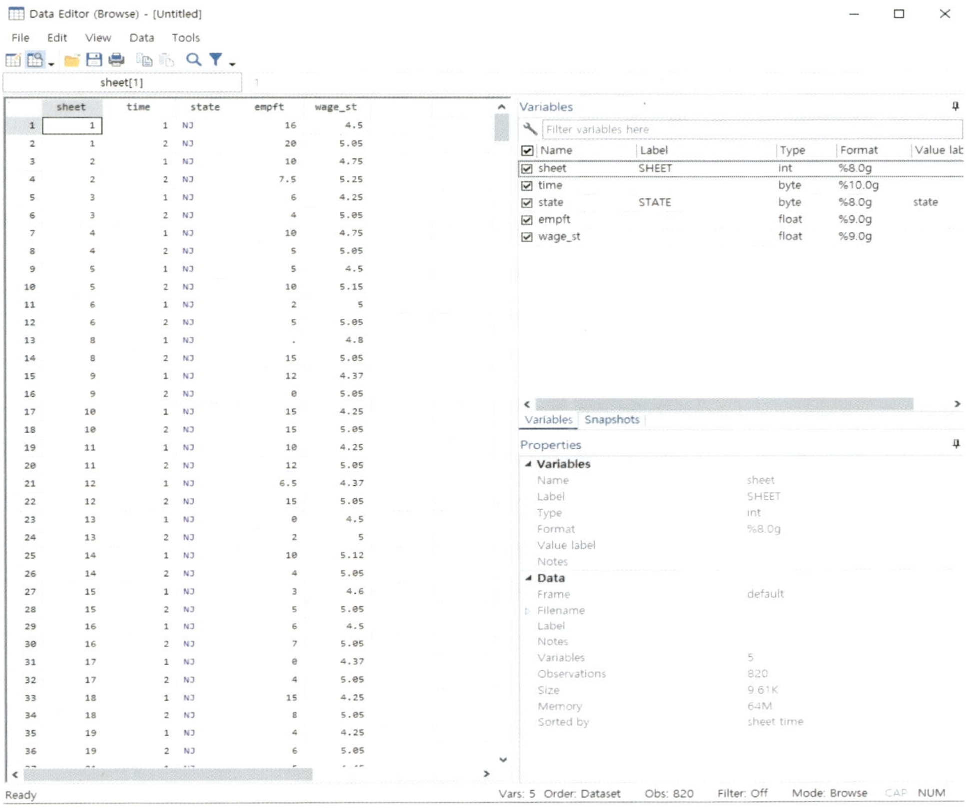

(나) long form

이제 주(州)별로 최저임금 시행 전후 전일제 고용이 어떻게 변화했는지 살펴보자. 우리의 관심변수가 전일제 고용이기 때문에 명령어 tabulate, summarize()를 사용하자. 관심변수의 평균과 표준편차만을 살펴보려면 옵션에 이를 지정해주면 된다.

```
. format empft %9.2f

. tab time state, summarize(empft) means standard

                 Means and Standard Deviations of empft

           |        STATE
      time |        PA         NJ |     Total
-----------+----------------------+----------
         1 |     10.21       7.72 |      8.20
           |     10.78       7.96 |      8.62
-----------+----------------------+----------
         2 |      7.56       8.45 |      8.28
           |      8.49       7.84 |      7.97
-----------+----------------------+----------
     Total |      8.89       8.08 |      8.24
           |      9.77       7.91 |      8.30
```

뉴저지주의 경우 최저임금 인상 전 점포당 평균 고용인원이 7.72명이다가 인상 이후 8.45명으로 약 0.73명 증가하였다. 최저임금이 불변인 펜실베니아주의 경우 10.21명에서 7.56명으로 2.65명 감소하였다. 처치군 고용인원의 시간변화에서 대조군 고용인원의 시간변화를 빼주면 최저임금 효과에 대한 이중차분 추정치를 얻을 수 있다. 이 값은 3.38명(=0.73-(-2.65))으로 최저임금 효과는 오히려 고용을 늘리는 방향으로 작용했음을 알 수 있다. 통계적 추론을 위해서는 표준오차를 알아야 하는데, 회귀분석을 활용하면 이를 쉽게 구할 수 있다. 위의 표를 그림으로 나타내면 다음과 같다.

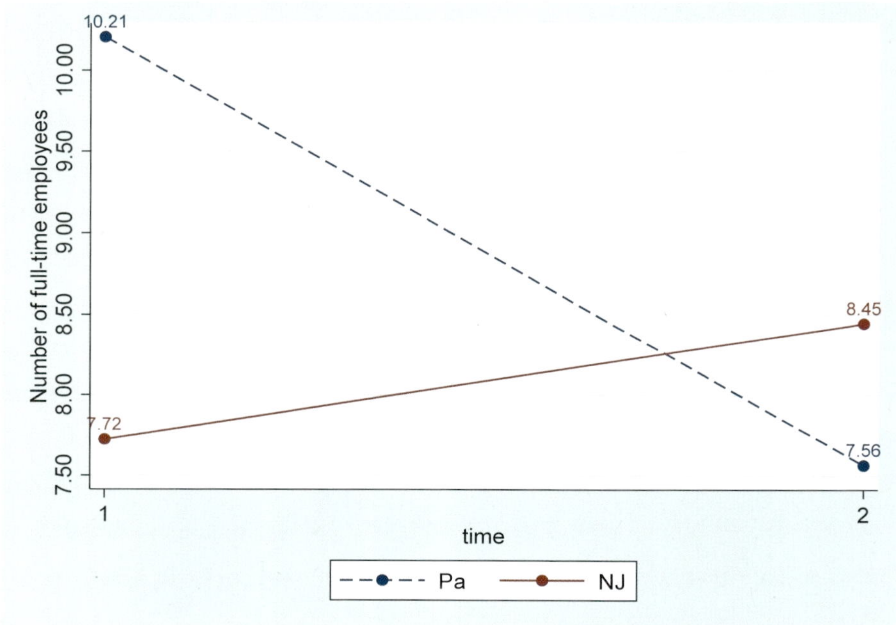

그림 12.3 지역별 시점별 고용수준의 변화

패스트푸드점 자료의 패널 특성을 고려하지 않고 반복 횡단면 자료처럼 분석해보자. OLS 추정법을 활용하기 위해 처치집단(뉴저지주 소재) 더미변수, 시점(정책 시행 이후) 더미변수, 그리고 두 더미변수의 교차항을 포함한 모형을 OLS 추정법으로 추정하면 이중차분법 추정치를 얻을 수 있다.

```
. xi: reg empft i.time*state, robust
i.time            _Itime_1-2        (naturally coded; _Itime_1 omitted)
i.time*state      _ItimXstate_#     (coded as above)

Linear regression                                    Number of obs     =        802
                                                     F(3, 798)         =       1.54
                                                     Prob > F          =     0.2033
                                                     R-squared         =     0.0079
                                                     Root MSE          =     8.2814

------------------------------------------------------------------------------
             |               Robust
       empft |      Coef.   Std. Err.      t    P>|t|     [95% Conf. Interval]
-------------+----------------------------------------------------------------
     _Itime_2 |  -2.640193   1.551133    -1.70   0.089    -5.684975    .4045892
        state |  -2.481202   1.293028    -1.92   0.055    -5.019339    .0569357
 _ItimXstat~2 |    3.36175   1.671234     2.01   0.045     .0812158    6.642283
        _cons |   10.20513   1.215317     8.40   0.000     7.819533    12.59072
------------------------------------------------------------------------------
```

위의 OLS 추정 결과는 직접 계산한 이중차분 추정치와 매우 유사하다. 상수 추정치는 10.21로, 대조군 즉 펜실베니아주의 정책 시행 전 고용수준을 보여준다. 처치군 더미(state)의 계수 추정치는 정책 시행 전 처치군(뉴저지주)의 고용수준이 대조군(펜실베니아주)에 비해 평균 2.48명 적었음을 나타낸다. 시간 더미(time)의 계수추정치는 정책시행 이후인 10월에 표본 전체에서 고용수준이 평균 2.64명 감소했음을 보여준다. 이중차분 추정치는 3.36명으로, 유의수준 5%에서 통계적으로 유의하다.

fastfood.dta는 점포 수준의 패널자료이므로 개별 점포의 특수성을 통제할 수 있다. 패널 특성을 감안하여 고정효과 추정법(fixed effects estimation)을 적용해보자. 패널분석을 위해서는 먼저 명령어 xtset을 이용해 패널 자료의 단위와 시간 변수를 선언해야 한다.

```
. xtset sheet time
       panel variable:  sheet (strongly balanced)
        time variable:  time, 1 to 2
                delta:  1 unit
```

패널 자료를 선언하면, 패널 자료가 두 기간이고 (time, 1 to 2), 개별 관측단위에 대하여 거의 모든 시기에 관측치가 존재하는 균형패널(strongly balanced)임을 알 수 있다. 일반적인 이중차분 분석에서는 기간도 셋 이상이도, 서로 다른 시기에 정책이 시행됨에 따라 처치군도 여럿 있을 수 있다. 이러한 일반적인 경우에는 OLS 모형의 더미변수 교차항에 해당하는 정책시행여부 더미 d를 생성해야 한다. fastfood.dta 자료에서 정책변수 d는 점포가 뉴저지주에 위치하고 최저임금 인상 이후이면 1의 값을 갖고, 그렇지 않으면 0을 갖는 변수이다. 명령어 generate을 이용하면 된다.

```
. generate d=(time==2&state==1)

. label variable d "treatment dummy"
```

고정효과 추정법은 명령어 xtreg, fe를 이용한다. Stata에서 점포수준 패널 자료임을 이미 선언했기 때문에, 명령문에 점포 고정효과 더미를 따로 명시하지 않는다. 하지만 시간 효과 더미는 따로 포함시켜야 한다. factor variable을 이용하자.

```
. xtreg empft d i.time, fe robust

Fixed-effects (within) regression               Number of obs     =        802
Group variable: sheet                           Number of groups  =        410

R-sq:                                           Obs per group:
     within  = 0.0173                                         min =          1
     between = 0.0020                                         avg =        2.0
     overall = 0.0009                                         max =          2

                                                F(2,409)          =       2.55
corr(u_i, Xb)  = -0.1081                        Prob > F          =     0.0796

                              (Std. Err. adjusted for 410 clusters in sheet)
```

empft	Coef.	Robust Std. Err.	t	P>|t|	[95% Conf.	Interval]
d	3.442788	1.582815	2.18	0.030	.3313206	6.554256
time						
After	-2.743421	1.489104	-1.84	0.066	-5.670674	.1838322
_cons	8.222253	.2579863	31.87	0.000	7.715108	8.729397
sigma_u	6.5909385					
sigma_e	7.2808747					
rho	.45038617	(fraction of variance due to u_i)				

위의 분석결과에 따르면, 10월의 공통 시간 효과 추정치는 -2.74로 나타난다. 정책 시행 전(2월)에 비해 정책 시행 이후 고용이 점포당 2.74명 감소하는 공통추세가 있다는 것으로 해석할 수 있다. 최저임금 인상으로 발생한 점포당 전일제 노동자수 변화는 3.44

명으로 앞에서 계산한 OLS 추정치 3.36명과 매우 유사하다. 미세한 차이는 점포 고정효과를 통제했기 때문에 발생한 것이다. 고정효과 추정법은 명령어 areg을 이용해도 되며, 추정결과는 xtreg, fe를 이용한 결과와 동일하다.

다기간 분석을 할 경우 고용, 임금 등의 종속변수에서 상당한 정도의 계열상관(serial correlation)이 존재하는 일이 흔하다는 점에 유의해야 한다. 통계적 추론 과정에서 이를 고려하지 않으면 표준오차가 과소추정되는 경향이 있다. 이 문제를 명시적으로 해결하기 위해서는 정책이 시행되는 단위 내에서 오차항 간 상관관계를 허용해야 하며, reg 또는 xtreg 옵션에서 cluster(정책시행 단위)을 활용하면 된다. 예를 들어, fastfood.dta가 미국 전역의 주(state)를 포괄하는 다기간 자료라고 가정하면, xtreg 옵션에서 cluster(state)를 지정해주어야 한다.

```
. areg  empft d i.time, absorb(sheet) robust

Linear regression, absorbing indicators         Number of obs     =        802
Absorbed variable: sheet                        No. of categories =        410
                                                F(   2,     390)  =       2.49
                                                Prob > F          =     0.0843
                                                R-squared         =     0.6252
                                                Adj R-squared     =     0.2303
                                                Root MSE          =     7.2809

------------------------------------------------------------------------------
             |               Robust
       empft |      Coef.   Std. Err.      t    P>|t|     [95% Conf. Interval]
-------------+----------------------------------------------------------------
           d |   3.442788    1.60102     2.15   0.032     .2950774    6.590499
             |
        time |
       After |  -2.743421   1.506232    -1.82   0.069    -5.704772    .2179296
       _cons |   8.222253    .366327    22.45   0.000      7.50203    8.942475
------------------------------------------------------------------------------
```

앞의 세 회귀분석 결과를 종합하면 아래와 같다.

```
. estimates table emp_ols emp_fixed emp_dum, b(%9.2f) star
```

Variable	emp_ols	emp_fixed	emp_dum
_Itime_2	-2.64		
state	-2.48		
_ItimXstat~2	3.36*		
d		3.44*	3.44*
time			
After		-2.74	-2.74
_cons	10.21***	8.22***	8.22***

legend: * p<0.05; ** p<0.01; *** p<0.001

Version 17: didregress/xtdidregress를 이용한 이중차분추정

didregress는 정책을 수혜 받은 그룹에 대한 정책효과(average treatment effect on the treated, ATET)를 이중차분추정을 통해 추정하는 명령어이다. 이를 확대하면 삼중차분추정치도 추정할 수 있다. xtdidregress는 패널자료인 경우에 비교적 쉽게 이중차분추정치를 추정할 수 있다.

다음과 같이 자료를 불러들이자. 이 자료는 4월부터 시행된 새로운 절차가 병원 환자의 만족도에 미친 효과를 나타내는 것이다.

```
. webuse hospdd, clear
(Artificial hospital admission procedure data)
```

기본적으로 이중차분추정을 하기 위해서는 처리/통제 그룹을 대표하는 변수와 처리 전후를 대표하는 2개의 더미변수가 필요하다.

먼저 처리변수를 만들어보자. 처리변수는 procedure를 도입한 병원을 나타내는 변수이다.

```
. * treatment
. bysort hospital: egen temp = sum(procedure)

. bysort hospital: gen treat = temp > 0

. drop temp
```

다음에 전후 변수를 만들자.

```
. * before-after
. gen after = month >= 4
```

이렇게 만들어진 2개의 더미변수를 이용하여 이중차분추정치를 간단히 테이블을 이용해서 계산할 수 있다. 처리집단은 만족도가 3.53에서 4.36으로 약 0.83정도 증가했다. 반면, 통제집단은 3.39에서 3.38로 대략 0.01 정도 감소하였다. 간단한 이중차분 계산을 해보면 대략 0.84(=0.83-(-0.01))정도 증가한 것을 알 수 있다.

```
. tab after treat, summarize(satis)

 Means, Standard Deviations and Frequencies of Patient satisfaction score

           |        treat
     after |         0          1 |     Total
-----------+----------------------+----------
         0 | 3.3925093  3.5253833 | 3.4477653
           |  .9282718  1.0127107 | .96637179
           |      2152       1532 |      3684
-----------+----------------------+----------
         1 | 3.3824895  4.3633513 | 3.7903832
           | .92184024  1.1042625 | 1.1121939
           |      2152       1532 |      3684
-----------+----------------------+----------
     Total | 3.3874994  3.9443673 | 3.6190742
           | .92496768  1.1391785 | 1.0557596
           |      4304       3064 |      7368
```

이상의 이중차분추정치는 회귀분석을 통해서 쉽게 구할 수 있다. 추정결과를 보면 대략 0.85 정도에 통계적으로 유의함을 알 수 있다.

```
. * regression
. reg satis i.treat##i.after

      Source |       SS           df       MS      Number of obs   =     7,368
-------------+----------------------------------   F(3, 7364)      =    376.91
       Model |  1093.01496         3  364.338319   Prob > F        =    0.0000
    Residual |  7118.45123     7,364  .966655517   R-squared       =    0.1331
-------------+----------------------------------   Adj R-squared   =    0.1328
       Total |  8211.46618     7,367  1.11462823   Root MSE        =    .98319

------------------------------------------------------------------------------
       satis | Coefficient  Std. err.      t    P>|t|     [95% conf. interval]
-------------+----------------------------------------------------------------
     1.treat |   .1328739   .0328659     4.04   0.000     .0684474    .1973004
     1.after |  -.0100198    .029973    -0.33   0.738    -.0687754    .0487358
             |
 treat#after |
        1 1  |   .8479879   .0464794    18.24   0.000      .756875    .9391007
             |
       _cons |   3.392509   .0211941   160.07   0.000     3.350963    3.434056
------------------------------------------------------------------------------
```

이러한 이중차분추정을 didregress를 통해서 쉽게 할 수 있다. 여기에 표준오차도 클러스터링을 고려하여 자동으로 구할 수 있다. 기본적인 문법은 다음과 같다. 성과변수 y1이고, 그룹변수 grpvar1과 시점변수 tvar인 경우, grpvar1과 tvar에서 처치가 일어난 경우 다음과 같이 추정할 수 있다.

didregress (y1) (treat1), group(grpvar1) time(tvar)

위 문법을 이용하여 아래와 같이 추정할 수 있다. 추정결과는 위의 회귀분석 결과와 정확히 일치하고 표준오차만 달라졌음을 알 수 있다.

```
. didregress (satis) (procedure), group(hospital) time(month)

Number of groups and treatment time

Time variable: month
Control:       procedure = 0
Treatment:     procedure = 1
-----------------------------------
             |  Control  Treatment
-------------+---------------------
Group        |
    hospital |       28         18
-------------+---------------------
Time         |
     Minimum |        1          4
     Maximum |        1          4
-----------------------------------

Difference-in-differences regression                 Number of obs = 7,368
Data type: Repeated cross-sectional

                          (Std. err. adjusted for 46 clusters in hospital)
--------------------------------------------------------------------------
             |               Robust
       satis | Coefficient  std. err.      t    P>|t|     [95% conf. interval]
-------------+------------------------------------------------------------
ATET         |
   procedure |
        (New |
          vs |
        Old) |   .8479879   .0321121    26.41   0.000     .7833108    .912665
--------------------------------------------------------------------------
Note: ATET estimate adjusted for group effects and time effects.
```

다음과 같이 trendplots도 쉽게 그릴 수가 있다.

```
. estat trendplots
```

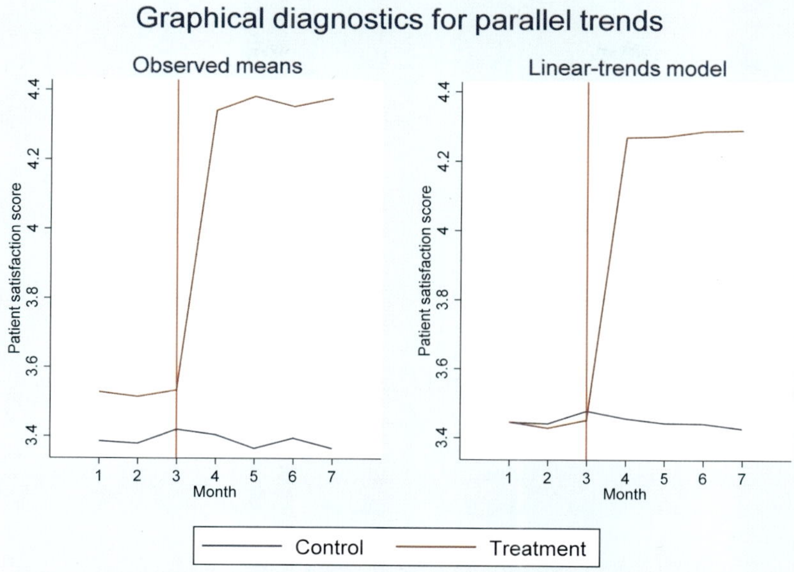

처치 이전 시기에 공통추세를 갖고 있는지를 쉽게 검정할 수도 있다. 아래 검정결과에 따르면 개입 전에 공통추세를 갖는다는 귀무가설을 기각할 수 없는 것으로 보인다.

```
. estat ptrends

Parallel-trends test (pretreatment time period)
H0: Linear trends are parallel

F(1, 45) =    0.55
Prob > F = 0.4615
```

횡단면 자료가 아니라 패널 형태의 자료인 경우 xtdidregress를 사용할 수 있다. 예시를 위해 다음과 같이 자료를 로딩하자.

```
. webuse patents, clear
(Excerpt from Moser and Voena (2012))
```

패널분석을 위해 다음과 같이 패널선언을 해주자.

```
. xtset classid year

Panel variable: classid (strongly balanced)
 Time variable: year, 1875 to 1939
         Delta: 1 unit
```

보통의 패널자료를 이용한 이중차분추정치는 다음과 같이 구할 수 있다.

```
. xtreg uspatents gotpatent i.year, fe

Fixed-effects (within) regression               Number of obs     =    471,120
Group variable: classid                         Number of groups  =      7,248

R-squared:                                      Obs per group:
     Within  = 0.0629                                         min =         65
     Between = 0.0004                                         avg =       65.0
     Overall = 0.0400                                         max =         65

                                                F(65,463807)      =     478.96
corr(u_i, Xb) = -0.0033                         Prob > F          =     0.0000

------------------------------------------------------------------------------
   uspatents | Coefficient  Std. err.      t    P>|t|     [95% conf. interval]
-------------+----------------------------------------------------------------
   gotpatent |   .2553208   .0133338    19.15   0.000      .229187    .2814546

                              (중간 결과 생략)

       _cons |   .1094095   .0105703    10.35   0.000     .0886921    .1301269
-------------+----------------------------------------------------------------
     sigma_u |  .68428054
     sigma_e |  .89990154
         rho |  .36636691   (fraction of variance due to u_i)
------------------------------------------------------------------------------
F test that all u_i=0: F(7247, 463807) = 37.56               Prob > F = 0.0000
```

추정결과에 따르면 이중차분추정치는 0.255 정도이다.

동일한 결과를 xtdidregress를 통해 얻을 수 있다. 추정결과는 위의 결과와 동일하고, 표준오차만 차이가 발생하고 있다.

```
. xtdidregress (uspatents ) (gotpatent ), group(classid) time(year)

Number of groups and treatment time

Time variable: year
Control:       gotpatent = 0
Treatment:     gotpatent = 1
-----------------------------------
             |   Control  Treatment
-------------+---------------------
Group        |
     classid |      6912        336
-------------+---------------------
Time         |
     Minimum |      1875       1919
     Maximum |      1875       1919
-----------------------------------
```

```
Difference-in-differences regression                    Number of obs = 471,120
Data type: Longitudinal

                         (Std. err. adjusted for 7,248 clusters in classid)
------------------------------------------------------------------------------
             |               Robust
  uspatents  | Coefficient  std. err.      t    P>|t|     [95% conf. interval]
-------------+----------------------------------------------------------------
ATET         |
  gotpatent  |
    (Patent  |
         vs  |
      None)  |   .2553208   .0376449     6.78   0.000     .1815258    .3291157
------------------------------------------------------------------------------
Note: ATET estimate adjusted for panel effects and time effects.
```

앞의 분석과 동일하게 추세선도 확인해 볼 수 있다.

```
. estat trendplots, xlabel(1870(10)1940)
```

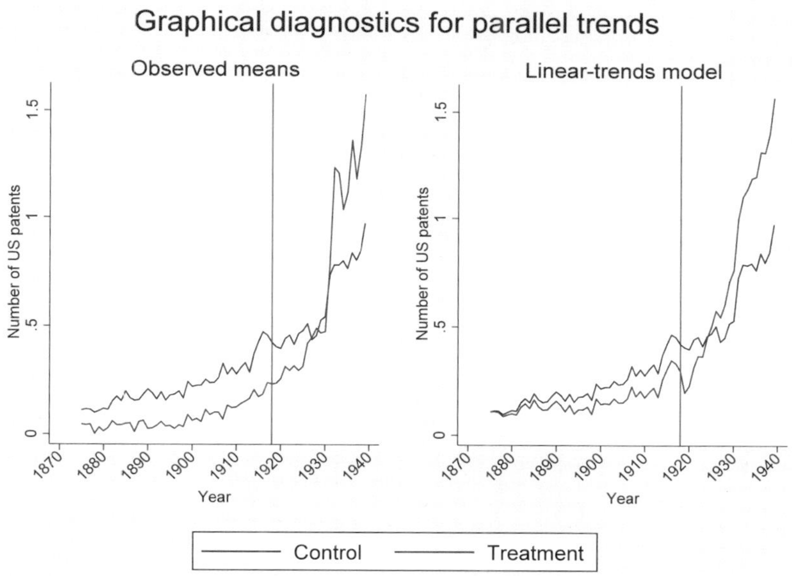

5 삼중차분법(DDD)

이중차분추정법은 처치군과 대조군 간 공통 추세 가정에 크게 의존함을 보았다. 예컨대 정책 시행 이전 처치군과 대조군 간 추세가 상이했다면, 통계적으로 유의한 DD 추정치를 얻었다 하더라도 이것을 정책 효과로 믿기는 어려울 수 있다. 예컨대, 처치군에서 고용이 빠르게 증가하고 있었다면, 최저임금 인상의 효과가 실제로 전혀 없다 하더라도 통계적으로 유의한 DD 추정치를 얻게 된다.

공통 추세 가정을 믿기 어렵다면(예컨대 당시 뉴저지주에서만 발생한 호황 때문에 처치군의 고용증가 추세가 대조군보다 빨랐다고 의심된다면), 경우에 따라 공통추세 가정에 의존하지 않는 또 다른 추정방법을 활용할 수 있다. 가령 뉴저지주 최저임금이 전일제근로자 10인 이상 점포에만 적용되었다고 가정하자. 이 경우 기존 처치군(뉴저지주 점포) 가운데 10인 미만 점포는 또 다른 대조군으로 활용될 수 있다.

공통추세 가정이 유효하지 않다고 하더라도 정책효과가 존재한다면, 10인 이상 점포에 대한 추정치($\hat{\tau}_{DD}^{\geq 10}$)는 정책효과와 처치군 특수한 시간추세를 모두 포착하는 반면, 10인 미만 점포 표본에 대한 DD 추정치($\hat{\tau}_{DD}^{< 10}$)는 처치군 특수한 시간추세만을 포착하게 된다. 따라서 두 DD 추정치 간의 차이(third difference)가 정책효과가 된다.

$$\tau_{DDD} \approx \tau_{DD}^{\geq 10} - \tau_{DD}^{< 10}$$

이것이 삼중차분법(DDD)의 기본적인 아이디어이며, DDD는 처치군 특수한 비선형 시간 추세에 강건한 추정치가 된다.

그러나 실제로 삼중차분법은 이보다 더욱 일반적인 모형이다. 앞서 설명한 가설적인 최저임금인상 효과 맥락에서 완전한 삼중차분법 추정모형을 쓰면 다음과 같다.

$$E_{i,t} = \alpha + g_i + m_t + s_i + \beta_1 g_i m_t + \beta_2 m_t s_i + \beta_3 g_i s_i + \delta g_i m_t s_i + u_{i,t}$$

여기서 g_i는 주 집단효과($i = 1,2,\ldots,G$), m_t는 시간효과($t = 1,2,\ldots,T$), s_i는 10인이상점포 효과를 의미한다. 벡터 β_1은 주별 비선형 시간효과를 나타내는 계수로서 주별로 다른 시간추세를 갖는 것이 허용됨을 의미한다. 주별로 다른 시간추세를 갖더라도 s_i에 의해 정책효과가 식별된다. 그러나 완전한 삼중차분법은 여기에 그치지 않고, s_i에 특수한 비선형 시간추세를 허용한다는 점도 주목할 필요가 있다. 벡터 β_2는 점포크기별 고용의 시간추세를 포착한다. 이와 유사하게 β_3는 주별로 상이한 10인이상 점포효과를 포착한다. 이러한 일반적인 모형에서 δ는 삼중차분 추정치를 나타내며, $u_{i,t}$는 오차항이다.

CHAPTER 12 EXERCISES

01 정책시행 전후 초봉(wage_st)이 어떻게 변화했는지를 나타내는 표를 작성하시오.

02 임금수준 대신 로그임금을 이용하여 위의 표를 만들어보시오. 이 표로부터 최저임금 인상이 임금에 미치는 효과에 대한 이중차분 추정치를 계산해보시오.

03 OLS를 이용하여 최저임금이 초봉에 미치는 영향이 없다는 귀무가설을 검정하시오.

04 점포수준 고정효과 모형을 추정하면 추정치는 어떻게 달라지는가?

05 실습 데이터셋 ddd.dta를 열어보자. 이 파일에는 정책대상과 정책과 무관한 집단을 구분하는 이항변수 lambda가 포함되어 있다. 정책대상 및 정책과 무관한 집단 각각에 대하여 이중차분 추정치를 구해보자. 세 변수 간 상호작용 더미를 만드는 명령어 ##를 활용하여 삼중차분 추정치를 구해보자.

CHAPTER 13

경제분석을 위한 STATA 17 4th edition

Stata에서 Python 사용하기

1 개요

Stata 버전 16부터 Python(파이썬)을 Stata에서 사용할 수 있게 되었다. 숫자로 된 정형 자료가 아니라 텍스트나 사진, 음성 같은 비정형 자료를 다루는데 있어 Stata는 한계가 많았다. 더군다나 기계학습과 심화학습 등 최근에 발전된 인공지능 분석방법을 Stata 내에서 구현하는 데에도 어려움이 많았다. 대신 R 이나 파이썬에서는 연구자가 바로 사용할 수 있는 패키지들이 존재한다. Stata에서 파이썬을 사용할 수 있게 되어 이미 개발되어 있는 다양한 패키지들을 바로 사용할 수 있어 분석에 있어서 편리함이 개선되었다고 볼 수 있다.

크게 보면 두 가지 방법을 사용하여 파이썬을 이용할 수 있다. 첫 번째는 Stata에서 파이썬을 호출하여 사용하는 것이다. 예컨대, do 파일 내에서 파이썬 환경을 선언하여 파이썬을 이용하여 원하는 분석을 하는 것이다. 분석이 끝나면 다시 Stata 환경으로 변수 등을 넘겨서 분석을 이어나갈 수 있다. 예를 들어, 파이썬을 이용하여 open API를 이용하여 자료를 다운 받는다. 다운 받은 자료를 Stata로 넘겨서 계량 분석을 할 수 있다. 이렇게 하며 자료 다운부터 분석까지 일관된 처리를 할 수 있게 된다. 두 번째 방법은 파이썬의 IDE(integrated development environment) 중 하나인 Jupyter notebook 환경에서 Stata를 불러 사용하는 경우이다. 예컨대 기계학습을 통해 원하는 결과를 분석한 후, 계량모형을 추정할 때는 이른바 sfi 함수를 이용하여 Stata로 정보를 넘겨 계량분석을 하는 경우이다. 이 경우에는 파이썬을 좀 더 쾌적한 개발 환경에서 사용할 수 있어 분석의 효율성은 증가한다. 다만, Stata 명령어 같은 경우에는 자동 완성이 지원되지 않는 불편함은 있다.

2 환경설정

Stata에서 파이썬을 사용하려면 사용하는 컴퓨터에 파이썬이 설치되어 있어야 한다. 데이터를 분석하는 사람은 한 번쯤은 호기심에 파이썬을 설치해본 경험이 있을 수도 있다. 그런 경우에는 파이썬이 설치되어 있는지 여부를 python search로 확인해 볼 수 있다.

```
. python search
```

```
Python environments found:
C:\Users\genos\Anaconda3\python.exe
C:\Users\genos\AppData\Local\Programs\Python\Python39\python.exe
```

필자의 컴퓨터에는 두 개 버전의 파이썬이 이미 설치되어 있다.

만약에 파이썬이 설치 되어 있지 않으면 다음과 같은 결과문이 나타날 것이다.

```
no Python installation found; minimum version required is 2.7.
r(111)
```

이런 경우에는 파이썬을 설치해야 한다. 먼저 파이썬 사이트에 가서 파이썬을 다운로드 한다(https://www.python.org/downloads/). 파이썬은 윈도우즈, 맥, 리눅스 등의 운영시스템에 따라서 적절한 것을 다운로드 받으면 된다. 64-bit 버전을 다운 받아야 하고, 최신 버전을 다운로드 받을 것을 권고한다. 다운로드 받았으면 웹사이트의 지시에 따라 설치하면 된다.

혹시 이 과정이 어렵게 느껴지거나 잘 되지 않는 경우에는 아나콘다(Anaconda)라고 하는 오픈-소스 개발 환경을 이용해도 된다. 아나콘다 환경을 사용하게 되면 파이썬 설치 뿐만 아니라 중요한 파이썬 패키지들도 설치를 해주기 때문에 편리한 측면이 있다. 다음 사이트에 접근해서 적절한 버전을 다운로드 받고 설치하면 된다. 이때에도 64-bit

버전을 선택하는 것을 잊으면 안된다.

https://www.anaconda.com/products/distribution#Downloads

파이썬을 설치하고 나면 Stata로 돌아가서 파이썬 설정을 해줘야 한다. 무엇보다도 어떤 파이썬을 사용할 것인지를 지정해줘야 한다. 필자의 컴퓨터에는 아나콘다 버전과 버전 3.9의 파이썬이 설치되어 있다. 어떤 파이썬을 사용할 것인지를 지정을 해줘야 한다. 명령어는 다음과 같다.

```
set python_exec
```

위의 명령어에 파이썬 실행 파일을 입력하면 다음과 같이 설정을 할 수 있다.

```
. set python_exec C:\Users\genos\AppData\Local\Programs\Python\Python39\python.
> exe
```

여기에 추가적으로 파이썬 모듈의 경로를 설정해서 넣을 수 있다. 기본적으로는 다음 명령어를 사용할 수 있다.

```
set python_userpath
```

모듈 경로는 파이썬 모듈을 설치하면 확인할 수 있다. 우선 cmd 창에서

```
pip install 패키지(예를 들어 matplotlib)
```

를 넣으면 패키지를 설치하는데 어느 곳에 설치하는지 경로를 확인할 수 있다.

이렇게 설정을 하고 나면 python query를 통해 현재 설정을 확인할 수 있다.

```
. python query
─────────────────────────────────────────────────────────────────────────────
    Python Settings
      set python exec       C:\Users\genos\AppData\Local\Programs\Python\Python3
> 9\python.exe
      set python userpath   C:\Users\genos\AppData\Local\Packages\PythonSoftware
> Foundation.Python.3.9_qbz5n2kfra8p0\LocalCache\local-packages\Python39\site-p
> ackages

    Python system information
      initialized           no
      version               3.9.7
      architecture          64-bit
      library path          C:\Users\genos\AppData\Local\Programs\Python\Python3
> 9\python39.dll
```

이제부터 파이썬을 Stata에서 실행할 수 있게 된다. 간단히는 명령어창에 python을 입력하면서 시작할 수 있다.

```
. python
------------------------------------------------ python (type end to exit) ------
>>> print("Hello Stata!!. 나는 우석진이야")
Hello Stata!!. 나는 우석진이야
>>> end
-----------------------------------------------------------------------------------
```

3 파이썬 실행

Stata에서 파이썬을 실행하는 방법은 크게 보면 3가지가 있다. Stata 명령어 창을 이용해서 하는 경우, do 파일이나 ado 파일에서 파이썬을 실행하는 경우, 파이썬 스크립트 파일을 실행하는 경우이다.

가) 명령어 창을 이용하는 경우

파이썬을 가장 빨리 이용하는 방법은 Stata의 명령어 창을 이용하는 것이다. 명령어는 python이다. python을 치면 파이썬 명령어를 사용할 수 있다.

```
. python
------------------------------------------------ python (type end to exit) ------
>>>
```

일단 파이썬 모드로 들어가면 파이썬 명령어를 사용할 수 있다. 간단히 다음과 같은 명령어를 사용해보자.

```
>>> print("Hello, World!!")
Hello, World!!
```

간단한 계산도 가능하다.

```
>>> 2 + 3
5
>>> 3 * 4
12
```

파이썬 실행을 끝내고 싶을 때는 end 명령어를 사용한다.

```
>>> end
```

python:을 이용하면 한 줄로 파이썬 명령어를 사용할 수 있다.

```
. python: print("Hello, World!!!")
Hello, World!!!

. python: 2*3
6
```

나) do 파일 내에서 파이썬 실행하기

do 파일을 실행할 때 코드 블록을 만들어서 파이썬을 실행할 수 있다. 파이썬 코드 블록은 python으로 시작해서 end로 끝난다. 다음과 같은 do 파일 내에서 파이썬 코드를 실행할 수 있다.

```
display "Hello Python, I am Stata."
python
print("Hello Stata.")
print("I am Python.")
end
display "Nice to meet you Python!"
```

위의 do 파일을 실행하면 다음과 같은 결과물을 얻게 된다.

```
. display "Hello Python, I am Stata."
Hello Python, I am Stata.

. python
------------------------------------------ python (type end to exit) ---
>>> print("Hello Stata.")
Hello Stata.
>>> print("I am Python.")
I am Python.
>>> end
------------------------------------------------------------------------

. display "Nice to meet you Python!"
Nice to meet you Python!
```

do 파일 내에서 코드 블록을 python 혹은 python:으로 실행할 수 있다. 차이점은 python으로 실행했을 때는 중간에 에러가 발생해도 끝까지 코드를 실행한다. 반면 python:으로 실행했을 때 에러가 발생하면 거기서 멈추게 된다.

다) 스크립트로 실행하기

파이썬 스크립트를 Stata 내에서도 실행할 수 있다. 대체로 .py의 파일 확장자를 가지고 있다.

만약 hellp.py가 다음과 같다고 해보자.

```
print("Hello, World!!")
print("I am Stata")
```

위 스크립트는 python script를 이용해서 실행할 수 있다.

위 명령어는 다른 데서 작성해 놓았거나 남들이 작성한 파이썬 스크립트를 실행하는데 유용하다.

4 패키지 설치하기

파이썬을 사용할 때 가장 유용한 것은 이미 만들어진 패키지를 설치하여 사용하는 것이다. 보통은 pip 명령어를 이용하여 패키지를 설치할 수 있다.

예를 들어, numpy는 과학적 계산을 위해서 가장 많이 사용되는 패키지이다. 그 자체로도 유용하지만, 데이터 사이언스에서 사용하는 패키지들도 numpy를 사용하고 있다. numpy가 독자들의 컴퓨터에 이미 설치되어 있을 수도 있다. 이를 확인해보자. python which numpy를 이용하면 된다.

```
. python which numpy
<module 'numpy' from 'C:\\Users\\genos\\AppData\\Local\\Packages\\PythonSoftwar
> eFoundation.Python.3.9_qbz5n2kfra8p0\\LocalCache\\local-packages\\Python39\\s
> ite-packages\\numpy\\__init__.py'>
```

필자의 컴퓨터에는 일단 numpy가 설치되어 있다. 하지만 다시 설치해 보자. 먼저 윈도우즈의 경우 cmd를 이용하여 설치할 수 있다.

코맨트창 프롬프터

명령어 pip을 이용하여 numpy를 설치할 수 있다. 예를 들면 pip install numpy를 이용하면 numpy를 설치할 수 있다. 보통 파이썬으로 데이터 사이언스를 하기 위해서는 numpy, pandas, matplotlib, scikit-learn을 설치하게 된다.

5 패키지 사용하기

do 파일 내에서 파이썬 모듈을 불러들일 수 있다. 먼저 pandas 모듈을 불러들이자.

```
python
import pandas as pd
end
```

```
. python
------------------------------------------- python (type end to exit) ------
>>> import pandas as pd
>>> end
-----------------------------------------------------------------------------
```

이번에는 pandas에 있는 read_stata()를 이용해서 .dta 형태의 자료를 읽어들여보자.

```
python
import pandas as pd
auto =
pd.read_stata("http://www.stata-press.com/data/r16/auto.dta")
end
```

```
. python
----------------------------------------------- python (type end to exit) ------
>>> import pandas as pd
>>> auto = pd.read_stata("http://www.stata-press.com/data/r16/auto.dta")
>>> end
---------------------------------------------------------------------------------
```

이번에는 pandas에서 사용할 수 있는 method 중 하나인 mean() 함수를 이용하여 관심 있는 변수의 평균을 구해보자.

```
python
import pandas as pd
auto =
pd.read_stata("http://www.stata-press.com/data/r16/auto.dta"
)
auto[['price','mpg']].mean()
end
```

```
. python
----------------------------------------------- python (type end to exit) ------
>>> import pandas as pd
>>> auto = pd.read_stata("http://www.stata-press.com/data/r16/auto.dta")
>>> auto[['price','mpg']].mean()
price     6165.256757
mpg         21.297297
dtype: float64
>>> end
---------------------------------------------------------------------------------
```

6 파이썬을 이용한 간단한 시각화

이번에는 파이썬의 matplotlib 모듈을 이용하여 간단한 그림을 그려보자. numpy 모듈을 이용하여 x, y1, y2를 만들자. x는 일정한 가격으로 생성하고, y1과 y2는 x의 함수와 임의의 난수의 합으로 생성한다. 이렇게 생성된 y1과 y2는 영역으로 색칠하고, 그 중점은 선으로 잇는다. 이런 그림을 fill_between(), plot()함수를 이용해서 그린다. x축과 y축 표시를 한다.

```
python
import matplotlib.pyplot as plt
import numpy as np

plt.style.use('_mpl-gallery')

# make data
np.random.seed(1)
x = np.linspace(0, 8, 16)
y1 = 3 + 4*x/8 + np.random.uniform(0.0, 0.5, len(x))
y2 = 1 + 2*x/8 + np.random.uniform(0.0, 0.5, len(x))

# plot
fig, ax = plt.subplots()

ax.fill_between(x, y1, y2, alpha=.5, linewidth=0)
ax.plot(x, (y1 + y2)/2, linewidth=2)

ax.set(xlim=(0, 8), xticks=np.arange(1, 8),
       ylim=(0, 8), yticks=np.arange(1, 8))

plt.show()
end
```

```
. python
----------------------------------------------- python (type end to exit) ------
>>> import matplotlib.pyplot as plt
>>> import numpy as np
>>>
>>> plt.style.use('_mpl-gallery')
>>>
>>> # make data
... np.random.seed(1)
>>> x = np.linspace(0, 8, 16)
>>> y1 = 3 + 4*x/8 + np.random.uniform(0.0, 0.5, len(x))
>>> y2 = 1 + 2*x/8 + np.random.uniform(0.0, 0.5, len(x))
>>>
>>> # plot
... fig, ax = plt.subplots()
>>>
>>> ax.fill_between(x, y1, y2, alpha=.5, linewidth=0)
<matplotlib.collections.PolyCollection object at 0x00000000514898E0>
>>> ax.plot(x, (y1 + y2)/2, linewidth=2)
[<matplotlib.lines.Line2D object at 0x0000000051489E50>]
>>>
>>> ax.set(xlim=(0, 8), xticks=np.arange(1, 8),
...        ylim=(0, 8), yticks=np.arange(1, 8))
...
[(0.0, 8.0), [<matplotlib.axis.XTick object at 0x0000000051F543A0>, <matplotlib
> .axis.XTick object at 0x0000000051F54370>, <matplotlib.axis.XTick object at 0
> x0000000051E953A0>, <matplotlib.axis.XTick object at 0x000000005149D280>, <ma
> tplotlib.axis.XTick object at 0x000000005149D9D0>, <matplotlib.axis.XTick obj
> ect at 0x00000000514A4160>, <matplotlib.axis.XTick object at 0x00000000514A48
> B0>], (0.0, 8.0), [<matplotlib.axis.YTick object at 0x0000000051F5B280>, <mat
> plotlib.axis.YTick object at 0x0000000051F54BE0>, <matplotlib.axis.YTick obje
> ct at 0x0000000051F43F40>, <matplotlib.axis.YTick object at 0x00000000514A49A
> 0>, <matplotlib.axis.YTick object at 0x00000000514AA3D0>, <matplotlib.axis.YT
> ick object at 0x00000000514AAB20>, <matplotlib.axis.YTick object at 0x0000000
> 0514B22B0>]]
>>> plt.show()
>>> end
--------------------------------------------------------------------------------
```

그러면 다음과 같은 그림을 얻게 된다.

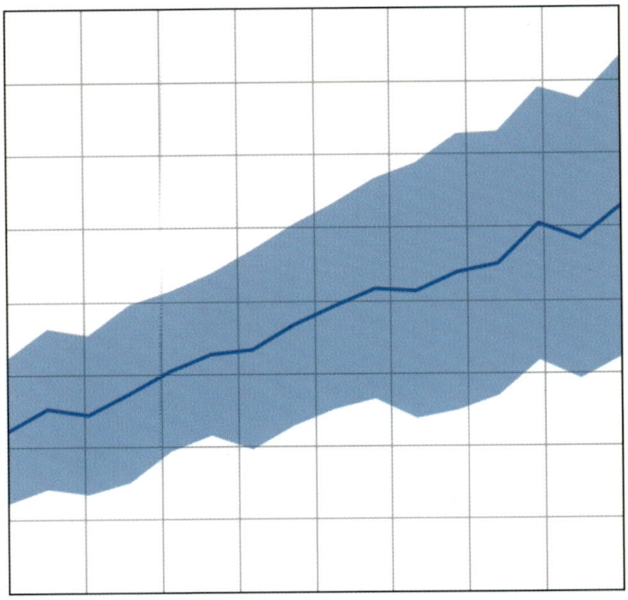

그림 13.1 matplotlib 예시

7 SFI 모듈 사용하기

Stata를 사용하다가 파이썬 함수가 필요해서 파이썬 모드로 들어갈 때가 있다. 이럴 때 Stata의 변수 혹은 데이터를 파이썬으로 넘겨서 사용할 필요가 있다. 이럴 때 사용할 수 있는 모듈이 SFI(Stata Function Interface)이다. 여기에서는 SFI 모듈을 이용하여 데이터 셋의 일부분을 pandas의 data frame으로 넘기는 방법에 대해서 알아보자.

SFI는 파이썬 모듈로서, Stata와 파이썬 간의 정보를 주고 받을 수 있게 해준다. 전체 데이터 혹은 데이터의 일부분, 데이터 프레임, 로컬 혹은 글로벌 매크로 값, 스칼라나 행렬 값들을 주고 받을 스 있다.

먼저 간단히 변수 값 하나를 Stata에서 파이썬을 넘겨보자. sfi 모듈 내에 Data 클래스에 있는 get() 함수를 이용하면 Stata 내의 변수를 파이썬으로 옮겨올 수 있다.

```
sysuse auto
python
from sfi import Data
df = Data.get('price')
df
end
```

```
. sysuse auto
(1978 automobile data)

. python
----------------------------------------------- python (type end to exit) ------
>>> from sfi import Data
>>> df = Data.get('price')
>>> df
[4099, 4749, 3799, 4816, 7827, 5788, 4453, 5189, 10372, 4082, 11385, 14500, 159
> 06, 3299, 5705, 4504, 5104, 3667, 3955, 3984, 4010, 5886, 6342, 4389, 4187, 1
> 1497, 13594, 13466, 3829, 5379, 6165, 4516, 6303, 3291, 8814, 5172, 4733, 489
> 0, 4181, 4195, 10371, 4647, 4425, 4482, 6486, 4060, 5798, 4934, 5222, 4723, 4
> 424, 4172, 9690, 6295, 9735, 6229, 4589, 5079, 8129, 4296, 5799, 4499, 3995,
> 12990, 3895, 3798, 5899, 3748, 5719, 7140, 5397, 4697, 6850, 11995]
>>> end
--------------------------------------------------------------------------------
```

만약에 두 개의 변수를 옮겨 오고 싶으면, 목록을 지정해주면 된다.

```
sysuse auto
python
from sfi import Data
df = Data.get('price mpg')
df
end
```

```
. sysuse auto
(1978 automobile data)

. python
----------------------------------------------- python (type end to exit) ------
>>> from sfi import Data
>>> df = Data.get('price mpg')
>>> df
[[4099, 22], [4749, 17], [3799, 22], [4816, 20], [7827, 15], [5788, 18], [4453,
>  26], [5189, 20], [10372, 16], [4082, 19], [11385, 14], [14500, 14], [15906,
> 21], [3299, 29], [5705, 16], [4504, 22], [5104, 22], [3667, 24], [3955, 19],
> [3984, 30], [4010, 18], [5886, 16], [6342, 17], [4389, 28], [4187, 21], [1149
> 7, 12], [13594, 12], [13466, 14], [3829, 22], [5379, 14], [6165, 15], [4516,
> 18], [6303, 14], [3291, 20], [8814, 21], [5172, 19], [4733, 19], [4890, 18],
> [4181, 19], [4195, 24], [10371, 16], [4647, 28], [4425, 34], [4482, 25], [648
> 6, 26], [4060, 18], [5798, 18], [4934, 18], [5222, 19], [4723, 19], [4424, 19
> ], [4172, 24], [9690, 17], [6295, 23], [9735, 25], [6229, 23], [4589, 35], [5
> 079, 24], [8129, 21], [4296, 21], [5799, 25], [4499, 28], [3995, 30], [12990,
>  14], [3895, 26], [3798, 35], [5899, 18], [3748, 31], [5719, 18], [7140, 23],
>  [5397, 41], [4697, 25], [6850, 25], [11995, 17]]
>>> end
--------------------------------------------------------------------------------
```

관측치의 개수를 지정해줄 수도 있다. get() 함수 내에서는 range()를 지정해주면 된다. 첫 번째부터 10번째 관측치까지 옮길 수 있다.

```
sysuse auto
python
from sfi import Data
df = Data.get('price mpg', range(0,10))
df
end
```

```
. sysuse auto
(1978 automobile data)

. python
----------------------------------------------- python (type end to exit) ------
>>> from sfi import Data
>>> df = Data.get('price mpg', range(0,10))
>>> df
[[4099, 22], [4749, 17], [3799, 22], [4816, 20], [7827, 15], [5788, 18], [4453,
>  26], [5189, 20], [10372, 16], [4082, 19]]
>>> end
--------------------------------------------------------------------------------
```

get() 함수의 세 번째 요인을 이용하면 일정한 조건을 더해서 자료를 가져올 수 있다. 예컨대, cheap 변수를 만들어보자. price가 5000 이하면 1 아니면 0을 갖는 변수이다. 이 변수를 이용해서 자료를 가져와 보자.

```
sysuse auto, clear
gen cheap = price <= 5000
python
from sfi import Data
df = Data.get('price mpg', range(0,10), "cheap")
df
end
```

```
. sysuse auto, clear
(1978 automobile data)

. gen cheap = price <= 5000

. python
----------------------------------------------- python (type end to exit) ------
>>> from sfi import Data
>>> df = Data.get('price mpg', range(0,10), "cheap")
>>> df
[[4099, 22], [4749, 17], [3799, 22], [4816, 20], [4453, 26], [4082, 19]]
>>> end
---------------------------------------------------------------------------------
```

get()함수의 요인으로서 valuelabel=True로 설정하면 변수의 value label을 가져올 수 있다. 예컨대, foreign 변수의 경우 원래 0과 1의 값을 갖는 더미변수이지만 Domestic과 Foreign으로 레이블이 붙어 있다.

```
. tab foreign

 Car origin |      Freq.     Percent        Cum.
------------+-----------------------------------
   Domestic |         52       70.27       70.27
    Foreign |         22       29.73      100.00
------------+-----------------------------------
      Total |         74      100.00
```

이러한 value label을 옮길 수 있다.

```
sysuse auto, clear
gen cheap = price <= 5000
python
from sfi import Data
df = Data.get('price mpg foreign', range(0,10), "cheap",
valuelabel=True)
df
end
```

```
. sysuse auto, clear
(1978 automobile data)

. gen cheap = price <= 5000

. python
─────────────────────────────────────────────── python (type end to exit) ──────
>>> from sfi import Data
>>> df = Data.get('price mpg foreign', range(0,10), "cheap", valuelabel=True)
>>> df
[[4099, 22, 'Domestic'], [4749, 17, 'Domestic'], [3799, 22, 'Domestic'], [4816,
>  20, 'Domestic'], [4453, 26, 'Domestic'], [4082, 19, 'Domestic']]
>>> end
────────────────────────────────────────────────────────────────────────────────
```

rep78 변수의 경우 결측치를 갖고 있다. 결측치가 있는 변수를 파이썬으로 넘겼을 때 어떻게 표시되는지 살펴보자.

```
. sysuse auto, clear
(1978 automobile data)

. gen cheap = price <= 5000

. python
─────────────────────────────────────────────── python (type end to exit) ──────
>>> from sfi import Data
>>> df = Data.get('price mpg foreign rep78', range(0,10), "cheap", valuelabel=T
> rue)
>>> df
[[4099, 22, 'Domestic', 3], [4749, 17, 'Domestic', 3], [3799, 22, 'Domestic', 8
> .98846567431158e+307], [4816, 20, 'Domestic', 3], [4453, 26, 'Domestic', 8.98
> 846567431158e+307], [4082, 19, 'Domestic', 3]]
>>> end
────────────────────────────────────────────────────────────────────────────────
```

3번째 관측치의 rep78의 값은 8.98846567431158e+307으로 표시되어는 있는데, 파이썬 상으로는 숫자로 인식을 하고 결측치로 인식하지는 않는다. 결측치로 표시해주기 위해서는 numpy 모듈의 np를 사용하면 된다.

```
sysuse auto, clear
gen cheap = price <= 5000
python
from sfi import Data
import numpy as np
df = Data.get('price mpg foreign rep78',
                              range(0,10),
                              "cheap",

                              valuelabel=True,
                              missingval=np.nan)
df
end
```

```
. sysuse auto, clear
(1978 automobile data)

. gen cheap = price <= 5000

. python
----------------------------------------------- python (type end to exit) ------
>>> from sfi import Data
>>> import numpy as np
>>> df = Data.get('price mpg foreign rep78',
...                                 range(0,10),
...                                 "cheap",
...                                 valuelabel=True,
...                                 missingval = np.nan)
>>> df
[[4099, 22, 'Domestic', 3], [4749, 17, 'Domestic', 3], [3799, 22, 'Domestic', n
> an], [4816, 20, 'Domestic', 3], [4453, 26, 'Domestic', nan], [4082, 19, 'Dome
> stic', 3]]
>>> end
--------------------------------------------------------------------------------
```

이렇게 list 형태의 자료는 pandas 모듈을 이용해서 dataframe으로 전환할 수 있다.

```
sysuse auto, clear
gen cheap = price <= 5000
python
from sfi import Data
import numpy as np
import pandas as pd
df = Data.get('price mpg foreign rep78',
                              range(0,10),
                              "cheap",

                              valuelabel=True,
                              missingval = np.nan)
df = pd.DataFrame(df)
df.columns = ['price', 'mpg', 'foreign', 'rep78']
df
end
```

```
. sysuse auto, clear
(1978 automobile data)

. gen cheap = price <= 5000

. python
----------------------------------------------- python (type end to exit) -----
>>> from sfi import Data
>>> import numpy as np
>>> import pandas as pd
>>> df = Data.get('price mpg foreign rep78',
...                                  range(0,10),
...                                  "cheap",
...                                  valuelabel=True,
...                                  missingval = np.nan)
>>> df = pd.DataFrame(df)
>>> df.columns = ['price', 'mpg', 'foreign', 'rep78']
>>> df
   price  mpg   foreign  rep78
0   4099   22  Domestic    3.0
1   4749   17  Domestic    3.0
2   3799   22  Domestic    NaN
3   4816   20  Domestic    3.0
4   4453   26  Domestic    NaN
5   4082   19  Domestic    3.0
>>> end
--------------------------------------------------------------------------------
```

8 Pykrx를 이용하여 삼성전자 주가 살펴보기

Pykrx는 웹사이트 Naver/KRX에서 주가 정보를 스크래핑하여 자료를 제공하는 모듈이다. pykrx는 pip을 이용해서 설치할 수 있다.

```
pip install pykrx
```

pykrx를 이용하여 2020년 1월 1일부터 2022년 6월 30일까지 삼성전자의 주가에 대해서 자료를 받았다. 삼성전자의 티커는 005930 이다.

```
python
import pandas as pd
from pykrx import stock
df=stock.get_market_ohlcv_by_date(fromdate="20200101",
todate="20220630", ticker="005930")
df.head()
df.info()
end
```

```
. python
------------------------------------------------ python (type end to exit) ------
>>> import pandas as pd
>>> from pykrx import stock
>>>
>>> df = stock.get_market_ohlcv_by_date(fromdate="20200101", todate="20220630",
>  ticker="005930")
>>> df.head()
                시가     고가     저가     종가       거래량
날짜
2020-01-02  55500  56000  55000  55200  12993228
2020-01-03  56000  56600  54900  55500  15422255
2020-01-06  54900  55600  54600  55500  10278951
2020-01-07  55700  56400  55600  55800  10009778
2020-01-08  56200  57400  55900  56800  23501171
>>> df.info()
<class 'pandas.core.frame.DataFrame'>
DatetimeIndex: 617 entries, 2020-01-02 to 2022-06-30
Data columns (total 5 columns):
```

```
 #   Column  Non-Null Count  Dtype
---  ------  --------------  -----
 0   시가     617 non-null    int32
 1   고가     617 non-null    int32
 2   저가     617 non-null    int32
 3   종가     617 non-null    int32
 4   거래량    617 non-null    int32
dtypes: int32(5)
memory usage: 16.9 KB
>>> end
```

현재 데이터 프레임 df에서는 날짜가 인덱스로 되어 있다. 분석의 편의를 위해 인덱스를 따로 date 변수로 만들자.

```
python
import pandas as pd
from pykrx import stock
df    =    stock.get_market_ohlcv_by_date(fromdate="20200101",
todate="20220630", ticker="005930")
df['date'] = df.index.astype(str)
df['date']
end
```

```
. python
------------------------------------------------ python (type end to exit) ------
>>> import pandas as pd
>>> from pykrx import stock
>>> df = stock.get_market_ohlcv_by_date(fromdate="20200101", todate="20220630",
>  ticker="005930")
>>> df['date'] = df.index.astype(str)
>>> df['date']
날짜
2020-01-02    2020-01-02
2020-01-03    2020-01-03
2020-01-06    2020-01-06
2020-01-07    2020-01-07
2020-01-08    2020-01-08
                 ...
2022-06-24    2022-06-24
2022-06-27    2022-06-27
2022-06-28    2022-06-28
2022-06-29    2022-06-29
2022-06-30    2022-06-30
Name: date, Length: 617, dtype: object
>>> end
```

이렇게 얻은 데이터 프레임을 sfi를 이용하여 Stata로 넘길 수 있다. 다음과 같은 단계를 밟아 보자.

① setObsTotal: 관측치수를 정한다.
② addVarStr: string 변수를 설정한다.
③ addVarDouble: 실수 변수를 설정한다.
④ addVarInt: 정수 변수를 설정한다.
⑤ 해당 변수에 데이터 프레임의 변수들을 할당한다.

위 매써드를 다음과 같이 설정할 수 있다.

```
python
import pandas as pd
from pykrx import stock
df    =    stock.get_market_ohlcv_by_date(fromdate="20200101",
todate="20220630", ticker="005930")
df['date'] = df.index.astype(str)

from sfi import Data
Data.setObsTotal(len(df))
Data.addVarStr('date', 10)
Data.addVarDouble('close')
Data.addVarInt('volume')

Data.store('date', None, df['date'], None)
Data.store('close', None, df['종가'], None)
Data.store('volume', None, df['거래량'], None)
end
```

```
. python
―――――――――――――――――――――――――――――――――――――――――――― python (type end to exit) ――――
>>> import pandas as pd
>>> from pykrx import stock
>>> df = stock.get_market_ohlcv_by_date(fromdate="20200101", todate="20220630",
> ticker="005930")
>>> df['date'] = df.index.astype(str)
>>>
>>> from sfi import Data
>>> Data.setObsTotal(len(df))
>>> Data.addVarStr('date', 10)
>>> Data.addVarDouble('close')
>>> Data.addVarInt('volume')
>>>
>>> Data.store('date', None, df['date'], None)
>>> Data.store('close', None, df['종가'], None)
>>> Data.store('volume', None, df['거래량'], None)
>>> end
```

이와 같이 파이썬을 이용해서 삼성전자의 거래일시, 종가, 거래량에 대한 데이터를 생성할 수 있게 된다.

```
. des

Contains data
 Observations:           617
    Variables:             3
―――――――――――――――――――――――――――――――――――――――――――――――――――――――――――――――――――――――――
Variable      Storage   Display    Value
    name         type    format    label      Variable label
―――――――――――――――――――――――――――――――――――――――――――――――――――――――――――――――――――――――――
date            str10   %10s
close           double  %10.0g
volume          long    %8.0g
―――――――――――――――――――――――――――――――――――――――――――――――――――――――――――――――――――――――――
Sorted by:
     Note: Dataset has changed since last saved.
```

이 데이터를 이용해 그림을 그리기 위해서는 몇 개의 클리닝 과정을 거쳐야 한다. 먼저, 문자로 된 date를 date() 함수를 이용해서 바꾸어 보자. 그리고 날짜 포맷을 '연도-월-일'로 전환하자.

```
. gen day = date(date, "YMD")

. format day %tdCCYY-NN-DD

. list in 1/5

     +-------------------------------------------------+
     |       date   close    volume               day |
     |-------------------------------------------------|
  1. | 2020-01-02   55200   1.3e+07        2020-01-02 |
  2. | 2020-01-03   55500   1.5e+07        2020-01-03 |
  3. | 2020-01-06   55500   1.0e+07        2020-01-06 |
  4. | 2020-01-07   55800   1.0e+07        2020-01-07 |
  5. | 2020-01-08   56800   2.4e+07        2020-01-08 |
     +-------------------------------------------------+
```

다음과 같은 twoway 그래프를 이용하여 시각화할 수 있다.

```
twoway (line close day, lcolor(red) lwidth(medium))        ///
      (bar volume day, fcolor(blue%80) lcolor(none) yaxis(2)),
///
       title("삼성전자 주가 (2020 - 2022)")                  ///
       xtitle("") ytitle("") ytitle("", axis(2))           ///
       xlabel(, labsize(small) angle(horizontal)) ///
       ylabel(40000(10000)100000,                           ///
              labsize(small) labcolor(red)          ///
              angle(horizontal) format(%9.0fc))             ///
       ylabel(0(50)300,                                     ///
              labsize(small) labcolor(blue)         ///
              angle(horizontal) axis(2))                    ///
       legend(order(1 "Closing Price" 2 "Volume") ///
              cols(1) position(10) ring(0))
```

다음과 같은 그림을 얻을 수 있다.

그림 13.2 pykrx을 이용해 삼성전자 주가를 Stata에서 그리기

9 open API를 이용하기

최근에는 공공 데이터가 많이 공개되어 있다. 특히 공공기관들은 기관에서 수집한 자료를 다양한 형태로 공개를 하고 있다. 자료 그 자체로 공개하기도 하지만, 이른바 open API (application programming inferface) 형태로 공개하기도 한다. 자료 형태는 xml 혹은 json(JavaScrip Object Notation) 파일의 형태로 공개되는 것이 일반적이다. 여기에서는 통계청 open API를 이용하여 합계출산율 자료를 다운 받고 Stata에서 그림 그리는 방법을 소개한다. 다른 사이트의 경우도 유사하기 때문에 참고하면 된다.

먼저, 통계청 open API(https://kosis.kr/openapi/index/index.jsp) 사이트를 방문한다. 자세한 가입과정과 인증키는 등은 웹사이트를 참조하면 된다. 가입을 하면 인증키를 다운 받을 수 있다.

그림 13.3 KOSIS의 open API

다운 받은 인증키를 URL에 적절히 넣으면 다음과 같이 자료를 자동으로 획득할 수 있다.

먼저, url0에 경로를 설정했다. requests 모듈의 get()함수를 이용하여 자료를 받고 이를 text 매써드를 이용하여 텍스트로 전환하였다. json 모듈을 이용하여 json 형식으로 전환하였다. 그 다음 pandas의 json_normalize()를 이용하여 데이터 프레임으로 전환한 후, 엑셀의 형태로 저장하였다.

```
. python
------------------------------------------------ python (type end to exit) ------
>>>
>>> import requests
>>> import pandas as pd
>>> from pandas.io.json import json_normalize
>>> import json
>>>
>>> url0 = "https://kosis.kr/openapi/statisticsData.do?method=getList&apiKey=인
> 증키&format=json&jsonVD=Y&userStatsId=beejo72/101/DT_1B81A21/2/1/202203190022
> 05_1&prdSe=Y&newEstPrdCnt=20"
>>>
>>> response = requests.get(url0).text
>>> df_json = json.loads(response)
>>> df = pd.json_normalize(df_json)
>>> df.to_excel('fertility.xlsx', index=False)
>>>
>>> end
--------------------------------------------------------------------------------
```

이렇게 엑셀 형태로 저장된 파일을 import excel을 이용하여 불러들인다. 필요한 변수를 숫자로 전환하고 변수 이름을 year와 fertility로 바꾸었다.

```
. import excel using fertility.xlsx, first clear
(14 vars, 20 obs)

. destring PRD_DE  DT, replace
PRD_DE: all characters numeric; replaced as int
DT: all characters numeric; replaced as double

. rename PRD_DE year

. rename DT fertility
```

이렇게 바뀐 변수를 이용하여 연도별 합계출산율을 아래와 같이 그렸다.

```
. tw ///
>         (connected fertility year, ///
>         sort mlabel(fertility) mlabsize(small)) , ///
>         xtitle("year") ytitle("합계출산율")
```

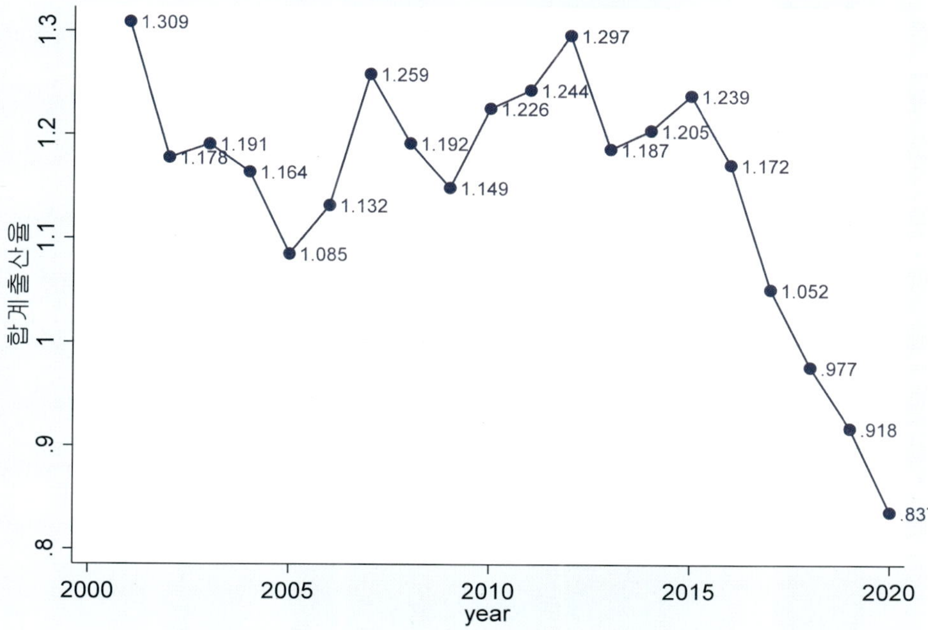

그림 13.4 통계청 open API를 이용한 연도별 합계출산율

공공데이터와 관련된 open API는 data.go.kr에 비교적 풍부하게 제공되고 있다. 한국은행의 ECOS(https://ecos.bok.or.kr)나 재정정보원의 열린재정(https://www.openfiscaldata.go.kr)도 유용한 open API를 제공하고 있어 분석의 자동화를 할 때 편리하게 이용할 수 있다.

10 Jupyter notebook에서 Stata 사용하기

버전 17부터는 파이썬 IDE 중 하나인 Jupyter Notebook에서 Stata를 불러서 사용할수 있게 되었다. 역시 SFI 모듈을 적절히 사용하면 파이썬과 Stata를 왔다 갔다 하면서 작업을 할 수 있다.

다음과 같은 예를 통해 Jupyter Notebook에서 Stata를 불러 사용하는 법을 간단히 익혀 보자.

먼저 Jupyter Notebook에서 Stata를 시작해보자. 필자는 stata_setup 모듈을 불러들이고, Stata17이 설치된 경로와 mp 버전을 지정하였다.

```
# Setup Stata
import stata_setup
stata_setup.config("C:/Program Files/Stata17", "mp")
```

%%stata를 이용하면 Stata 명령어를 바로 불러서 사용할 수 있다. 예를 들어, auto 데이터를 불러들여 mpg에 대한 요약통계량을 확인할 수 있다.

```
In [2]:  %%stata

         sysuse auto, clear

         summarize mpg
```

```
.
. sysuse auto, clear
(1978 automobile data)

.
. summarize mpg

    Variable |        Obs        Mean    Std. dev.       Min        Max
-------------+---------------------------------------------------------
         mpg |         74     21.2973    5.785503         12         41
```

%%stata 명령어의 경우 몇 가지 인자를 통해 Stata 명령어를 통제할 수도 있다. 예를 들어 다음과 같이 간단한 회귀분석 결과를 파이썬으로 넘길 수 있다.

```
In [4]:  %%stata -eret myeret
         reg mpg price i.foreign
         ereturn list
```

```
. reg mpg price i.foreign

      Source |       SS           df       MS      Number of obs   =        74
-------------+----------------------------------   F(2, 71)        =     23.01
       Model |  960.866305         2  480.433152   Prob > F        =    0.0000
    Residual |  1482.59315        71  20.8815937   R-squared       =    0.3932
-------------+----------------------------------   Adj R-squared   =    0.3761
       Total |  2443.45946        73  33.4720474   Root MSE        =    4.5696

------------------------------------------------------------------------------
         mpg | Coefficient  Std. err.      t    P>|t|     [95% conf. interval]
-------------+----------------------------------------------------------------
       price |   -.000959   .0001815    -5.28   0.000    -.001321    -.000597
             |
     foreign |
     Foreign |   5.245271   1.163592     4.51   0.000    2.925135    7.565407
       _cons |   25.65058   1.271581    20.17   0.000    23.11512    28.18605
------------------------------------------------------------------------------
```

위 회귀분석에서 추정된 계수를 다음과 같이 꺼내서 사용할 수 있다.

```
In [5]:  myeret['e(b)']
Out[5]:  array([[-9.59034169e-04,  0.00000000e+00,  5.24527100e+00,
                 2.56505843e+01]])
```

아래와 같이 그림도 그릴 수가 있다.

```
In [6]:  %stata scatter mpg price
```

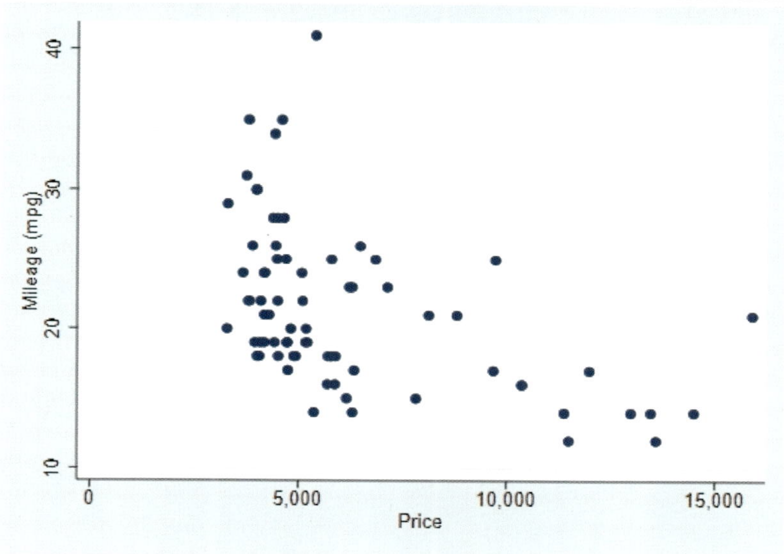

한편, 파이썬에서 다루던 데이터를 Stata로 넘겨서 분석에 사용할 수도 있다. 다음과 같이 pandas 모듈을 이용해서 불러들이자.

```
In [7]:  import pandas as pd
         import io
         import requests

         data = requests.get("https://www.stata.com/python/pystata/misc/nhanes2.csv").content
         nhanes2 = pd.read_csv(io.StringIO(data.decode('utf-8')))
```

pystata의 stata 모듈 중 pdataframe_to_data() 함수를 이용하여 nhanes2 데이터 프레임을 Stata로 넘길 수 있다. 이렇게 데이터를 넘긴 후에 stata.run() 함수를 이용하여 예시와 같이 로지스틱 회귀분석을 할 수 있다.

```
In [8]:  from pystata import stata
         stata.pdataframe_to_data(nhanes2, force=True)
         stata.run('logistic highbp c.age##c.weight')
```

```
Logistic regression                                     Number of obs =  10,351
                                                        LR chi2(3)    = 2381.23
                                                        Prob > chi2   =  0.0000
Log likelihood = -5860.1512                             Pseudo R2     =  0.1689

------------------------------------------------------------------------------
      highbp | Odds ratio   Std. err.      z    P>|z|     [95% conf. interval]
-------------+----------------------------------------------------------------
         age |   1.108531   .0080697    14.15   0.000     1.092827     1.12446
      weight |   1.081505    .005516    15.36   0.000     1.070748    1.092371
             |
     c.age#|
    c.weight |   .9992788   .0000977    -7.38   0.000     .9990873    .9994703
             |
       _cons |   .0002025   .0000787   -21.89   0.000     .0000946    .0004335
------------------------------------------------------------------------------
Note: _cons estimates baseline odds.
```

CHAPTER 14

경제분석을 위한 STATA 17 4th edition

시계열자료분석

1 시계열의 용도와 정상성

경제분석에서 시계열은 자주 사용된다. 특히 경제전체에 대한 논의에서 시계열은 압도적인 위치를 점하고 있다. 시계열 분석의 용도는 크게 2가지 정도라고 보면 된다. 첫째, 동적인 인과효과를 살펴볼 수 있다. 즉 독립변수 X가 변할 때 종속변수 Y에 시차를 두고 어떤 인과적 효과를 가지고 오는지에 대한 답을 할 수 있다. 예컨대 중앙은행이 기준금리를 올렸을 때 시차를 두고 가계부채에 어떤 효과를 미칠 것인지(dynamic causal effects)에 대해서 실증분석을 할 수 있다. 둘째, 우리가 관심을 가지고 있는 변수가 미래의 특정 시점에 어떤 값을 가질 것인지에 대한 예측(forecasting)을 할 수 있다. 예컨대 다음 달의 인플레이션율, 이자율, 주가가 어떤 값을 가질지에 대한 예측이 필요한 경우가 있다. 만약 이에 대한 예측을 과학적으로 일관성 있게 할 수 있다면 정책적인 관점에서 유용한 정보가 될 것이다.

인과관계와 예측의 문제는 같은 회귀분석 모형을 사용한다는 점에서 유사하기는 하지만 근본적인 차이점이 있다. 예를 들어보자. 길거리 행인들이 우산을 들고 지나가는 것을 본다면 당연히 "오늘 언제쯤 비가 오겠네"라는 예측을 할 수 있다. 즉 얼마나 많은 행인들이 우산을 들고 다니는지가 오늘 비가 올지 안 올지를 예측하는데 유용한 정보가 된다. 하지만 그 행인들이 들고 다니는 우산이 비를 오게 하는 인과적 관계에 있는 것은 아니다. 우산을 들고 다니는 행인의 수가 2배로 는다고 해도 오늘 비가 올 확률에 영향을 주는 것은 아니기 때문이다.

시계열분석에서 예측은 기본적으로 과거의 관계가 계속 유지된다는 가정 하에서 진행된다. 이러한 특성을 정상성(staionarity)이라고도 부른다. 시계열이 정상성을 가지고 있어야 안정적으로 예측을 할 수 있을 것이다. 하지만 이러한 정상성의 가정은 다양한 이유로 성립하지 않을 수 있다. 즉 비정상 시계열일 수 있다. 보통 문헌에서는 2가지 이유로 시계열이 정상성을 갖지 않을 수 있다고 제시한다. 첫째, 시계열자료가 장기 추세(long-run trends)를 가져 시계열이 지속적으로 한 방향으로 움직이는 경향을 가질 수 있다. 이럴 때 시계열은 추세를 갖게 된다. 시계열이 추세를 갖게 되면 비정상 시계열일 가능성이 있다. 둘째, 시계열자료가 절단(break)현상을 가질 수 있다. 예컨대 정부의 개입 전후로 시계열이 매우 다르게 움직일 가능성이 있다. 이때에도 시계열은 비정상 시계열이 된다.

▌정상성(stationarity)이란?

과거에 관측되었던 변수간의 관계가 과거와 유사하면, 자료를 이용해서 회귀분석을 하고 그 추정된 값들을 이용하여 미래값을 예측할 수 있다. 하지만 미래의 변수간의 관계가 과거의 관계와 매우 다르다면 추정된 과거의 관계로부터 미래의 관계를 예측하는 것이 힘들어진다. 정상성이란 이러한 변수의 과거의 관계가 미래에도 안정적으로 지속된다는 것을 시계열분석에서 일반화시킨 개념이라고 볼 수 있다.

이러한 이유 외에도 다양한 이유로 시계열자료가 비정상성(non-stationarity)을 갖게 되면 예측과 추론(forecasts & inference) 측면에서 매우 어려워진다. 즉 통상적으로 사용해오던 추정법이 작동하지 않게 된다. 그리고 검정을 위해 사용하던 검정통계량의 분포가 비정규 분포(non-standard)를 갖기도 한다. 하지만 몇몇 경우에는 이러한 문제점을 포착하고, 수정할 수 있는 통계적 방법들이 알려져 있다.

2 시계열 자료 파악하기

가) 시계열 자료 선언하기

시계열자료는 2가지 특징을 갖는다. 첫째, 시간별 순서(temporal order)가 있다. 시계열 자료는 대개 집계변수인 것이 많다. GDP, 이자율, 물가, 인플레이션율 등 거시 집계변수들이 많다. 그리고 발생한 시간 순서대로 나열되어 있다. 횡단면 분석에서 개인을 나타내는 하첨자는 대개 순서를 바꾸어도 분석에 영향을 주지 않는다. 하지만 시계열 자료는 순서 그 자체가 중요하다. 둘째 위와 같은 시간순서 하에서 시계열자료는 종속성을 갖게 된다. 즉 변수가 어제 어떤 값을 가지고 있었는지 자체가 오늘의 값에 영향을 주게 된다.

대표적인 몇 개의 시계열변수를 살펴보자. 앞의 6장에서 살펴보았던 필립스곡선의 중요한 두 요소인 인플레이션율과 실업률을 살펴보자. macro.dta 자료를 불어오자. 그리고 어떤 자료가 포함되어 있는지 describe를 이용하여 살펴보자.

```
. use macro, clear

. describe

Contains data from macro.dta
  obs:           193
 vars:            10                          29 Jun 2012 13:09
--------------------------------------------------------------------------------
              storage   display     value
variable name   type    format      label      variable label
--------------------------------------------------------------------------------
datxx           str10   %10s                   Datxx
lhur            float   %9.0g                  unemployment rate
punew           float   %9.0g                  CPI
fyff            float   %9.0g                  federak funds interest rate
fygm3           float   %9.0g                  3 month T-bill rate
fygt1           float   %9.0g                  1 year T-bond rate
exruk           float   %9.0g                  dollar-pound exchange rate
gdpjp           float   %9.0g                  Japan GDP
time            float   %tq
inf             float   %9.0g                  inflation rate using CPI
--------------------------------------------------------------------------------
```

시계열 분석의 경우 본격적인 분석에 앞서 tsset을 이용하여 시계열자료임을 선언하

자. tsset은 어떤 변수가 시간변수임을 Stata에 가르쳐주는 명령어이다. 여기에서는 time을 시간변수로 지정하자. 시간변수는 time으로 지정되었다. 분기별 자료로서, 1957년 1분기부터 2005년 1분기까지 기록된 자료이다.

```
. tsset time
        time variable:  time, 1957q1 to 2005q1
                delta:  1 quarter
```

tsset을 선언하고 나면 Stata가 제공하는 다양한 시계열 관련 명령어들을 사용할 수 있다. 예컨대, tsline 같은 명령어는 시계열의 추이를 살펴보는데 매우 유용한 명령어이다. 인플레이션율과 실업률의 추이를 아래와 같이 살펴보자.

```
. tsline inf lhur,  legend( style(column) ring(0) pos(1) region(color(none)) si
> ze(small))
```

[그림 14.1]에 따르면 인플레이션율과 실업률은 상승과 하강을 반복하면서 일정 정도의 순환을 가지고 있는 것을 알 수 있다. 또한 실업률이 떨어지는 시기에는 인플레이션이 일정 정도 상승하는 모습이 있는 것을 적어도 1970년 이전에는 확인할 수 있다.

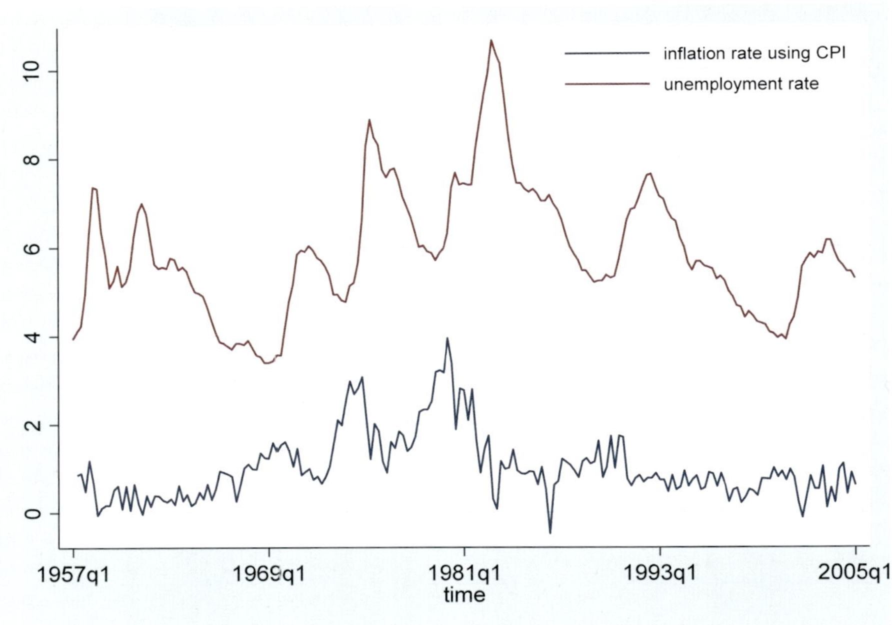

그림 14.1 인플레이션율과 실업률

이번에는 인플레이션과 실업률 외에도 중요한 시계열변수로서 중앙은행의 기준금리(federal funds rate), 환율, 주요 경쟁국인 일본의 GDP, T-bill 혹은 T-bond의 이자율 등을 생각해볼 수 있다. 이러한 변수들의 추이를 그려보자. 단, 시계열의 추이를 각각 그리고 이를 graph combine 기능을 이용하여 하나로 합쳐보자.

```
. * federal funds rate
. tsline  fyff, saving(ts1, replace)

. * Dollars per pounds
. tsline   exruk, saving(ts2, replace)

. * Japan GDP
. tsline    gdpjp, saving(ts3, replace)

. tsline fygm3 fygt1, saving(ts4, replace) legend( style(column) ring(0) pos(11
> ) region(color(none)) )

• graph combine ts1.gph ts2.gph ts3.gph ts4.gph, col(2)
```

그림은 [그림 14.2]와 같이 그려진다. 먼저 첫 번째 그림은 기준금리, 두 번째 그림은 미국의 입장에서 본 환율, 세 번째 그림은 일본의 GDP, 마지막 그림은 채권의 이자율의 추이이다.

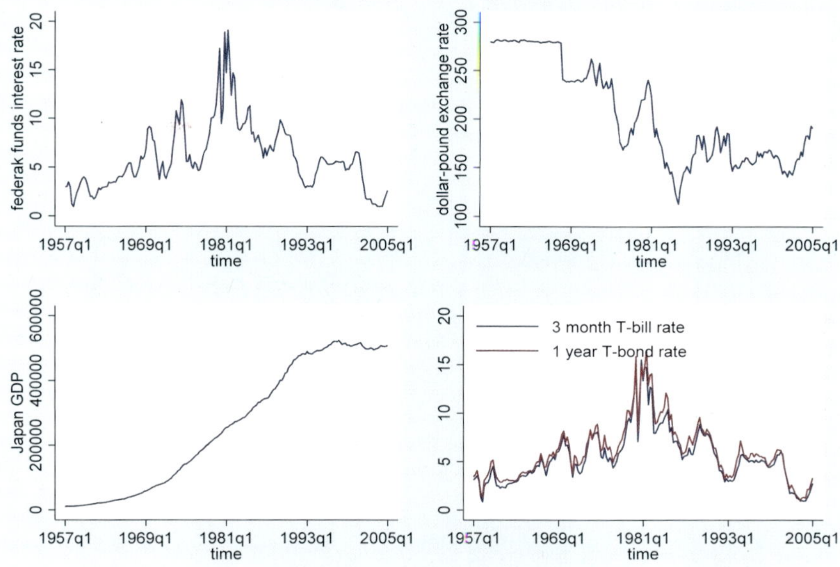

그림 14.2 다양한 시계열 변수

나) 시차변수와 차분변수

시계열분석에서는 특히 다양한 수준의 시차변수와 차이변수가 다양하게 사용된다. Stata에서 시간변수를 선언하고 난 후에 가장 쉬워진 작업은 시차변수 혹은 차이변수를 생성하는 일이다. 예컨대 집계변수 Y_t의 1번째 시차 변수는 Y_{t-1}이다. 당연히 j번째 시차 변수는 Y_{t-j}가 된다. 시계열분석에서는 이러한 시차변수가 다양하게 사용된다. 따라서 시차변수를 쉽게 생성할 수 있다면 매우 편할 것이다. 한편 과거변수 외에도 미래변수가 필요할 경우도 있다. 이러한 모든 경우에 Stata에서 제공하는 명령어를 통해 굉장히 편리하게 시차변수를 생성할 수 있다.

Stata에서는 L.을 이용해 과거 시차변수를 만들 수 있다. 예컨대 실업률 lhur의 1기 시차변수는 L.lhur이고, 2기 시차변수는 L2.lhur이다. 아래 그림을 살펴보면, 시차변수들이 전기 값을 가지고 있음을 확인할 수 있다.

```
. gen hlur_lag_1 = L.lhur
(1 missing value generated)

. gen hlur_lag_2 = L2.lhur
(2 missing values generated)

. list time lhur hlur_lag_1  hlur_lag_2
```

	time	lhur	hlur_l~1	hlur_l~2
1.	1957q1	3.933333	.	.
2.	1957q2	4.1	3.933333	.
3.	1957q3	4.233333	4.1	3.933333
4.	1957q4	4.933333	4.233333	4.1
5.	1958q1	6.3	4.933333	4.233333
6.	1958q2	7.366667	6.3	4.933333
7.	1958q3	7.333333	7.366667	6.3
8.	1958q4	6.366667	7.333333	7.366667
9.	1959q1	5.833333	6.366667	7.333333
10.	1959q2	5.1	5.833333	6.366667

한편 시계열분석에서는 수준변수(level variable)도 중요하지만 차분변수(differenced variable)도 자주 사용된다. 특히 뒤에 소개하겠지만 시계열이 단위근(unit root)을 갖는

경우, 수준변수 대신 차분변수가 사용되는 경우가 많다. 1계 차분변수 혹은 2계 차분변수는 아래와 같이 정의할 수 있다.

(1)
$$\begin{aligned}\Delta Y_t &= Y_t - Y_{t-1} \\ \Delta^2 Y_t &= \Delta Y_t - \Delta Y_{t-1} \\ &= (Y_t - Y_{t-1}) - (Y_{t-1} - Y_{t-2}) \\ &= Y_t - 2Y_{t-1} + Y_{t-2}\end{aligned}$$

Stata에서는 D. 혹은 D2.를 통해서 차분변수를 만들 수 있다.

```
. gen hlur_diff_1 = D.lhur
(1 missing value generated)

. gen hlur_diff_2 = D2.lhur
(2 missing values generated)

. list time lhur hlur_diff_1  hlur_diff_2 in 1/5
```

	time	lhur	hlur_d~1	hlur_di~2
1.	1957q1	3.933333	.	.
2.	1957q2	4.1	.1666665	.
3.	1957q3	4.233333	.1333332	-.0333333
4.	1957q4	4.933333	.7000003	.5666671
5.	1958q1	6.3	1.366667	.6666665

차분변수를 이용하면 편리한 점이 있다. 특히 수준변수에 로그를 취하고 차분을 하면 해당 변수의 성장률의 근사치를 얻을 수 있다. 예컨대 현재 자료에 들어있는 분기별 분기별 소비자물가지수(CPI)를 이용하여 연간 인플레이션율을 계산해 보자. 먼저 로그 차분을 통해 분기별 성장률의 근사치를 계산하자. 분기별 성장률에 4를 곱해 연간화하자. 다시 100을 곱해 퍼센티지로 전환하는 것이다. 다음과 같은 공식을 적용할 수 있다.

(2) $$4 \times [\ln(CPI_t) - \ln(CPI_{t-1})] \times 100$$

Stata를 이용해 분기별 물가지수 자료를 이용하여 연간 인플레이션율, 시차변수, 그리고 차분변수를 각각 구해 보자.

연간물가지수

```
. gen ln_punew = ln(punew)

. gen annual_inf = 4 * D.ln_punew * 100
```

인플레이션 시차변수

```
. gen annual_inf_L1 = L.annual_inf
```

인플레이션 변화

```
. gen annual_inf_D1 = D.annual_inf
```

```
. list time punew annual_inf annual_inf_L1 annual_inf_D1 in 1/10
```

	time	punew	annual_~f	annual~L1	annual~D1
1.	1957q1	27.77667	.	.	.
2.	1957q2	28.01333	3.393745	.	.
3.	1957q3	28.26333	3.553867	3.393745	.1601219
4.	1957q4	28.4	1.929474	3.553867	-1.624393
5.	1958q1	28.73667	4.713917	1.929474	2.784443
6.	1958q2	28.93	2.682114	4.713917	-2.031803
7.	1958q3	28.91333	-.2305031	2.682114	-2.912617
8.	1958q4	28.94333	.414753	-.2305031	.645256
9.	1959q1	28.99333	.6904602	.414753	.2757072
10.	1959q2	29.04333	.6892204	.6904602	-.0012398

이번에는 시차변수를 이용하여 거시경제학에서 잘 알려진 오쿤의 법칙(Okun's law)을 추정해보자. 오쿤의 법칙은 실업률의 변화는 GDP의 변화에 의해서 결정된다는 것이다. 즉, 다음과 같이 표현가능하다.

(3) $$U_t - U_{t-1} = -\gamma(Y_t - Y^*)$$

위의 식을 회귀식의 형태로 다시 쓰면 아래와 같다.

(4) $$U_t - U_{t-1} = \beta_0 + \beta_1 Y_t + \epsilon_t$$

여기에서 $\beta_0 = \gamma Y^*$이고, $\beta_1 = -\gamma$이다.

위 모형은 다음과 같은 명령어로 추정가능하다. 아래의 추정결과에 따르면 γ는 0.311이다. Y^*는 위의 식과 추정결과에 따라 약 1.35(=0.421/0.311)이다. okun.dta를 불러 들이자.

```
. use okun, clear

. tsset time
        time variable:  time, 1 to 98
                delta:  1 unit
```

실업률의 변화와 산출의 관계(그림 14.3)는 아래와 같이 그린다.

```
. tsline D.u y,  legend(col(1) size(small))
```

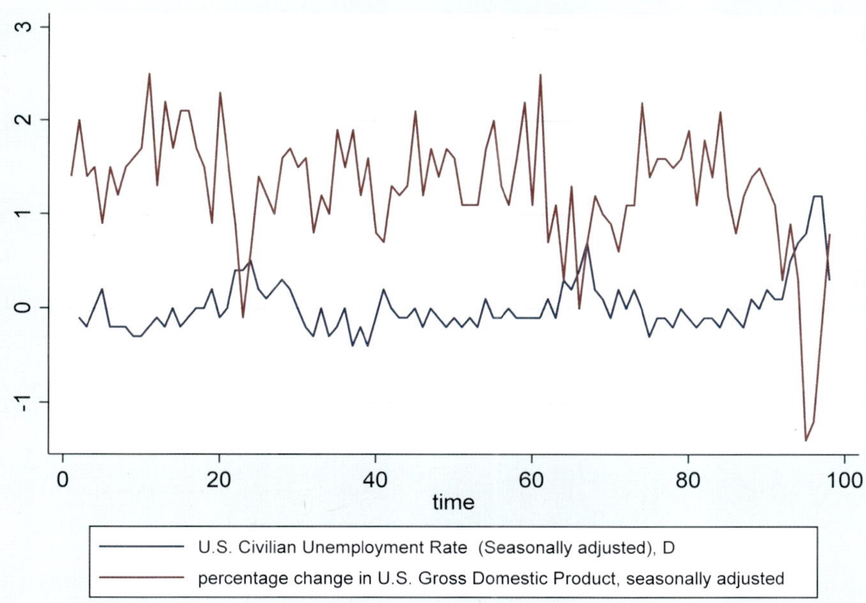

그림 14.3 실업률과 총생산변화

회귀분석은 다음과 같이 할 수 있다.

```
. reg D.u y

      Source |       SS           df       MS      Number of obs   =        97
-------------+----------------------------------   F(1, 95)        =     93.93
       Model |  3.94525177         1  3.94525177   Prob > F        =    0.0000
    Residual |  3.99021215        95  .042002233   R-squared       =    0.4972
-------------+----------------------------------   Adj R-squared   =    0.4919
       Total |  7.93546392        96  .082661082   Root MSE        =    .20494

------------------------------------------------------------------------------
         D.u |      Coef.   Std. Err.      t    P>|t|     [95% Conf. Interval]
-------------+----------------------------------------------------------------
           y |  -.3118014   .0321719    -9.69   0.000    -.3756707   -.2479321
       _cons |   .4213385   .0460029     9.16   0.000     .3300112    .5126658
------------------------------------------------------------------------------
```

위 모형에 GDP의 효과가 2기간까지 시차를 두고 영향을 준다고 가정해보자. 그러면 다음과 같이 해당 모형을 추정할 수 있다. L(0/2).y는 y L.y L2.y를 한 번에 편하게 추정할 수 있다.

```
. reg D.u L(0/2)y

      Source |       SS           df       MS      Number of obs   =        96
-------------+----------------------------------   F(3, 92)        =     57.95
       Model |  5.17925206         3  1.72641735   Prob > F        =    0.0000
    Residual |  2.74074794        92  .029790739   R-squared       =    0.6539
-------------+----------------------------------   Adj R-squared   =    0.6427
       Total |        7.92        95  .083368421   Root MSE        =     .1726

------------------------------------------------------------------------------
         D.u |      Coef.   Std. Err.      t    P>|t|     [95% Conf. Interval]
-------------+----------------------------------------------------------------
           y |
         --. |  -.2020216   .0323832    -6.24   0.000    -.2663374   -.1377059
         L1. |  -.1653269   .0335368    -4.93   0.000    -.2319339   -.0987198
         L2. |  -.0700135      .0331    -2.12   0.037    -.1357529   -.0042741
             |
       _cons |   .5835561   .0472119    12.36   0.000     .4897892    .6773231
------------------------------------------------------------------------------
```

다) 자기상관(auto-correlation) 관계

시계열의 대표적인 특징 중 하나는 종속성이 있다는 것이다. 즉 시계열 자료의 경우 현재의 값과 다음 기 혹은 과거의 값과는 통상적으로 상관관계가 존재한다는 것이다. 특정 변수가 자신의 시차변수와 상관관계가 존재할 때 자기상관관계(autocorrelation) 혹은 계열상관(serial correlation)이 존재한다고 한다. Y_t가 Y_{t-1} 혹은 Y_{t-2} 등의 시차변수와 상관관계를 갖게 된다는 것이다.

상관계수는 공분산을 분산으로 나눈 값이고, 이는 표본에서 상응하는 표본공분산을 표본분산으로 나누어 구할 수 있다. 즉 아래와 같이 구할 수 있다.

(5) $$\rho_j = \frac{cov(\widehat{Y_t, Y_{t-j}})}{var(\widehat{Y_t})}$$

Stata에서는 ac라는 명령어를 이용하여 자기상관계수를 쉽게 계산하고 그림으로도 표현할 수 있다. 아래의 명령어는 y의 자기상관계수를 계산하고 그 값을 ac_y에 저장하라는 것이다. 단 시차는 15기까지 계산을 하라는 것이다.

```
. ac y,  generate(ac_y) lags(15)
```

위의 명령어는 [그림 14.4]를 그려준다. 1기에서 6기 시차까지는 양의 상관관계를 갖고 있고, 좀 더 큰 시차는 음의 상관관계를 갖고 있음을 보여주고 있다.

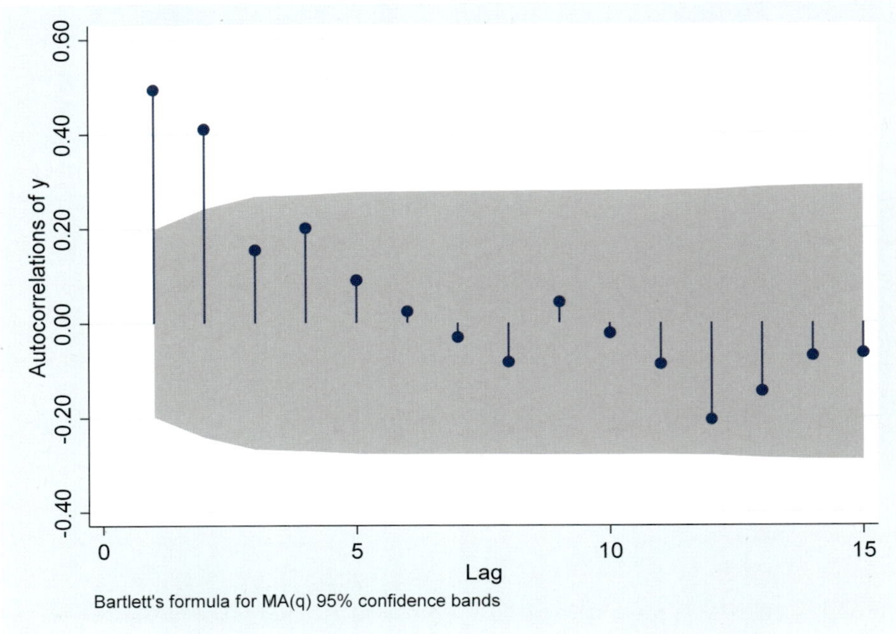

그림 14.4 ac로 그린 시차별 자기상관계수

이번에는 계산된 자기상관계수를 살펴보자. 통상적으로 첫 번째 관측치부터 지정된 시차까지 자기상관계수가 저장된다. 이를 list를 통해서 살펴보자. 1기 시차까지의 자기상관계수는 0.494 이었고, 2기부터 점차 감소하기 시작하여 6기에 이르면 0.024까지 떨어진다. 7기부터는 오히려 음수로 -0.03이 되었다.

```
. list time y ac_y in 1/15

     +------------------------+
     | time     y        ac_y |
     |------------------------|
  1. |    1   1.4   .49425676 |
  2. |    2     2    .4107073 |
  3. |    3   1.4    .1544205 |
  4. |    4   1.5   .20043788 |
  5. |    5    .9   .09038538 |
     |------------------------|
  6. |    6   1.5   .02447111 |
  7. |    7   1.2  -.03008434 |
  8. |    8   1.5  -.08231978 |
  9. |    9   1.6   .04410661 |
 10. |   10   1.7  -.02128483 |
     |------------------------|
 11. |   11   2.5  -.08683463 |
 12. |   12   1.3  -.20404326 |
 13. |   13   2.2  -.14418367 |
 14. |   14   1.7  -.06948648 |
 15. |   15   2.1  -.06402047 |
     +------------------------+
```

이 외에도 Stata는 corrgram이라는 명령어를 제공하고 있다. corrgram은 자기상관계수 외에도 부분 자기상관계수와 Portmanteau의 Q 통계량을 제공해주고 있다. 또한 자기상관계수 정도의 크기를 문자를 이용하여 표시해주기도 한다.

```
. corrgram y, lags(10)

                                          -1       0       1 -1       0       1
 LAG       AC       PAC      Q     Prob>Q  [Autocorrelation]  [Partial Autocor]
-------------------------------------------------------------------------------
1        0.4943   0.4971   24.681  0.0000          |---               |---
2        0.4107   0.2462     41.9  0.0000          |---               |-
3        0.1544  -0.1451    44.36  0.0000          |-                -|
4        0.2004   0.2052   48.549  0.0000          |-                 |-
5        0.0904  -0.0035    49.41  0.0000          |                  |
6        0.0245  -0.1612   49.473  0.0000          |                 -|
7       -0.0301  -0.0156   49.571  0.0000          |                  |
8       -0.0823  -0.1195   50.309  0.0000          |                  |
9        0.0441   0.2090   50.523  0.0000          |                  |-
10      -0.0213  -0.0376   50.573  0.0000          |                  |
```

Version 17: 새로운 date 함수들

버전 17에서부터 날짜 관련된 새로운 함수들이 포함되었다. 대표적인 것이 age() 함수이다. 생일과 기준 날짜를 정해주면, 연령을 계산해준다. 예를 들어 1972년 7월 31일이 생일이고, 오늘은 2022년 7월 16일 이라고 하면 다음과 같이 연령을 계산할 수 있다.

```
. di td(31july1972)
4595

. di td(16july2022)
22842

. di age(td(31july1972), td(16july2022))
49
```

더 나아가서 윤년 2월 29일 생일인 경우에도 연령을 쉽게 계산할 수 있다. 다만, 이 때에는 윤년이 아닌 경우 1살을 더 먹게 되는지를 설정해줘야 한다. 가령, 3월 1일이 되어야 한 살을 먹게 되는 경우에는 다음과 같이 설정할 수 있다.

```
. display age(td(29feb2000), td(28feb2018), "01mar")
17
```

그게 아니라 2월 28일에 한 살한 살을 더 먹게 되면 다음과 같이 설정하면 된다.

```
. display age(td(29feb2000), td(28feb2018), "28feb")
18
```

datediff() 함수는 두 날짜 사이의 차이를 계산해준다. 사실 age() 함수는 datediff()를 반올림 한 경우라고 볼 수 있다. 예컨대, 연인이 2001년 8월 20일에 만났는데, 2022년 7월 16일까지 관계가 이어져 왔다면, 그 날짜는 다음과 같이 계산할 수 있다.

```
. display datediff(td(20aug2001), td(17jul2022), "day")
7636
```

3 오차항이 계열상관 관계를 가질 때

기본적으로 회귀모형이 시차변수를 가지고 있지 않으면 오차항이 계열상관(serial correlation)을 가지고 있다고 하더라도 OLS 추정량은 여전히 일치성을 갖는다. 다만 추정량의 표준오차가 클 가능성이 있다. 이럴 경우에는 Newey-West가 제시한 표준오차를 사용하여 표준오차에 대한 일치추정량을 구할 수 있다. Newey-West의 표준오차를 흔히 HAC 추정량이라고 부르기도 한다. HAC은 이분상-자기상관(Heteroskedasticity and autocorrelation)을 지칭한다.

HAC 추정량을 사용하는 다양한 형태의 계열상관 하에서도 표준오차에 대한 일치추정량을 얻을 수 있다는 장점을 갖고 있다. HAC 추정량은 Stata에서는 newey라는 명령어를 통해서 구할 수 있다. newey는 기본적으로는 회귀분석 명령어인 regress와 동일하다. 다만, 추정치의 표준오차를 HAC 추정치를 이용하여 계산한다. newey를 사용할 때에는 몇 기의 시차까지 계열상관을 허용할 것인지는 연구자가 지정해주어야 한다.

```
. newey D.u y, lag(4)

Regression with Newey-West standard errors          Number of obs     =         97
maximum lag: 4                                      F(  1,        95) =      29.54
                                                    Prob > F          =     0.0000

------------------------------------------------------------------------------
             |             Newey-West
         D.u |      Coef.   Std. Err.      t    P>|t|     [95% Conf. Interval]
-------------+----------------------------------------------------------------
           y |  -.3118014    .0573664    -5.44   0.000    -.4256881   -.1979146
       _cons |   .4213385     .090682     4.65   0.000      .241312    .6013649
------------------------------------------------------------------------------
```

위의 결과를 단순 회귀분석한 추정결과(모형(1)), robust 옵션을 사용한 결과(모형(2))와 비교해 보자. 추정방법 간에 추정치 자체는 차이가 없다. 다만 표준오차가 좀 더 일반적인 가정을 한 경우에 더 크게 추정되고 있음을 확인할 수 있다.

표 14.1 newey 추정결과

	OLS	OLS+robust	newey
	(1)	(2)	(3)
VARIABLES	D.u	D.u	D.u
y	−0.312***	−0.312***	−0.312***
	[0.0322]	[0.0433]	[0.0574]
Constant	0.421***	0.421***	0.421***
	[0.0460]	[0.0663]	[0.0907]
Observations	97	97	97
R−squared	0.497	0.497	

Standard errors in brackets

*** p<0.01, ** p<0.05, * p<0.1

4 자기상관시차모형(ADL 모형)

경제이론 따르면 우리가 관심 가지고 있는 변수들은 자신의 과거변수의 값뿐만 아니라, 다른 변수들에 의해서 영향을 받는다. 따라서 영향을 주고 받는 변수들의 값들을 알고 있으면 관심 변수의 미래 값을 예측할 때 도움이 된다. 이러한 변수들을 자기상관모형에 더하면 모형의 예측력을 높일 수가 있다. 자기의 시차변수 외에도 다른 변수들의 현재 및 시차변수를 포함한 모형을 자기상관시차모형(ADL, autoregressive distributed lag model)이라고 한다.

예컨대 단기 필립스 곡선을 생각해보자. 필립스 곡선에 따르면 실업률이 높은 경우 미래의 인플레이션률이 낮아지는 경향이 있다. 이러한 관계는 다음과 같은 그림으로부터 확인할 수 있다. macro2.dta를 읽어 들이자. 그리고 인플레이션율의 변화를 1년 후(4분기 전)의 실업률에 회귀분석 해보자. 그리고 추정된 회귀분석식과 자료를 그려서 두 변수 간의 관계를 살펴보자.

```
. use macro2, clear

. reg dinfa L4.lhur

      Source |       SS           df       MS      Number of obs   =       185
-------------+----------------------------------   F(1, 183)       =     23.79
       Model |  66.1216338         1  66.1216338   Prob > F        =    0.0000
    Residual |  508.582587       183  2.77913982   R-squared       =    0.1151
-------------+----------------------------------   Adj R-squared   =    0.1102
       Total |  574.704221       184  3.12339251   Root MSE        =    1.6671

------------------------------------------------------------------------------
       dinfa |      Coef.   Std. Err.      t    P>|t|     [95% Conf. Interval]
-------------+----------------------------------------------------------------
        lhur |
         L4. |  -.4143769    .084953    -4.88   0.000    -.5819903   -.2467635
             |
       _cons |   2.464625   .5189208     4.75   0.000     1.440788    3.488462
------------------------------------------------------------------------------

. predict pdinfa
(option xb assumed; fitted values)
(4 missing values generated)

. keep if tin(1961q1,2004q4)
(17 observations deleted)

. twoway (scatter dinfa L4.lhur  if yq4==1) ///
>              (line pdinfa L4.lhur  if yq4==1)
```

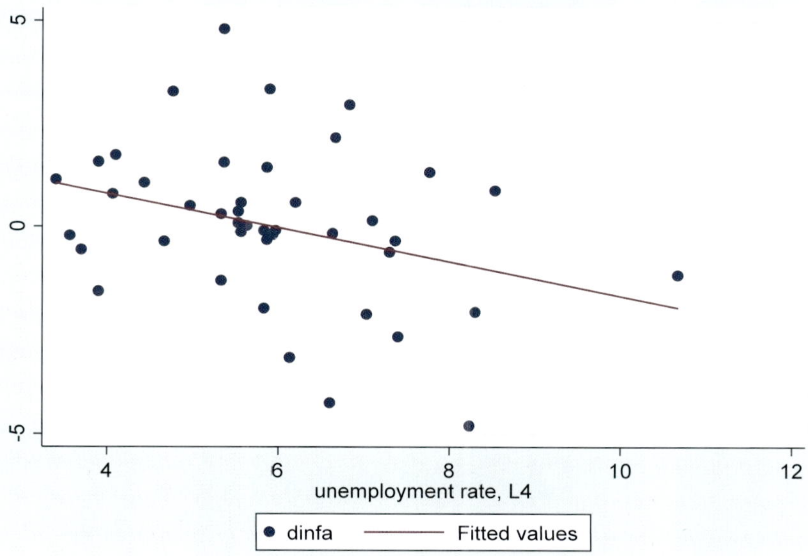

그림 14.5 단기 필립스 곡선 관계

[그림 14.5]를 통해 실업률이 높으면 1년 후에 인플레이션율의 변화가 감소하는 것을 확인할 수 있다. 단순 상관관계를 계산해보면 약 −0.314 정도의 값을 갖는다. 실업률에 포함된 정보가 인플레이션율의 변화 방향을 예측하는데 도움을 주는 것처럼 보인다. 특히 실업률의 시차변수가 인플레이션율 변화의 시차변수에 포함되어 있지 않은 정보를 포함하고 있다면 미래 인플레이션율의 예측에 과거 실업율에 대한 정보는 큰 도움이 될 것이다.

일반적으로 자기상관 시차모형은 ADL(p,q)로 표현할 수 있다. 즉 자기상관은 p까지 다른 독립변수의 시차는 q까지 포함된 모형이다. 아래와 같이 써 볼 수 있다.

(6) $$\begin{aligned} Y_t = & \beta_0 + \beta_1 Y_{t-1} + \cdots + \beta_p Y_{t-p} \\ & + \gamma_1 X_{t-1} + \gamma_2 X_{t-2} + \cdots + \gamma_q X_{t-q} + e_t \end{aligned}$$

위의 모형은 설명변수로서 종속변수의 시차변수들(자기상관 요소)과 다른 설명변수들의 시차변수들을 포함하고 있는 모형이다. 좀 더 일반적으로는 설명변수가 하나가 아니라 복수의 설명변수의 시차변수들을 포함할 수 있다.

위의 인플레이션의 변화 예측에 실업률이 도움이 되는지 알기 위해서 다음과 같이 좀 더 일반적인 ADR(4,1) 모형을 추정해보자.

(7) $$\begin{aligned} \Delta IR_t = & \beta_0 + \beta_1 \Delta IR_{t-1} + \beta_2 \Delta IR_{t-2} + \beta_3 \Delta IR_{t-3} + \beta_4 \Delta IR_{t-4} \\ & + \gamma_1 \Delta UR_{t-1} + e_t \end{aligned}$$

```
. reg dinf L(1/4).dinf L(1/4).lhur if tin(1962q1,2004q4), robust

Linear regression                               Number of obs     =        172
                                                F(8, 163)         =       8.95
                                                Prob > F          =     0.0000
                                                R-squared         =     0.3663
                                                Root MSE          =     1.3926

------------------------------------------------------------------------------
             |               Robust
        dinf |      Coef.   Std. Err.      t    P>|t|     [95% Conf. Interval]
-------------+----------------------------------------------------------------
        dinf |
         L1. |  -.4198002   .0886973    -4.73   0.000    -.5949441   -.2446564
         L2. |  -.3666267   .0940369    -3.90   0.000    -.5523143   -.1809391
         L3. |   .0565723   .0847966     0.67   0.506    -.1108691    .2240138
         L4. |  -.0364739   .0835277    -0.44   0.663    -.2014098     .128462
```

```
        lhur |
         L1. |  -2.635548   .4748106    -5.55   0.000    -3.573121   -1.697975
         L2. |   3.043123   .8797389     3.46   0.001     1.305969    4.780277
         L3. |  -.3774696   .9116437    -0.41   0.679    -2.177624    1.422685
         L4. |  -.2483774   .4605021    -0.54   0.590    -1.157696    .6609413
             |
       _cons |   1.304271   .4515941     2.89   0.004     .4125424       2.196
------------------------------------------------------------------------------
```

위 추정결과에 따르면, 실업률이 증가하면 1기 후에 인플레이션 변화분이 감소하는 것으로 보인다. 즉, 1%p 만큼 실업률이 증가하면 다음 기에는 인플레이션률 변화가 0.21%p 감소하고 있었다.

이번에는 추정된 모형을 이용하여 인플레이션율 차분변수의 시차변수들의 통계적 유의성을 검정해보자. 차분변수가 인플레이션 변화를 설명하는데 도움이 되는지 살펴보기 위해 다음과 같은 귀무가설을 상정해보자.

(8) $H_0 : \beta_2 = \beta_3 = \beta_4 = 0$

위 귀무가설에 대한 검정은 test를 이용하여 쉽게 할 수 있다.

```
. test L2.dinf L3.dinf L4.dinf

 ( 1)  L2.dinf = 0
 ( 2)  L3.dinf = 0
 ( 3)  L4.dinf = 0

       F(  3,   163) =    6.35
            Prob > F =    0.0004
```

다음은 추정된 모형을 이용해서 2005년 1분기의 인플레이션율을 예측해보자. 절차는 다음과 같다. 2005년 1분기가 자료에는 포함되어 있지 않기 때문에 tsappend를 통해서 1기 관측치를 추가로 자료의 맨 아래에 붙이자. 그리고 predict를 이용해서 예상값을 생성하자. 물론 이때는 표본내 예측치와 표본외 예측치가 동시에 생성된다. 새로 더해진 관측치에 들어가 있는 값은 인플레이션 변화분의 예측치이다. 이를 2004년 4분기의 인플레이션에 더하면 2005년 1분기의 예상 인플레이션율을 얻을 수 있다.

```
. tsappend, add(1)

. predict dinf_p
(option xb assumed; fitted values)
(4 missing values generated)

. display "The predicted inflation rate for 2005q1 is " inf[176]+dinf_p[177
The predicted inflation rate for 2005q1 is 1.0173877
```

위 추정결과에 따르면 2005년 1분기의 예상 인플레이션율은 약 1.01% 정도 됨을 알 수 있다.

왜 인플레이션율이 아니라 인플레이션율의 차분을 사용했을까?

지금까지 추정모형에서 인플레이션율을 직접 추정하기 보다는 인플레이션율의 차분을 사용하였다. 왜 그랬을까? 인플레이션율은 계열상관관계가 강하게 존재할 가능성이 있다. 그런 경우 OLS 추정치는 0을 향해 편향성이 존재할 가능성이 있다. 극한의 경우, 자기상관계수가 1일 수 있다. 그 경우 인플레이션 변수는 더 이상 정상성의 특성을 갖지 않는다. 오차항이 누적되어 인플레이션이 큰 값으로 발산할 가능성이 있다. 그런 이유로 수준변수인 인플레이션율 대신에 인플레이션율의 차분변수를 사용한 것이다.

5 시차결정

이제 남은 문제는 자기상관을 고려한 시차 모형에서 몇 개의 시차를 모형에 포함시킬 것인가이다. 모형에 시차변수를 하나 더 추가하면 추가적인 정보에 의해서 예측력의 향상을 기대해볼 수 있다. 하지만 동시에 추정치의 불확실성, 즉 추정치의 분산이 커질 가능성이 있다. 따라서 추가적인 시차변수의 추가가 가져올 이득과 손실을 따져봐야 한다. 이때 소위 말하는 정보기준(information criterion)을 이용하게 된다.

정보기준의 주요 아이디어는 다음과 같다. 추가적인 시차변수가 포함되면 설명되지 않는 부분, 즉 오차제곱합 SSR(sum of squared residuals)이 감소할 것이다. 이에 대해 시차변수를 더해나가면서 발생하는 불확실성의 증가에 대한 패널티 부분을 적절히 포함하면 최적 시차변수를 찾기 위한 목적함수인 정보기준을 만들 수 있다. 즉 이러한 목적함수가 최소가 되는 시차변수를 찾으면 된다.

예컨대 BIC(Bayes Information Criterion)는 다음과 같이 정의된다. 시차항의 수가 늘어나면 첫 번째 항인 SSR(p)은 감소하지만 반면 두 번째 항은 적절한 속도로 증가하게 된다.

(9) $$BIC(p) = \ln\left\{\frac{SSR(p)}{T}\right\} + (p+1)\frac{\ln T}{T}$$

BIC와 유사한 다른 정보기준으로는 AIC(Akaike Information Criterion)가 있다. BIC와의 차이점은 추가적인 시차항에 따라 패널티가 늘어나는 속도가 차이가 있다.

(10) $$AIC(p) = \ln\left\{\frac{SSR(p)}{T}\right\} + (p+1)\frac{2}{T}$$

위와 같은 정보기준은 모형 추정 후에 estat ic를 이용하여 구할 수 있다. 예컨대 다음과 같이 구할 수 있다.

```
. reg dinf L1.dinf  if tin(1962q1,2004q4), robust

Linear regression                               Number of obs     =        172
                                                F(1, 170)         =       6.08
                                                Prob > F          =     0.0146
                                                R-squared         =     0.0564
                                                Root MSE          =     1.6639

------------------------------------------------------------------------------
             |               Robust
        dinf |      Coef.   Std. Err.      t    P>|t|     [95% Conf. Interval]
-------------+----------------------------------------------------------------
        dinf |
         L1. |  -.2380348   .0965034    -2.47   0.015    -.4285342   -.0475354
             |
       _cons |   .0171013   .1268831     0.13   0.893    -.2333681    .2675707
------------------------------------------------------------------------------

. estat ic

Akaike's information criterion and Bayesian information criterion

-----------------------------------------------------------------------------
       Model |          N   ll(null)  ll(model)      df         AIC        BIC
-------------+---------------------------------------------------------------
           . |        172   -335.622  -330.6319       2    665.2637   671.5587
-----------------------------------------------------------------------------
Note: BIC uses N = number of observations. See [R] BIC note.
```

다만 정보기준이 주어진 모형에서 계산되기 때문에 다양한 시차변수를 이용하여 BIC와 AIC의 크기를 비교해야 한다. 이때 다음과 같은 loop를 이용하면 편리하다.

```
.
. putexcel set bic, replace
Note: file will be replaced when the first putexcel command is issued

. putexcel A1 = "Lag"
file bic.xlsx saved

. putexcel B1 = "BIC"
file bic.xlsx saved


. local i = 2

. forvalues x =1/6 {
  2.         quietly reg dinf L(1/`x').dinf  if tin(1962q1,2004q4), robust
  3.         estat ic
  4.         matrix define A = r(S)
  5.
.         local bic = A[1,6]
  6.         di `bic'
  7.
.         putexcel A`i' = `x'
  8.         putexcel B`i' = `bic'
  9.         local ++i
 10. }

. import excel using bic.xlsx, clear first
(2 vars, 6 obs)

. line BIC Lag, c(d)
```

아래의 그림에 따르면 AIC에 따르는 경우 3번째 시차까지, BIC를 따르는 경우 2번째 시차까지 포함시키는 것이 정보기준을 가장 최소화 시키는 시차임을 알 수 있다.

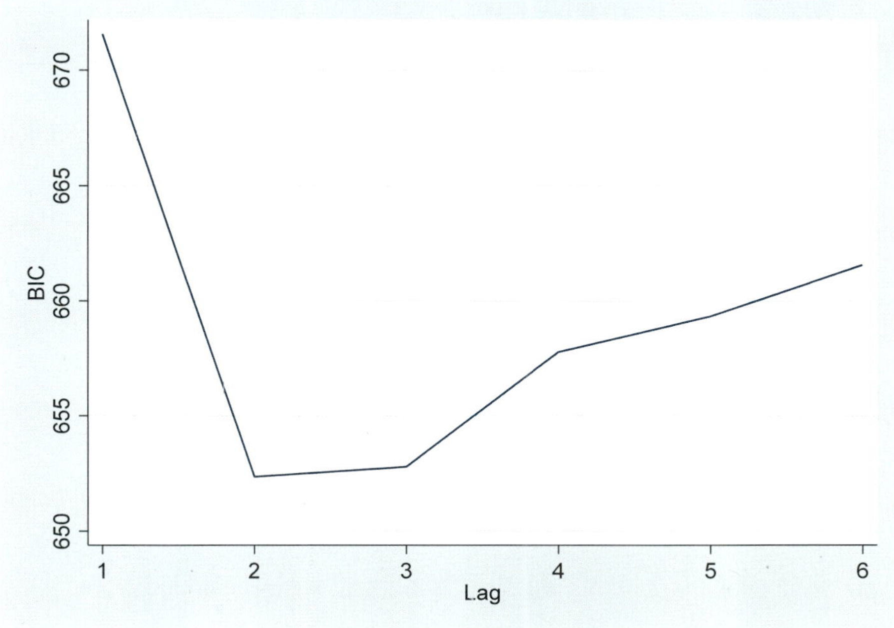

그림 14.6 시차와 정보기준

CHAPTER 14 EXERCISES

01 아래의 자료를 이용하여 다음 질문에 답하시오.

```
use http://www.Stata-press.com/data/r16/lutkepohl2.dta, clear
```

(1) qtr 변수를 이용하여 시계열 자료임을 선언해보시오.

(2) income과 investment 변수의 시간 추세선을 그리시오.

(3) 소득 중 투자가 차지하는 비중의 시간 추세선을 그리시오.

02 아래의 자료를 이용하여 다음 질문에 답하시오.

```
use http://www.Stata-press.com/data/r16/usmacro.dta, clear
```

(1) 1960년 1분기부터 1979년 4분기까지의 인플레이션율을 그리시오.

(2) 인플레이션율의 자기상관계수를 계산하고, 그림으로 그리시오.

(3) 인플레이션율이 확정적 혹은 확률적 추세를 가지고 있는가?

(4) 인플레이션 차분하시오.

(5) 차분한 인플레이션을 이용하여 4기까지 시차항을 만들고 회귀모형을 추정하시오.
이 때 사용할 기간은 1980년 1사분기에서 2007년 4사분기만을 사용하시오

(6) 위에서 추정된 모형을 이용하여 2008년 1분기부터 차분의 예측치를 계산하시오.

(7) 위에서 계산한 인플레이션율 차분의 예측치를 이용하여 2008년 1분기부터의 인플레이션율의 예측치를 계산하시오.

(8) 2008년 1분기 이후의 실제 인플레이션율과 예측된 인플레이션을 그려보시오.

CHAPTER 15

경제분석을 위한 STATA Version 17 4th edition

비정상시계열

1 비정상 시계열과 임의보행

지금까지 시계열에 관한 분석에서 말하진 않았지만 종속변수와 독립변수 모두 정상성을 갖는다는 가정을 했었다. 만약 시계열이 정상성을 갖지 않는다면 문제가 심각해진다. 분석을 하고 있는 시계열이 비정상 시계열이라면 지금까지 흔히 해오던 가설의 검정, 신뢰구간 계산, 미래값 예측 등 대부분의 작업결과들을 믿을 수 없게 된다. 이럴 때에는 어떤 이유로 시계열이 비정상성을 갖느냐에 따라서 서로 다른 문제가 발생할 수 있다. 따라서 발생 이유를 파악하고 그에 따른 해법을 찾아나가는 과정이 중요하다.

시계열이 비정상성을 갖게 되는 이유 중의 하나는 시계열이 추세를 갖고 있기 때문이다. 추세는 시계열의 지속적인 장기 움직임(persistent long-term movement)이다. 추세는 확정적 추세(deterministic trend)와 확률적 추세(stochastic trend)로 구분해 볼 수 있다. 경제현상이라는 것은 매우 복잡하다. 하나의 추세가 지속되기 보다는 시점에 따라 상승하기도 하고 감소하기도 하는 것이 일반적이다. 따라서 통상적으로 시계열의 추세에 관한 분석에서는 확정적 추세보다는 확률적 추세에 초점을 맞추는 것이 보통이다.

확률적 추세 모형 중에서 가장 간단한 모형이 임의보행(random walk) 모형이다. 예컨대 어떤 시계열 Y_t가 아래와 같이 정의된다고 해보자.

(1) $$Y_t = Y_{t-1} + e_t$$

e_t는 IID 오차항이다.

임의보행을 따르는 시계열의 값은 과거의 값에 예측불가능한 변화 e_t를 더한 것이다. 그래서 Y_t의 움직임을 예측하기 쉽지 않다. 현재까지의 Y의 실현치가 주어져있을 때 다음 기 Y의 제일 좋은 예측치는 현재값이다.

(2) $$E[Y_{t+1}|Y_t, Y_{t-1}, \cdots] = Y_t$$

임의보행의 다른 버전은 드리프트(drift)가 있는 임의보행(random walk with drift)이다. 아래와 같이 쓸 수 있다. 여기에서 β_0는 drift 항이다. 이런 경우 Y_t는 평균적으로 증가하게 된다.

(3) $$Y_t = \beta_0 + Y_{t-1} + e_t$$

특정 시계열이 임의보행을 따르는 경우 비정상성을 갖고, 소위 말하는 단위근(unit root)을 갖게 된다. 단위근이란 시계열이 AR(1) 과정을 가지며 시차변수의 계수가 1인 경우를 지칭한다. 시계열이 단위근을 갖게 된다는 것은 확률적 추세를 갖게 됨을 의미한다.

단위근을 갖는 시계열의 경우, 시계열 분석에 몇 가지 어려움이 존재하게 된다. 먼저 자기상관 계수는 0의 방향으로 편차가 발생한다(실제값이 1인 경우). 둘째, t-값이 근사적으로도 정규분포를 갖지 않게 된다. 셋째, 두 변수가 단위근을 갖는 경우 서로 독립임에도 불구하고 서로 상관관계를 갖고 있는 것처럼 추정될 가능성이 높다. 즉 가성회귀(spurious regression)의 문제가 발생할 수가 있다.

2 가성회귀(spurious regression)의 문제

위 문제 중에서 세 번째, 가성회귀는 특별히 언급할 필요가 있다. 예를 들어 Y_t와 X_t가 아래와 같이 단위근을 갖는다고 해보자.

(4) $$Y_t = Y_{t-1} + e_{1t}$$
$$X_t = X_{t-1} + e_{2t}$$

그리고 Y_t와 X_t가 서로 확률적으로 독립이라고 해보자. Y_t를 X_t에 대해서 회귀분석하면 그 추정계수는 0이 나오는 것이 당연하다. 하지만 두 변수가 위와 같이 단위근을 갖는 경우에는 그렇지 않을 수 있다. 즉 상관관계가 가짜로 존재할 가능성이 있다.

예컨대 미국의 인플레이션율과 일본의 GDP 사이에는 별다른 상관관계가 존재하지 않을 가능성이 높다. 아래의 예를 보자. macro2.dta 자료를 불러들이자.

```
. use macro2, clear

. tsset time
        time variable:  time, 1957q1 to 2005q1
                delta:  1 quarter
```

그리고 아래와 같이 로그-변환을 하자.

```
. gen ln_gdpjp = ln(gdpjp)
```

이렇게 만들어진 변수를 이용하여 아래와 같이 그림을 그려보자.

```
. qui tsline inf, saving(inf, replace)

. qui tsline ln_gdpjp, saving(ln_gdpjp, replace)

. gr combine inf.gph ln_gdpjp.gph, col(1)
```

다음 그림을 살펴보면, 미국의 인플레이션 inf는 올라갔다 내려갔다 하면서 확률적 추세를 가지고 있는 것으로 보인다. 일본의 로그-GDP 변수인 ln_gdpjp는 시간이 지나면서 서서히 증가하고 있는 것으로 보인다. 눈으로 보기에도, 직관적으로 생각해보아도 미국의 인플레이션율과 일본의 GDP가 의미가 있는 상관관계가 존재한다고 보기 어렵다.

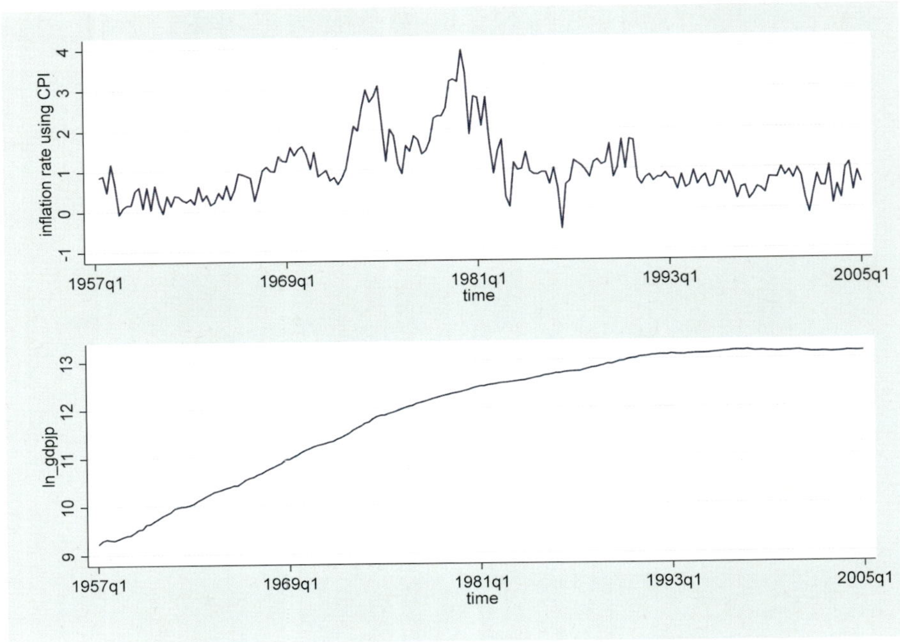

그림 15.1 미국의 인플레이션율과 일본의 GDP

하지만 회귀분석을 해보면 상관관계가 매우 높은 것으로 추정된다. 위 2개의 시계열을 1981년 이전과 이후로 나누어서 회귀분석 해보자. 추정결과는 아래와 같다. 1981년까지는 일본의 GDP가 1% 성장할 때, 미국의 인플레이션율이 0.75%p 증가하였다.

```
. reg inf ln_gdpjp if tin(,1981q4)

      Source |       SS           df       MS      Number of obs   =        99
-------------+----------------------------------   F(1, 97)        =    187.90
       Model |  56.6141697         1  56.6141697   Prob > F        =    0.0000
    Residual |   29.226731        97  .301306505   R-squared       =    0.6595
-------------+----------------------------------   Adj R-squared   =    0.6560
       Total |  85.8409006        98  .875927558   Root MSE        =    .54891

------------------------------------------------------------------------------
         inf |      Coef.   Std. Err.      t    P>|t|     [95% Conf. Interval]
-------------+----------------------------------------------------------------
    ln_gdpjp |   .7529856   .0549324    13.71   0.000       .64396    .8620111
       _cons |  -7.038104   .6064793   -11.60   0.000    -8.241798   -5.834411
------------------------------------------------------------------------------
```

하지만 1982년부터의 관계는 오히려 이 관계가 반대로 추정되었다. 즉 일본의 GDP가 성장하면 미국의 인플레이션은 감소하였다. 그리고 이와 같은 관계는 모두 통계적으로 매우 유의하였다.

```
. reg inf ln_gdpjp if tin(1982q1,)

      Source |       SS           df       MS      Number of obs   =        93
-------------+----------------------------------   F(1, 91)        =      9.33
       Model |  1.27014123         1  1.27014123   Prob > F        =    0.0030
    Residual |  12.3856283        91  .136105806   R-squared       =    0.0930
-------------+----------------------------------   Adj R-squared   =    0.0830
       Total |  13.6557695        92  .148432278   Root MSE        =    .36893

------------------------------------------------------------------------------
         inf |      Coef.   Std. Err.      t    P>|t|     [95% Conf. Interval]
-------------+----------------------------------------------------------------
    ln_gdpjp |  -.5509067   .1803393    -3.05   0.003    -.9091286   -.1926849
       _cons |   7.921878   2.339753     3.39   0.001     3.274246    12.56951
------------------------------------------------------------------------------
```

하지만 이러한 관계를 설명할 수 있는 경제학적 이유를 찾기는 힘들다. 일본의 GDP와 미국의 인플레이션율이 서로 관련이 되어 있고, 왜 1982년을 기점으로 하여 이 관계가 반대로 되었는지에 대하여 설명하기 힘들다.

이러한 현상이 발생하는 것은 아마도 인플레이션율과 일본의 GDP가 확률적 추세를 가진 시계열일 가능성이 높기 때문이다. 이런 경우 두 변수 간에 가성회귀가 존재할 가능성이 높다. 다시 말해, 두 시계열이 서로 상관관계가 없음에도 불구하고 통계적으로 유의한 상관관계를 갖고 있는 것으로 추정될 수 있다. 시계열이 확률적 추세를 갖는 경우 OLS 추정은 문제가 있을 수 있다. 단, 두 시계열이 동일한 확률적 추세를 공유하고 있으면 OLS에 기초한 추정치도 괜찮은 결과를 가져온다. 이런 경우를 두 시계열이 공적분(cointegrated)되어 있다고 표현한다. 공적분 관계에 대해서는 뒤에 좀 더 자세히 설명되어 있다.

3 확률적 추세 찾아내기

위와 같은 이유로 시계열분석을 하기 전에 시계열이 확률적 추세를 가지고 있는지 확인하는 것은 매우 중요한 단계이다. 특정 시계열이 확률적 추세를 가지고 있는지 없는지를 알아보는 방법은 크게 눈을 이용하는 방법과 통계적 검정을 이용하는 방법이 있다.

먼저 눈을 이용하는 방법이다. 분석대상 시계열의 추이를 그리고 시각적으로 살펴보는 것이다. 그리고 시차변수와의 자기상관계수를 계산하여 1과 얼마나 차이가 나는지를 보면 된다. 예컨대 앞의 분석에서 사용된 미국의 인플레이션율을 찍어보자.

```
. tsline inf
```

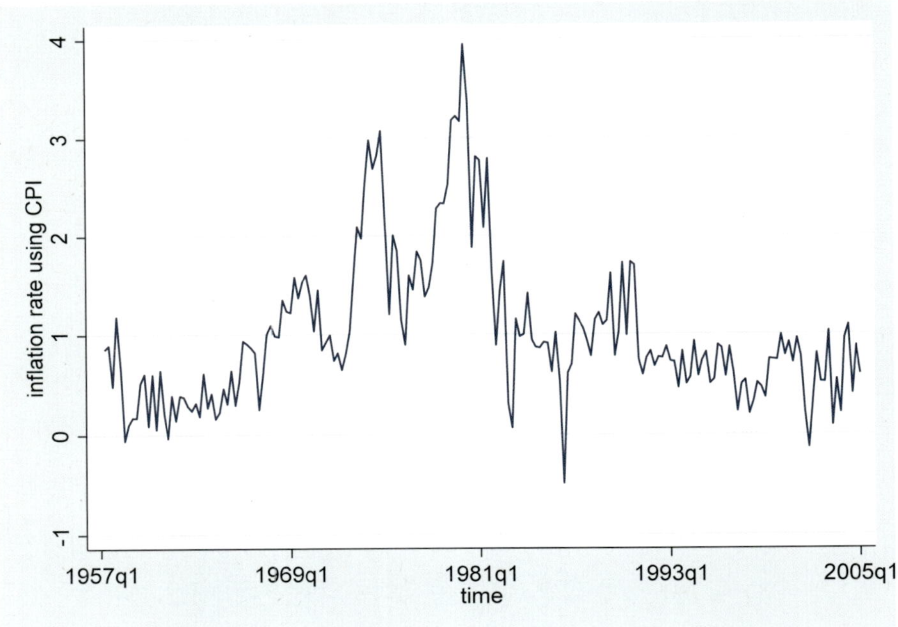

그림 15.2 미국의 인플레이션율

[그림 15.2]에 따르면 전반부에서는 지속적으로 상승하는 추세를 갖다가 1981년 이후에는 점점 감소하는 추세를 보여주고 있다. 일관되지는 않지만 인플레이션이 어느

정도 추세를 갖고 있는 것을 확인할 수 있다.

이번에는 자기상관계수를 구해보자. 13장에서 사용했던 ac를 이용하자. 1계 상관계수는 0.83으로 정확히 1은 아니지만 1에서 아주 먼 값은 아니다. 위의 두 결과를 종합하면 최소한 인플레이션율이 단위근을 가질 가능성을 배제할 수 없다.

```
. ac inf, lags(10) generate(inf_ac)
```

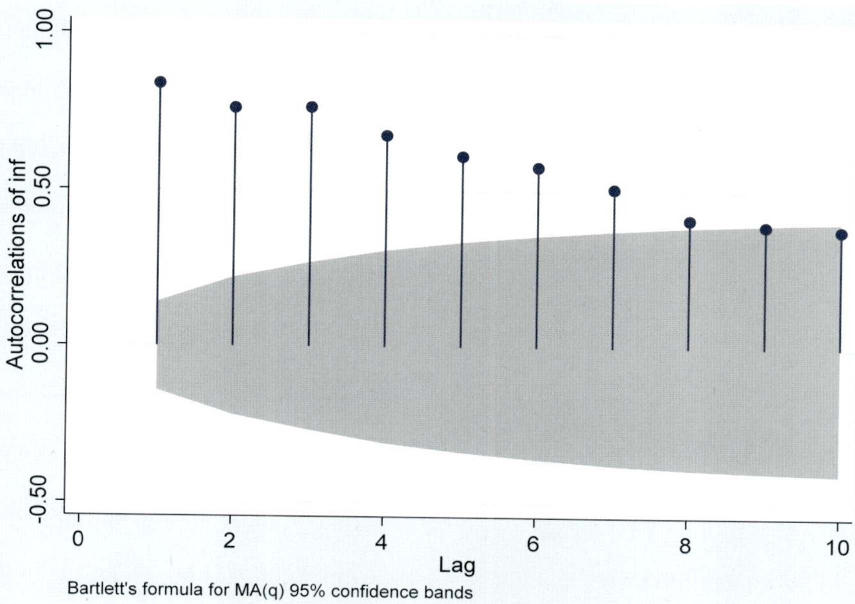


```
. list inf_ac in 1/5

     +-----------+
     |    inf_ac |
     |-----------|
  1. |  .8381067 |
  2. | .76210456 |
  3. | .76525207 |
  4. | .67649028 |
  5. | .61103162 |
     +-----------+
```

이번에는 통계적 검정 방법을 이용하여 확률적 추세의 존재 여부에 대해서 검정해 보자. 제일 흔하게 사용되는 검정 방법은 Dickey-Fuller 검정이다. 귀무가설을 자기상관계수가 1인 것으로 상정하고, 대립가설을 자기상관계수가 1보다 작다고 상정한다. 아래와 같은 모형을 가정해보자.

(5) $$Y_t = \rho_0 + \rho_1 Y_{t-1} + e_t$$

위 모형을 이용해서 귀무가설 검정을 위한 가설은 다음과 같다.

(6) $$H_0:\ \rho_1 = 1$$
$$H_1:\ \rho_1 < 1$$

귀무가설은 시계열이 단위근을 갖게 되는 경우이고, 대립가설은 그렇지 않은 경우이다. 실제 검정에서는 위 모형을 그대로 추정하기 보다는 양변에서 Y_{t-1}을 뺀 후에 추정한 결과를 사용하게 된다. 즉 아래와 같은 모형을 추정하고 귀무가설을 적절히 수정하여 검정하게 된다.

(7) $$\Delta Y_t = \delta_0 + \delta_1 Y_{t-1} + e_t,\ \ \delta_1 = \rho_1 - 1$$

그러면 이에 해당하는 귀무가설은 아래와 같다.

(8) $$H_0:\ \delta_1 = 0$$
$$H_1:\ \delta_1 < 0$$

즉, Y_t의 차분변수를 Y_{t-1}에 대해서 회귀분석을 한 후, t-값을 계산하면 이것이 Dickey-Fuller 통계량이 된다. 아래의 t-값을 보면, 음수이고 -4.05라는 비교적 큰 값을 가지고 있다.

```
. reg D.inf L.inf

      Source |       SS           df       MS      Number of obs   =       191
-------------+----------------------------------   F(1, 189)       =     16.42
       Model |  2.82710396         1  2.82710396   Prob > F        =    0.0001
    Residual |  32.5475164       189  .172209081   R-squared       =    0.0799
-------------+----------------------------------   Adj R-squared   =    0.0751
       Total |  35.3746204       190  .186182212   Root MSE        =    .41498

------------------------------------------------------------------------------
       D.inf |      Coef.   Std. Err.      t    P>|t|     [95% Conf. Interval]
-------------+----------------------------------------------------------------
         inf |
         L1. |  -.1605289   .0396196    -4.05   0.000    -.2386823   -.0823754
             |
       _cons |   .1619822   .0502666     3.22   0.001     .0628266    .2611379
------------------------------------------------------------------------------
```

Dickey-Fuller 검정에서는 다음과 같은 점에 특별히 유의할 필요가 있다. 첫째, 통상적으로 t-값의 경우 양측검정을 염두에 두는 반면에, 단위근 검정의 경우에는 대립가설에 의해서 단측검정을 하게 된다. 즉, 이 경우에는 t-값이 절대값이 큰 음이라면 귀무가설을 기각하게 된다. 둘째, 위의 Dickey-Fuller 검정은 시계열이 AR(1) 과정을 따를 때를 염두에 둔 것이다. 만약 좀 더 일반적인 AR(p) 과정을 따르게 되면 위의 것과는 다른 검정이 필요하게 된다.

예컨대, 위의 식을 약간 변형시켜보자.

$$\Delta Y_t = \delta_0 + \delta_1 Y_{t-1} + \gamma_1 \Delta Y_{t-1} + \gamma_2 \Delta Y_{t-2} + \cdots + \gamma_p \Delta Y_{t-p} + e_t$$

여기에서 귀무가설인 $\delta_1 = 0$이면, Y_t는 확률적 추세를 갖게 된다. 반대로 대립가설 $\delta_1 < 0$이면 Y_t가 정상 시계열이 된다. 따라서 OLS 추정량을 계산하고 t-값을 이용하여 $\delta_1 = 0$인지 여부를 검정하면 된다. 이러한 검정을 시차변수가 더해졌다고 해서 augmented Dickey-Fuller 검정이라고 한다. 다만 이때 주의해야 할 점은 귀무가설 하에서 t-값이 정규분포를 갖지 않게 된다는 것이다. 따라서 통상적인 임계치(critical value)와는 다른 값이 등장하게 된다.

이러한 과정은 Stata에서는 dfuller라는 명령어를 이용하여 검정할 수 있다. dfuller에서는 검정할 시계열과 시차를 몇 기까지 적용할 것인지만 정해주면 된다. 그러면 t-값과 동시에 임계치도 같이 제시해준다. 예컨대 p=4인 경우 ADF 검정을 해보자.

```
. dfuller inf, lags(4)

Augmented Dickey-Fuller test for unit root          Number of obs   =      187

                               ———————— Interpolated Dickey-Fuller ————————
                   Test        1% Critical       5% Critical      10% Critical
                 Statistic        Value             Value             Value
──────────────────────────────────────────────────────────────────────────────
 Z(t)             -2.529          -3.481            -2.884            -2.574
──────────────────────────────────────────────────────────────────────────────
MacKinnon approximate p-value for Z(t) = 0.1086
```

위의 추정결과는 t-값과 동시에 임계값이 유의수준 별도로 제시된다. 예컨대 5% 유의수준의 경우 −2.884이다. t-값은 −2.529로 귀무가설을 10% 유의수준에서도 기각할 수 없다. 따라서 인플레이션율은 단위근을 갖고 있다고 볼 수 있다.

한편, 위의 검정은 Y_t가 정상 시계열이라는 대립가설을 전제한다. 대신, 대립가설이 확정적 추세 근처의 정상 시계열이라면 시간 추세항이 포함되어야 한다. 예컨대 다음과 같은 모형이 추정되어야 한다.

$$\Delta Y_t = \delta_0 + \alpha t + \delta_1 Y_{t-1} + \gamma_1 \Delta Y_{t-1} + \gamma_2 \Delta Y_{t-2} + \cdots + \gamma_p \Delta Y_{t-p} + e_t$$

위 모형은 Stata에서는 dfuller에 trend 옵션을 더하면 쉽게 구할 수 있다. 추정결과는 다음과 같다. 시간 추세항을 포함시켜도 역시 유의수준 10%에서도 기각할 수 없다. 즉, 단위근이 존재한다고 볼 수 있다.

```
. dfuller inf, lags(4) trend

Augmented Dickey-Fuller test for unit root          Number of obs   =      187

                               ———————— Interpolated Dickey-Fuller ————————
                   Test        1% Critical       5% Critical      10% Critical
                 Statistic        Value             Value             Value
──────────────────────────────────────────────────────────────────────────────
 Z(t)             -2.541          -4.011            -3.438            -3.138
──────────────────────────────────────────────────────────────────────────────
MacKinnon approximate p-value for Z(t) = 0.3076
```

이번에는 일본 GDP에 대해서도 동일한 분석을 해보자. 먼저 DF 검정을 하고, 그 다음 ADF 검정을 해보자. DF 추정결과를 살펴보면, GDP 시계열이 단위근을 가지고 있다는 귀무가설을 기각할 수 있을 정도의 t-값을 얻게 된다. t-값은 −11.268로 1% 유의 수준의 임계치 −3.479 보다도 상당히 작다.

```
. dfuller ln_gdpjp , lags(0)

Dickey-Fuller test for unit root                   Number of obs   =       192

                               ———— Interpolated Dickey-Fuller ————
                  Test         1% Critical       5% Critical      10% Critical
               Statistic           Value             Value             Value
──────────────────────────────────────────────────────────────────────────────
 Z(t)           -11.268           -3.479            -2.884            -2.574
──────────────────────────────────────────────────────────────────────────────
MacKinnon approximate p-value for Z(t) = 0.0000
```

이번에는 ADF 검정을 해보자. 이는 lags(p)라는 옵션을 주면 가능해진다. 여기에서는 lags(4)까지 고려해보자. 추정결과는 여전히 귀무가설을 기각하고 있다.

```
. dfuller ln_gdpjp , lags(4)

Augmented Dickey-Fuller test for unit root         Number of obs   =       188

                               ———— Interpolated Dickey-Fuller ————
                  Test         1% Critical       5% Critical      10% Critical
               Statistic           Value             Value             Value
──────────────────────────────────────────────────────────────────────────────
 Z(t)            -5.116           -3.481            -2.884            -2.574
──────────────────────────────────────────────────────────────────────────────
MacKinnon approximate p-value for Z(t) = 0.0000
```

이번에는 추세를 통제해보자. 역시 trend라는 옵션을 추가적으로 넣어주면 된다. 이 때에는 더 이상 단위근을 갖는다는 귀무가설을 기각할 수 없게 된다. 이상과 같이 단위근을 갖는 경우에는 단순 OLS는 가성회귀 관계를 가져올 수 있기 때문에 차분변수를 이용하여 추정하는 것이 바람직하다.

```
. dfuller ln_gdpjp , lags(4) trend

Augmented Dickey-Fuller test for unit root          Number of obs   =       188

                               ——————— Interpolated Dickey-Fuller ———————
                  Test         1% Critical       5% Critical      10% Critical
               Statistic           Value             Value             Value
------------------------------------------------------------------------------
 Z(t)             -0.361            -4.011            -3.438            -3.138
------------------------------------------------------------------------------
MacKinnon approximate p-value for Z(t) = 0.9880
```

dfuller 검정 외에도 Stata에서는 dfgls 혹은 pperron을 이용하여 ADF와는 다른 검정을 할 수 있다. dfgls는 dfuller와 유사한 검정 과정을 따른다. 다만 OLS 추정 전에 GLS 변환을 한 번 하게 된다는 점이 다르다. 이렇게 하면 ADF 검정 통계량보다 좀 더 큰 설명력(power)을 갖게 된다고 알려져 있다.

4 공적분 관계

공적분 관계는 두 개의 비정상 시계열이 동일한 확률적 추세를 공유하고 있는 관계를 지칭한다. 즉, 두 시계열이 잘 보면 같이 움직이는 경향(co-movement)이 있다는 것이다. 바늘 가는데 실 간다는 것이다. [그림 15.3]을 살펴보자. 패널 (a)는 미국 재무성의 90일 만기 T-bill의 이자율과 1년 만기 T-bond의 이자율은 추이를 보여주고 있다. 두 시계열은 단기적으로는 차이가 있을지 모르지만 장기적으로는 거의 같이 움직이는 것을 확인할 수 있다. 패널 (b)와 패널(c)는 두 이자율의 차이, 즉 스프레드를 그려 놓은 것이다. 특히 (c)를 보면 스프레드가 일정한 추세를 갖고 있지는 않는 것처럼 보인다. 즉, 각각의 시계열은 어느 정도의 추세를 가지고 있지만, 동일한 추세를 공유하는 경우 그 차이는 더 이상 추세를 갖지 않음을 확인할 수 있다. 이러한 관계를 공적분 관계라고 한다.

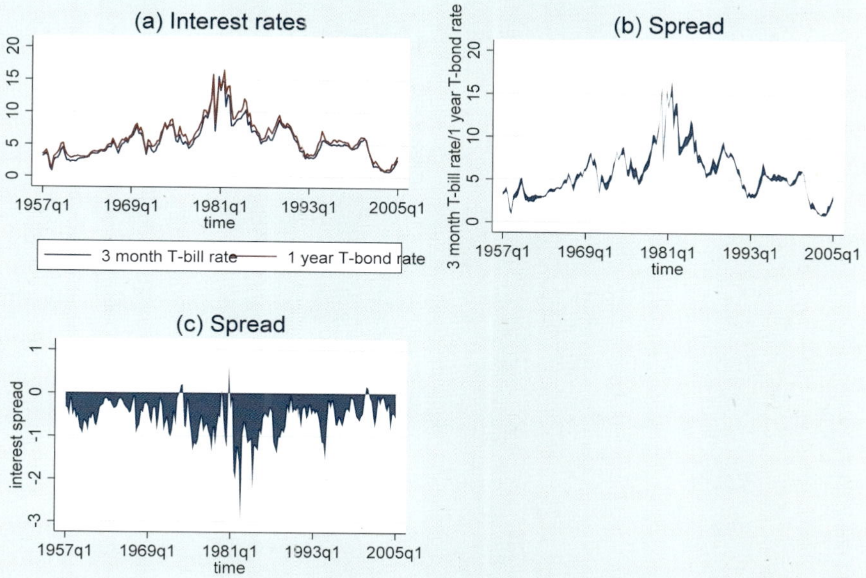

그림 15.3 공적분 관계 예시

이와 같이 두 시계열이 공적분 관계에 있으면 두 변수가 장기적 균형관계(long-run equilibrium relation)을 갖고 있다고 볼 수 있다. 공적분 관계를 이용하면 좀 더 효과적인 동적모형을 만들 수 있게 된다.

▎공적분 관계(cointegration)

Y_t와 X_t가 단위근을 갖는 특히 $I(1)$ 시계열이라고 하자. 그리고 특정한 θ에 대해서 $Y_t - \theta X_t$는 $I(0)$의 시계열이 된다고 하자. 그러면 두 시계열은 공적분 관계에 있다고 정의한다.

남은 문제는 어떻게 두 변수가 공적분 관계에 있는지 알아낼 수 있는가이다. 통상적으로 문헌에서는 세 가지 방법을 제시하고 있다. 첫째, 경제이론을 사용하는 것이다. 예컨대 장단기 이자율 같은 경우는 공적분 관계에 있을 가능성이 높다. 장단기 이자율의 관계를 설명하는 이자율의 기간간 구조(term structure)에 관한 많은 이론들이 있다. 이런 이론들은 장단기 이자율이 서로 밀접한 관계를 가지고 같이 움직일 것을 예측하고 있다. 둘째, 시계열의 추이를 그리고 직접 눈으로 살펴보는 것이다. 위의 예에서 개별 시계열은 어느 정도 추세를 가지고 있는 것처럼 보인다. 하지만 그 차이인 스프레드는 거의 추세를 보이고 있지 않기 때문에 어느 정도 공적분 관계를 갖고 있다고 의심해볼 수 있다.

마지막으로는 Engle-Granger 검정을 해볼 수 있다. 만약, Y_t와 X_t가 공적분 관계에 있다면 다음과 같은 회귀식을 생각해볼 수 있다.

$$Y_t = \beta_0 + \beta_1 X_t + v_t$$

만약 실제로 Y_t와 X_t가 공적분 관계에 있다면, OLS 추정 후에 구해지는 잔차항 $\hat{v}_t$는 어떠한 확률적 추세도 가져서는 안된다. 따라서, $\hat{v}_t$가 단위근을 가지는지를 검정하면, Y_t와 X_t가 공적분 관계에 있는지 여부를 검정할 수 있다. macro2.dta 불러들여 다음과 같이 검정을 해보자.

```
. reg fygt1 fygm3

      Source |       SS           df       MS      Number of obs   =       193
-------------+----------------------------------   F(1, 191)       =   9143.90
       Model |  1641.65492         1  1641.65492   Prob > F        =    0.0000
    Residual |  34.2912772       191  .179535483   R-squared       =    0.9795
-------------+----------------------------------   Adj R-squared   =    0.9794
       Total |  1675.94619       192  8.72888643   Root MSE        =    .42372

------------------------------------------------------------------------------
       fygt1 |      Coef.   Std. Err.      t    P>|t|     [95% Conf. Interval]
-------------+----------------------------------------------------------------
       fygm3 |   1.044196   .0109198    95.62   0.000     1.022657    1.065735
       _cons |   .3654643   .0667233     5.48   0.000     .2338551    .4970736
------------------------------------------------------------------------------
```

위와 같은 회귀분석 이후에 아래와 같이 잔차항을 생성하자.

```
. predict vhat, residual
```

이렇게 생성된 잔차항을 아래와 같이 그려보자.

```
. tsline  vhat
```

[그림 15.4]는 잔차의 시간추세를 보여주고 있다. 눈으로 보기에는 강한 추세가 존재하는 것 같지는 않다.

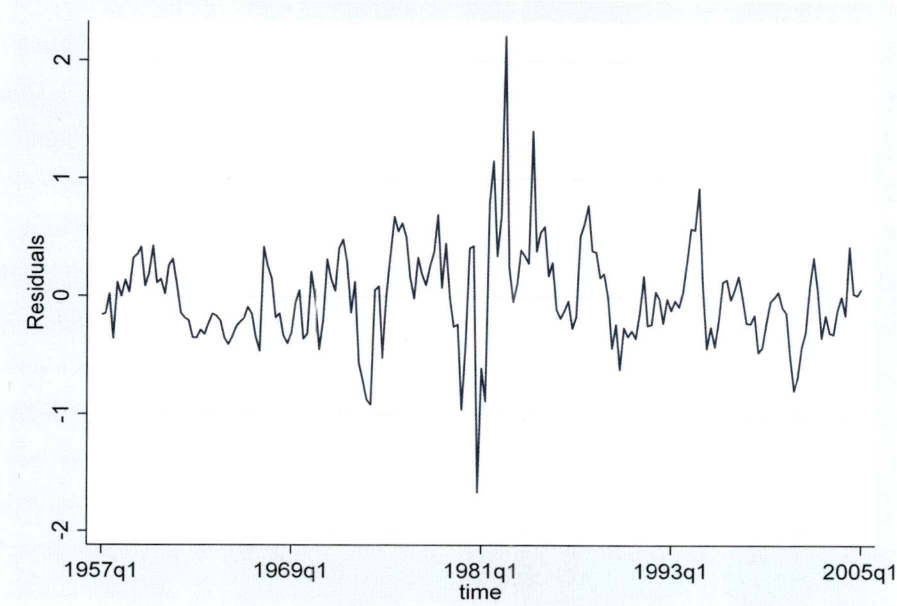

그림 15.4 잔차항의 추이

이렇게 구해진 잔차항에 대해서 ADF 검정을 해보자. 먼저 회귀분석을 이용해서 t-값을 계산해보자.

```
. regress D.vhat L.vhat L.D.vhat, noconstant

      Source |       SS           df       MS      Number of obs   =       191
-------------+----------------------------------   F(2, 189)       =     29.15
       Model |  7.60532883         2  3.80266442   Prob > F        =    0.0000
    Residual |  24.6548393       189  .130448885   R-squared       =    0.2357
-------------+----------------------------------   Adj R-squared   =    0.2277
       Total |  32.2601681       191  .168901404   Root MSE        =    .36118

------------------------------------------------------------------------------
      D.vhat |      Coef.   Std. Err.      t    P>|t|     [95% Conf. Interval]
-------------+----------------------------------------------------------------
        vhat |
         L1. |  -.4660312   .0705505    -6.61   0.000    -.6051988   -.3268636
         LD. |  -.0107128   .0727075    -0.15   0.883    -.1541353    .1327096
------------------------------------------------------------------------------
```

위와 동일한 검정은 dfuller를 이용해서도 동일하게 수행할 수 있다. 하지만 검정을 위한 임계치는 dfuller에서 보고되는 임계치를 사용하면 안 된다는 점에 유의해야 한다. 실제 v_t 대신에 $\hat{v_t}$을 사용하기 때문이다.

표 15.1 공적분 검증을 위한 근사적 임계치

	유의수준			
	1%	2.5%	5%	10%
임계치	−3.90	−3.59	−3.34	−3.05

위의 임계치를 사용하면 1% 유의수준에서도 $\hat{v_t}$ 이 비정상 시계열, 즉 단위근을 가진다는 귀무가설을 기각할 수 있다. 즉, $\hat{v_t}$은 정상시계열이라고 볼 수 있다.

5 오차수정 모형

두 시계열 간에 공적분 관계, 즉 장기적 균형관계가 존재하면 좀 더 풍부한 동적 모형을 발전시킬 수 있다. 예컨대 Y_t와 X_t가 $I(1)$ 시계열이고 공적분 되어 있지 않다고 해보자. 그러면 아래와 같이 차분변수를 이용하여 동적모형을 구성할 수 있다.

$$\Delta Y_t = \beta_0 + \beta_1 \Delta Y_{t-1} + \gamma_0 \Delta X_t + \gamma_1 \Delta X_{t-1} + u_t$$

위 모형은 기본적으로 수준변수가 아니라 차분변수로 표현된 ADL 모형이다. 당연히, 기간 간 충격성향과 장기성향 등을 추정할 수 있다. 만약 Y_t와 X_t가 공적분된 시계열이면 또 하나의 $I(0)$ 시계열을 하나 갖게 된다. 예컨대 $Z_t = Y_t - \theta X_t$ 이는 $I(0)$의 시계열이 된다. 이 항을 위 식에 더해보자.

$$\begin{aligned}\Delta Y_t &= \beta_0 + \beta_1 \Delta Y_{t-1} + \gamma_0 \Delta X_t + \gamma_1 \Delta X_{t-1} + \delta Z_{t-1} + u_t \\ &= \beta_0 + \beta_1 \Delta Y_{t-1} + \gamma_0 \Delta X_t + \gamma_1 \Delta X_{t-1} + \delta(Y_{t-1} - \theta X_{t-1}) + u_t\end{aligned}$$

마지막항은 오차수정항(error correction term)이라고 부른다. 그리고 위 모형을 오차수정모형(error correction model)이라고 부른다.

오차수정모형의 경우 단기적 동학을 살펴보는데 유용하다. 이를 살펴보기 위해서

위 모형에서 시차변수를 없앤 간단한 모형을 살펴보자. 특히, $\delta < 0$이라고 가정해보자.

$$\Delta Y_t = \beta_0 + \gamma_0 \Delta X_t + \delta(Y_{t-1} - \theta X_{t-1}) + u_t$$

만약 $Y_{t-1} > \theta X_{t-1}$ 이라면, 전기의 Y는 균형에서 큰 방향으로 벗어났던 것이다. 이는 δ가 음수이기 때문에 오차수정항은 Y 값을 균형으로 몰고 가는 힘이 있다. 만약 $Y_{t-1} < \theta X_{t-1}$ 이라면, 오차수정항은 Y를 증가시키는 방향으로 균형을 회복하게 된다. 이러한 오차수정모형은 공적분 관계에 있는 I(1) 시계열들의 단기적 관계를 분석하는데 유용하게 사용할 수 있다.

CHAPTER 15 EXERCISES

01 다음 자료를 이용하여 질문에 답하시오.

rdw.dta

(1) yrw의 시간추세선을 그리시오.

(2) yrw와 yrdw1의 시간추세선을 그리고, 두 시계열의 차이에 대해서 설명하시오.

(3) yrdw2와 yt의 시간추세선을 그리고, 두 시계열의 차이에 대해서 설명하시오.

(4) yrdw2가 단위근을 갖고 있는지 Dickey-Fuller 검정을 실시하시오.

(5) yt가 단위근을 갖고 있는지 Dickey-Fuller 검정을 실시하시오.

02 다음 자료를 이용하여 질문에 답하시오.

먼저, spurious.dta를 읽어들이시오.

(1) y와 x의 시간추세선을 그리시오. 그리고 y와 x와의 관계에 대해서 설명해보시오.

(2) y를 x에 대해서 회귀분석하고, 그 결과를 해석해보시오.

(3) 위 회귀분석의 잔차를 구하고, 구해진 잔차에 대해서 단위근 검정을 해보시오. 위 회귀분석에 어떤 문제가 있을 수 있는지 생각해보시오.

(4) y와 x에 대해서 단위근 검정을 해보시오.

(5) 위의 분석에 기초하여 회귀분석에 어떤 문제가 발생할 수 있는지 생각해보시오.

다음으로는 coint.dta 자료를 불러들이시오.

(6) y와 x의 시간추세선을 그리시오. 그리고 y와 x와의 관계에 대해서 설명해보시오.

(7) y를 x에 대해서 회귀분석하고, 그 결과를 해석해보시오.

(8) 위 회귀분석의 잔차를 구하고, 구해진 잔차에 대해서 단위근 검정을 해보시오. 위 회귀분석에 어떤 문제가 있을 수 있는지 생각해보시오.

(9) y와 x에 대해서 단위근 검정을 해보시오.

(10) 위의 분석에 기초하여 앞의 결과와 비교하여 논의해보시오.

CHAPTER 16

경제분석을 위한 STATA 17 4th edition

VAR 모형 추정

1 벡터자기상관모형(VAR)

13, 14장에서 설명했던 자기상관모형은(AR) 변수의 동적 변화를 설명하고, 더 나아가서 예측하는데 유용한 모형이다. 하지만 거시경제변수들은 보통 서로 복잡하게 엉켜있는 경우가 많다. 예컨대 실업률과 GDP는 밀접하게 연관되어 있고, 서로의 값을 설명하고 예측하는데 도움이 된다. 이자율 또한 마찬가지이다. 이러한 각각의 변수에 대해서 하나씩 모형을 구성하고 추정할 수 있다. 하지만 이러한 변수들을 한 모형에 넣어서 동시에 추정하면 변수 상호간의 관계를 고려할 수 있다는 점에서 좀 더 풍부한 모형이 된다. 벡터자기상관모형(vector autoregression)이란 여러 개의 시계열의 동학적 상황 하에서의 상호작용을 고려할 수 있는 모형이다.

설명의 편의를 위해 시계열 Y_t와 X_t를 고려해보자. 당연히 Y_t와 X_t를 결정해주는 2개의 식이 등장하게 된다(k개의 시계열이 고려되면, k개의 식이 등장함은 당연하다). 하나의 식은 Y_t를 Y_t의 시차변수와 X_t의 시차변수를 이용하여 설명하는 것이다. 다른 하나의 식은 X_t를 X_t의 시차변수와 Y_t의 시차변수를 이용하여 설명하는 것이다. 이를 좀 더 일반적인 모형으로 써보면 아래와 같다.

$$Y_t = \beta_{10} + \beta_{11} Y_{t-1} + \beta_{12} Y_{t-2} + \cdots + \beta_{1p} Y_{t-p} + \gamma_{11} X_{t-1} + \cdots + \gamma_{1p} X_{t-p} + e_{1t}$$
$$X_t = \beta_{20} + \beta_{21} X_{t-1} + \beta_{22} X_{t-2} + \cdots + \beta_{2p} X_{t-p} + \gamma_{21} Y_{t-1} + \cdots + \gamma_{2p} Y_{t-p} + e_{2t}$$

위 모형의 추정은 Stata에서는 VAR를 이용하면 된다. 위의 식을 SUR(Seemingly Unrelated Regression) 모형을 이용하여 추정한다. 추정된 계수에 대한 해석도 동일하다.

VAR 모형을 추정해보자. var1.dta를 불러오자. 그리고 qtr 변수를 시간변수로 선언을 하자.

```
. use var_1, clear

. tsset qtr
        time variable:  qtr, 1960q1 to 1982q4
                delta:  1 quarter
```

특별히 Y_t는 소득, X_t는 소비변수라고 해보자. 먼저, 시계열이 정상성을 갖고 있는지를 살펴보자. 아래 그림을 살펴보면 소득과 소비가 유사한 추세를 가지고 증가하고 있음을 알 수 있다(패널(a)). 각 변수의 로그를 취한 값들도 유사한 패턴을 보여주고 있다(패널(b)).

```
. tsline inc consump if  tin(,1978q4), saving(level, replace) title("(a)")
(file level.gph saved)

. tsline  ln_inc  ln_consump  if  tin(,1978q4),  saving(ln_level, replace) tit
> le("(b)")
(file ln_level.gph saved)

. graph combine level.gph ln_level.gph
```

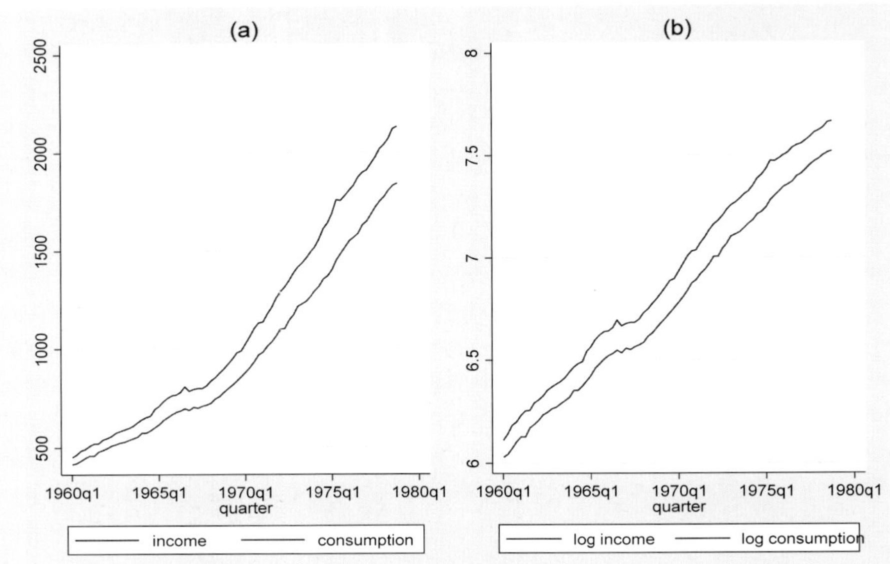

그림 16.1 소득과 소비의 추이

위 두 변수, 특별히 로그 변환한 변수들이 단위근을 갖고 있는지 ADF 검정을 해보자. 아래에 제시된 추정결과에 따르면 두 변수 모두 비정상 시계열이라는 귀무가설을 기각할 수 없었다. 즉, 소득과 소비는 단위근을 갖고 있고, 따라서 확률적 추세를 가지고 있는 시계열이라고 볼 수 있다.

```
. dfuller ln_inc  if  tin(,1978q4), lags(3) trend

Augmented Dickey-Fuller test for unit root          Number of obs   =        72

                               ---------- Interpolated Dickey-Fuller ---------
                  Test         1% Critical       5% Critical      10% Critical
               Statistic           Value             Value             Value
------------------------------------------------------------------------------
 Z(t)            -2.178            -4.102            -3.478            -3.167
------------------------------------------------------------------------------
MacKinnon approximate p-value for Z(t) = 0.5021

. dfuller ln_consump  if  tin(,1978q4) , lags(3) trend

Augmented Dickey-Fuller test for unit root          Number of obs   =        72

                               ---------- Interpolated Dickey-Fuller ---------
                  Test         1% Critical       5% Critical      10% Critical
               Statistic           Value             Value             Value
------------------------------------------------------------------------------
 Z(t)            -2.348            -4.102            -3.478            -3.167
------------------------------------------------------------------------------
MacKinnon approximate p-value for Z(t) = 0.4076
```

이번에는 차분된 변수를 살펴보자. 차분된 변수들은 특별히 추세를 보여주지는 않고 있다. 다만 시계열의 평균이 0보다는 큰 것처럼 보인다. 따라서 ADF 검정에서 상수항을 포함시킬 필요가 있다.

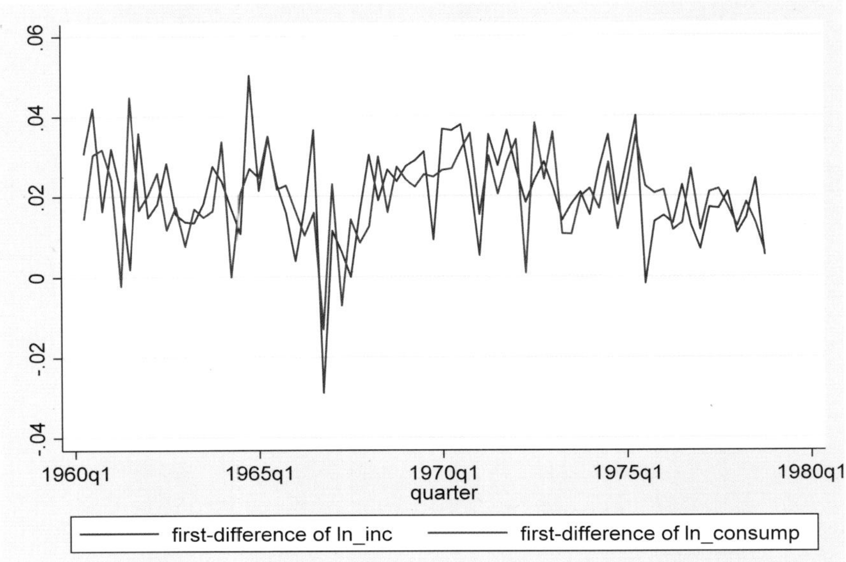

그림 16.2 소득과 소비의 차분변수의 추이

차분된 변수들에 대한 ADF 검정 결과는 차분된 시계열들이 비정상 시계열이라는 귀무가설을 최소한 5% 유의수준에서는 기각할 수 있음을 보여주고 있다. 즉, 차분된 변수들은 정상시계열임을 확인할 수 있다.

```
. dfuller dln_consump if  tin(,1978q4), constant lags(3)

Augmented Dickey-Fuller test for unit root          Number of obs   =        71

                               ────────── Interpolated Dickey-Fuller ──────────
                  Test         1% Critical       5% Critical      10% Critical
               Statistic           Value             Value             Value
──────────────────────────────────────────────────────────────────────────────
 Z(t)             -3.061            -3.551            -2.913            -2.592
──────────────────────────────────────────────────────────────────────────────
MacKinnon approximate p-value for Z(t) = 0.0296

. dfuller dln_inc  if  tin(,1978q4), constant lags(3)

Augmented Dickey-Fuller test for unit root          Number of obs   =        71

                               ────────── Interpolated Dickey-Fuller ──────────
                  Test         1% Critical       5% Critical      10% Critical
               Statistic           Value             Value             Value
──────────────────────────────────────────────────────────────────────────────
 Z(t)             -3.354            -3.551            -2.913            -2.592
──────────────────────────────────────────────────────────────────────────────
MacKinnon approximate p-value for Z(t) = 0.0126
```

이상의 검정 결과를 바탕으로 정상시계열인 차분변수를 이용해서 VAR 분석을 해보자. Stata에서 VAR 모형을 추정할 수 있는 가장 쉬운 명령어는 varbasic이다. varbasic은 VAR 모형을 추정해준다. 또한 추정의 부산물로서 충격반응함수(impulse-response functions, IRFs)와 예측오류분산분해(forecast-error variance decompositions, FEDs)를 구해준다.

여기에서는 추정방법과 IRFs에 대해서 알아보자. 차분변수들에 기초해 다음의 모형을 추정해보자.

$$\Delta Y_t = \beta_{10} + \beta_{11}\Delta Y_{t-1} + \beta_{12}\Delta Y_{t-2} + \gamma_{11}\Delta X_{t-1} + \gamma_{12}\Delta X_{t-2} + e_{1t}$$
$$\Delta X_t = \beta_{20} + \beta_{21}\Delta X_{t-1} + \beta_{22}\Delta X_{t-2} + \gamma_{21}\Delta Y_{t-1} + \gamma_{22}\Delta Y_{t-2} + e_{2t}$$

```
. varbasic dln_inc dln_consump if  tin(,1978q4), lags(1/2) step(12)

Vector autoregression

Sample:  1960q4 - 1978q4                        Number of obs     =         73
Log likelihood =   475.7396                     AIC               =  -12.75999
FPE            =   9.85e-09                     HQIC              =  -12.63495
Det(Sigma_ml)  =   7.49e-09                     SBIC              =  -12.44623

Equation           Parms      RMSE     R-sq      chi2     P>chi2
----------------------------------------------------------------
dln_inc               5     .011851   0.0667   5.219324   0.2655
dln_consump           5     .009441   0.2292   21.71214   0.0002
----------------------------------------------------------------

------------------------------------------------------------------------------
             |      Coef.   Std. Err.      z    P>|z|     [95% Conf. Interval]
-------------+----------------------------------------------------------------
dln_inc      |
     dln_inc |
         L1. |  -.1321992   .1334552    -0.99   0.322    -.3937666    .1293682
         L2. |   .0144242   .1324089     0.11   0.913    -.2450925    .2739409
             |
 dln_consump |
         L1. |   .3318007   .1578441     2.10   0.036     .0224319    .6411695
         L2. |   .0825688   .1576443     0.52   0.600    -.2264085     .391546
             |
       _cons |   .0143849   .0041982     3.43   0.001     .0061565    .0226133
-------------+----------------------------------------------------------------
dln_consump  |
     dln_inc |
         L1. |    .249668   .1063158     2.35   0.019     .0412928    .4580431
         L2. |   .3567409   .1054823     3.38   0.001     .1499994    .5634824
             |
 dln_consump |
         L1. |  -.2844916    .125745    -2.26   0.024    -.5309473   -.0380359
         L2. |    .010914   .1255859     0.09   0.931    -.2352297    .2570578
             |
       _cons |   .0126739   .0033445     3.79   0.000     .0061188     .019229
------------------------------------------------------------------------------
```

위 추정결과는 소비의 변화분과 소득의 변화분의 동적관계를 보여주고 있다. 소득의 경우, 전기 소득변화의 증가는 이번 기의 소득변화 폭을 감소시키고 있다. 하지만 이러한 효과는 통계적으로 유의하지는 못했다. 하지만 전기 소비의 변화는 소득의 변화에 유의한 영향을 주고 있다. 예컨대 소비의 증가 폭이 늘어나면 소득의 변화 폭도 증가하게 된다. 한편 소비의 변화에 있어서는 소득의 시차변수들과 소비의 1계 시차변수가 유의한 것으로 보인다. 다만 소비의 경우 전기의 소비의 변화 폭이 크면 이번기의 소비의 변화폭은 감소하는 것으로 추정되었다.

이렇게 추정한 모형이 옳은 것인지가 궁금할 때가 있다. 좀 더 구체적으로는 시차변수를 얼마나 포함시키는 것이 좀 더 바람직한지를 판단해야할 경우가 있다. 여기에서는 2계 시차변수까지 포함시켰는데 혹시 더 포함해야하는 것은 아닌지, 아니면 1계 시차변수만 포함시켜야 하는 것인지에 대해 궁금해질 경우가 있다. 이때 사용할 수 있는 명령어가 varsoc이다. varsoc은 최종예측오차(final prediction error, FPE), Akaike 정보기준(AIC), 베이지안 정규기준(Schwarz's Bayesian information criterion, SBIC) 등의 다양한 결정기준을 제시해주고 있다. 그리고, 그 중 가장 괜찮은 시차를 별표로 보여주고 있다. 아래의 결과는 대체로 2계 시차가 가장 적절한 시차임을 보여주고 있다.

```
. varsoc dln_inc dln_consump if  tin(,1978q4)

  Selection-order criteria
  Sample:  1961q2 - 1978q4                      Number of obs      =        71
```

lag	LL	LR	df	p	FPE	AIC	HQIC	SBIC
0	445.599				1.3e-08	-12.4958	-12.4704	-12.432*
1	453.128	15.057	4	0.005	1.2e-08	-12.5951	-12.5191	-12.4039
2	461.58	16.905*	4	0.002	1.0e-08*	-12.7206*	-12.5938*	-12.4019
3	463.66	4.1593	4	0.385	1.1e-08	-12.6665	-12.4891	-12.2203
4	464.442	1.5634	4	0.815	1.2e-08	-12.5758	-12.3477	-12.0022

```
  Endogenous:  dln_inc dln_consump
   Exogenous:  _cons
```

VAR 모형을 추정한 후에 즉각적으로 해볼 수 있는 것은 그랜저-인과 검정(Granger-causality test)이다. 그랜저-인과 검정은 인과 검정으로 되어 있지만 현대적 의

미에서 인과성을 검정하는 것은 아니다. 다만 시계열 변수들간의 선후 순위를 결정짓는 검정이다. 다른 말로 하면, Y의 과거변수들이 주어진 상태에서 X의 시차변수가 Y를 예측하는데 도움이 되는지를 검정하는 것이다.

Stata에서는 VAR 모형추정 후에 vargranger를 이용해서 그랜저-인과 검정을 할 수 있다.

```
. vargranger

  Granger causality Wald tests
```

Equation	Excluded	chi2	df	Prob > chi2
dln_inc	dln_consump	4.4614	2	0.107
dln_inc	ALL	4.4614	2	0.107
dln_consump	dln_inc	14.135	2	0.001
dln_consump	ALL	14.135	2	0.001

위 그랜저-인과 검정결과에 따르면 소득의 변화를 예측할 때 소비의 변화는 유의하지 않지만, 반대로 소비의 변화를 예측할 때는 소득이 그렇게 유용함을 보여주고 있다. 소득의 변화가 소비의 변화를 그랜저-인과 하고 있음을 보여주고 있다. 하지만 반대의 경우는 성립하지 않고 있다.

VAR 모형을 추정한 후에 해볼 수 있는 또 하나의 분석은 충격-반응함수(impulse-response function, IRFs)를 이용하는 것이다. IRF는 특정 변수에 충격(shock)이 있었을 경우 종속변수들이 얼마나 영향을 받는지를 나타내주는 함수이다. 예컨대, 다른 요소는 변하지 않고 e_{1t}만 한 단위 변했을 때, 일정한 시간이 지난 뒤 Y가 얼마나 영향을 받는지를 나타내주는 함수이다.

여기에 한 가지 고려해야할 점이 있다. 통상적으로 e_{1t}는 e_{2t}와 상관관계를 가지고 있다. 따라서 위에서 생각한 e_{1t}만 한 단위 변한다는 것이 말이 되지 않는다. 이 경우 적절한 변형을 통해 직교화[13]한 후에 생각을 해야 한다. Stata에서는 이 2가지가 모두

13 통상적으로 Cholesky decomposition을 사용한다.

가능하다.

충격반응함수를 표를 이용해서 나타내야 하는 경우에는 irf table을 이용하면 된다. 특히 소비의 변화에 대한 충격이 소득의 변화에 미치는 다음과 같은 명령어를 이용해서 구할 수 있다.

```
. irf table oirf, impulse(dln_consump ) response(dln_inc )

            Results from varbasic
```

step	(1) oirf	(1) Lower	(1) Upper
0	0	0	0
1	.002511	.000135	.004887
2	-.000421	-.002645	.001802
3	.000353	-.000801	.001506
4	.000186	-.000652	.001024
5	-.00004	-.000396	.000316
6	.000068	-.000145	.000282
7	5.9e-06	-.000184	.000196
8	2.0e-06	-.00006	.000064
9	8.3e-06	-.000024	.000041
10	-4.5e-07	-.000027	.000026
11	1.2e-06	-9.6e-06	.000012
12	7.1e-07	-6.4e-06	7.8e-06

```
95% lower and upper bounds reported
(1) irfname = varbasic, impulse = dln_consump, and response = dln_inc
```

IRF의 경우 이런 표보다는 그림을 이용해서 표시하는 것이 좀 더 직관적이고 이해하기 쉽다. 특히 충격변수와 반응변수가 많은 때에는 더더욱 그렇다. 그럴 때에는 irf graph를 이용하면 된다.

```
. irf graph oirf,  legend(cols(1))
```

아래 [그림 16.3]은 소비 변화에 충격이 있을 경우와 소득 변화에 충격에 있을 때 소비변화와 소득변화에 미치는 효과를 그림으로 보여주고 있다. 대체로 한 단위 충격에 대해서 6 혹은 7기가 되면 거의 없어지는 패턴을 보여주고 있다.

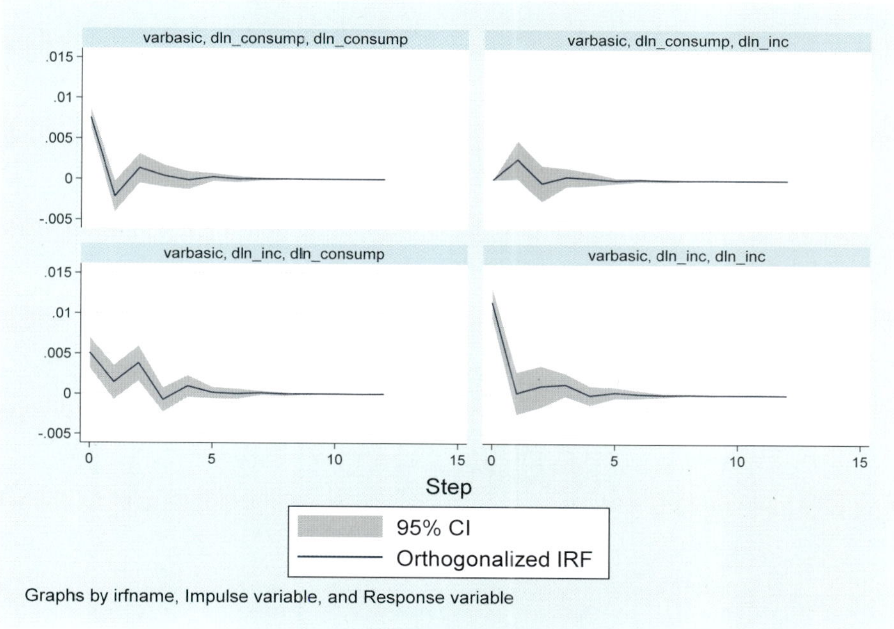

그림 16.3 충격반응함수

Version 17: Bayesian VAR 모형

버전 17에서부터는 베이지안 VAR 모형을 추정할 수 있게 되었다. VAR 모형은 여러 개의 시계열의 상호 작용에 대해서 분석하는 방법이다. 예를 들어서, 실업률, 인플레이션, 임금은 서로 작용할 뿐만 아니라 과거의 값에도 영향을 받게 된다. VAR 모형은 K개의 성과변수와 p개의 시차를 허용한 모형이고, K(pK+1)개의 모수가 존재한다. 추정해야 할 모수가 많기 때문에 관측치가 크지 않은 경우에는 신뢰할만한 추정치를 얻는 것이 어렵운 것이 사실이다. bayes: var을 이용하면 이러한 어려움을 극복할 수 있는 베이지안 VAR 모형을 추정할 수 있다.

다음과 같이 wage_inflation.dta 자료를 이용하여

```
. use wage_inflation, clear

. tsset date, quarterly

Time variable: date, 2011q1 to 2021q4
        Delta: 1 quarter

. tw ///
>         (tsline wage ) ///
>         (tsline inflation) ///
>         (tsline unemprate, yaxis(2)), ///
```

```
>         legend(order(1 "명목임금" 2 "인플레이션" 3 "실업률") ///
>         ring(0) pos(11) col(1) size(vsmall))
```

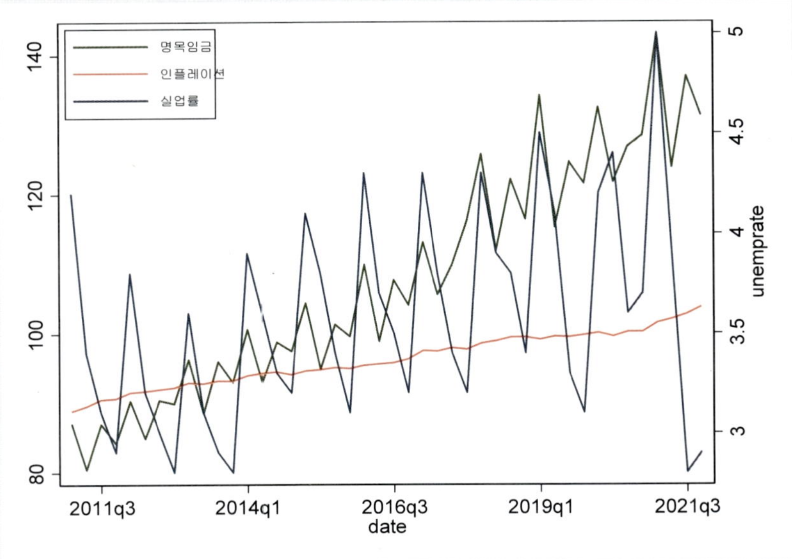

위의 시계열 자료에 대한 VAR 모형을 다음과 같이 추정할 수 있다.

```
. bayes, rseed(17): var wage inflation unemprate

Burn-in ...
Simulation ...

Model summary
------------------------------------------------------------------------------
Likelihood:
       wage
  inflation
  unemprate ~ mvnormal(3,xb_wage,xb_inflation,xb_unemprate,{Sigma,m})

Priors:
           {wage:L(1 2).wage}                                            (1)
      {wage:L(1 2).inflation}                                            (1)
      {wage:L(1 2).unemprate}                                            (1)
                {wage:_cons}                                             (1)
      {inflation:L(1 2).wage}                                            (2)
 {inflation:L(1 2).inflation}                                            (2)
 {inflation:L(1 2).unemprate}                                            (2)
           {inflation:_cons}                                             (2)
      {unemprate:L(1 2).wage}                                            (3)
 {unemprate:L(1 2).inflation}                                            (3)
 {unemprate:L(1 2).unemprate}                                            (3)
```

```
         {unemprate:_cons} ~ varconjugate(3,2,1,_b0,{Sigma,m},_Phi0)    (3)
                 {Sigma,m} ~ iwishart(3,5,_Sigma0)
------------------------------------------------------------------------------
 (1) Parameters are elements of the linear form xb_wage.
 (2) Parameters are elements of the linear form xb_inflation.
 (3) Parameters are elements of the linear form xb_unemprate.
```

보통의 VAR 모형과 같이 공분산 행렬은 삼변수 정규분포를 따른다고 가정된다. 사전분포는 기본 사전분포를 따른다고 가정하였다. VAR 회귀분석의 계수들은 이른바 conjugate Minnesota prior를 따른다고 가정하였다.

```
Bayesian vector autoregression                   MCMC iterations  =     12,500
Gibbs sampling                                   Burn-in          =      2,500
                                                 MCMC sample size =     10,000
Sample: 2011q3 thru 2021q4                       Number of obs    =         42
                                                 Acceptance rate  =          1
                                                 Efficiency:  min =      .9598
                                                              avg =      .9965
Log marginal-likelihood = -232.47913                          max =          1
```

	Mean	Std. dev.	MCSE	Median	Equal-tailed [95% cred. interval]	
wage						
wage						
L1.	.7048432	.1091067	.001091	.7042459	.48812	.9198976
L2.	.092026	.0661225	.00065	.092572	-.0387165	.2238778
inflation						
L1.	.067397	.9449287	.009449	.0783837	-1.80263	1.937432
L2.	.7473484	.8271072	.008271	.7419895	-.8824779	2.404814
unemprate						
L1.	-2.401129	1.322792	.013228	-2.399556	-4.980976	.2126671
L2.	.5518344	.7429192	.007429	.5495819	-.9074915	2.019305
_cons	-48.31625	42.96439	.429644	-48.48303	-131.416	36.35446
inflation						
wage						
L1.	.0003171	.0058988	.000059	.0002516	-.0111138	.0120781
L2.	.0020741	.0036186	.000037	.0021126	-.0050432	.0091658
inflation						
L1.	.9844188	.0505517	.000495	.9852574	.8844434	1.082361
L2.	.0110955	.0442885	.000438	.0109806	-.0765715	.0992421
unemprate						
L1.	-.0565725	.0724113	.000724	-.057493	-.1996028	.0860584
L2.	.0045829	.0397993	.000398	.0043399	-.0737773	.0832632
_cons	.7052195	2.347249	.023959	.6961819	-3.895801	5.273338

```
    Sigma_1_1    58.08671   12.81244   .128124   56.29439   38.15426   88.04844
    Sigma_2_1    .8285053   .5074326   .005074   .7918153  -.0798327   1.922866
    Sigma_3_1    2.371199   .8024916   .008025   2.279539   1.067753   4.211042
    Sigma_2_2    .1706171   .0377585   .000378   .1658232   .1120754   .2595212
    Sigma_3_2    .0803883   .0411075   .000406   .0773032   .0085885    .173412
    Sigma_3_3    .3721479   .0822453   .000822   .3607745   .2452765   .5672912
```

MCMC 방법에 따라서 MCMC가 수렴하는지 체크할 필요가 있다.

```
. bayesgraph diagnostics {inflation:L1.wage}
```

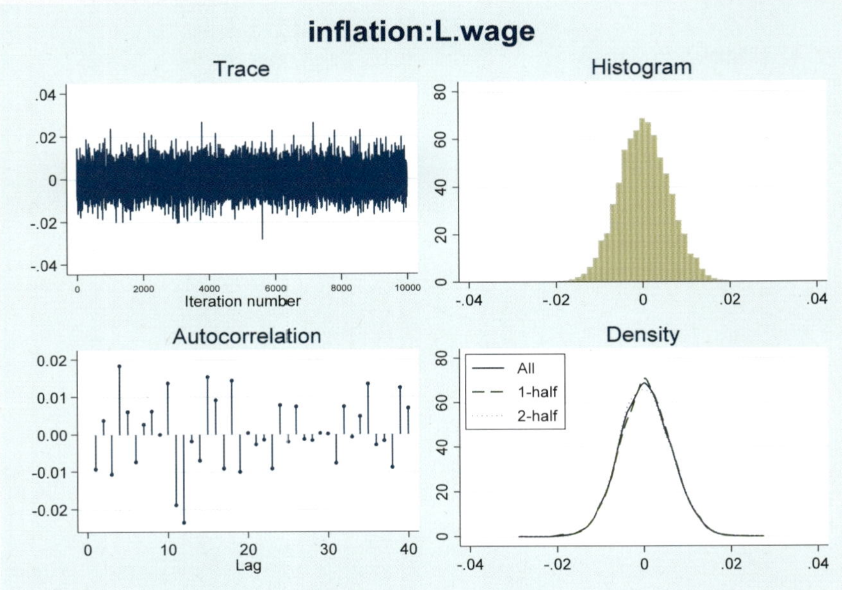

bayestest model을 이용하면 모형의 사후 확률을 계산하여 몇 개의 시차변수를 선택해야 하는지를 판단할 수 있다.

```
quietly bayes, rseed(17) saving(bvarsim1): var wage inflation
unemprate, lags(1/1)
estimates store lag1
quietly bayes, rseed(17) saving(bvarsim3): var wage inflation
unemprate, lags(1/3)
estimates store lag3
```

```
. bayestest model lag1 lag2 lag3

Bayesian model tests

------------------------------------------------
             |  log(ML)        P(M)      P(M|y)
-------------+----------------------------------
        lag1 | -237.2555     0.3333     0.0001
        lag2 | -232.4791     0.3333     0.0068
        lag3 | -227.5021     0.3333     0.9931
------------------------------------------------
Note: Marginal likelihood (ML) is computed using
      Laplace-Metropolis approximation.
```

사후확률을 기준으로 보면 3기 시차까지 포함시킨 것이 최적의 모형임을 알 수 있다.

충격반응함수(impulse–response function)는 다음과 같이 구할 수 있다. 일단 birf에 결과를 저장한다.

```
. bayesirf create birf, set(birfex)
(file birfex.irf created)
(file birfex.irf now active)
(file birfex.irf updated)

. bayesirf graph irf, impulse(wage)
```

다음과 같은 충격–반응 함수 그림을 그릴 수 있다.

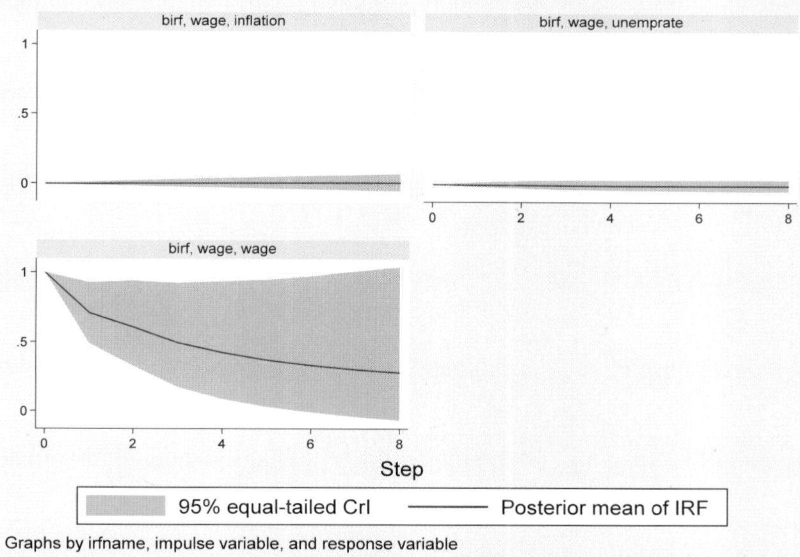

테이블로도 구할 수 있다.

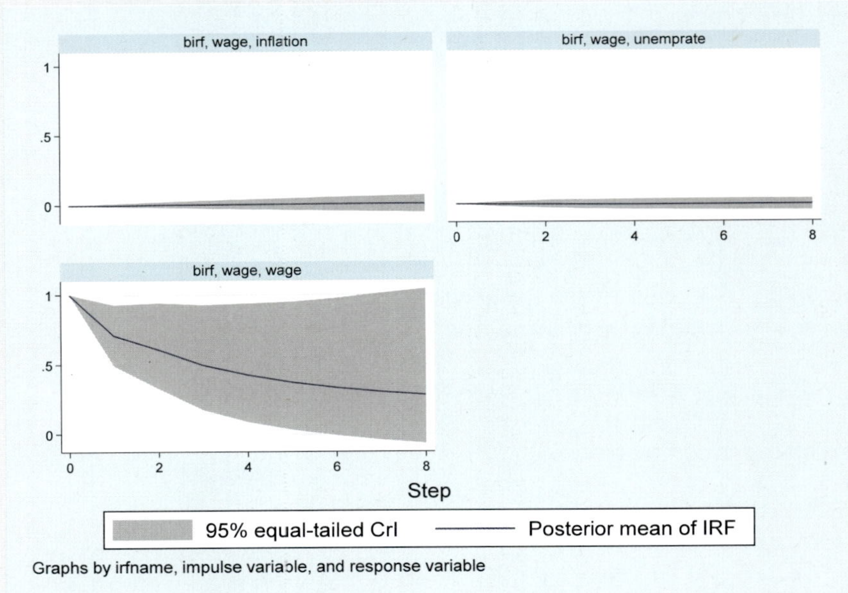


```
. bayesirf table irf, response(wage) impulse(inflation)

Results from birf
```

Step	(1) irf	(1) Lower	(1) Upper
0	0	0	0
1	.006357	-2.07486	2.12007
2	1.00223	-1.68645	3.54098
3	1.65186	-1.35482	4.1506
4	2.13832	-1.23915	4.77893
5	2.48971	-1.27779	5.3098
6	2.76732	-1.37788	5.79561
7	2.98954	-1.52848	6.24782
8	3.17677	-1.62603	6.6796

```
Posterior means reported.
95% equal-tailed credible lower and upper bounds reported.
(1) irfname = birf, impulse = inflation, and response = wage.
```

2 벡터오차수정모형(VEC)

앞에서 설명한 VAR 모형은 정상시계열의 동학적 관계를 설명하기 위한 모형이다. VAR 모형을 이용하기 위해서는 시계열들의 정상성을 먼저 검정하고, 비정상 시계열이면 차분을 해서 정상시계열로 변환을 한 후에 분석을 해야 한다.

VEC(vector error correction) 모형은 VAR 모형의 특수한 경우이다. 특별히 시계열들이 공적분 관계를 갖는다면 이를 적절히 반영할 수도 있다. 다른 한편에서 보면, VEC 모형은 VAR 모형에다가 장기적 관계를 더한 제약된 VAR 모형이라고도 볼 수 있다. 그 장기적 관계 위에서 단기적 동학관계를 살펴볼 수 있는 모형이다.

기본모형은 다음과 같다.

$$\Delta Y_t = v + \Pi Y_{t-1} + \sum_{i=1}^{p-1} \Gamma_i \Delta Y_{t-i} + \varepsilon_t$$

$$\Pi = \alpha\beta'$$

여기에서 β는 공적분 계수이다. α는 조정계수(adjustment coefficients)라고 볼 수 있다. Γ_i는 단기효과 계수들이다.

자료를 이용하여 VEC 모형을 추정해보자. 먼저 var_1.dta를 불러들여 시간변수 선언을 해주자.

```
. use var_1, clear

. tsset qtr
        time variable:  qtr, 1960q1 to 1982q4
                delta:  1 quarter
```

로그-소비와 로그-소득의 시간추이를 그려보자.

```
. tsline ln_consump ln_inc
```

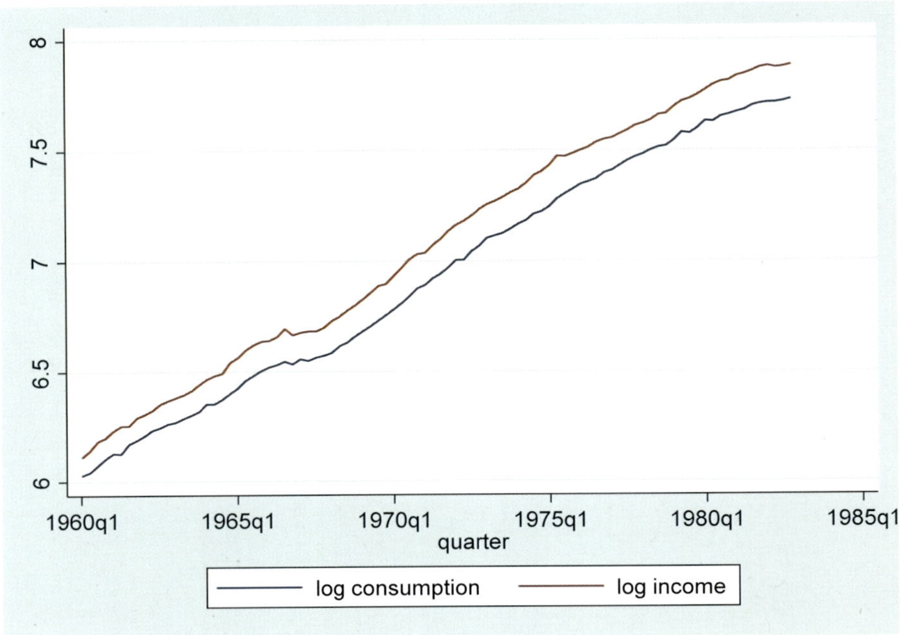

그림 16.4 로그-소비와 로그-소득의 추이

로그-소비와 로그-소득의 시계열에 대해서 단위근 검정을 해보자. dfuller를 이용하면 단위근 검정을 할 수 있다. 단 위의 그림을 보았을 때 명확한 시간 추세가 있기 때문에 이를 고려하기 위해 옵션으로 trend를 넣어주자.

아래의 추정결과를 보면 어떤 유의수준에서도 비정상 시계열이라는 귀무가설을 기각할 수 없었다. 즉, 수준변수들은 비정상시계열이다.

```
. dfuller ln_consump , lags(2) trend

Augmented Dickey-Fuller test for unit root           Number of obs   =        89

                               ─────────── Interpolated Dickey-Fuller ──────────
                  Test         1% Critical       5% Critical      10% Critical
               Statistic           Value             Value             Value
──────────────────────────────────────────────────────────────────────────────
 Z(t)            -0.365            -4.064            -3.461            -3.157
──────────────────────────────────────────────────────────────────────────────
MacKinnon approximate p-value for Z(t) = 0.9879
```

```
. dfuller ln_inc, lags(2) trend

Augmented Dickey-Fuller test for unit root          Number of obs   =        89

                               ———— Interpolated Dickey-Fuller ————
                  Test         1% Critical       5% Critical      10% Critical
               Statistic           Value             Value             Value
──────────────────────────────────────────────────────────────────────────────
 Z(t)             -0.179            -4.064            -3.461            -3.157
──────────────────────────────────────────────────────────────────────────────
MacKinnon approximate p-value for Z(t) = 0.9919
```

이번에는 해당 변수들을 차분하여 보자. 로그를 취한 후 차분하였기 때문에 해당 변수의 퍼센티지 변화라고 보면 된다. 즉 소비의 변화율과 소득의 변화율 정도로 보면 된다. 아래 그림을 살펴보면, 차분된 변수들은 명확한 시간 추세를 갖고 있지는 않은 것처럼 보인다.

```
. tsline dln_consump dln_inc
```

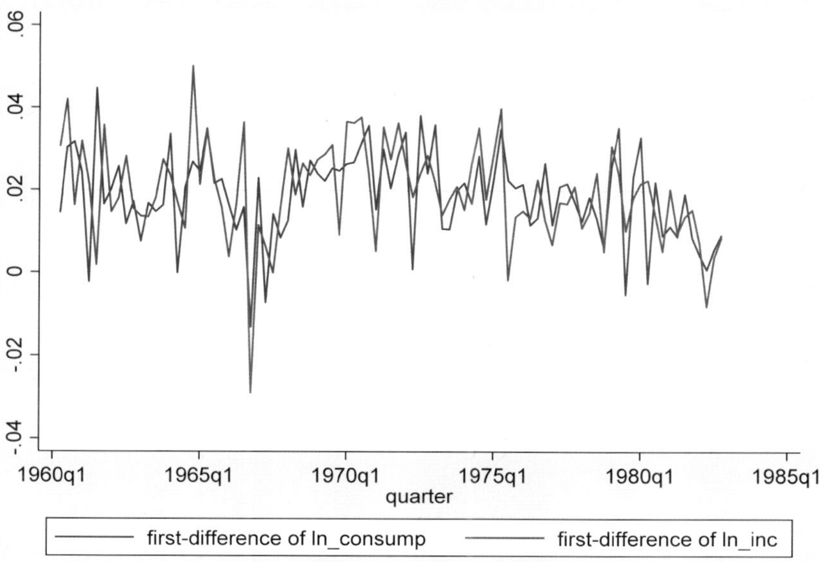

그림 16.5 로그-소비 차분과 로그-소득 차분의 추이

좀 더 확실하게 하기 위해서 차분변수에 대해 단위근 검정을 해보자. dfuller를 차분변수에 적용하자. 다만, 위의 그림으로부터 차분변수의 평균이 0이 아니기 때문에 drift를 옵션에 더해주었다.

```
. dfuller D.ln_consump, lags(2) drift

Augmented Dickey-Fuller test for unit root          Number of obs   =        88

                               ──────── Z(t) has t-distribution ────────
                  Test         1% Critical       5% Critical      10% Critical
               Statistic           Value             Value             Value
──────────────────────────────────────────────────────────────────────────────
 Z(t)             -3.127            -2.372            -1.663            -1.292
──────────────────────────────────────────────────────────────────────────────
p-value for Z(t) = 0.0012

. dfuller D.ln_inc, lags(2) drift

Augmented Dickey-Fuller test for unit root          Number of obs   =        88

                               ──────── Z(t) has t-distribution ────────
                  Test         1% Critical       5% Critical      10% Critical
               Statistic           Value             Value             Value
──────────────────────────────────────────────────────────────────────────────
 Z(t)             -3.302            -2.372            -1.663            -1.292
──────────────────────────────────────────────────────────────────────────────
p-value for Z(t) = 0.0007
```

추정결과를 보면 차분한 변수들의 경우, 비정상시계열이라는 귀무가설을 모든 유의수준에서 기각할 수 있었다. 즉, 차분변수는 정상시계열이라고 볼 수 있다.

다음에는 $I(1)$ 시계열들이 서로 공적분 관계가 존재하는지 살펴보자. vecrank를 이용하면 시계열들 사이에 공적분 관계를 검정할 수 있다. vecrank는 요한슨 검정을 이용하여 공적분 검정을 한다. 아래 요한슨 검정에 의하면 공적분관계가 1개 존재하는 것을 확인할 수 있다.

```
. vecrank  ln_consump ln_inc

                       Johansen tests for cointegration
Trend: constant                                         Number of obs =      90
Sample:  1960q3 - 1982q4                                         Lags =       2
-------------------------------------------------------------------------------
                                                         5%
maximum                                      trace    critical
  rank    parms       LL       eigenvalue  statistic    value
    0       6     574.20894         .       20.4454     15.41
    1       9      582.7739     0.17332      3.3155*     3.76
    2      10     584.43167     0.03617
-------------------------------------------------------------------------------
```

이와 같은 분석에 기초하여 VEC 모형을 추정해보자. vec 명령어를 이용하면 된다.

```
. vec ln_consump ln_inc

Vector error-correction model

Sample:  1960q3 - 1982q4                      Number of obs     =         90
                                              AIC               =  -12.75053
Log likelihood =  582.7739                    HQIC              =  -12.64972
Det(Sigma_ml)  =  8.14e-09                    SBIC              =  -12.50055

Equation           Parms    RMSE     R-sq      chi2     P>chi2
----------------------------------------------------------------
D_ln_consump          4   .009876   0.8020   348.2534   0.0000
D_ln_inc              4    .01171   0.7457   252.1367   0.0000
----------------------------------------------------------------

------------------------------------------------------------------------------
             |      Coef.   Std. Err.      z    P>|z|     [95% Conf. Interval]
-------------+----------------------------------------------------------------
D_ln_consump |
        _ce1 |
         L1. |  -.2966839   .0762145    -3.89   0.000    -.4460615   -.1473062
             |
  ln_consump |
         LD. |  -.1446509    .111148    -1.30   0.193    -.3624969    .0731951
             |
      ln_inc |
         LD. |    .100926   .1141641     0.88   0.377    -.1228316    .3246836
             |
       _cons |  -.0024593    .005403    -0.46   0.649     -.013049    .0081303
------------------------------------------------------------------------------
```

```
D_ln_inc         |
          _ce1   |
           L1.   |  -.0779136   .0903667    -0.86   0.389    -.2550292    .0992019
                 |
    ln_consump   |
           LD.   |    .299662    .131787     2.27   0.023     .0413642    .5579597
                 |
        ln_inc   |
           LD.   |  -.0720283   .1353632    -0.53   0.595    -.3373354    .1932788
                 |
         _cons   |   .0093648   .0064063     1.46   0.144    -.0031912    .0219208
------------------------------------------------------------------------------------
```

```
Cointegrating equations

Equation           Parms    chi2     P>chi2
-------------------------------------------
_ce1                   1  24260.05   0.0000
-------------------------------------------

Identification:  beta is exactly identified

                 Johansen normalization restriction imposed
------------------------------------------------------------------------------------
         beta |      Coef.   Std. Err.      z    P>|z|     [95% Conf. Interval]
--------------+---------------------------------------------------------------------
_ce1          |
   ln_consump |          1          .       .       .            .            .
       ln_inc |  -.9608795   .0061691  -155.76   0.000    -.9729708    -.9487883
        _cons |  -.2078207          .       .       .            .            .
------------------------------------------------------------------------------------
```

VEC 모형 추정결과는 보통 단기 계수들, 공적분 계수(β), 조정계수(α) 등이 제시된다. 추정결과에 기초하여 기본모형의 모수들을 아래와 같이 구성할 수 있다.

$$\hat{\alpha} = \begin{pmatrix} -0.297 \\ -0.078 \end{pmatrix},\ \hat{\beta} = \begin{pmatrix} 1 \\ -0.961 \end{pmatrix},\ \hat{v} = \begin{pmatrix} -0.002 \\ 0.009 \end{pmatrix},\ \hat{\Gamma} = \begin{pmatrix} -0.145 & 0.101 \\ 0.299 & -0.072 \end{pmatrix}$$

이번엔 추정된 계수를 한 번 해석해보자. 먼저, 공적분 관계를 나타내주는 계수 β를 해석해보자. 공적분 관계를 나타내는 계수는 -0.96으로 1에 가깝고 통계적으로 매우 유의하게 추정되었다. 즉, 소비와 소득의 차이는 정상 시계열을 갖는다는 것이다.

다음은 조정계수 α를 해석해보자. 만약 소비가 소득과의 장기균형에서 벗어난 경우, 특히 크게 증가한 경우에는 소비가 줄어들게 된다. 이는 [D_ln_consump]L._ce1이 −0.3

정도로 음수임을 보면 알 수 있다. 반면 동일한 경우에 소득의 변화는 거의 없음을 알 수 있다. 값이 −0.08 정도이지만 통계적으로 유의성이 없기 때문이다.

추정된 모형을 이용해서 충격반응함수를 그려보자.

```
. irf set vec_example, replace
(file vec_example.irf created)
(file vec_example.irf now active)

. irf create vec_example, step(50) replace
irfname vec_example not found in vec_example.irf
(file vec_example.irf updated)

. irf graph oirf
```

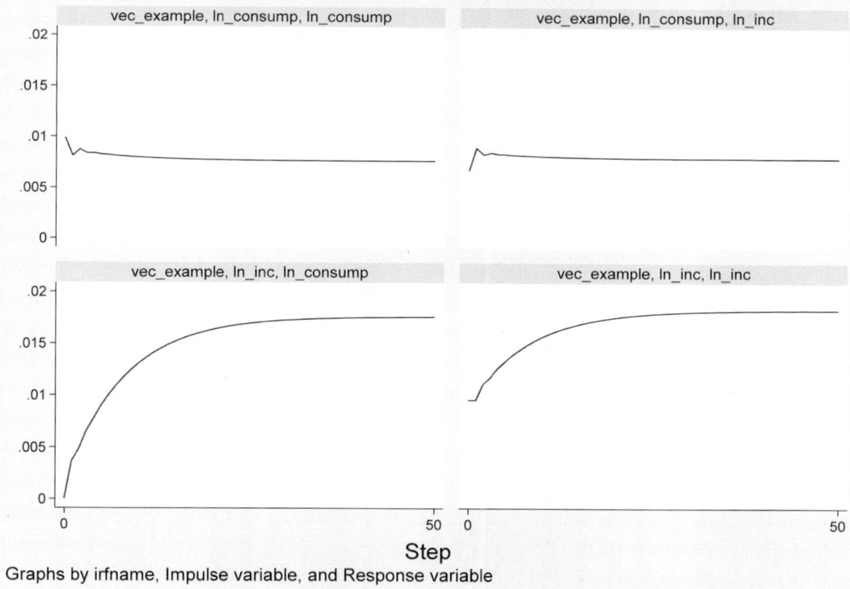

그림 16.6 VEC 모형 추정 후 충격반응함수

이번에는 시계열이 여러 개가 있어 공적분 관계가 1개 보다 많을 경우에 대해서 설명해보자. 문제는 공적분 관계가 많을 때에는 모든 계수를 식별할 수 없다는 데에 있다. 이 경우에는 일부 공적분 계수를 정규화시키는 것이 필요하다. 즉, 일부 공적분 계수를 특정 값으로 고정하고 나머지 계수들을 추정하는 것이다. 보통 분석에서는 요한슨의 정규화(Johansen's normalization)를 사용한다. vec에서도 rank가 2보다 큰 경우 별도의 제약을 주지 않는 한 요한슨의 정규화를 사용하여 모형을 추정하게 된다.

다음의 자료를 이용하여 모형을 추정해보자. vec_2.dta는 텍사스주 도시들의 주택가격에 대한 시계열이다. vec_2.dta 자료를 읽고 변수 t를 시간변수로 지정을 하자.

```
. use vec_2, clear

. tsset t
        time variable:  t, 1990m1 to 2003m12
                delta:  1 month
```

먼저 vecrank를 이용하여 4개의 시계열(오스틴, 댈러스, 휴스톤, 샌안토니오)을 사용하는 경우 몇 개의 공적분 관계가 존재하는지 살펴보자. 아래의 요한슨 검정 결과를 보면 최소한 2개의 공적분 관계가 존재함을 알 수 있다.

```
. vecrank austin dallas houston sa

                       Johansen tests for cointegration
Trend: constant                                         Number of obs =
Sample:  1990m3 - 2003m12                                        Lags =
---------------------------------------------------------------------------
                                                              5%
maximum                                          trace    critical
  rank    parms       LL       eigenvalue  statistic    value
    0      20     1090.4971         .       115.8785    47.21
    1      27     1116.8353     0.27191      63.2021    29.68
    2      32     1141.4993     0.25707      13.8741*   15.41
    3      35     1148.3163     0.07885       0.2400     3.76
    4      36     1148.4363     0.00144
---------------------------------------------------------------------------
```

이에 기초하여 VEC 모형을 추정하자. 단, 우리의 관심이 공적분 관계에 있기 때문에 noetable이라는 옵션을 추가적으로 넣었다. 즉, noetable은 조정계수나 단기효과 계수 등은 보고하지 않고 공적분 관계만 보고하는 옵션이다.

```
. vec austin dallas houston sa, rank(2) noetable

Vector error-correction model

Sample:  1990m3 - 2003m12                    Number of obs     =        166
                                             AIC               =  -13.36746
Log likelihood =  1141.499                   HQIC              =  -13.12396
Det(Sigma_ml)  =  1.25e-11                   SBIC              =  -12.76756

Cointegrating equations

Equation           Parms    chi2     P>chi2
-------------------------------------------
_ce1                   2  628.8658   0.0000
_ce2                   2  1476.931   0.0000
-------------------------------------------

Identification:  beta is exactly identified

                 Johansen normalization restrictions imposed
------------------------------------------------------------------------------
        beta |      Coef.   Std. Err.      z    P>|z|     [95% Conf. Interval]
-------------+----------------------------------------------------------------
_ce1         |
      austin |          1          .        .       .            .           .
      dallas |          0  (omitted)
     houston |  -.0594818   .1729538    -0.34   0.731    -.3984651    .2795014
          sa |  -1.502003   .2081367    -7.22   0.000    -1.909943   -1.094062
       _cons |   6.209855          .        .       .            .           .
-------------+----------------------------------------------------------------
_ce2         |
      austin |  -6.94e-18          .        .       .            .           .
      dallas |          1          .        .       .            .           .
     houston |  -1.119246   .0751566   -14.89   0.000    -1.266551   -.9719422
          sa |   .3204182   .0904453     3.54   0.000     .1431488    .4976877
       _cons |  -2.445536          .        .       .            .           .
------------------------------------------------------------------------------
```

위 추정결과를 보면 2개의 공적분식이 추정되었음을 확인할 수 있다. 다만 첫 번째 공적분식의 경우 austin의 계수는 1, dallas의 계수는 0으로 정규화 되어 있다. 두 번째 공적분식의 경우는 austin의 계수가 0, dallas의 계수는 1로 정규화되어 있다. 그리고 나머지 계수들에 대한 추정치를 보고하고 있다.

추정결과를 잘 살펴보자. 먼저, 첫 번째 공적분 식에 따르면 오스틴의의 집값과 샌안토니오의 집값은 공통의 확률적 추세를 공유하고 있는 것처럼 보인다. 두 번째 공적분식은 댈러스의 집값은 휴스톤의 집값과는 같은 방향으로, 샌안토니오의 집값과는 반대방향으로 움직이고 있음을 알 수 있다.

위 추정결과에 기초하여 2개의 공적분 관계를 계산하고, 추정된 계수를 이용하여 선형결합했을 경우 정상 시계열이 되는지 확인해보자. 공적분 관계 예측은 predict를 이용하여 다음과 같이 구할 수 있다.

```
. predict ce1, ce equ(#1)

. predict ce2, ce equ(#2)
```

이렇게 예측된 공적분 값을 이용하여 아래와 같이 그림을 그릴 수 있다.

```
. tsline ce1, saving(ce1, replace) yline(0)
(file ce1.gph saved)

. tsline ce2, saving(ce2, replace) yline(0)
(file ce2.gph saved)

. graph combine ce1.gph ce2.gph
```

아래 그림을 살펴보면 추정된 공적분 관계의 예측치들은 대체로 추세를 갖고 있지 않는 것처럼 보인다. 다만 첫 번째 공적분 식의 경우 2000년 이후부터는 하락하는 추세가 약간 관측되기는 한다.

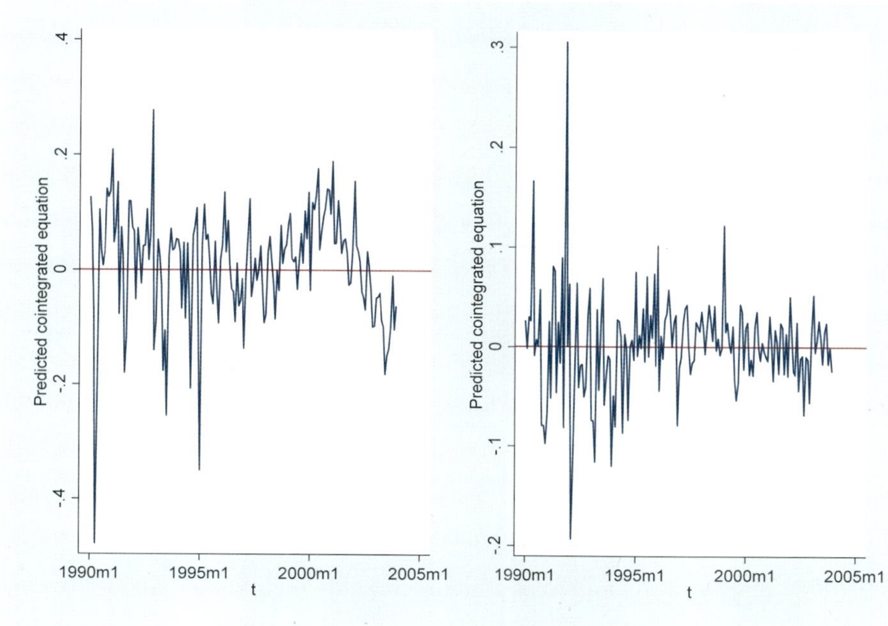

그림 16.7 공적분 관계 예측치

위 추정치에 기초하여 충격반응함수를 계산해보자

```
. irf set vec_example, replace
(file vec_example.irf created)
(file vec_example.irf now active)

. irf create vec_example, step(50) replace
irfname vec_example not found in vec_example.irf
(file vec_example.irf updated)

. irf graph oirf
```

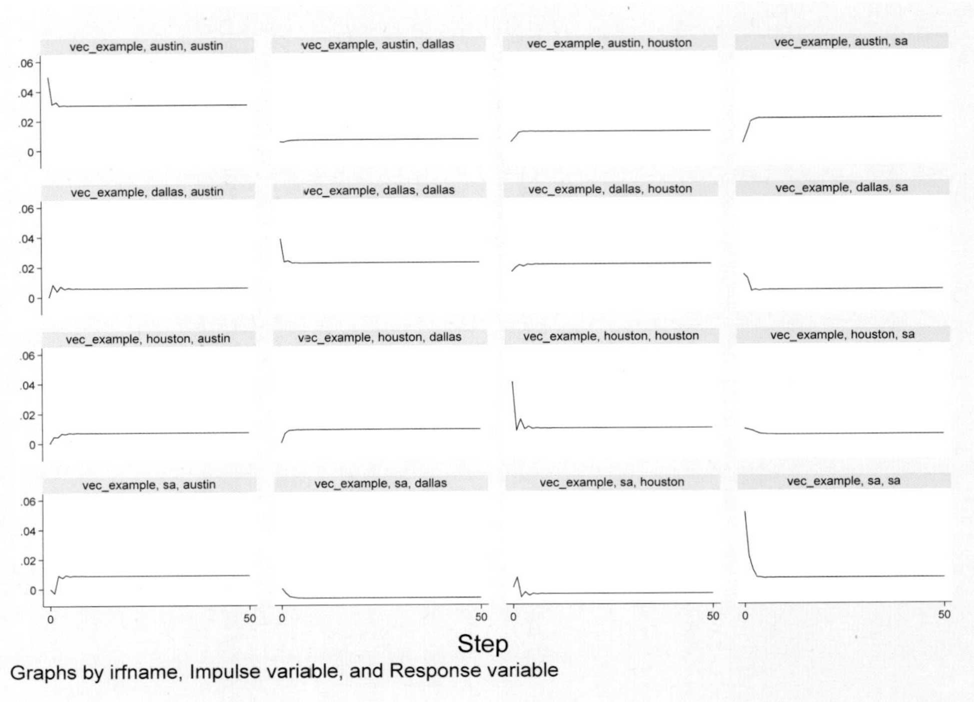

그림 16.8 VEC 모형 추정 후 충격반응함수

3 자기상관조건부이분산(ARCH) 모형

ARCH(Autoregressive conditional heteroskedasticity) 모형은 시계열 분석에 쓰인다. ARCH 모형을 제시한 엥글 교수는 노벨상을 받았다. ARCH 모형은 왜 특정 시점에서 시계열이 다른 시점보다 더 많이 변하는지를 설명하기 위한 모형이다. 다시 말해, 시계열의 변동성(volatility)을 추정하기 위한 모형이라고 볼 수 있다. 변동성은 오차의 분산(variance)에 의해서 좌지우지 된다. ARCH 모형은 통상적인 모형에 오차항의 분산에 관한 모형을 추가한 것이라고 볼 수 있다.

예를 들어보자. arch_1.dta 자료를 읽어 들이자. 그리고 nasdaq 변수의 추이를 그려보자.

```
. use arch_1, clear

. tsset time
        time variable:  time, 1988m1 to 2010m7
                delta:  1 month

. tsline nasdaq
```

아래 그림은 미국 NASDAQ의 주가지수 수익률의 시계열을 보여주고 있다. 특징적인 점은 주가지수의 변동이 심한 부분과 작은 부분이 서로 몰려있다는 점이다. 즉, 변동성이 양아치처럼 몰려다니는(clustering) 경향이 있다는 점이다.

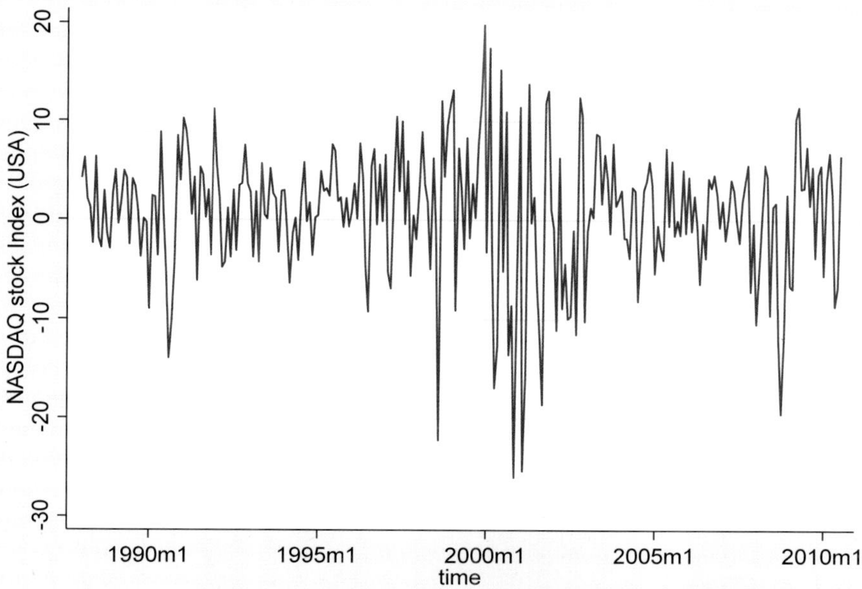

그림 16.9 미국 NASDAQ 주가지수 수익률 추이

이번에는 히스토그램을 그려보자. 정규분포와 비교해보았을 때, 중심이 높고 꼬리부분이 더 두꺼운 것을 확인할 수 있다. 이러한 성질을 leptokurtic이라고 한다.

```
• hist nasdaq , normal scheme(lean2)
```

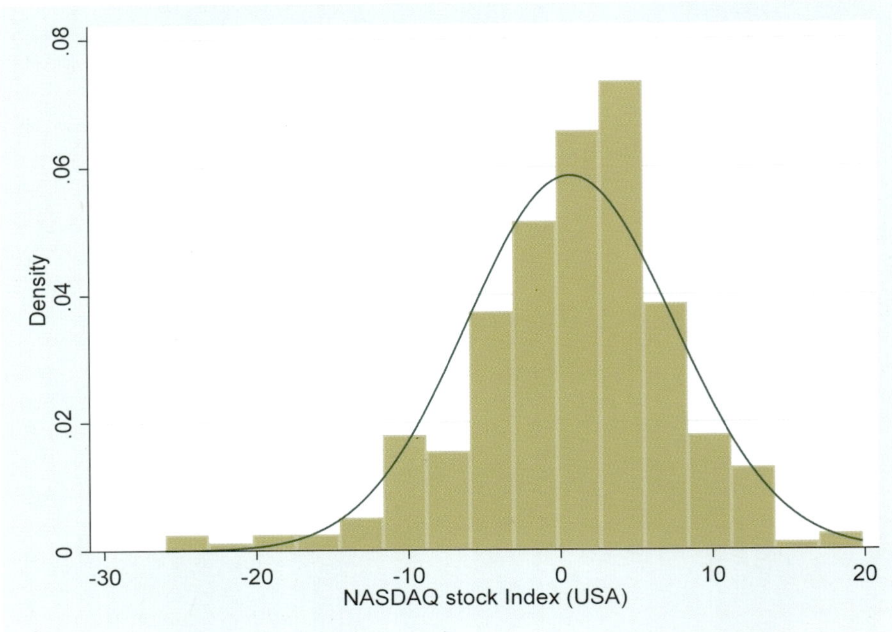

그림 16.10 미국 NASDAQ 주가지수 수익률 분포

이러한 시계열의 특성들을 반영하기 위해서, 시계열의 분산에 대한 모형을 좀 더 정교하게 할 필요가 생겼다. 특히 "왜 이러한 변동성이 발생하게 되는가?"에 대한 질문에 답하기 위해 ARCH 모형이 발전되었다.

ARCH의 기본모형은 통상적인 회귀모형이다. 조건부 평균은 통상적인 OLS 모형과 동일하지만, 조건부 분산은 등분산이 아니라 오차항의 시차변수의 함수라는 것이다.

조건부 평균: $y_t = x_t\beta + \epsilon_t,\ \ \epsilon_t \sim N(0, \sigma_t^2)$

조건부 분산: $\sigma_t^2 = \gamma_0 + \gamma_1\epsilon_{t-1}^2 + \cdots + \gamma_m\epsilon_{t-m}^2$

위의 모형보다 좀 더 일반화된 모형, 즉 GARCH(generalized ARCH)은 조건부 분산이 조건부 분산의 시차변수에 영향을 받는다는 모형이다.

조건부 분산: $\sigma_t^2 = \gamma_0 + \gamma_1\epsilon_{t-1}^2 + \cdots + \gamma_m\epsilon_{t-m}^2 + \delta_1\sigma_{t-1}^2 + \cdots + \delta_k\sigma_{t-k}^2$

실증분석에서는 계산상의 이유로 ARCH 모형보다는 GARCH(1,1) 모형이 자주 사용되고 있다.

가장 쉬운 평균방정식(mean equation), 즉 시계열의 평균을 묘사하는 식을 추정해보자. 기본모형은 아래와 같다.

$$y_t = \beta_0 + \epsilon_t$$
$$\sigma_t^2 = \gamma_0 + \gamma_1 \epsilon_{t-1}^2$$

먼저, 위의 식을 OLS를 이용해서 추정해보자. 아래의 추정결과에 따르면 $\widehat{\beta_0} = 0.71$ 이다.

```
. regress nasdaq

      Source |       SS           df       MS      Number of obs   =       271
-------------+----------------------------------   F(0, 270)       =      0.00
       Model |           0         0           .   Prob > F        =         .
    Residual |  12515.3617       270  46.3531913   R-squared       =    0.0000
-------------+----------------------------------   Adj R-squared   =    0.0000
       Total |  12515.3617       270  46.3531913   Root MSE        =    6.8083

------------------------------------------------------------------------------
      nasdaq |      Coef.   Std. Err.      t    P>|t|     [95% Conf. Interval]
-------------+----------------------------------------------------------------
       _cons |   .7085482   .4135759     1.71   0.088    -.1056954    1.522792
------------------------------------------------------------------------------
```

그 다음에는 ARCH 모형이 적절한지 검정을 해보자. Stata에서는 회귀분석 추정 후에 estat archlm을 이용해서 ARCH 모형이 없다는 귀무가설 하에서 라그랑지 승수(lagrange multiplier) 검정을 할 수 있다. 아래의 검정결과는 ARCH 효과가 없다는 귀무가설을 기각하고 있음을 보여주고 있다. 즉, 오차항이 ARCH 모형을 갖고 있다는 것이다.

```
. estat archlm, lag(1)
LM test for autoregressive conditional heteroskedasticity (ARCH)
---------------------------------------------------------------------------
    lags(p)  |          chi2               df                 Prob > chi2
-------------+-------------------------------------------------------------
       1     |         22.295               1                   0.0000
---------------------------------------------------------------------------
                        H0: no ARCH effects      vs.  H1: ARCH(p) disturbance
```

이번에는 ARCH 모형을 추정해보자. Stata에서 ARCH 모형은 arch 명령어를 이용하여 추정할 수 있다. 특별히 옵션은 arch(1)을 주었다.

```
. arch nasdaq , arch(1)

ARCH family regression

Sample: 1988m1 - 2010m7                          Number of obs    =        271
Distribution: Gaussian                           Wald chi2(.)     =          .
Log likelihood = -883.5092                       Prob > chi2      =          .

------------------------------------------------------------------------------
             |                 OPG
      nasdaq |      Coef.   Std. Err.      z    P>|z|     [95% Conf. Interval]
-------------+----------------------------------------------------------------
nasdaq       |
       _cons |   1.189502   .3635052     3.27   0.001     .4770452     1.90196
-------------+----------------------------------------------------------------
ARCH         |
        arch |
         L1. |   .4887313   .1032354     4.73   0.000     .2863937    .6910689
             |
       _cons |   25.47758   2.433465    10.47   0.000     20.70808    30.24709
------------------------------------------------------------------------------
```

위 추정치를 해석해보자. 분산의 변동성을 고려한 이후의 NASDAQ 지수 수익률의 평균은 1.19이다. 그리고 추정된 오차항의 구조는 다음과 같다.

$$\sigma_t^2 = 25.478 + 0.489\epsilon_{t-1}^2$$

이번에는 추정된 모형을 이용하여 시점별 분산을 예측해보자. 그리고 시간별로 어떤 모양을 갖고 있는지 살펴보자. predict를 이용하여 분산 값을 계산하되, 옵션은 variance를 주었다. 그리고 tsline을 이용하여 추이를 그렸다.

```
. predict sigma_arch , variance

. tsline sigma_arch
```

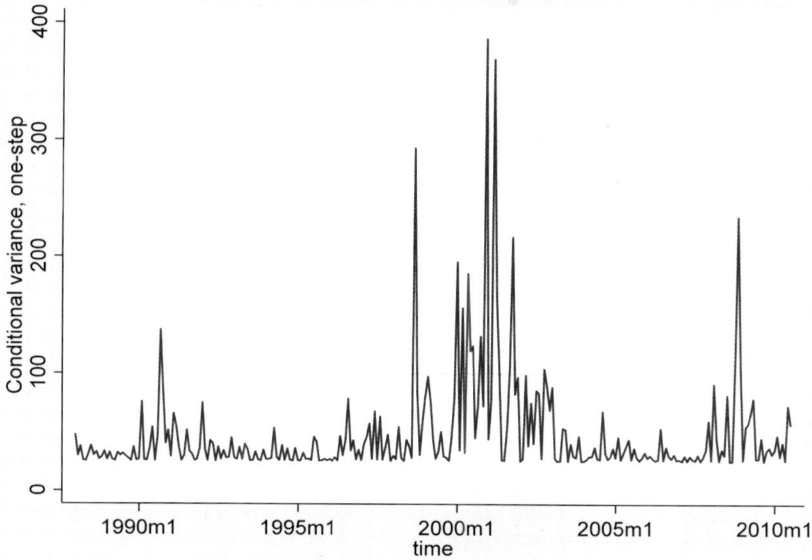

그림 16.11 ARCH로 추정된 오차항의 분산의 추이

이번에는 GARCH 모형을 추정해보자. 특별히 GARCH(1,1) 모형을 추정해보자. Stata에서는 위 arch 추정코드에 garch(1)을 더해주기만 하면 된다.

```
. arch nasdaq , arch(1) garch(1)
ARCH family regression

Sample: 1988m1 - 2010m7                         Number of obs     =        271
Distribution: Gaussian                          Wald chi2(.)      =          .
Log likelihood = -865.3233                      Prob > chi2       =          .
```

nasdaq	Coef.	OPG Std. Err.	z	P>|z|	[95% Conf.	Interval]
nasdaq						
_cons	.9419067	.3637267	2.59	0.010	.2290154	1.654798
ARCH						
arch						
L1.	.2023663	.0770541	2.63	0.009	.0513429	.3533896
garch						
L1.	.755013	.0915765	8.24	0.000	.5755263	.9344997
_cons	2.240125	1.465277	1.53	0.126	-.6317656	5.112016

ARCH(1)과 비교하여 추정결과를 보자. 평균은 0.942로 다소 작아졌다. 추정된 조건부분산은 아래와 같다.

$$\sigma_t^2 = 2.24 + 0.202\epsilon_{t-1}^2 + 0.755\sigma_{t-1}^2$$

추정된 조건부 분산은 다음과 같이 그릴 수 있다.

```
. predict sigma_garch , variance
. tsline sigma_garch
```

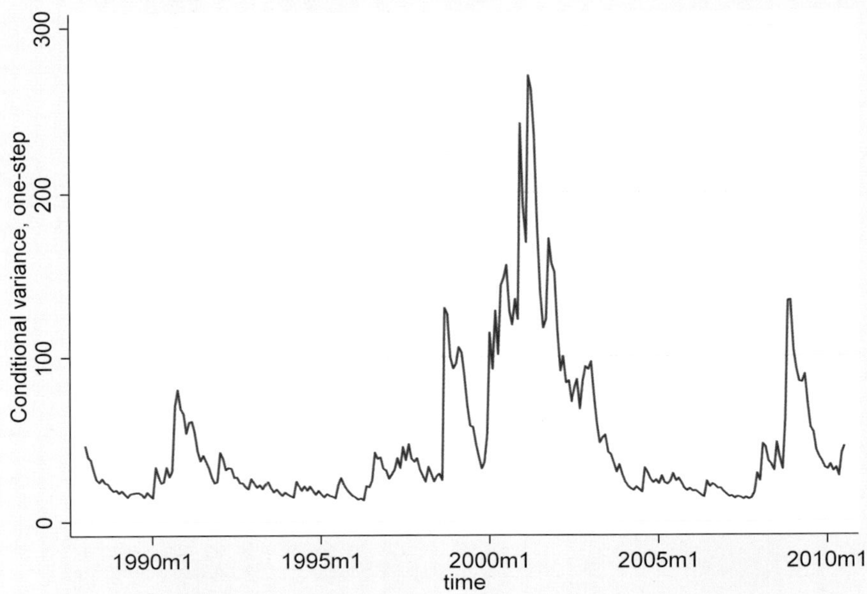

그림 16.12 GARCH로 추정된 오차항의 분산의 추이

ARCH로 추정된 분산과 GARCH로 추정된 분산을 겹쳐서 그려보면 차이점을 조금 더 분명히 알 수 있다.

```
. tsline sigma_arch sigma_garch, ///
>         legend(order(1 "ARCH" 2 "GARCH"))
```

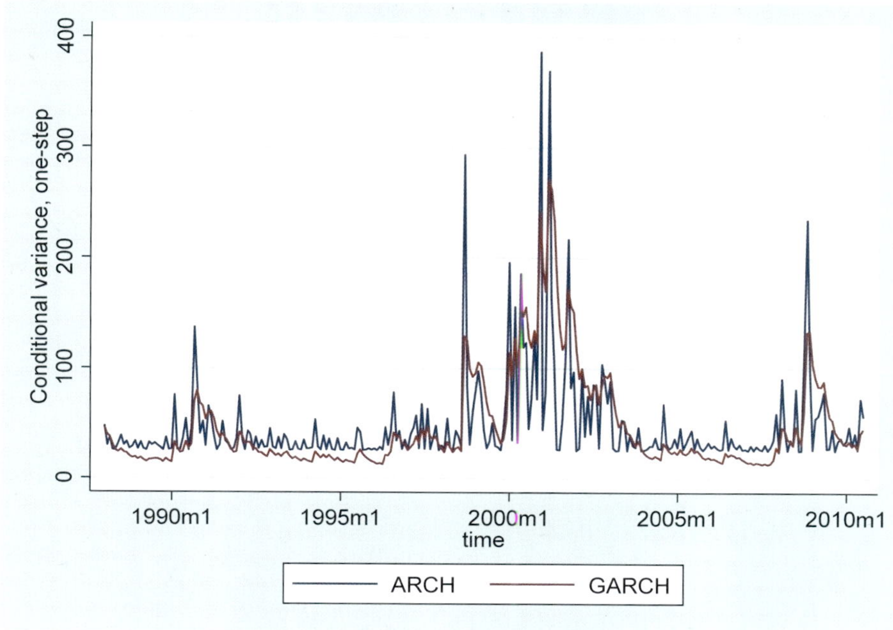

그림 16.13 ARCH와 GARCH로 추정된 오차항의 분산의 추이

CHAPTER 16 EXERCISES

01 다음의 자료를 이용하여 다음의 질문에 답하시오.

(1) 다음의 자료를 읽어들이시오.

UsMacro_Quarterly.xlsx

(2) Year 변수와 Quarter 변수를 이용하여 date 날짜변수를 새로 생성하시오. date는 분기별로 설정하시오.

(3) RealGDP와 TBillRate의 시간추세선을 그리시오.

(4) RealGDP와 TBillRate가 단위근을 갖는지 검정하시오.

(5) RealGDP와 TBillRate의 차분변수의 시간추세선을 그리고 단위근 검정을 하시오.

(6) RealGDP와 TBillRate 두 변수를 이용하여 VAR 모형을 추정할 경우 몇 기 시차까지 포함하는 것이 좋은지 분석하시오.

(7) VAR 모형을 추정하고 이를 보고하시오.

(8) 그랜저-인과 분석을 하고, 그 결과를 보고하시오.

(9) 충격반응함수를 그리시오.

CHAPTER 17

경제분석을 위한 STATA 17 4th edition

데이터 시각화

1 Stata의 시각화

통계분석의 절정은 추정과 추론일 것이다. 알고 싶은 것들을 한정된 관측자료를 이용하여 짐작하는 과정이 통계분석의 과정일 것이다. 이러한 과정은 통상적으로 가공된 다양한 숫자들과 표로 구성이 된다. 숫자들은 논리적이긴 하지만 직관성이 다소 떨어진다.

아무래도 독자들의 눈을 사로잡는 것은 시각화이다. 잘 만들어진 시각화는 만 가지 계량 분석보다 직관적이다. 시각화는 변수간의 상관관계를 잘 보여줄 수 있다. 상관관계와 인과관계가 다르다. 하지만 두 변수의 산포도가 적절한 상관관계조차 보이지 않으면서 두 변수가 인과관계가 있다고 주장하는 것은 설득력이 많이 떨어질 것이다. 엄밀한 통계분석 전에 적절한 그림들을 통해서 관심 변수들 간의 관계를 그림으로 잘 보여줄 수 있다면 논문과 보고서의 전달력을 한층 높일 수 있다.

저자가 보기에 Stata의 그래픽은 다른 경쟁관계에 있는 프로그램 보다 뛰어나다는 느낌을 주지는 못한다. 오히려 R, Python이나 Matlab 같은 경우 독자의 눈을 확 잡을 만큼의 말끔한 그래프를 그릴 수 있다. Tableau 같은 시각화 전문 프로그램과의 비교는 말할 것도 없다.

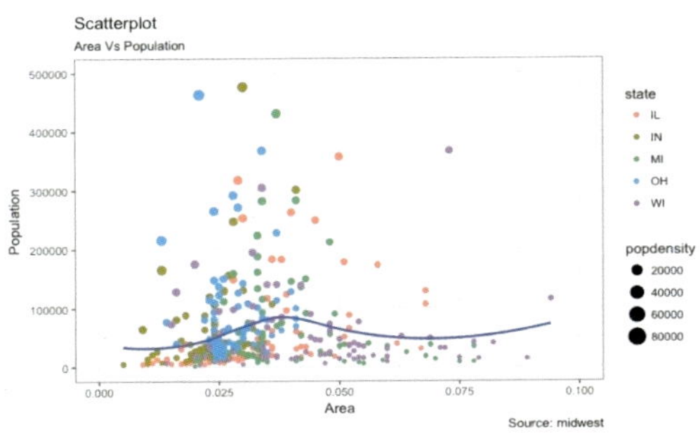

(가) R의 ggplot2

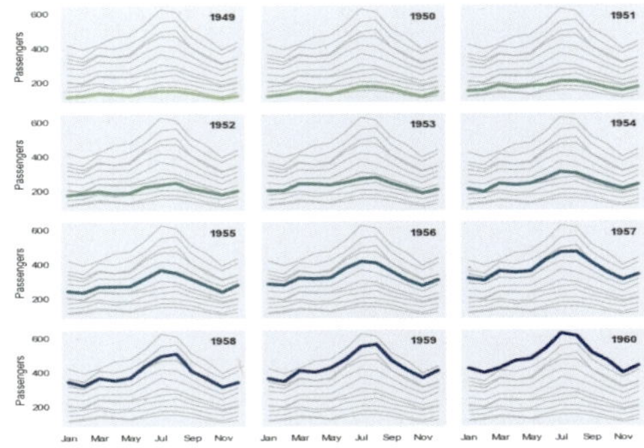

(나) 파이썬 seaborn

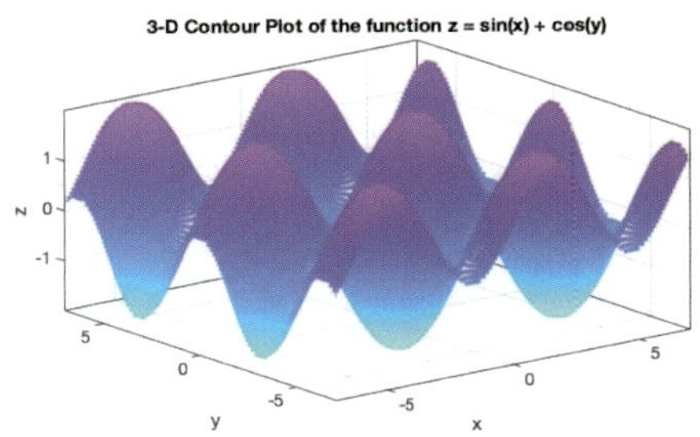

(다) matlab의 3-D contour plot

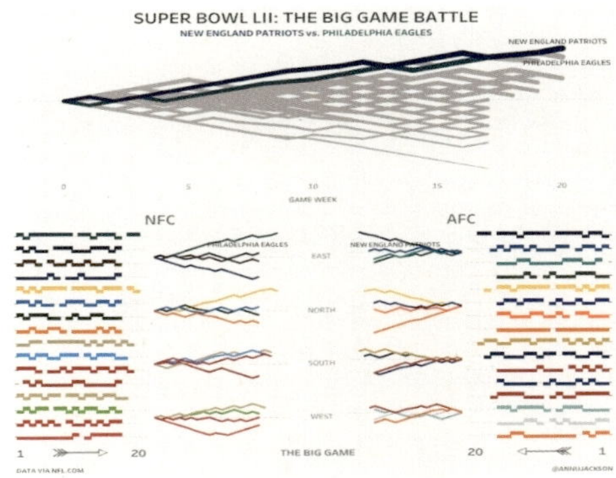

(라) Tableau 시각화 예제

그림 17.1 다른 소프트웨어의 시각화 예제

Stata의 그래프들은 투박하고 단조롭다. 옵션을 조정해서 어느 정도 원하는 모양까지 도달할 수는 있다. 하지만 팬시하다는 느낌은 여전히 받기 힘들다. 오히려 간단한 그림 같은 경우는 EXCEL에서 그림을 그리는 것이 오히려 나을 정도이다.

그럼에도 불구하고, Stata는 최근 버전으로 오면서 그래픽 기능이 상당히 개선이 되었다. 눈에 거슬린 정도는 벗어난 것 같다. 또한 읽어 들인 자료를 가지고 즉석에서 바로 바로 확인하고 분석을 진행할 수 있어 번거로움을 줄일 수 있다.

여기에서는 앞장의 분석에서 사용된 그래프 명령어들을 정리하였다. 특히 Stata의 그래프 명령어들을 정리하고 사용가능한 옵션들을 제시하였다. 먼저 1변수인 경우에 사용할 수 있는 히스토그램에 대해 설명 하였다. 2변수인 경우에는 산포도를 이용하면 된다. 대신 회귀선과 신뢰구간을 같이 그릴 수 있는 방법에 대해서 설명하였다. 시계열인 경우에는 추세선을 그릴 수 있는 방법에 대해서 설명하였다.

2 히스토그램 그리기

통계분석의 궁극적 목적은 우리가 관심을 가지고 있는 확률변수의 분포를 알아내는 것이다. 자료가 있으면 일단 관심 변수의 실증분포(empirical distribution)를 그려보는 것이 모든 분석의 시작이다. 통상적으로 확률변수의 분포는 히스토그램을 통해서 파악가능하다. 그림을 그려보면 분포가 어떻게 생겼는지 견적이 바로 나온다. 분포에 따라 어떤 모형을 이용하여 데이터를 적합하는 것이 좋은지가 결정되기도 한다.

먼저, 예제 파일(histogram_1.dta)을 이용하여 시간당 임금(wage)의 분포를 구해보자. hist(ogram)을 이용하되 일단 아무 옵션도 주지 말자.

```
• use histogram_1, clear
• hist wage
```

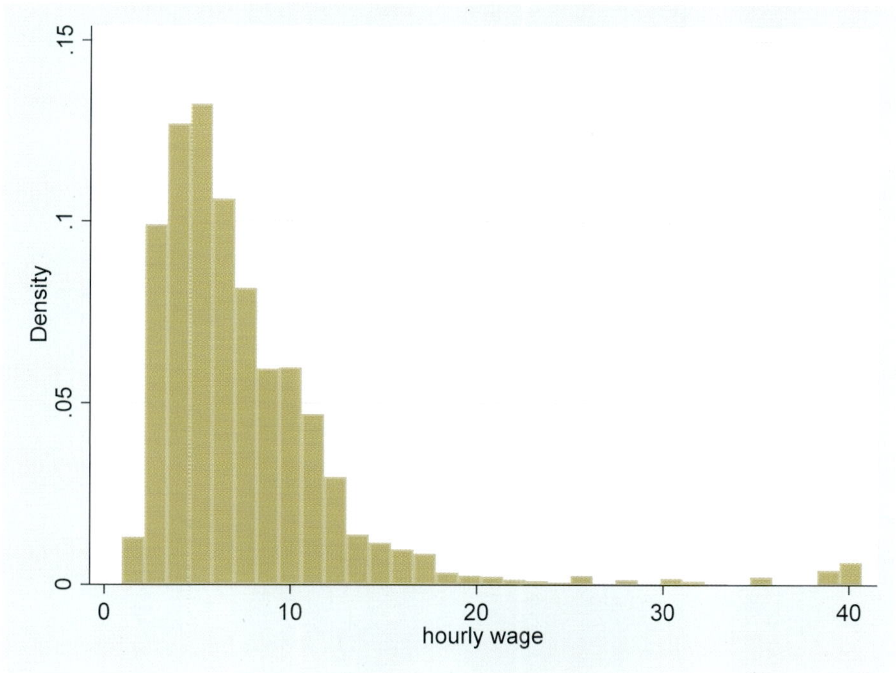

그림 17.2 임금의 분포

위 히스토그램은 어떤 옵션도 주지 않고 Stata에 내장되어 있는 기본 옵션을 사용한 것이다. 만약 막대의 개수 혹은 막대의 폭을 조정하고 싶다면 좀 더 옵션을 더해갈 수 있다. 예컨대 막대의 개수는 bin을 이용해서 막대의 폭은 width를 이용해서 각각 조정할 수 있다. 결과는 아래 그림의 패널(a)와 패널(b)에 제시되어 있다.

```
• hist wage, bin(10)
• hist wage, width(5)
```

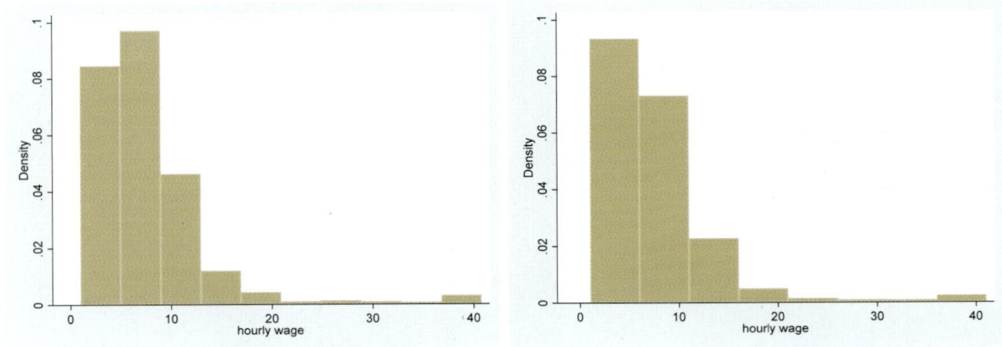

(a) bin의 수를 조정 (b) bin의 폭을 조정

그림 17.3 bin의 수와 크기를 조정한 히스토그램

간혹 위의 히스토그램이 답답해 보일 수 있다. 물론, bin을 연결해서 그리는 것이 정확하기는 하지만 약간 막대 사이가 약간 떨어져 있으면 시각적으로 시원해 보인다.

```
• hist wage, gap(20)
• hist wage, gap(99.9)
```

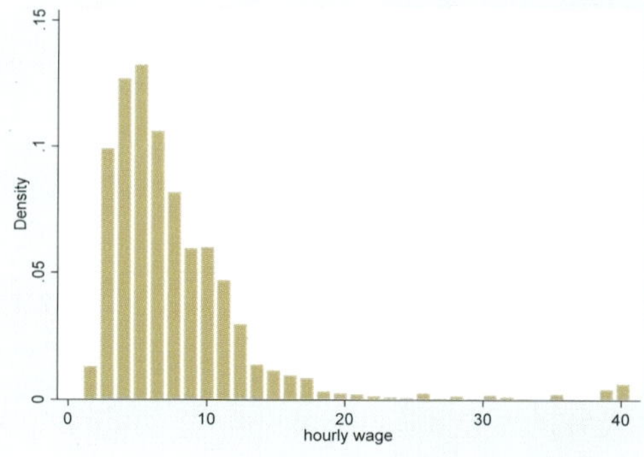

(a) bin의 간격 20%

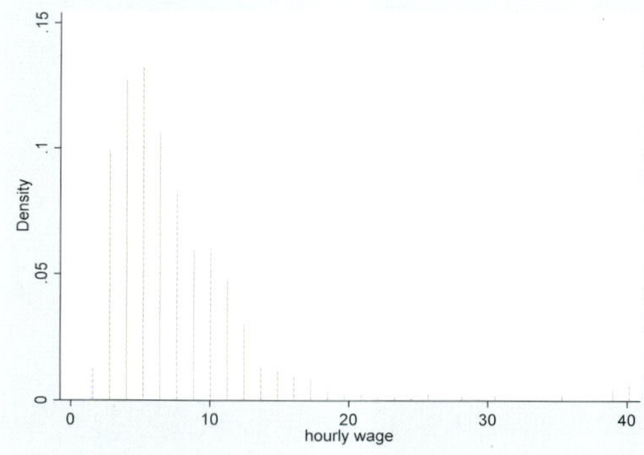

(b) bin의 간격 99.9%

그림 17.4 bin의 간격 크기를 조정한 히스토그램

히스토그램를 그리다가 막대의 색깔을 바꾸거나 패턴을 바꾸고 싶으면 fcolor(), lcolor(), lwidth, lpattern() 등을 적절히 조합하면 된다.

```
• hist wage, fcolor(none) lcolor(black) gap(30)
```

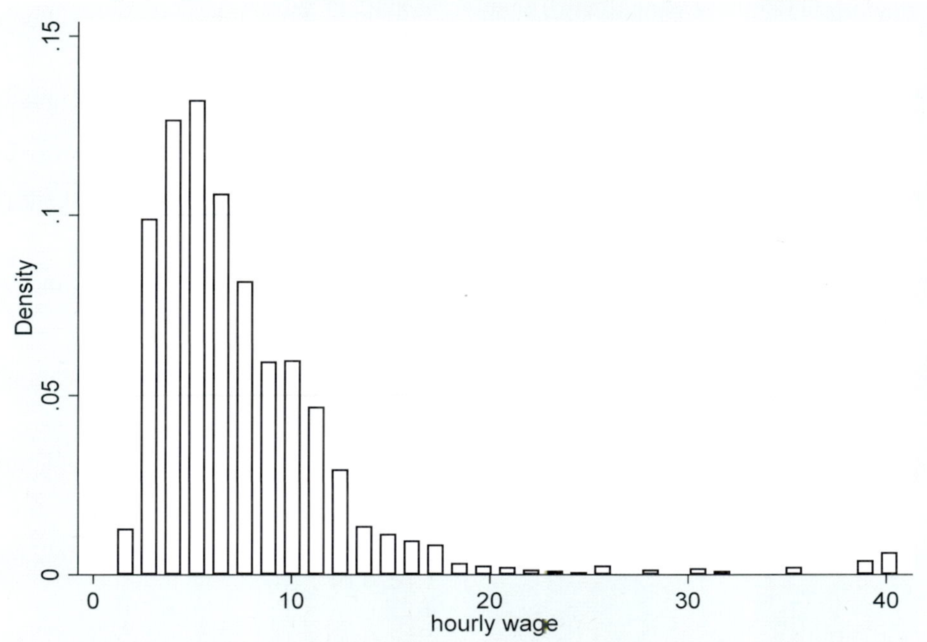

이번에는 세로 축에 대해서 얘기해보자. 별 얘기가 없으면 Stata의 hist는 밀도를 보여준다. 옵션에 따라서 다른 값을 보고하게 할 수 있다. 예컨대, frequency는 상대빈도 수를, fraction은 확률을 나타내게 할 수 있다.

```
• hist wage, frequency
• hist wage, fraction
```

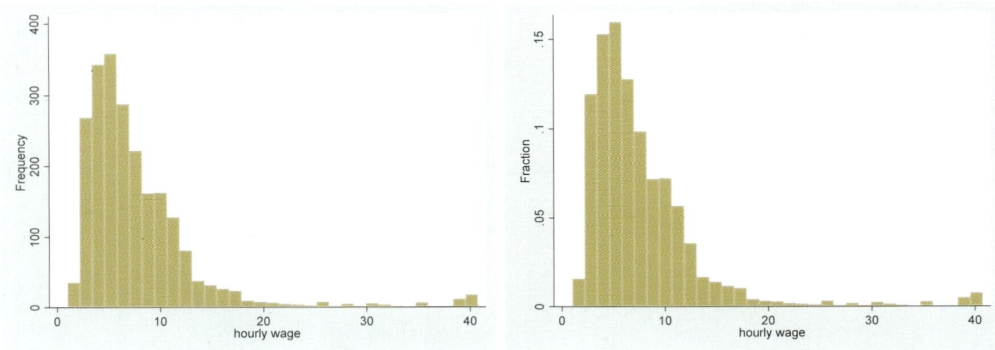

(a) 세로축 frequency (b) 세로축 fraction

그림 17.5 세로축 단위를 조정한 히스토그램

히스토그램은 아무래도 테트리스 블록을 쌓아 놓은 모습이다. 우리가 알고 있는 밀도함수와는 아무래도 거리가 있다. 막대의 폭을 점점 좁혀 나가면 밀도함수와 유사한 함수를 얻을 수 있다. 이를 kernel density 함수라고 한다. 물론 Stata에서는 kdensity 명령어를 이용하여 얻을 수 있다. 다만 twoway를 이용하여 2개의 그래프를 합쳐서 아래와 같이 그릴 수 있다.

```
• twoway (hist wage, gap(20)) (kdensity wage)
```

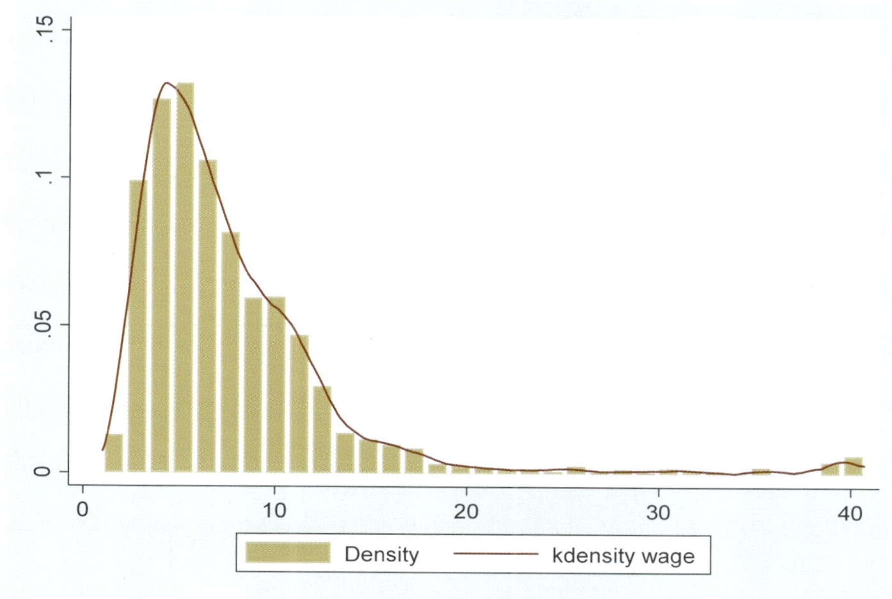

그림 17.6 히스토그램과 커널밀도함수

통계학책을 보면 밀도함수 아래 부분 중 일부분을 색칠해 놓은 그림이 보통 제시되어 있다. 아래와 같은 그래프를 그려보자.

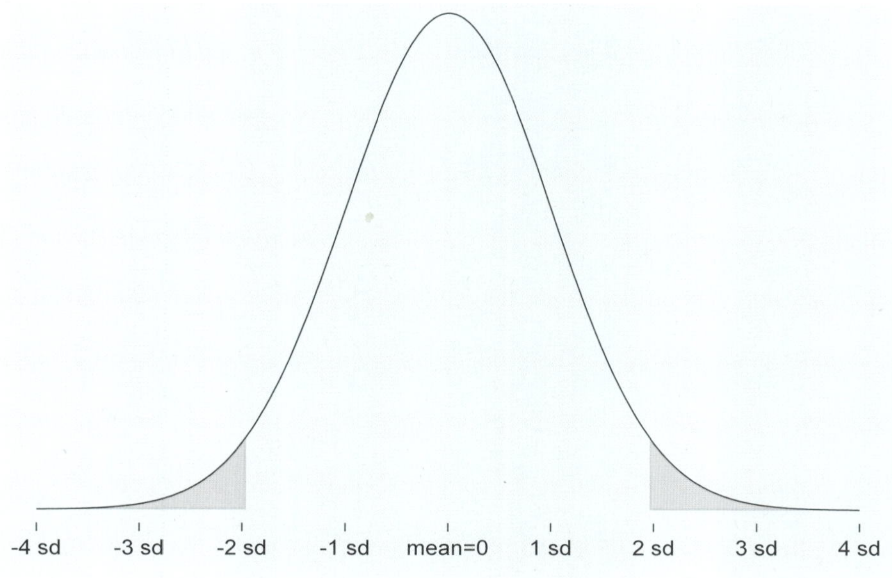

그림 17.7 표준정규분포의 확률밀도함수 그리기

아래와 같은 명령어를 이용하면 쉽게 그릴 수 있다. 크게 보면, (-∞, -2sd] 까지 그림을 그리고, [2sd, -∞)는 함수 아래를 색을 칠하고, (-2sd, 2sd)까지는 선만을 그린다. x-축의 레이블은 {-4sd, -2sd,...,, 2sd, 4sd}를 표시한다.

```
twoway ///
(function y=normalden(x), range(-4 -1.96) color(gs12)
      recast(area)) ///
(function y=normalden(x), range(1.96 4) color(gs12)
      recast(area)) ///
(function y=normalden(x), range(-4 4) lstyle(foreground)), ///
plotregion(style(none)) ysca(off) xsca(noline) legend(off) ///
xlabel(-4 "-4 sd" -3 "-3 sd" -2 "-2 sd" -1 "-1 sd" 0 "mean=0" ///
1 "1 sd" 2 "2 sd" 3 "3 sd" 4 "4 sd", grid gmin gmax) xtitle("")
```

3 산포도 그리기

우리의 궁극적인 관심이 X가 Y에 미치는 인과적 효과에 있다면 X와 Y의 산포도를 그려 보는 것은 그 출발점이 된다. 물론 산포도가 인과관계를 의미하는 것은 아니다. 단순한 상관관계를 나타내는 것일 수도 있다. 하지만 이마저도 존재하지 않는다면 인과관계를 기대하는 것은 힘들다.

먼저, 시간당 임금과 시간당 노동시간의 관계를 그려보자.

```
• scatter hours wage
```

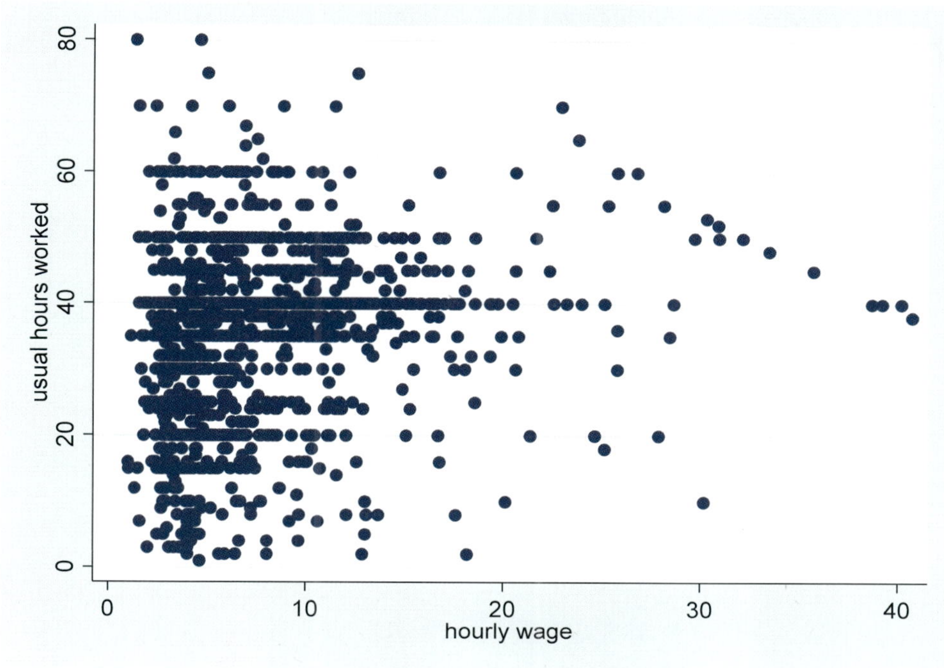

그림 17.8 시간당 임금과 노동시간과의 산포도

이번에는 산포도의 심볼의 모양 혹은 색깔을 바꾸어보자.

```
• scatter hours wage, msymbol(Oh)
• scatter hours wage, mcolor(gray)
```

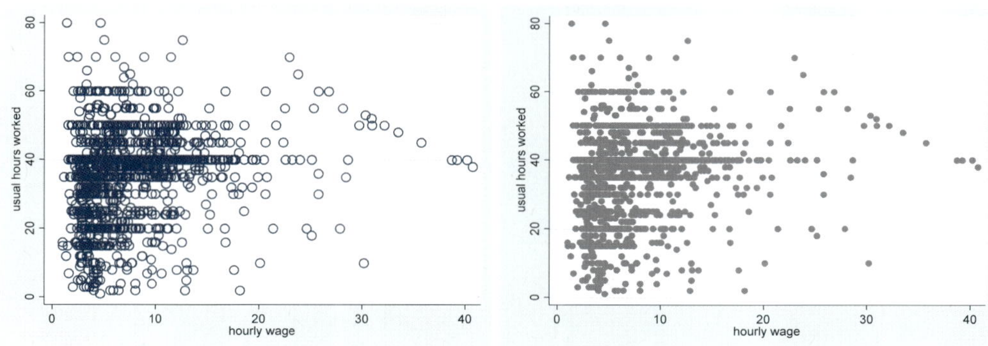

(a) 심볼을 빈동그라미로

(b) 심볼의 색깔을 gray으로

그림 17.9 심볼의 모양과 색깔을 바꾼 산포도

마커의 심볼은 msymbol() 옵션을 통해서 조정할 수 있다. 큰 심볼은 대문자로 작은 심볼은 소문자로 표시된다.

원(circle)	O
삼각형(triangle)	T
다이아몬드(diamond)	D
플러스(plus)	+
엑스(X)	X
포인트(point)	P
없음(none)	i

속이 빈 모양을 그리고 싶으면 _hollow 혹은모양을 나타내는 영문자 뒤에 h를 붙여주면 된다. 예컨대 속이 빈 큰 원을 그리고 싶으면 msymbol(Oh)의 옵션을 붙여주면 된다.

엑셀에서는 하기 쉽지 않으나 Stata에서는 쉽게 되는 작업이 하나 있다. 위 산포도 내의 점 하나 하나에 레이블을 붙이는 것이다. 엑셀에서 관측치 마다 해당 레이블을 붙여주려면 산포도를 그린 다음에 하나씩 하나씩 수작업을 하는 수밖에 없는데, Stata에서는 비교적 쉽게 관측치에 레이블을 붙일 수 있다. mlabel()을 옵션에 더해주면 된다. 아래의 자료는 미국의 주별 특성에 관한 자료이다. 결혼율과 이혼율에 관한 산포도를 그리되, 관측치에 해당 주이름을 붙이자. scatter.dta를 읽어들이자.

```
• use scatter, clear
• scatter married divorced, mlabel(stateab) msymbol(Oh)
```

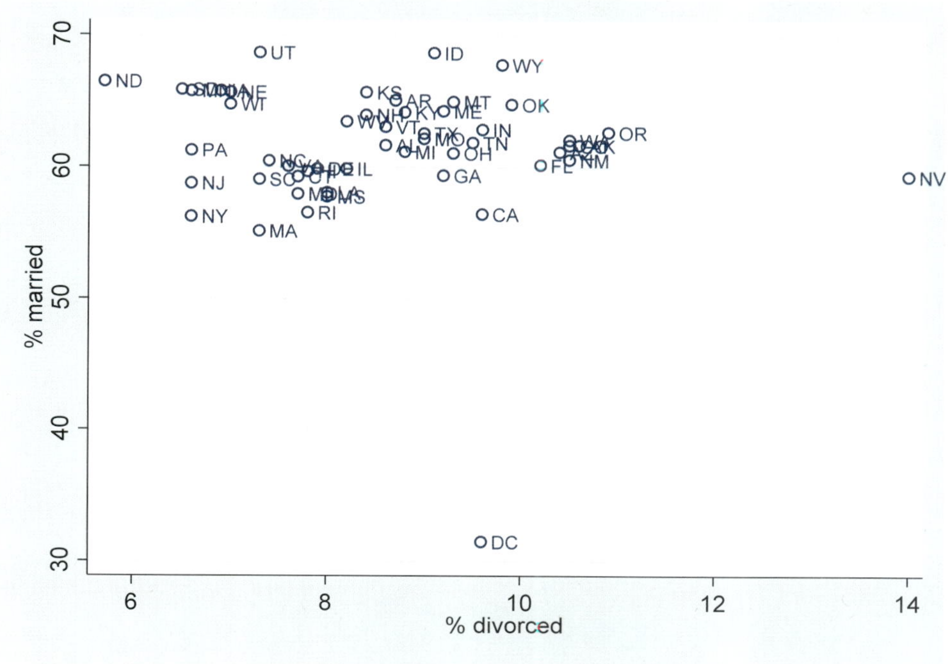

그림 17.10 mlabel()로 산포도에 레이블 붙이기

옵션을 이용하면 가로축과 세로축의 눈금 크기도 조정할 수 있다. xlabel()과 ylabel()을 사용하면 된다. 먼저, 가로축의 눈금을 0부터 20까지 하되 눈금 하나의 크기를 2씩 증가시키는 것이다. 아래의 것은 가로축의 눈금을 10개로 하라는 얘기이다. 숫자를 적절히 바꾸면 연구자가 원하는 모양으로 바꿀 수 있다.

```
• scatter  married divorced, mlabel(stateab ) msymbol(Oh)
  xlabel(0(2)20) ylabel(0(20)80)
• scatter  married divorced, mlabel(stateab ) msymbol(Oh)
  xlabel(#10) ylabel(#5)
```

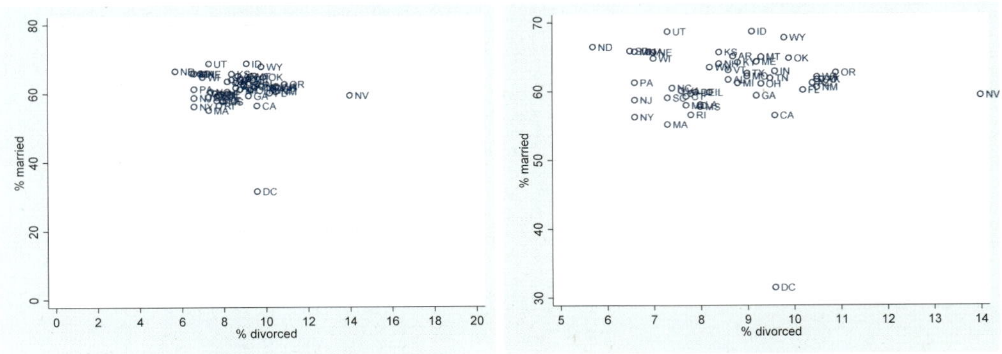

(a) 가로축을 0부터 2씩 20까지 (b) 가로축을 10개의 눈금으로

그림 17.11 산포도에서 가로축의 크기 조정

한편 가로축, 세로축 외에 추가적으로 선을 그어야 할 필요가 있을 때가 있다. 예컨대 평균선이 있으면 그래프를 읽기가 용이하다. 그럴 때는 xline()과 yline()을 사용하면 된다.

```
qui sum married , meanonly
local y_mean = r(mean)
qui sum divorced, meanonly
local x_mean = r(mean)
scatter   married   divorced,   mlabel(stateab   )   msymbol(Oh)
      ylabel(,nogrid) xline(`x_mean') yline(`y_mean')
```

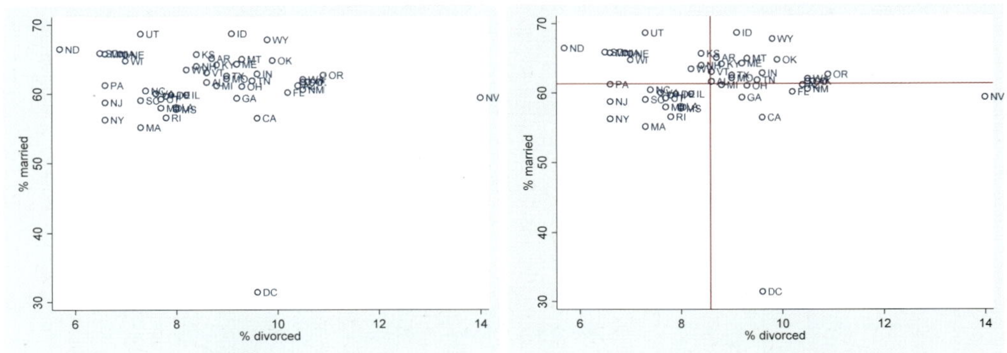

(a) 평균값 미표시 (b) 평균값 표시

그림 17.12 산포도에서 보조선 이용

by()를 이용하면, 특정된 변수의 값마다 그림을 그릴 수 있다. 예컨대 nsw는 특정 주가 북부인지, 남부인지, 서부인지를 나타낼 수 있다.

```
• scatter married divorced, mlabel(stateab) msymbol(Oh) by(nsw)
```

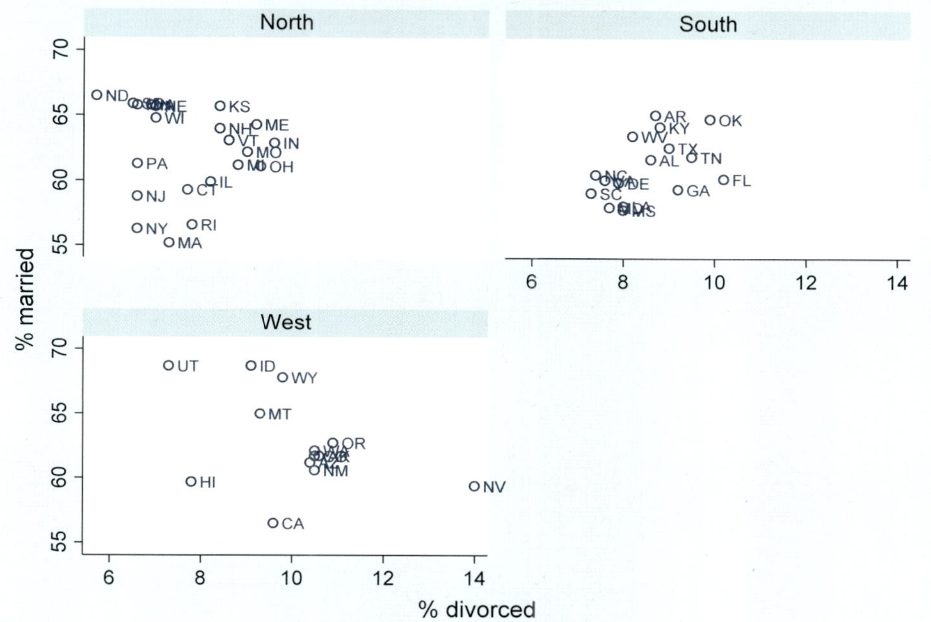

그림 17.13 산포도에서 by()를 이용하여 그리기

이번에는 산포도에 추세선을 그려보자. 추세선은 다양하게 그릴 수 있다. 선형추세, 2차 함수, 중위값 스플라인(median spline) 등을 그려넣을 수 있다. 산포도와 추세선을 겹쳐 그려보자. 여러 그래프를 겹쳐 그리기 위해서는 twoway라는 명령어를 맨 앞에 써주면 된다. 대신 각 그래프를 그리는 명령어를 괄호 () 안에 넣으면 된다.

```
• use histogram_1, clear
• twoway (scatter hours wage, msymbol(Oh)) (lfit hours wage,
  lwidth(thick) lpattern(dash))
• twoway (scatter hours wage, msymbol(Oh)) (qfit hours wage,
  lwidth(thick) lpattern(dash))
```

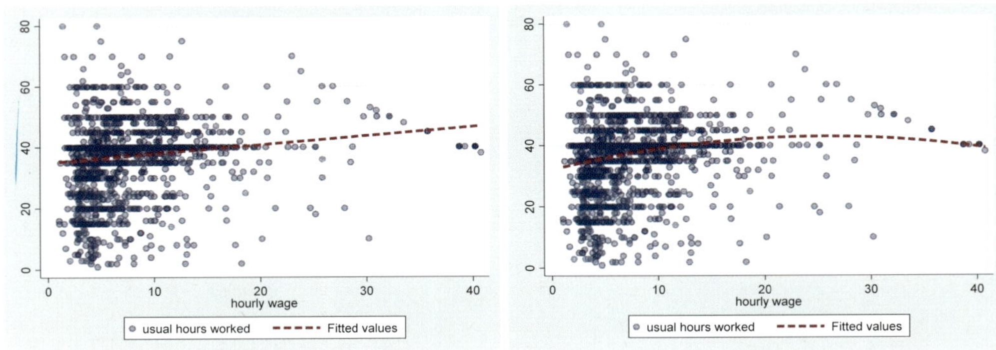

(a) 선형추세선　　　　　(b) 2차형식 추세선

그림 17.14 산포도에 추세선 그리기

위의 추세선은 lfitci와 qfitci로 바꾸면 자동으로 신뢰구간도 표시해준다.

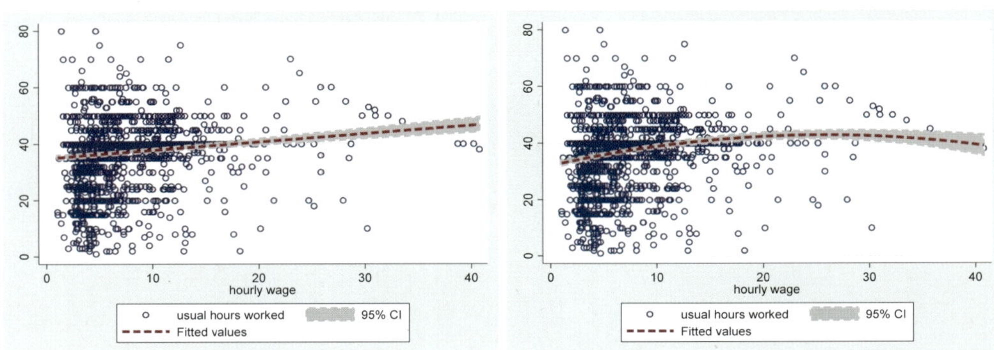

(a) 선형추세선과 신뢰구간　　　　　(b) 2차형식 추세선과 신뢰구간

그림 17.15 산포도에 추세선과 신뢰구간 그리기

이 이에도 lpoly는 비모수적인 회귀선을 추정하여 추세선을 제공해준다.

▎R의 ggplot2 스타일의 그림 그리기

R의 그래프가 Stata의 그래프 보다 예쁘다고 하는 경우가 많다. 하지만 Stata에서도 옵션을 적절히 조정하면 유사한 그래프를 그릴 수 있다.

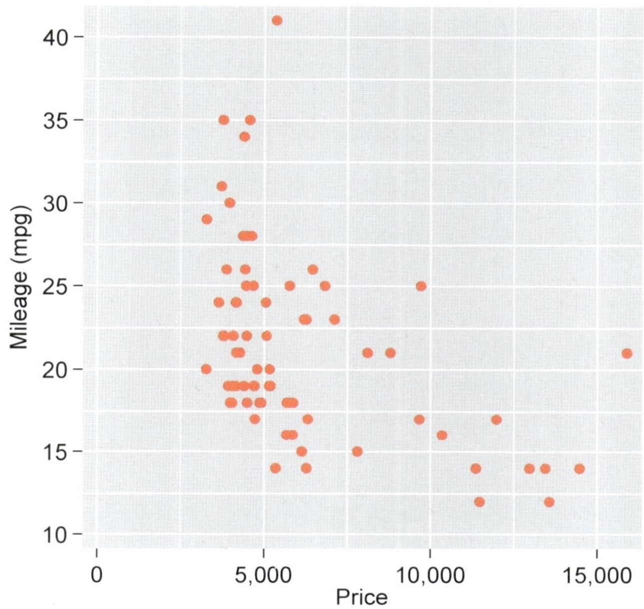


```
sysuse auto, clear
scatter mpg price, yla(, grid glcolor(white) ang(h)) ///
xla(#10, grid glcolor(white)) ///
plotregion(color(gs14)) ///
graphregion(color(white)) xscale(lcolor(gs14)) ///
yscale(lcolor(gs14)) ms(Oh) msize(huge) aspect(1)
```

4 시간 추세선 그리기

시계열 자료의 경우에는 시간이 지나면서 시계열이 어떻게 변하는지를 살펴보는 것이 중요하다. 특히, 추세(trend)가 있는지 없는지는 어떤 시계열 분석을 적용할 것인지를 결정하는데 결정적이다.

주가지수자료를 이용하여 어떤 추세선을 그릴 수 있는지 살펴보자. 제일 처음 해볼 수 있는 것은 line이다. line은 산포도에 일종이다. 가로축에는 시간변수, 세로축에는 관심변수가 등장해야 한다. 다만 시간은 순서가 중요하기 때문에 sort를 반드시 해 주어야 한다. twoway connected는 마커가 표시된다는 점을 제외하고는 line과 동일하다.

```
• use line_1, clear
• line close tradeday, sort
• twoway connected close tradeday, sort
```

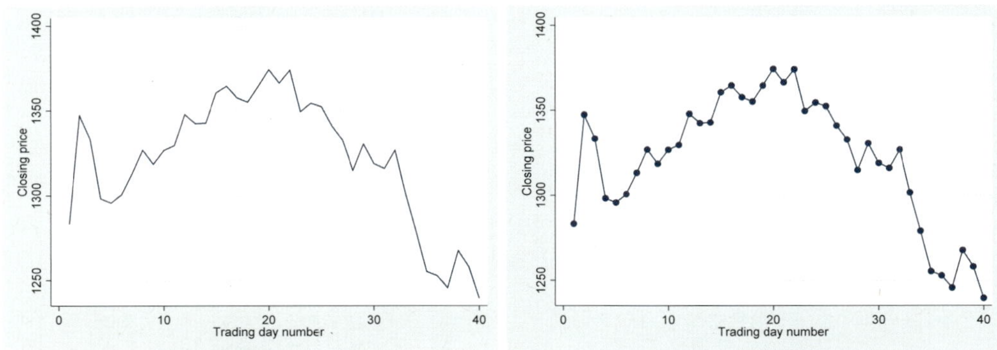

(a) twoway line (b) twoway connected

그림 17.16 추세선 그리기

기본적으로 산포도이기 때문에 scatter를 이용해서도 그릴 수 있다. 다만, 점과 점 사이를 연결해주어야 하기 때문에 특별히 connect(l)을 지정해주어야 한다.

```
• scatter close tradeday, sort
• scatter close tradeday, sort connect(l)
```

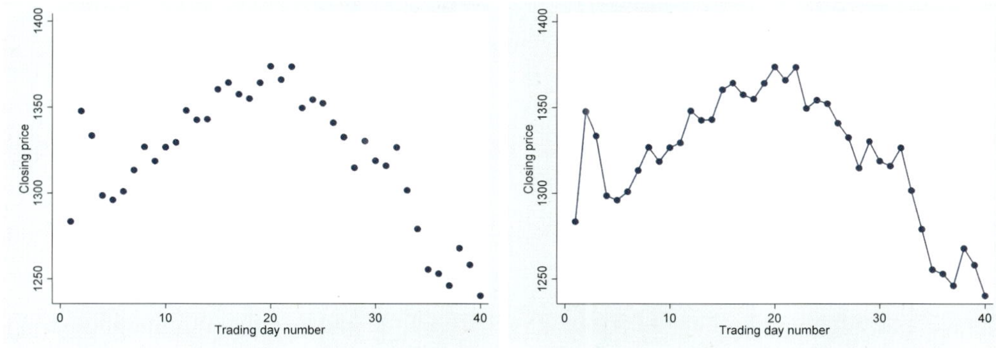

(a) scatter (b) scatter, connect(l)

그림 17.17 **산포도로 추세선 그리기**

2개 이상의 시계열을 동시에 그릴 수도 있다. 해당 변수를 연달아서 써주면 된다.

```
• line high low tradeday, sort
• tw connected high low tradeday, sort
```

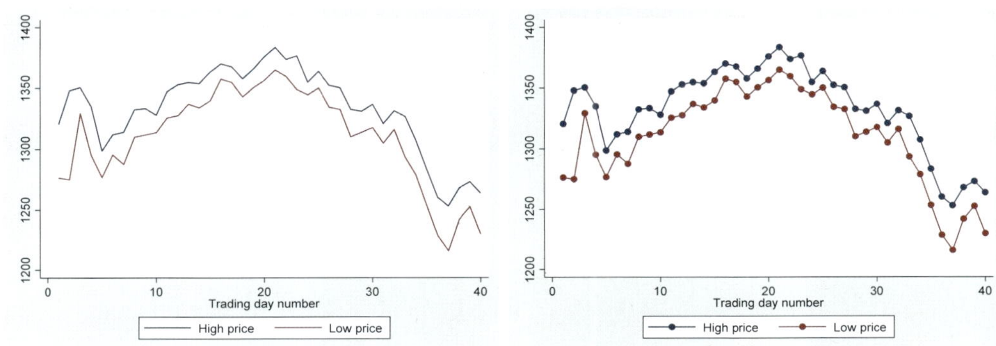

(a) line 플롯 (b) tw connected 플롯

그림 17.18 **여러 변수의 추세선 그리기**

한편, 시계열 자료에서 시간 추세선을 그리는 가장 간편한 방법은 시계열 선언을 하고 tsline을 이용하는 것이다. 아래 그림 패널(a)는 시간추세선을 그리되 선은 두껍게 색깔은 navy 색깔로 정했다. 패널(b)는 장중 저가와 고가를 표시한 것이다.

```
• tsline open, lwidth(thick) lcolor(navy)
• tsrline low high, scheme(s1mono)
```

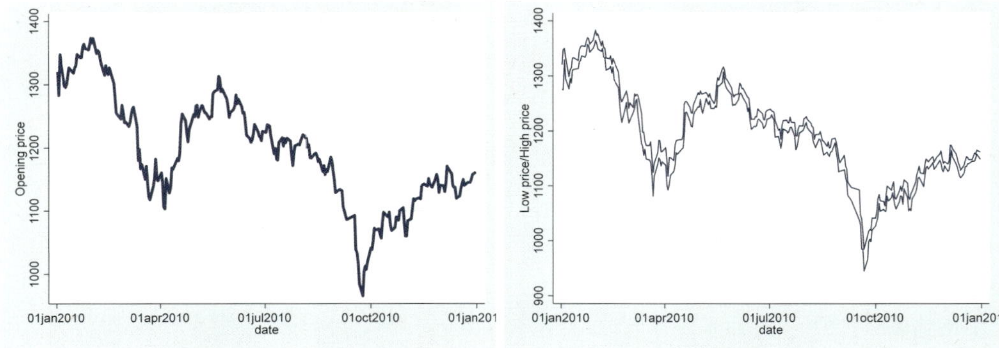

(a) tsline (b) tsrline

그림 17.19 tsline 이용하여 추세선 그리기

날짜를 특정 기간에 제한해서 추세선을 그릴 수 있다. tin()함수를 이용하면 쉽게 해당 날짜만 특정지어 그릴 수 있다. 예컨대 1월말까지의 그림(패널(a))과 12월의 그림(패널(b))을 그려보자.

```
• tsline open if tin(,31jan2010)
• tsline open if tin(03dec2010,)
```

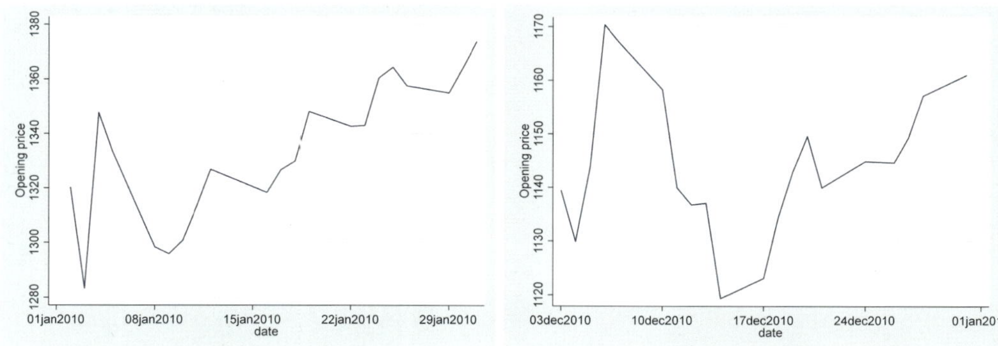

(a) 1월 (b) 12월

그림 17.20 tsline에서 날짜 제한하기

가로축 레이블을 바꾸거나 특정 시점을 나타내는 참고선을 그릴 수도 있다. 시간 레이블 지정은 tlabel()로, 특정 시점 지정은 tline()으로 할 수 있다.

```
• tsline open, tlabel(01jan2010 01july2010 31dec2010)
• tsline open, tline(01feb2010 01july2010 30nov2010,
  lwidth(thick))
```

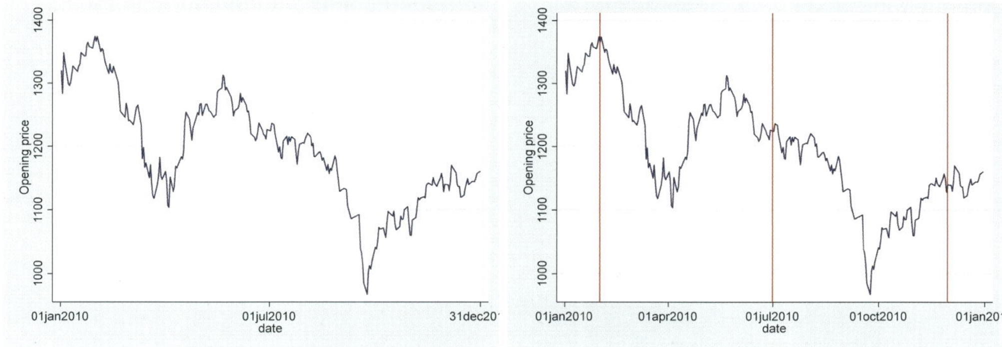

(a) 시간 레이블 조정　　(b) 참고선 지정

그림 17.21 tsline에서 가로축 조정하기

주가지수 같은 경우는 거래일 최고점과 최저점을 그려야 할 필요가 있을 경우가 있다. Stata에서는 rcap과 rspike 혹은 rbar를 이용할 수 있다. 각 그래프가 전달하는 정보의 양은 동일하다. 다만 보기에 좋은 것들을 선택하여 사용하면 된다.

```
• use line_1, clear
• twoway rcap high low tradeday, sort
• twoway rbar high low tradeday, sort width(0.5)
```

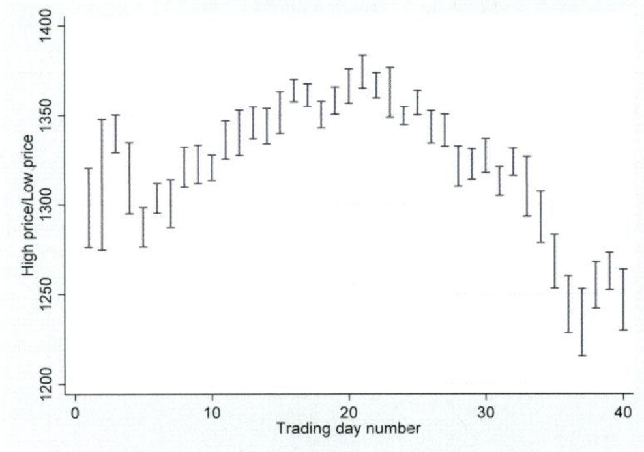

(a) rcap

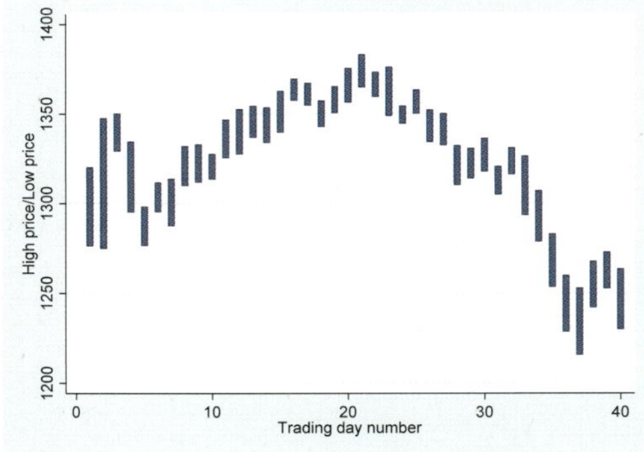

(b) rbar

그림 17.22 rcap과 rbar를 이용하여 고점, 저점 추이 그리기

graph query palette를 이용하자

그림의 옵션, 특히 색깔이나 심볼 혹은 선의 모양을 조정해야 할 필요가 있을 때가 많다. 이 때 Stata에서 어떤 색깔들과 패턴을 사용할 수 있는지 매번 매뉴얼을 뒤지는 것은 귀찮은 일이다. 이럴 때는 graph query 혹은 palette 명령어를 이용해보자.

먼저 어떤 색깔을 사용할 수 있는지 확인해보자.

```
. graph query colorstyle

colorstyle may be

    black          edkblue        gs12       lime           orange
    blue           eggshell       gs13       ltblue         orange_red
    bluishgray     eltblue        gs14       ltbluishgray   pink
    bluishgray8    eltgreen       gs15       ltbluishgray8  purple
    brown          emerald        gs16       ltkhaki        red
    chocolate      emidblue       gs2        magenta        sand
    cranberry      erose          gs3        maroon         sandb
    cyan           forest_green   gs4        midblue        sienna
    dimgray        gold           gs5        midgreen       stone
    dkgreen        gray           gs6        mint           sunflowerlime
    dknavy         green          gs7        navy           teal
    dkorange       gs0            gs8        navy8          white
    ebblue         gs1            gs9        none           yellow
    ebg            gs10           khaki      olive
    edkbg          gs11           lavender   olive_teal

    For information on colcrstyle and how to use it, see help colorstyle.
```

좀 더 나아가 blue와 bluishgray라는 색깔을 비교해보자.

```
. palette color blue bluishgray
("blue" = "0 0 255", "bluishgray" = "217 230 235")
```

그러면 아래와 같은 그림을 얻을 수 있다.

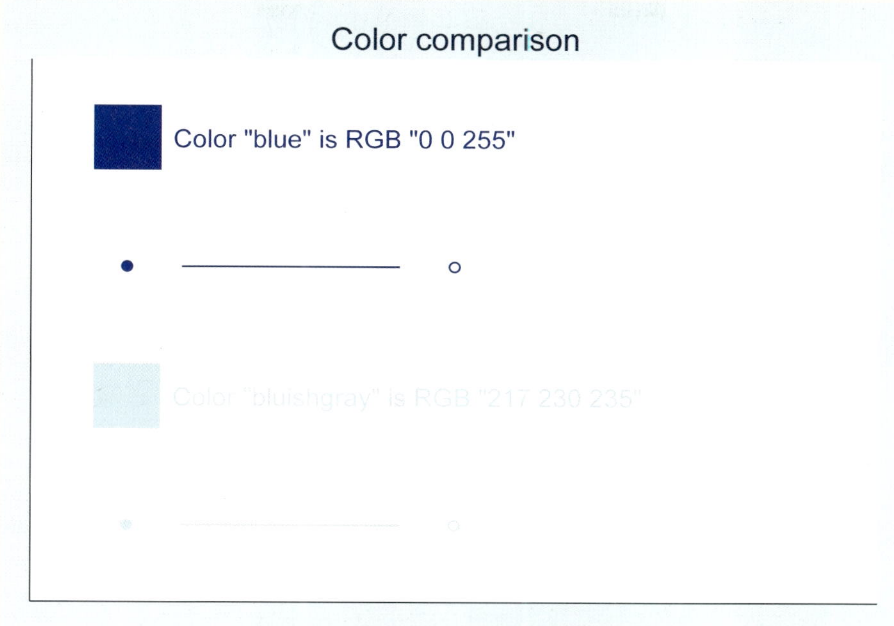

사용할 수 있는 선의 양식과 심볼의 양식도 확인해 볼 수 있다.

```
. palette linepalette
```

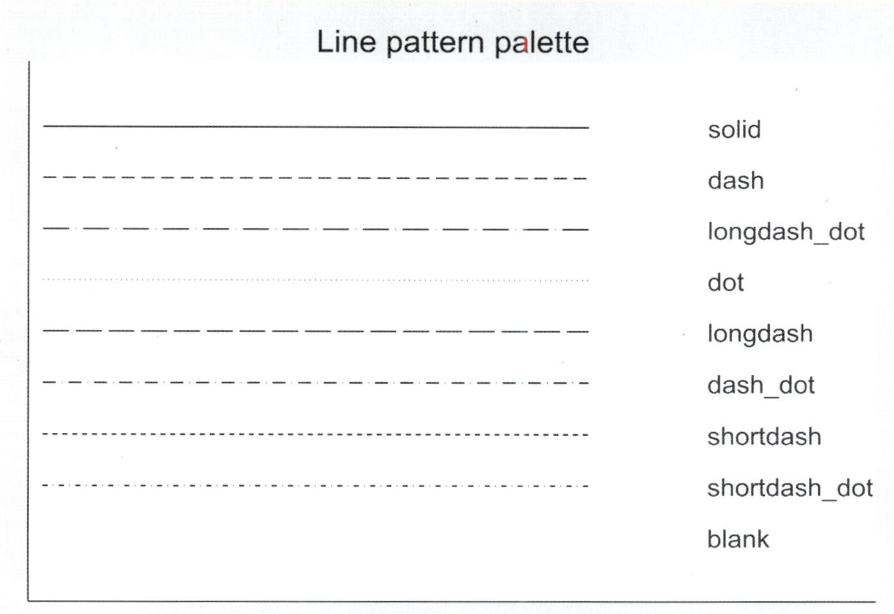

```
. palette symbolpalette
```

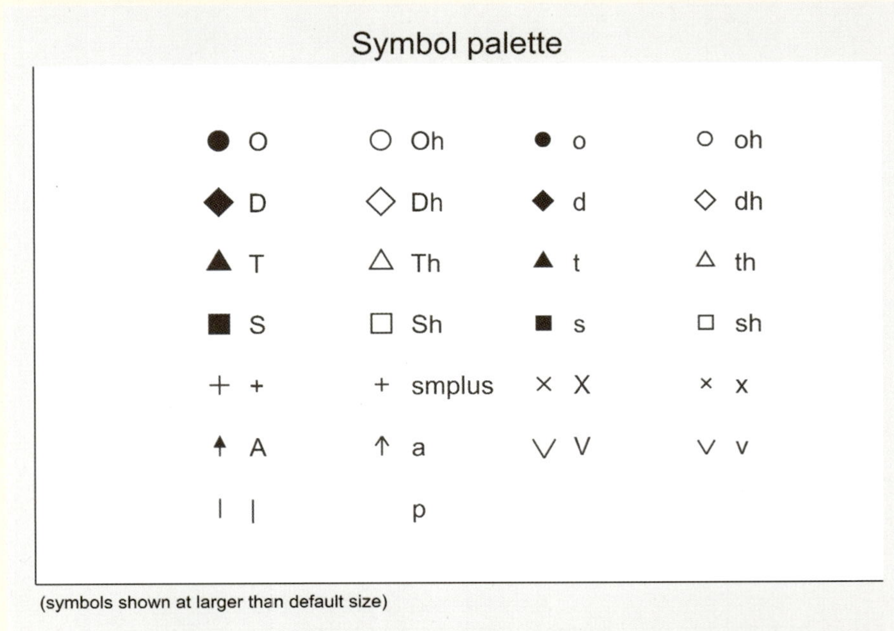

5 scheme

Stata에서 그래프를 그릴 때 옵션을 조정하는 것은 대단히 복잡하고 귀찮다. 기본으로 주어진 그래프가 마음에 들지 않을 때 매번 옵션을 조정하는 것은 힘들다. 패키지로 옵션 조정 과정을 미리 해 놓은 것을 scheme()이라고 한다. 괄호 안에 적절한 scheme을 적용해주면 옵션을 한꺼번에 조정할 수 있다.

아래 명령어를 통해서 Stata에 설치되어 있는 scheme의 종류를 확인할 수 있다.

```
• graph query, schemes
```

필자가 주로 사용하는 scheme은 s2color, s1mono, sj 등이다. 특히, 원고가 흑백으로 인쇄되는 경우에는 s1mono 혹은 s2mono가 적절하다. 기본 옵션이나 s2color의 경우에는 컬러 인쇄를 염두에 둔 것이기 때문에 흑백으로 인쇄하면 변수들을 서로 구분할 수 없을 가능성이 있다. 따라서 흑백 인쇄를 하는 경우에는 이를 염두에 두고 그래프 역시 흑백 그래프를 생성하는 것이 좋다. sj는 Stata Journal에서 사용하는 그래프 양식이다. 저널 출간을 목적으로 한다면 scheme(sj)를 옵션으로 사용하는 것도 나쁘지 않다. 한편 scheme(economist)는 영국의 시사 주간지 Economist에서 자주 사용하는 그래프 양식으로 옵션을 조정해주는 패키지이다.

```
. graph query, schemes

Available schemes are

    s2color         see help scheme_s2color
    s2mono          see help scheme_s2mono
    s2manual        see help scheme_s2manual
    s2gmanual
    s1color         see help scheme_s1color
    s1mono          see help scheme_s1mono
    s1rcolor        see help scheme_s1rcolor
    s1manual        see help scheme_s1manual
    sj              see help scheme_sj
    economist       see help scheme_economist
    s2color8
```

```
use line_1, clear
scatter close tradeday, sort scheme(s2color)
scatter close tradeday, sort scheme(s2mono)
scatter close tradeday, sort scheme(s1mono)
scatter close tradeday, sort scheme(economist)
```

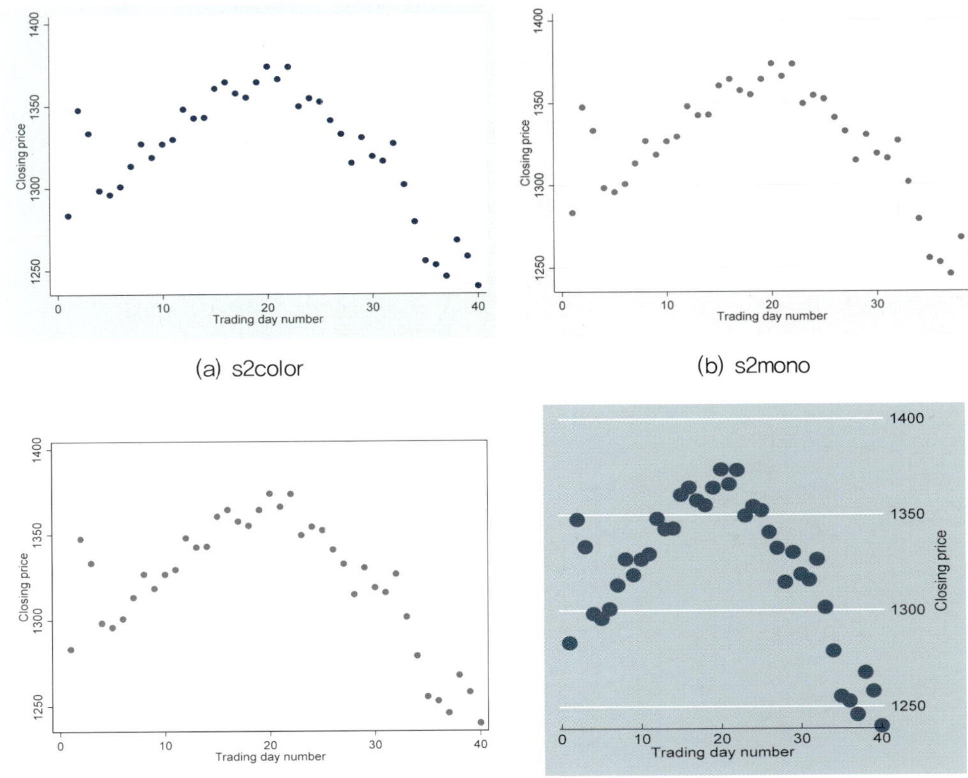

(a) s2color (b) s2mono

(c) s1mono (d) economist

그림 17.23 scheme를 이용하여 그리기

위에서 설명했듯이 scheme()을 이용하면 다양한 형태의 스타일로 그래프를 그릴 수 있다. 하지만, 연구자가 원하는 형식으로 scheme()을 조정하고 싶을 때가 있다. 그럴 때는 scheme 파일을 만들어서 사용하면 된다.

다음과 같은 단계를 밟아서 scheme 파일을 만들면 된다.

① sysdir을 이용하여 personal 디렉토리가 어딘지 찾는다.

② do-file 에디터를 연다

③ 파일 이름은 scheme-내가정한이름.scheme으로 저장한다.

④ 에디팅할 때 기본으로 사용할 scheme을 결정한다. 예컨대, 저자는 s2color를 베이스로 이용한다.

⑤ #include s2color /* #과 include 사이에 공간이 있으면 안된다. */

⑥ 필요한 옵션들을 조정한다. 예컨대, 저자는 백그라운드 색깔은 하얀색으로, 그래프 안은 회색(gs14), 격자는 하얀색으로, x-y 축의 색깔 역시 하얀색으로 설정하였다.

⑦ 다음과 같이 옵션을 추가하면 위의 효과를 얻을 수 있다.

⑧ 이렇게 만든 scheme 파일은 personal 디렉토리에 저장하면 된다. 저자는 shceme-rstyle.scheme으로 저장했다.

```
#include s2color
color background white
color plotregion gs14
color grid white
color major_grid white
color axisline white

yesno draw_major_grid yes
yesno draw_major_hgrid yes
yesno draw_major_vgrid yes
```

위 처럼 만든 scheme은 아래와 같이 이용할 수 있다.

```
sysuse auto, clear
tw  (lfitci price mpg) (scatter price mpg ), scheme(rstyle)
```

한편, 필자는 필자의 scheme을 아래 그림의 (나)처럼 만들어서 사용하고 있다.

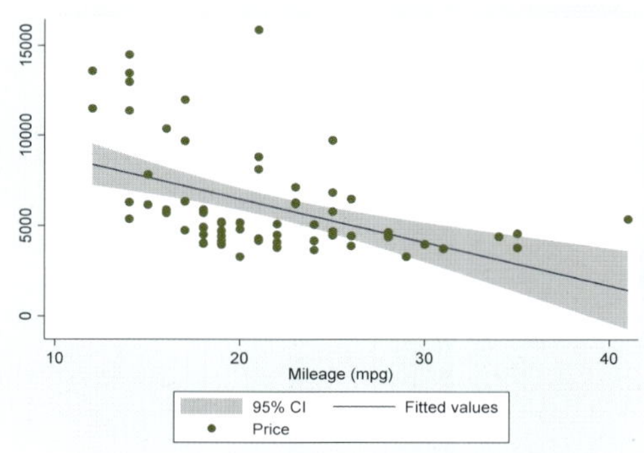

(가) rstyle scheme

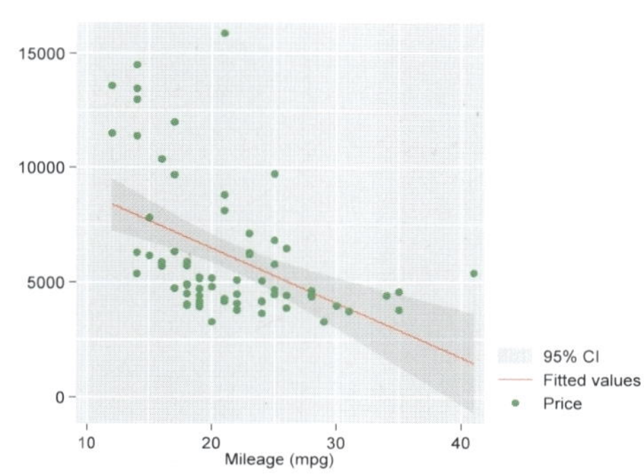

(나) 필자의 scheme

6 백그라운드 색칠하기

각 기관마다 그래프를 그리는 스타일이 다르다. 한국은행은 이런 스타일로 그림을 자주 그린다. 이런 형태의 그래프를 한 번 그려보자.

먼저 데이터를 추출하기 위한 freduse 모듈을 설치해보자.

```
ssc install freduse, replace  //gets program online
```

freduse를 이용해서 시계열 자료를 추출하자.

```
* 데이터 추출
freduse MPRIME, clear

* 연-월 자료로 전환
generate ym = mofd(daten)

* 시계열 선언
tsset ym, monthly
format ym %tmCCYY-NN
```

다음과 같이 그림을 그려보자. 아래 그림은 세 영역을 불황으로 표시하고 Bank Prime Loan의 이자율의 시계열 선을 그린 것이다.

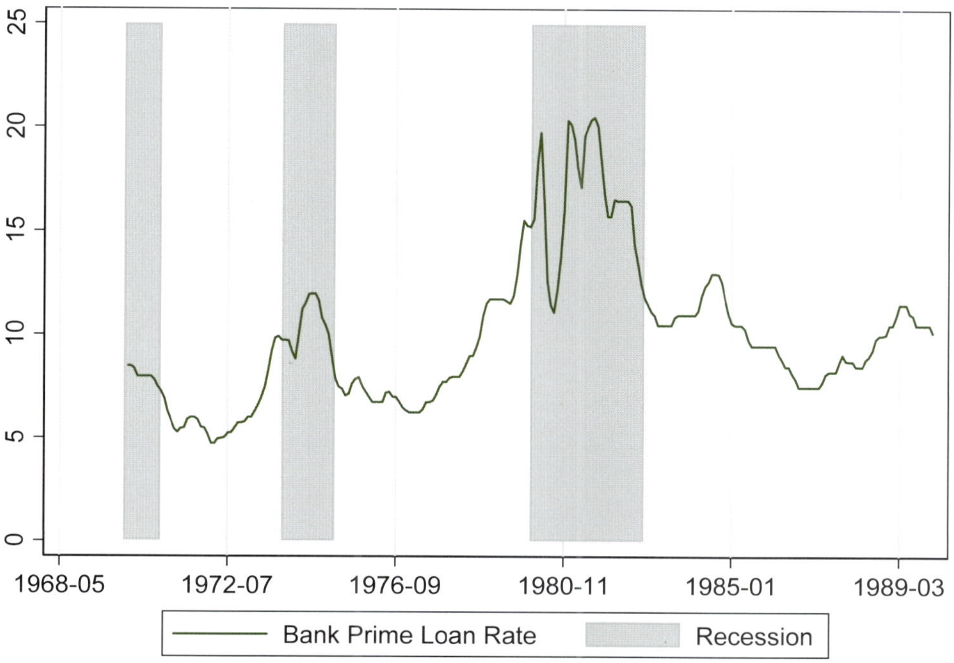

이렇게 하는 대신 bgshade를 이용하면 쉽게 그릴 수 있다. Read_gdp.xlsx를 읽어 들이자. 그리고 날짜를 분기 형태로 전환하자.

```
import excel Real_gdp.xlsx, firstrow clear
gen date = quarterly(year, "YQ")
format date %tq
tsset date, quarterly
```

경제성장율을 계산하고, 2분기 연속으로 성장률이 감소한 기간을 recession으로 정의하고, 통계청에서 정의한 수축기를 정의하자. 우리나라의 수축기는 통계청이 선언을 하고 있다.

<우리나라의 기준순환일과 국면 지속기간>

	기 준 순 환 일			지 속 기 간(개월)		
	저 점	정 점	저 점	확장기	수축기	순환기
제1순환기	1972. 3	1974. 2	1975. 6	23	16	39
제2순환기	1975. 6	1979. 2	1980. 9	44	19	63
제3순환기	1980. 9	1984. 2	1985. 9	41	19	60
제4순환기	1985. 9	1988. 1	1989. 7	28	18	46
제5순환기	1989. 7	1992. 1	1993. 1	30	12	42
제6순환기	1993. 1	1996. 3	1998. 8	38	29	67
제7순환기	1998. 8	2000. 8	2001. 7	24	11	35
제8순환기	2001. 7	2002.12	2005. 4	17	28	45
제9순환기	2005. 4	2008. 1	2009. 2	33	13	46
제10순환기	2009. 2	2011. 8[1)]	2013. 3[1)]	30	19	49
제11순환기	2013. 3[1)]	-	-	-	-	-
평 균	-	-	-	31	18	49

주1) 잠정

```
gen growth = 4 * (ln(real_gdp)-ln(L.real_gdp))*100
gen recession = (growth[_n] < 0 & growth[_n-1] < 0)
gen pt = ( ///
(date >= qofd( dofm(ym(1974,2)) ) & date <= qofd( dofm(ym(1975,6))
        ) ) | ///
(date >= qofd( dofm(ym(1979,2)) ) & date <= qofd( dofm(ym(1980,9))
        ) ) | ///
(date >= qofd( dofm(ym(1984,2)) ) & date <= qofd( dofm(ym(1985,9))
        ) ) | ///
(date >= qofd( dofm(ym(1988,1)) ) & date <= qofd( dofm(ym(1989,7))
        ) ) | ///
(date >= qofd( dofm(ym(1992,1)) ) & date <= qofd( dofm(ym(1993,1))
        ) ) | ///
(date >= qofd( dofm(ym(1996,3)) ) & date <= qofd( dofm(ym(1998,8))
        ) ) | ///
(date >= qofd( dofm(ym(2000,8)) ) & date <= qofd( dofm(ym(2001,7))
        ) ) | ///
(date   >=   qofd(   dofm(ym(2002,12))   )   &   date   <=   qofd(
        dofm(ym(2005,4)) ) ) | ///
(date >= qofd( dofm(ym(2008,1)) ) & date <= qofd( dofm(ym(2009,2))
        ) ) | ///
(date >= qofd( dofm(ym(2011,8)) ) & date <= qofd( dofm(ym(2013,3))
        ) )  ///
)
```

이렇게 정의된 기간을 이용하여 bgshade를 표시해보자.

```
bgshade date ///
, legend shaders(recession pt ) sstyle(lcolor(green*.8 blue*0.2)
      lpattern(solid solid)) ///
twoway(line growth date ///
, title("Annual growth rate(%) of Real GDP") ///
legend(   pos(6)   row(1)   lab(1   Recession)   lab(2
      "Contraction(Statistics Korea)") lab(3 "Annual growth
      rate")) ///
title(,pos(12)) lcolor(blue%70) yline(0.0) xla(,nogrid) )
```

다음과 같은 그림을 얻을 수 있다.

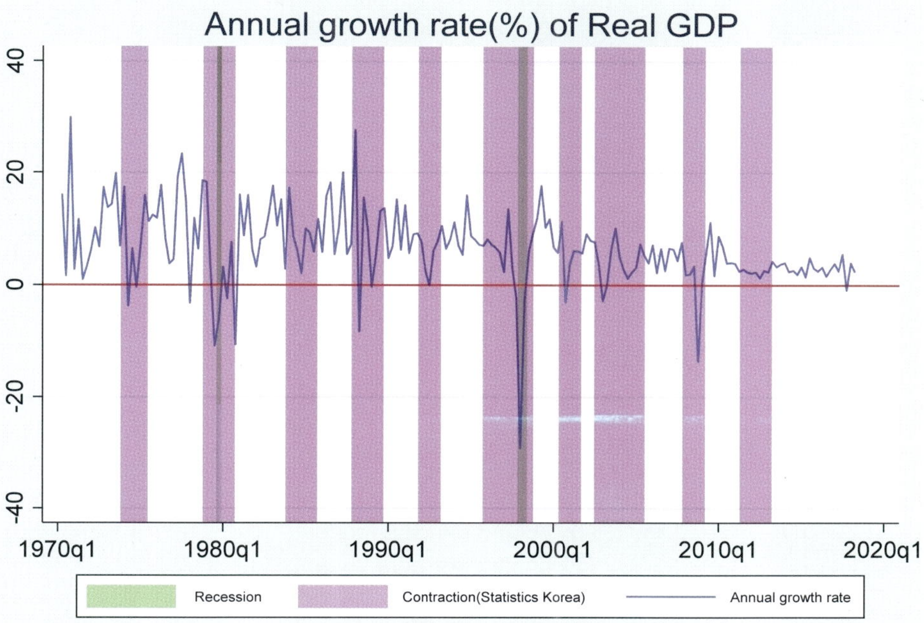

포인트 사이즈

버전 16이전에는 그래프의 요소들은 large, small, tiny 등의 표현을 이용해서 조정할 수 있었다. 하지만 이번 16부터는 pt 포인트(프린터 포인트), in 인치, cm 센티미터, rs 상대크기 등을 이용하여 조정할 수 있게 되었다.

먼저, `auto.dta`를 이용하여 다음과 같은 그림을 그려보자.

```
. sysuse auto, clear
(1978 Automobile Data)

. scatter price mpg, title("Correlation between price and gas mileage")
```

그러면 다음과 같은 타이틀을 가진 그림이 그려진다.

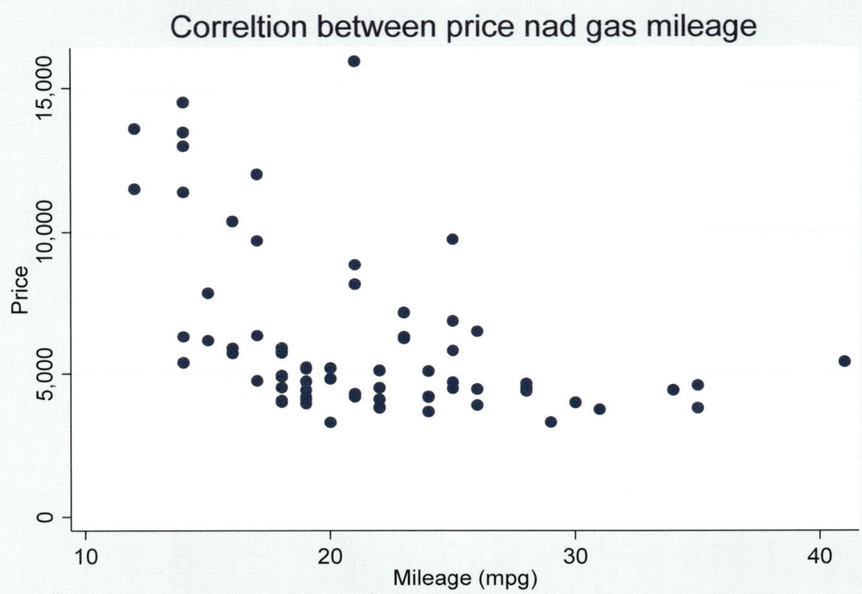

옵션 `title()`에 `size()` 옵션을 추가할 수 있다. 이때, `size()` 안에 `pt`를 이용하여 그 크기를 지정해줄 수 있다. 예컨대 아래와 같이 타이틀 크기를 `20pt`로 지정해줄 수 있다.

```
. scatter price mpg, ///
> title("Correlation between price and gas mileage", size(20pt))
```

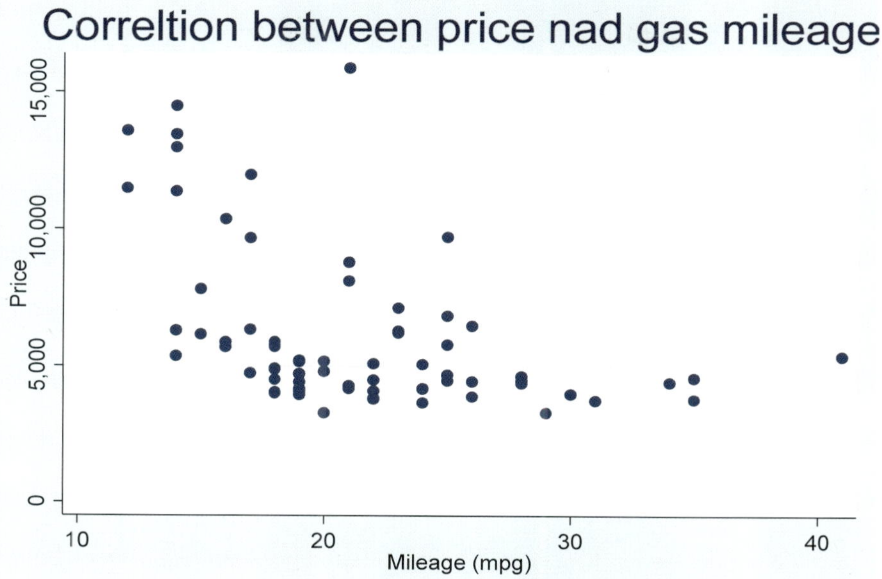

이번에는 마커의 사이즈를 조정해보자. 이전 버전에는 msize() 옵션에 크기를 나타내는 표현을 넣어 사용하였다. 예를 들어, 작은 마커의 경우 msize(small)을 사용하였다.

```
. scatter price mpg, msize(small)
```

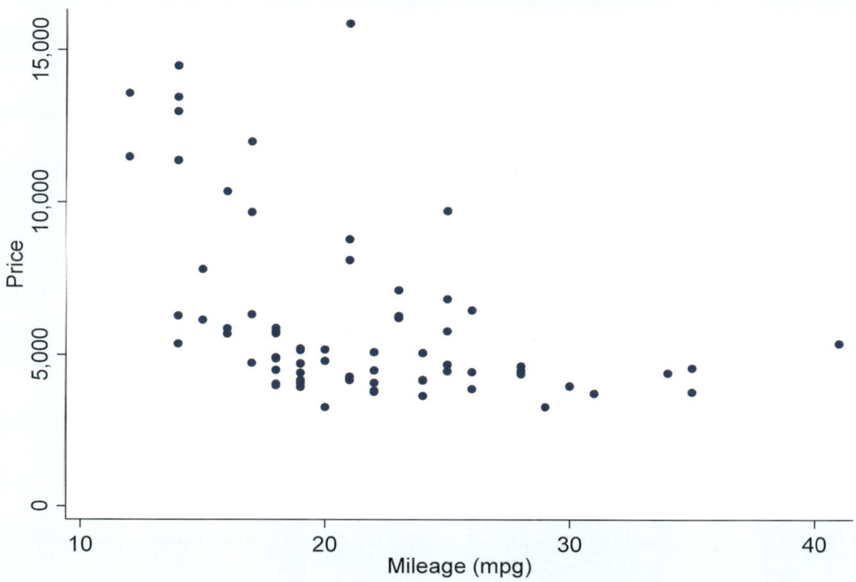

버전 16부터는 pt를 이용하여 사이즈를 바꿀 수 있다.

```
. scatter price mpg, msize(2pt)

. scatter price mpg, msize(4pt)

. scatter price mpg, msize(6pt)

. scatter price mpg, msize(8pt)
```

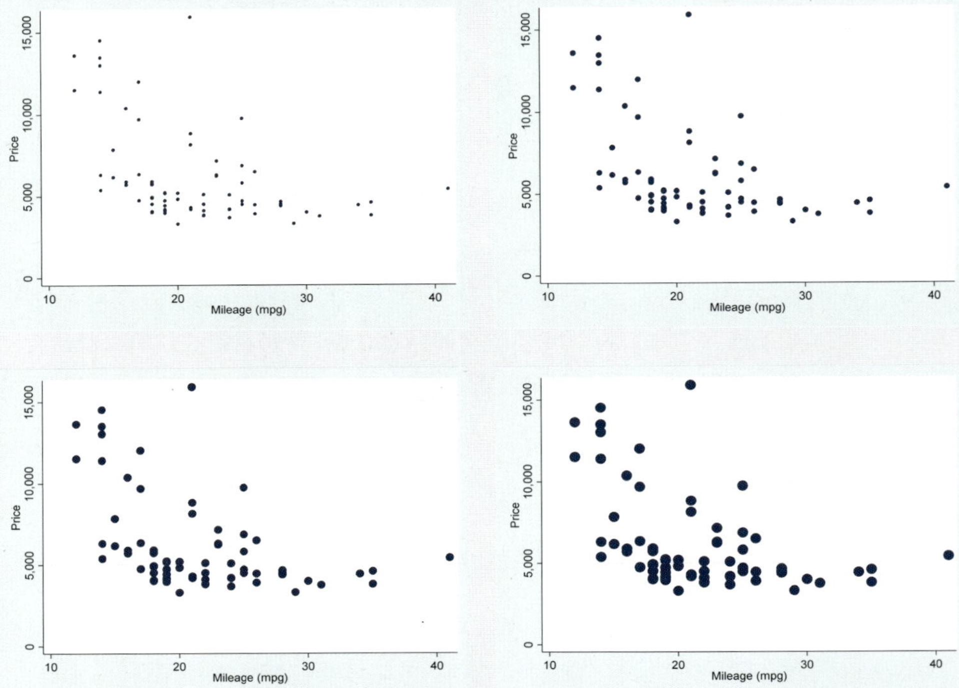

찾아보기

%

%%stata 319

2

2SLS 156

A

ac 332, 354
addlabel 117
addVarDouble 312
addVarInt 312
addVarStr 312
ADL 337
age() 335
AIC 373
Akaike Information Criterion 342
aluelabel 306
analyze-the-first-failure method 241
append 108
arch 397
areg 281
ASCII 7
asclogit 202, 207, 209
asmprobit 202
asprobit 209
augmented Dickey-Fuller 356
autocorrelation 332
Autoregressive conditional heteroskedasticity 393
autoregressive distributed lag model 337
average marginal effect 119, 175
average marginal effect; AME 174
average treatment effect on the treated 270

B

basehc 264
basesurv 261
Bayes Information Criterion 342
bayes: var 376
bayestest model 380
bgshade 428
break 323
by 47
bysort 47

C

cd 5
cdf 169
cellrange 13
clear 22
clogit 202
cluster 281
cnreg 241
co-movement 359
cointegrated 352
collapse 55
common time trend assumption 271
config 319
corrgram 334
counterfactual outcome 270

covariate 242
covariates 243

D

D. 328
D2. 328
DataFrame() 309
date 313
datediff() 335
des(cribe) 25
describe 21, 26, 94
destring 317
deterministic trend 348
dfgls 359
dfuller 356, 363
Dickey-Fuller 355
didregress 284
differenced variable 327
drop 48
duration 239
dynamic causal effects 322

E

egen 53
empirical distribution 404
encode 46
end 296
Engle-Granger 361
error correction model 363
error correction term 363
estat archlm 396
estat endogenous 162
estat ic 342
exponential distribution 240, 244
exponential model 246

F

factual outcome 270
fe 286
fe robust 280
fill_between(), 301
final prediction error, FPE 373
forecast-error variance decompositions, FEDs 372
forecasting 322
forecasts 323
format 314
fraction 407
freduse 427
frequency 407

G

gen 105
generalized ARCH 395
generate 51, 52
get() 303
get_market_ohlcv_by_date() 310
Granger-causality test 373
graph combine 100, 326
graph query 421

H

HAC 336
hazard function 243
hazard kernel 257
heckman 186
help 21, 42
Heteroskedasticity and autocorrelation 336
hist 404, 407
hist[orgram] 32

I

identification 271
import excel 12, 317
import pandas as pd 299
impulse-response function 380
impulse-response function, IRFs 374
impulse-response functions, IRFs 372
index 311
inference 323
infile 18, 20
information criterion 341
intensity 245, 246
irf graph 375
irf table 375
ivregess 157
ivregress 158

J

Johansen's normalization 389
json_normalize() 316

K

kdensity 33, 407
keep 48

L

L. 327
L2. 327
label 49, 50
lagrange multiplier 396
leptokurtic 394
lfit 415
lfitci 415
lincom 138
line 417
list 127
logit 171, 241
long-form 249
long-run equilibrium relation 360
long-run trends 323
lpoly 143, 415

M

matplotlib 301
mean equation 396
mean() 54, 300
merge 218
missingval 308
mlogit 202, 204
mprobit 202

N

nbreg 213
newey 336
nlcom 138
nlogit 202
noetable 389
nohr 260
non-standard 323
non-stationarity 323
np 308
numpy 301, 308

O

outreg2 98, 108

P

palette 421

pandas 316, 320
parametric 246
pd.read_stata() 300
pdataframe_to_data() 320
persistent long-term movement 348
plot() 301
Portmanteau의 Q 통계량 334
potential outcomes 270
pperron 359
predict 172, 175, 340, 391
preserve 51
probit 171, 241
proportional hazard model 246, 258
Pykrx 310
python 296, 298
python query 295
python search 293
python which numpy 298
python: 298

Q

qfit 415
qfitci 415

R

random walk 348
random walk with drift 349
range() 306
rate 245
rbar 420
rcap 420
recode 53
reduced form equation 156
regress 109
regress 115
rename 17, 49
replace 42, 51, 52, 105
requests 316
reshape 221
restore 51
return list 57
right censoring 241
right-censoring 247
robust 281
rowtotal 55
rowtotal() 54
rseed 379
rspike 420

S

save 41
sbsorb 281
scatter 37, 409, 410
scheme() 423
Schwarz's Bayesian information criterion, SBIC 373
search 42
Seemingly Unrelated Regression 368
semi-parametric 246
semi-parametric approach 241
serial correlation 332
set python_exec 294
set python_userpath 294
setObsTotal 312
snapshot 249
snapshot-long-form 250
snapspan 251
sort 47
spurious regression 349
staionarity 323

stata.run() 320
stata_setup 318
state dependence 244
stcox 260, 264
stdescibe 254
stdescribe 253
stfill 253
stochastic trend 348
store 313
strict exogeneity 273
sts graph 256
sts list 256
stset 251, 252
stvary 253
sum of squared residuals 341
sum(marize) 25
summarize 21, 27, 28
survivor function 243, 254

T

tab 186
tabulate 21
temporal order 324
temporal ordering 242
term structure 360
test 138
text 316
time invariant group effect 272
time ordering 241
tin() 419
tlabel() 420
tline() 420
tobit 179
tsappend 340
tsline 325, 397, 418
tsset 136, 324
twoway 33, 314, 407
twoway connected 417

U

unit root 349
use 22

V

valuelabel 307
varbasic 372
vargranger 374
variance 393
varsoc 373
vec 386
vecrank 385, 389
vector autoregression 368
vector error correction 382
volatility 393

W

Weibull 245
Weibull distribution 244
Weibull model 246
wide-form 249

X

xtdes 226
xtdidregress 286
xtreg 228, 229, 280, 286
xtreg, fe 281
xtsum 226

경제분석을 위한 STATA Version 17 4th edition

발 행 일 2022년 12월 2일
저 자 우석진, 김도형
발 행 인 김성남
발 행 처 (주)지필미디어

주 소 경기도 일산서구 이산포길 282
전 화 031-923-4504
팩 스 031-917-4503
이 메 일 jiphil.naver.com
홈페이지 www.jiphil.co.kr
등록번호 제 312-1997-000043호 (1997년 07월 16일)

I S B N 979-11-86674-98-7 93310
가 격 33,000원